中国科学院科学出版基金资助出版

微流控芯片中的流体流动

Fluid Flow in Microfluidic Chips

李战华　吴健康　胡国庆　胡国辉　编著

科学出版社
北　京

内 容 简 介

本书针对微流控芯片中的流体操控，从流体力学的角度讲解了流体流动的机理。其中，绪论阐述了微尺度流体力学研究的主要内容和微流动的主要特点。后续章节根据芯片中流动介质的不同分为简单介质流动和复杂介质流动，具体安排如下：简单介质流动按照驱动流动的主要梯度量——压力、电场、浓度和温度分为压力驱动流（第 2 章）、电驱动流（第 3 章）和传质与传热（第 4 章）；复杂介质流动分为微管道内的液滴运动（第 5 章）、表/界面浸润（第 6 章）、粒子与细胞的运动（第 7 章）。为了使读者了解微流动的研究方法，增加了微尺度数值模拟（第 8 章）和微尺度流动测量（第 9 章）。各章先介绍相关流体运动方程，然后讲解基本物理概念和力学原理，同时介绍一些常用工程公式，最后给出几个应用实例，便于读者理解公式的使用。

本书可供从事微流控芯片研究和应用的科研人员、高校师生阅读，也可供企业工程技术和设计人员参考，同时可作为相关专业研究生教材。

图书在版编目 CIP 数据

微流控芯片中的流体流动＝Fluid Flow in Microfluidic Chips/李战华等编著. —北京：科学出版社，2012. 3
ISBN 978-7-03-033520-3

Ⅰ. ①微… Ⅱ. ①李… Ⅲ. ①分析化学-自动分析-芯片-研究 Ⅳ. ①O652. 9

中国版本图书馆 CIP 数据核字（2012）第 021229 号

责任编辑：牛宇锋 / 责任校对：赵桂芬
责任印制：赵 博 / 封面设计：耕者设计工作室

科学出版社 出版
北京东黄城根北街 16 号
邮政编码：100717
http://www.sciencep.com
北京富资园科技发展有限公司印刷
科学出版社发行 各地新华书店经销
*
2012 年 3 月第 一 版 开本：720×1000 1/16
2024 年 7 月第五次印刷 印张：18 3/4
字数：345 000

定价：158.00 元

（如有印装质量问题，我社负责调换）

序

微流控芯片，作为一种以流体在微米尺度下的低雷诺数流动为主要特征的科学技术，在世界范围内已经历了15年左右的研究发展历程，它在技术和应用层面上的成功引起了学术界各领域专家的广泛关注，力学界为其中之一。国内外已有一批流体力学家介入这一领域，他们的研究已经取得一系列重要的结果并开始从一个侧面影响微流控芯片的发展进程。

这种影响至少表现在下述三个方面。

一是微流控芯片的产业化。微流控芯片是注定要被深度产业化的科学技术。随着全球性产业转型需求的加剧，这种产业化的进程显著加快，微流控芯片设计和工程层面上的问题被提到日程上。借鉴20世纪70～80年代电子芯片发展的经验，芯片产业化的竞争将首先会反映在芯片设计的竞争上，而微流控芯片设计在一定程度上将得益于研究设计人员微流体力学的功底及应用微流体力学工具软件的能力。尽快地从力学角度较为系统地向第一线的研究设计人员介绍微流控芯片中流体运动的特点，阐述相关的微流体力学机理，寻求力学家和化学家、生物学家和工程学家之间沟通的桥梁，已经被历次微流控芯片战略研讨列为重要议题，并形成一定共识，成书则是其中的一个环节。

二是微流控芯片的学科交叉。微流控芯片是一种典型的多学科交叉的科学技术，它的下游包括生物医学、药学、分析化学、合成化学等，与它平行的有微机械和微电子学，而它的上游则至少涉及物理学和力学。交叉学科的特点之一是交叉各方之间的相互渗透和不同领域专家之间的相互理解。《微流控芯片中的流体流动》一书着力于分析芯片中微流体流动的力学问题，全书的思想和内容曾在微流控芯片专家和流体力学家之间有过反复的讨论，该书初稿又曾在从事微流控芯片研究的教师和学生中逐章征求意见。尽管该书还可能存在这样那样的不足，但它的确提供了学科交叉的一种模式，可供微流控芯片和其他学科在交叉中借鉴。

三是微流控芯片的学科积累。从某种意义上来说，微流控芯片已发展成为一门学科，这一点值得庆幸，因为也只有形成了学科，发展才可能持续。所有的学科都有自身的基础，基础连同它所支撑的学科，都需要积累。积累是一个过程，过程有可能加快，但永远无法略去。该书作为过程中的一个环节，参与了微流控或微流控芯片学的学科积累，也因此对微流控芯片的发展作出了自身特有的贡献。

几位研究或关注微流控芯片中流体运动的流体力学同仁，接受微流控芯片领域专家的建议，承担了该书的撰写工作，为推进下一阶段微流控芯片的发展迈出了重要的一步。谢谢作者的努力，也期待着该书能在与读者的互动中日臻完善。

林炳承

2011年7月21日于大连

前　　言

20 世纪 90 年代，微机电系统(micro-electro-mechanical systems，MEMS)出现后，国内学术界通过攀登 A 和国家自然科学基金等项目资助，开始进入微尺度流动研究领域。随着微流控芯片(microfluidic chips，又称为芯片实验室(lab on a chip)或微全分析系统(μTAS))技术的飞速发展，微尺度流动的基础研究逐渐形成规模。微流控芯片以微尺度下流体输运为平台，通过对流动的操控，实现化学分析、药物筛选、细胞培养等多种功能。在这种微尺度系统中，涉及化学、生物及细胞、器官中的流动，需要在低雷诺数层流、非牛顿流、生物流体等理论基础上，针对微尺度流动特点开展研究，考虑动电效应、界面效应、多物理场耦合效应等。目前，微流控正在向纳米流控芯片发展，一些新的流动现象已引起国内外相关领域的极大关注。本书作者根据近年来在微流动研究方面的积累，向读者介绍微流控芯片中的流动现象、基本原理和相关应用，以便读者了解这一领域的研究进展，促进微流体力学的深入发展。

微流控芯片设计中流动控制是关键，器件的优化和设计的创新往往来自对物理规律的深刻理解。不同学科的交叉融合才可能迸发出新思维火花。基于这种理念，本书从流体力学基本理论出发，针对微流控芯片的特点，分析微尺度流动基本规律和实际应用，期望为微流控芯片领域研发人员和研究生了解、掌握微流体运动基本原理和分析方法提供帮助。

本书主要针对微流控芯片中“单元操纵”部分的流动现象，没有包括“芯片加工”和“检测技术”中的相关内容。第 2 章至第 4 章介绍微流控芯片中均匀单相液体流动基本原理，包括压力差流动、电动流动，以及多物理场流动耦合机理。第 5 章至第 7 章介绍含有离散液滴、气泡、粒子及细胞等复杂介质的流动，以及它们在不同相界面上的运动。第 8 章、第 9 章分别介绍微流控芯片流动数值模拟方法和实验技术。考虑到微流控芯片的流动以液体为主，微尺度的气体运动、传热学等内容没有涵括。为了不影响阅读，对微流控芯片领域的前沿课题，用仿宋字体标出，供有兴趣的读者阅读。每章在基本理论阐述之后，给出应用实例，便于读者参考。本书力求成为从事微尺度流体力学和微流控芯片研发人员爱看，且基本能看懂的基础性理论读物。

参加本书撰写的各位作者分工如下：中国科学院力学研究所李战华研究员负责撰写绪论(除 1.1 节外)和第 2 章、第 9 章，华中科技大学吴健康教授负责撰写第 3 章、第 8 章，中国科学院力学研究所胡国庆研究员负责撰写第 4 章、第 5 章，上海大学胡国辉教授负责撰写第6章，吴健康和李战华共同负责撰写第7章。参加本书撰写的还有：西安建筑科技大学的崔海航博士，中国科学院力学研究所孔高攀、王绪伟、孙树伟等研究生。

作者衷心感谢中国科学院大连化学物理研究所林炳承研究员关于撰写本书的倡议和作出的实质性贡献（多次参加大纲讨论并亲自撰写绪论中的1.1节）。林先生对微流控芯片学科发展的一系列战略性见解，以及他身体力行，努力推进微流控芯片学科发展的执著与热情，不断鼓励和推动我们，使我们坚持完成本书的写作。本书撰写过程中，南京大学夏兴华教授和浙江大学方群教授课题组分别对本书提出了宝贵的意见和建议。最后感谢国家重点基础研究发展“973”计划项目“微流控学在化学和生物医学中的应用基础研究”和中国科学院力学研究所非线性力学国家重点实验室的资助，感谢课题组郑旭博士和巩青秘书在书稿整理和校订工作中所作的贡献，感谢科学出版社在本书出版过程给予的帮助和支持。

本书作为对微尺度流动前沿领域研究的回顾，定有不足之处，恳请各位读者不吝赐教。

作　者

2012年1月

主要符号表

英 文 字 母

A　Hamaker 常数
b　滑移长度
c　比热容
C，c　物质摩尔浓度(物质的量浓度)
c_p　比定压热容
c_V　比定容热容
c_d　阻力系数,介质电容
D　扩散系数
D_h　水力学直径
e　电子电荷,内能
E　能量,弹性模量
$\mathbf{E}$　电场强度
f　分布函数,摩擦阻力系数
F　法拉第常数
G　电导,剪切梯度
h,H　通道高度
I　发光强度
J　通量
k　双电层厚度的倒数
k_B　玻尔兹曼常数
L　通道长,特征长度
m　流体质量,粒子质量,分子质量
n　介质折射率
n_i　第 i 种离子数密度
NA　数值孔径
N_A　阿伏伽德罗常量
p　压强
pH　酸碱度
q　电荷量,热流量
Q　流量
r　半径
R　摩尔气体常量
T　温度
u,v,w　流体速度分量
u_{slip}　滑移速度
U　作用势
V　体积,电压
$\mathbf{V}$　速度矢量
W　宽度
x,y,z　笛卡儿坐标
z　离子化合价

希 腊 字 母

α　热扩散系数
γ　比热容比,表面张力系数,剪切应变
$\dot{\gamma}$　剪切应变率
λ　波长,双电层厚度, 气体分子平均自由程
μ　动力学黏性系数
μ_{ep}　离子迁移率
υ　运动学黏性系数
ρ　密度

ε	介电常数	τ	松弛时间
ε_0	真空介电常数	ω	角速度
ε_r	介质相对介电常数	θ	角度,表面接触角
ζ	表面电势	ϕ	函数,相互作用势
κ	热导率	φ	相位
σ	剪切应力,表面电荷密度	Γ	通量

下　标

c	临界	out	出口
diff	扩散	r	反射
f	流体	s	固体
gas	气体	slip	滑移
i	种类	sat	饱和态
i	入射,初始	v	蒸汽,气体
m	平均	w	壁面
in	入口	wall	壁面

无量纲参数

Bo	邦德(Bond)数	Pr	普朗特(Prandtl)数
Ca	毛细(Capillary)数,	Re	雷诺(Reynolds)数
k	丹恩(Dean)数	$Re(\omega)$	频率雷诺数
De	德博拉(Deborah)数	We	韦伯(Weber)数
Kn	克努森(Knudsen)数	γ	电黏性系数
Pe	佩克莱(Peclet)数	υ	电润湿数
Po	泊肃叶(Poiseuille)数		

目　　录

第1章　绪　　论

"There is plenty of room at the bottom."

—— P. Feynman, 1959

1.1 微流控芯片

流体是物质的重要存在形式,流体的流动是自然界最基本的现象之一。通常把在微米尺度空间里流动的流体称为微流体,对以层流或低雷诺数为主要特征的微流体的操控相应地简称为微流控。微流控芯片是一种以在微米尺度空间对流体进行操控为主要特征的科学技术,具有将生物、化学等实验室的基本功能微缩到一个几平方厘米芯片上的能力,因此又称为芯片实验室。在现阶段,主流形式的微流控芯片多由微通道形成网络,以可控流体贯穿整个系统,用以实现常规化学或生物等实验室的各种功能。微流控芯片的基本特征和最大优势是多种单元技术在微小可控平台上灵活组合和规模集成[1,2]。

20 世纪 90 年代初,Manz 等[3]采用芯片实现了此前一直在毛细管内完成的电泳分离,显示了它作为一种分析化学工具的潜力;90 年代中期,美国国防部提出对士兵个体生化自检装备的手提化需求催生了世界范围内微流控芯片的研究;在整个 90 年代,微流控芯片更多地被认为是一种分析化学平台,并往往和“微全分析系统”概念混用。2000 年,Whitesides 小组[4]关于 PDMS(聚二甲基硅氧烷,或称硅橡胶)软刻蚀的方法在 *Electrophoresis* 上发表, 2002 年 Quake 小组[5]以微阀微泵控制为主要特征的题为“微流控芯片大规模集成”的文章在 *Science* 上发表,这些里程碑式的工作使学术界和产业界看到了微流控芯片超越“微全分析系统”的概念而发展成为一种重大科学技术的潜在能力。2001 年,*Lab on a Chip*(芯片实验室)杂志创刊,它很快成为本领域的一种主流刊物,引领世界范围微流控芯片研究的深入开展。2004 年,美国 *Business 2.0* 杂志在一篇封面文章把芯片实验室列为“改变未来的七种技术之一”。2006 年 7 月,*Nature* 杂志发表了一期题为“芯片实验室”的专辑,从不同角度阐述了芯片实验室的研究历史、现状和应用前景,并在编辑部的社评中指出,“芯片实验室可能成为‘这一世纪的技术’”。至此,芯片实验室所显示的战略性意义,已在更高层面和更大范围内被学术界和产业界所认同。

从 20 世纪 90 年代中后期起,中国科学院和一些大学的一批研究小组在我国政府各类基金的支持下,从各个不同的领域切入微流控芯片的研究,开展了卓有成效的工作。2009 年, 中国科学家在微流控芯片领域发表的论文数已居世界第二。2010 年, *Lab on a Chip* 杂志在创刊十周年之际,出版了一期题为“聚焦中国(Focus on China)”的专辑, 集中介绍了来自我国大陆、香港和台湾的学者在芯片实验室领域的研究进展[6,7]。

作为一种战略性的科学技术,微流控芯片的发展有它的内在必然性。首先,微型化是人类社会发展的一种趋势,面对我们所生存的已经消耗过度的地球,微型化反映了人类对资源枯竭的忧虑和对资源利用的优化。其次,世界上有太多的技术和流体操控有关，而当被操控的流体在一个微米尺度的空间里流动的时候，会出现很多新的现象，其中的一部分至今还没有被我们所充分认识。第三则是基于对系统研究的需求。系统学研究整体，更研究构成整体的各个局部之间的相互联系。自古以来，人类一直缺少微小但又能操控全局的工具，微流控芯片能承载多种单元技术并使之灵活组合和规模集成的特征使其可能成为系统研究的重要平台。

一般认为，在20世纪，人们借助于电子在半导体或金属中流动得到的“信息”，成就了具有战略意义的信息科学和信息技术；而在21世纪，通过带有可溶性生物分子或悬浮细胞的水溶液在微流控芯片通道或平面上流动以研究生命、理解生命，以至部分地改造生命，将有可能同样成就一种新的具有战略意义的科学技术：微流控或微流控芯片学。因为“生命”和“信息”构成了现代科学技术的核心。

迄今为止关于微流控芯片的研究，至少在学术层面上已经被证明是成功的。在早年“微全分析系统”概念的推动下，一系列主要的分析化学操作模式已经在微流控芯片上实现，原则上讲，几乎所有的分析化学操作模式均可以在微流控芯片及其周边完成。微流控芯片分析化学实验室至少在科学研究层面上已经建立，这种实验室不仅显示了其微型、可控的操作单元灵活组合规模集成的本质特征，还充分展现了其用于复杂体系从而在系统层面上认识事物和解决问题的能力。在最近的五六年间，微流控芯片研究的热点正逐步转向构建各种不同类型的芯片实验室，从化学、生物到信息、光学，林林总总，特别是，以仿生体系的系统研究为基本目标的微流控芯片仿生实验室也正呼之欲出[8]。

微流控芯片仿生实验室的建立以材料实验室和细胞实验室为基础。微流控芯片材料实验室的基础是以通道和液滴形式构建的微反应器，特别是后者。液滴操控灵活、形状可变、大小均一，又有优良的传热传质性能，在高附加值微颗粒材料合成领域显示出巨大的潜力。微流控芯片细胞实验室则已成为新一代细胞研究的主流技术。微米量级且相对封闭的三维细胞培养、分选、裂解等微流控芯片细胞实验室操作单元已经构建，微流控芯片的潜力已经在细胞研究中得到淋漓尽致的发挥。细胞培养的成功被延伸到组织和器官，器官芯片是继细胞芯片和组织芯片之后一种更接近仿生体系的模式，它的基本思想是设计一种结构，可包含人体细胞、组织、血液、脉管、组织-组织界面及活器官的微环境，或者说，设计一个由不同大小尺寸的管道连接而成，可以观察体液在细胞、组织以至器官内或者它们之间流动的网络。换句话说，用微流控芯片合成仿生材料，在微流控芯片上培养细胞、组织，构建器官，在一块几平方厘米的芯片上模拟一个活体的行为并研究活体中整体和局部的种种关系，验证以至发现生物学中种种奇特的流动行为，这就是构建微流控芯片仿生实验室的基本思路。

作为微米尺度的延伸，局部纳米化的微流控芯片也已出现。尽管迄今为止，人们对于流体在直径为1～100nm的通道内流动特征并不十分清楚，但是，其中的流体行为将更多地受表面的支配可能已是学术界的一种共识，纳米尺度的界面流动对一系列核心技术的重要性不言而喻，学术界对此充满期待。

与此同时，微流控芯片正直接面向社会各行各业的实际需求，在包括疾病诊断、药物筛选、环境检测、食品安全、司法鉴定、体育竞技、反恐、航天等在内的各个领域开展应用，前景可观。特别是，数字液滴的出现拉近了微流控芯片与成熟的电子芯片的距离，有理由相信，以两种芯片深度对接为基础，由大规模集成电路控制的功能型集成微流控芯片会在可以预见的将来变为现实。微流控芯片有望成为21世纪的一种主流技术和主要产业，对人类未来的生活方式和生存质量产生影响，这种影响甚至可能是革命性的。世界范围内的微流控芯片产业竞争将在未来十年、二十年内表面化，并日趋激烈。芯片在产业上的竞争首先表现为芯片设计的竞争，而芯片设计的竞争则有赖于竞争各方所具有的在微流体操控机理、操控方法上的研究基础。推动和强化微流体力学的基础研究是促使我国在未来国际微流控芯片的产业竞争中形成优势的重要战略举措，值得给予充分的重视。

理论往往滞后于实践。由于世界范围内的学术界和产业界对微流控芯片在技术和功能方面的迫切期待，在微流控芯片发展的第一阶段，理论的研究被略略淡化。当然，这种淡化丝毫没有动摇理论的重要性，恰恰相反，微流控芯片及其第一阶段的成功发展已成为推动理论工作者加快微流体力学基础研究的强大动力。

1.2 微流控芯片的流动机理研究

1.2.1 微流控学与微尺度流体力学

微流控学是在微流控芯片实验室基础上发展起来的，与芯片单元的流体操纵、器件制作和样品检测等理论问题有关的新的学科，涉及力学、化学、物理学等多个基础学科领域。微流控芯片中的流体运动一般遵循流体力学基本理论，但芯片中复杂的流动现象也提出了许多新的微尺度流动问题，促进了微尺度流体力学理论的发展。

微尺度下的流动研究从流体力学角度讲并不陌生。早在1977年，Batchelor[9]就将特征尺度在0.1～10μm范围的流动问题称为“微水动力学”(Microhydrodynamics)。微流控芯片中的流动特征尺度一般在0.1μm～1mm，正好符合微水动力学研究的尺度范围。但芯片实验室是一种集成系统，由流体的驱动、传输、检测等单元组成，流动具有网络化特征；其次，流动介质的形态多样，有连续流动、离散的液滴、粒子流动等；再者，芯片具有多功能性，可以处理化学、生物样品，也可以制备材料、培养细胞，甚至模拟人工器官等，因此所采用的流动介质的性质复杂。这些特点要求微流控系统的流动研究必须在受限空间内，多物理场——电场、磁场、光热等作用下考虑不同性质流体在连续或离散状态下的运动。因此人们把微流控芯片中流动问题的研究称为"微尺度流体力学"。2002年，严宗毅[10]曾把微米量级的微粒、液滴或气泡运动的问题归结为低雷诺数流理论应用的主要领域，因此有人也把围绕芯片流动的研究称为低雷诺数流动。2005年，Quake小组[11]抓住微尺度下所需传输流体的流量很小的特点，而把微流控中的流动归结为纳升体积($1nL=10^6\mu m^3$)流体的流动问题，分析了流动所涉及的无量纲数，如Re、Pe、Ca、We、De、Kn等。总之，围绕微流控芯片流动的研究正在起步，人们从不同的应用角度研究微流动现象，并积累着对流动规律的认识[12]。

在微机电系统和微流控芯片技术发展的推动下，微流体力学围绕着连续介质假设的适用性、流体运动与操控及局部纳米尺度流动等几个方面开展研究。20世纪90年代初，Pfahler等[13]通过微管道中压力流动实验，发现了流动阻力系数与理论预测值不符，这引起了人们对微尺度下流体连续性方程适用性的关注[14]。直到2000年以后，根据大量实验结果，学术界基本认可在微米特征尺度下连续性假设仍然适用(见2.1.5节)。但纳米尺度下连续性假设是否适用，仍然有必要考虑。与连续方程匹配的边界条件——边界滑移问题随着界面流动的研究开展也在不断深入。

2000年以后，人们将关注重点放在了微流控芯片的设计上。微流控芯片实验室由反应、分离和检测等多种功能单元以及微通道网络构成，且各个单元之间样品的输运依赖于液体的流动，因此如何实现微尺度下流动控制成为芯片设计的关键。例如，流体操控的重要方式是泵阀系统，而微尺度下由于表面力的影响，难以设计和采用带有活动部件的阀门。在PDMS芯片上通过控制外部气流挤压流道壁面改变截面形状，可有效实现对通路关断的控制。流动的混合也是流体操控的重要内容之一。微尺度下液体流动的雷诺数较低，流动以层流流态为主，不利于样品混合。利用混沌流动或通过在微流道壁面加工鱼骨型沟槽，大大提高了流体在低雷诺数下的混合[15]。液滴具有传输灵活、体积可控的优点，成为微流控芯片中有效的流体操控方式之一，而液滴的产生和输运是微流动问题。利用流动聚焦方法使液体流过微米直径的小孔，可产生亚微米至百微米直径的液滴，有效实现了液滴的生成和控制[16]。2004年，Stone等[17]在《流体力学年鉴》上发表的"小型器件中的工程流体——面向芯片实验室的微流控"一文，系统地从电渗/电泳、混合/分离及多相流等方面分析了微流控流动的规律，认为可操控流体的微流控芯片可广泛用于科学研究和工业实践。他同时明确指出，微芯片设计还需要考虑多种物理因素的影响，有必要更深入地开展微尺度流体力学的研究。在这种思路的指导下，微流控芯片设计与微流动理论研究更积极地结合起来。数字微流控中需要控制液滴在表面运动，尽管19世纪末界面现象就有了定性解释，然而直到现在对不少界面问题仍然缺乏定量的描述。Darhuber 等[18]针对小尺度系统的离散或者连续的微观控制，分析了法向和切向应力驱动表面流体的物理机理，为表面微液滴的控制提供理论依据，并指出与接触相关的边界现象——分离压力、线张力和滑移等仍需要从理论上考虑。对细胞或粒子操控，de Gennes[19]综述过界面处粒子运动。依赖于介电方程、波动方程等理论，人们提出了利用介电力、声驻波力和光辐射力等控制微尺度下纳米粒子运动，尝试解决粒子操控中的设计问题。

近年来，随着从微流控系统向纳米尺度的发展，纳米技术逐渐被引入芯片，局部纳流动研究正在迅速发展。2008 年 Han 研究组[20]综述了纳米流动中的流动现象。*Chemical Society Reviews* 杂志于 2010 年[21]出版了题为“从微流控应用到纳流控现象”的专刊，通过十个专题全面介绍了在微纳流控方面的最新进展。在本章 1.4 节将简单介绍纳流控研究。

1.2.2 微流控芯片中流动研究的框架

微芯片中流体的运动与操控依赖于微流体力学理论与实际应用的密切结合，使得微系统中流动规律的研究成为微流体力学研究的核心内容，呈现出最有活力和迅速发展的态势[12]，因此本书将重点介绍这部分内容。

微流控芯片中流体流动的研究工作分为理论分析、数值计算和实验模拟三个方面。理论分析仍以流体力学基本理论为基础，针对微流控芯片中的流动特点，建立适当的理论模型。数值计算主要基于流体力学的商业软件，但需要根据不同的问题采用不同的理论模型。实验模拟则重点考查微流控芯片系统中的速度、压力、温度、浓度场分布，以及与控制流动的其他参数（几何参数、物性参数等）之间的关系。当然实验中还涉及各参数测量手段和方法的选取。研究中还可根据芯片中流动介质的不同分为简单介质流动和复杂介质流动。简单介质流动是指流动介质可作为单相流处理，如缓冲液、稀相蛋白分子流等。液体驱动力来自于系统中的梯度量，如压力梯度∇p、电位梯度$\nabla \psi$、温度梯度∇T 和浓度梯度∇C 等，液体运动规律可采用单相流的 N-S 方程描述。而复杂介质流动是指含有液滴、粒子或细胞等多相或多组分介质的流动。描述这类流体介质运动时，除了流体运动方程外，还需要考虑复杂的相间作用以及相应物理因素的影响，如液滴运动中的油/水、气/水相间作用规律，液体在开放边界表面浸润中的液/固/气三相相间参数公式等。这种介质流动的驱动力、边界条件的描述更为复杂。

下面给出微流控芯片流动研究内容和方法的基本框图（如图 1.1 所示）。该图上半部分是流动的基本理论与研究方法；下半部分是研究内容，其中左侧为简单介质流动部分，包括压力流、电动流和流动的传质与传热；右侧为复杂介质流动部分，包括液滴运动、界面浸润、粒子与细胞运动。对每一种类流动，图中标注了相应的主要控制无量纲数、基本研究内容和代表性的应用实例，以便读者根据感兴趣的

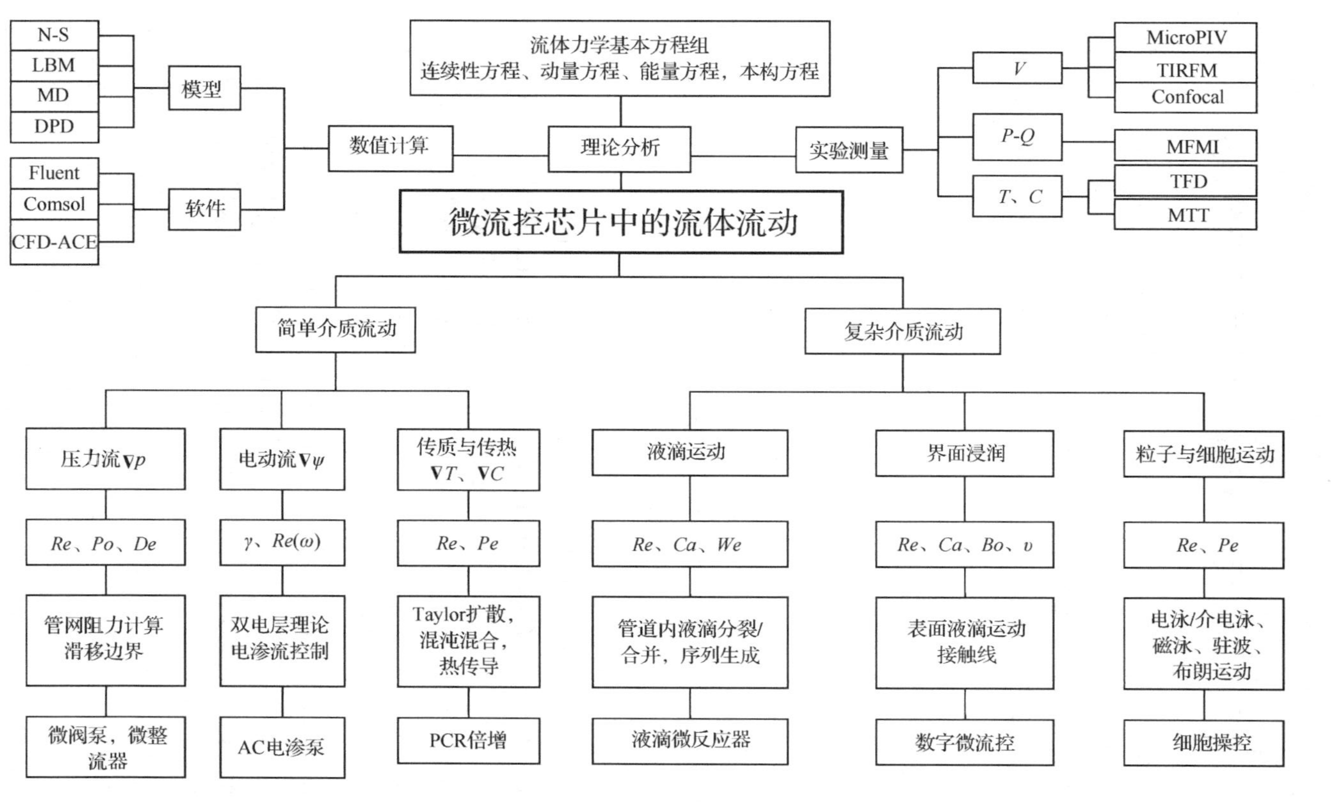

图 1.1 微流控芯片流动研究内容和方法的框图

内容,有效地利用此书。图 1.1 中的无量纲参数在本书主要符号表处给出了相应的定义。

1.3 微尺度流动的研究内容及特点

微流控芯片中的流体运动是微流体力学研究的主要内容。本节概括介绍微流动的主要研究内容及特点,其中大部分内容将在后续章节详细阐述,但有些目前尚处于理论研究阶段,仅作为对微流动研究内容的扩充。在介绍每个具体内容时,我们先讲该流动问题研究背景及流动的特点,然后介绍在流体操控中会遇到的流体力学问题。

1.3.1 微尺度流动的主要研究内容

1. *压力驱动流*

压力驱动流是流体力学中最基本的流动之一,是指流体在压力梯度(来自重力势、毛细力或机械力等)作用下产生的运动。压力流较容易实现,且对流动介质的物理化学性质影响小,因此成为早期设计的微流控芯片普遍采用的驱动方式。微尺度下连续介质适用性就是从压力流实验开始的(见 2.1.5 节)。

经典流体力学理论基于连续介质假设,即认为介质连续无间隙地分布于所占有的整个空间,流体宏观物理量是空间点及时间的连续函数[22]。气体动力学中判断连续介质假设成立与否的无量纲数为克努森(Knudsen)数($Kn=\lambda/L$,其中,λ 为分子自由程,L 为流动特征尺度)。当 $\lambda \ll L$ 时,连续介质假设成立,而液体分子间的结构至今尚不清楚[23],难以确定分子自由程的大小,因此如何表征液体连续性仍是待研究的问题。从统计力学角度,对 10^4 个分子的体积样本,当物理平均量的统计涨落小于 1%,就可认为样本中该物理量连续[23]。例如,一个直径为 2μm 的水滴,体积为 4.2fL,质量为 4.2×10^{-12}g。按照 1mol 体积分子数计算,此液滴约含有 10^{11} 个水分子,显然这样一个水滴是可以作为连续液体处理的。但到了纳米尺度,所考虑的液体体积内的分子个数远小于 10^4,所以纳米尺度流动中液体的连续性问题仍需研究。

边界滑移也是微尺度流动的特点之一。滑移边界条件由 Navier 于 1783 年提出(见 2.4 节),通过滑移长度 b 来表征滑移速度,然而滑移长度 b 仅是唯象参数,基于这种概念,许多研究都关注于滑移长度的理论描述或通过实验定量测量。影响滑移的因素很多,如表面粗糙度、亲/疏水性等,因此滑移长度的表征至今尚无定论。除压力驱动流外,电场驱动流动的滑移现象也受到关注。电渗流由壁面双电层在外电场的作用下引起,如果液/固界面存在滑移,将对基于滑移面定义的 Zeta

电位产生影响，可以使 Zeta 电位绝对值增大，从而强化电渗流。由于滑移发生在近界面流动的薄层内，纳米尺度下流动的研究可能有助于该问题的解决。

压力驱动流的动量方程满足 N-S 方程（见 2.1 节）。对一些简单流动条件，可通过解析求解纳维-斯托克斯方程（Navier-Stokes，简称 N-S 方程）获得理论解（见 2.2 节），如库埃特流（Couette flow）、泊肃叶流（Poiseuille flow）和低雷诺数下斯托克斯流（Stokes flow）等。对于复杂流动则需要采用数值计算方法。对工程实际问题可采用经验公式（见 2.3 节），如伯努利（Bernoulli）方程给出流速与压力的关系，可用于计算管流中的流动参数。微尺度下的复杂管道网络，可简化为多孔材料处理，采用达西定律（Darcy law）求解。但对于一些特殊的细胞质间的介质交换，或人工器官分级结构的流动损失问题，正是目前微流动研究的内容。

微尺度下流动特征尺度 L 在微米量级，如果流速为毫米/秒量级，流动雷诺数（$Re=\frac{vL}{\nu}$）约为 $0(10^{-1})$，显然是低雷诺数流，但速度并没有下降至微米/秒量级，因此惯性力并不小。微流控芯片设计已注意到惯性力作用，如 Dean 涡、棘轮效应等，均是利用流体惯性效应达到控制流动的目的[24]。

2. 电动流

除了压力差外，电场力也是很重要的微流控芯片流体驱动源。我们知道，压力差驱动管道的流量与直径四次方成正比（$Q\sim d^4\Delta p/\mu L$，其中，d 为管径，Δp 为压力差，μ 为流体动力黏度，L 为特征长度）。在相同流量条件下，管道直径缩小至十分之一（如从 100μm 减少至 10μm），所需的压力差 Δp 要增加约 10^4 倍，可达到几十兆帕的量级。这对微管道的材料和接头装置提出非常高的要求，不利于微流控器件的使用。与之相比，电场驱动则具有显著的优点，在电渗流中，流量与管道直径的二次方成正比（$Q\sim d^2\varepsilon\zeta_w\Delta\varphi/\mu L$，其中，$\varepsilon$ 为溶液介电常数，ζ_w 为壁面 Zeta 电位，$\Delta\varphi$ 为外加电位差）。当管道直径减小一半时，为保持相同流量，只需将电压加倍即可。另外，压力驱动形成的泊肃叶流其速度剖面为抛物型，中心流动速度高，壁面附近流动速度低，不利于在毛细管中进行样品分离。而电渗流为柱塞状的流动剖面，速度沿管道截面均匀分布，减小了泰勒弥散效应，有利于提高样品电泳分离的精度。因此，电驱动下的流动在微流控芯片中大量采用。

电渗流是带电液体在电场力 $\rho_e E$ 作用下相对于固壁面的宏观流动，其中 ρ_e 代表溶液的体积电荷密度，E 为局部电场强度。复杂电渗流动必须通过流场的 N-S 方程、电场的泊松（Poisson）方程以及离子运动的能斯特-普朗克方程（Nernst-Planck，简称 N-P 方程）耦合求解（见 3.1 节）。外加直流电场会在溶液中产生焦耳热，使溶液温度升高，温度场又反馈影响流场和电场，因此电渗流还需要考虑温度场的影响。微流控芯片中的电渗流提出了流场-电场-离子浓度场-温度场等多物理场耦合的流动问题，这正是微流控系统区别于其他系统的最重要特征之一。

高压直流电场会在液体中产生焦耳热（见 3.2.1 节）。电场强度 E 为 100～300V/cm 时，微通道内局部热生成率为 $EJ=\lambda E^2$（其中，λ 为溶液电导率，J 为传导电流密度），焦耳热的能量密度可高达 1kW/cm^3。焦耳热会破坏生物样品活性或产生气泡阻断流场。焦耳热的研究主要包括二维微通道内稳态电渗流情况下的温度分布，流-固耦合微通道的电渗流热效应等。目前正在开展不同壁面材料（PDMS、玻璃等）微管道中电渗流热效应的研究，并且考虑温度变化对溶液物理性质的影响。最近的研究发现，电渗流焦耳热效应会改变微通道电渗流场和温度场在微通道纵向/横向的分布形态，以及溶液电荷密度分布规律，并且诱导附加的压强梯度。

电黏性效应是电动流中另一种重要现象（见 3.2.2 节）。在压力差驱动下，双电层内电荷随流体定向运动产生流动电流，从而感应与主流方向相反的流动电位。该电位产生反向流动电场阻力，减少流量，其宏观表观效果相当于增加了流体黏性，故称之为电黏性效应。无量纲电黏性系数 $\gamma=(\varepsilon\zeta)^2/(\mu\lambda h^2)$（其中，$h$ 为微通道横向特征尺度）表示了电黏性效应对微通道压力差流动影响的大小。

对于电渗流的控制，也提出许多微流体力学问题（见 3.2.3 节）。一般液/固界面双电层电位小于 100mV，为了实现高效率的流体输送和混合，可以通过人工方法来调控双电层。比较成熟的方法可通过物理化学的手段对表面进行改性，或改变通道的几何形状等。随着微加工技术的进步，在壁面预设微电极或施加垂直于壁面的电场也可以灵活地控制固壁面 Zeta 电位的大小与极性。与传统外加电场产生的电渗流相比，离散电极-电场调控电渗流更加复杂，其流场特性需要进一步研究。为了避免焦耳热的产生，近年来人们尝试用交流电场（AC）代替直流电场（DC）产生电渗流。直流电场产生的电渗流为柱塞状，流速恒定，而交流电压驱动的电渗流速度剖面为波浪状，而且随时间周期性地变化。频率雷诺数 $Re(\omega)=\omega h^2/\nu$（其中，$\omega$ 为交流电频率，ν 为溶液运动黏性系数），表示了时变惯性力与黏性力之比。研究发现，周期电渗流速与频率雷诺数密切相关。行波电场电渗流可以感应电荷电渗流，其速度正比于 E^2。由于低电压交变电场可以产生适量的电渗流量，它将成为新一代电动流量泵的发展方向。对于更为基础的纳米尺度电渗流，当 $kh\sim 0(1)$（其中 k 为双电层厚度倒数）时，上下壁面的双电层会发生重叠，其电渗流特性也是微纳流体力学理论研究所关注的问题。

3. 微流道中的液滴运动

微尺度下表面力（黏性力、压力）作用更加明显，管道内流动逐渐由连续流向非连续流转变。以液滴方式输运液体并完成各种功能，正在成为新一代的微流控芯片的设计理念[25]。液滴运动的优点在于连续相与非连续相之间的质量交换极微量，因此液滴之间可看做彼此独立，可用于构建液滴微环境。另外，一个直径10μm的液滴，其体积约为皮升量级，可以在1kHz的频率快速产生，这为乳状液样品的生成及细胞内的生物过程的观测提供了可能。

影响微管道中的液滴运动的主要无量纲数有雷诺数 Re、韦伯数 Wb、毛细数 Ca 等(见5.1节)，主要因素有壁面浸润性和液体间黏度比。液滴在管道中运动，特别是矩形管道中，如果连续相没有与壁面完全浸润，则接触线将妨碍液滴向下游运动，如同雨滴挂在挡风玻璃上。微管道中的毛细数 Ca($Ca=\mu v/\gamma$，其中，μ 为液体动力黏度，v 为特征速度，γ 表示张力系数)表示黏性力与毛细力之比。当 Ca 在 $10^{-4}\sim10^{-1}$之间时，毛细作用明显，因此液滴在有限空间内为球状而且前缘为圆形。但在小毛细数情况下，如液滴以 $v=1$cm/s 速度运动时，$Ca\sim0(10^4)$($\gamma=72$mN/m，$\mu=10^{-3}$Pa·s)仍需要考虑黏性力的影响。液滴与固壁之间液膜的厚度 $e\sim wCa^{2/3}$，与管道宽 w 和毛细数 Ca 有关，在几十纳米至几微米之间，但与液体黏性力的关系仍没有定量的表征。

当液滴与微管道几何尺寸处于同一量级时，分段液滴能大大加强流体的混合(见5.1.3节)。因为液滴以快于连续相运动时，液滴内部会出现循环流型，强化了液滴内介质的混合并加速穿过界面的质量交换。但这种内循环流动与管道几何形状、液体黏性及 Ca 的定量关系有待于微流体力学研究。

液滴的生成、分裂与融合等操控提出了许多微流体力学问题。液滴生成与相界面的不稳定性密切相关，包括压力差诱导、毛细不稳定性和开尔文-亥姆霍兹(Kelvin-Helmholtz)不稳定性(见5.2节)。T型通道是最常用的利用压力差诱导生成或分裂液滴的装置，处理液滴的尺寸为20～200μm。当液滴通过T型管时，毛细力倾向于保持液滴形状，而黏性力则将液滴分裂。液滴分裂与 Ca 及T型通道几何系数 λ 相关，但黏度比及液滴序列间距对液滴生成的影响还有待进一步研究。

目前百微米尺度的液滴可以形成单分散的乳状液，但要制作胶体状的液滴群则要研究高剪切下液滴的稳定性及生成与控制方法，这对微纳尺度液滴动力学提出新的问题。

4. 界面/表面润湿

从拉普拉斯毛细压强公式 $p\sim2\gamma/R$(其中，γ 为液体表面张力，R 为毛细管半径)可以看出，当毛细管半径减小后，毛细压强会增大。对于液体 $\gamma=72$mN/m，当 $R\approx10$μm 时，毛细压强 p 可达 1.44×10^4Pa，可使水沿毛细管上升约1m，是一种无需借助外部能量的输入就可以驱动流动的动力源。将其用于微流控芯片可大大减小微系统驱动装置的体积，因此在采用压力、电场力驱动流动之外，自然出现了利用毛细力或液/固界面的润湿性驱动液体运动的芯片设计理念[26]。在芯片上构建电极阵列，利用电场控制固体表面的液/固润湿性，在开放和受限系统中直接操纵液滴的生成、平移、合并和分离，并完成生物、化学分析等功能的新一代的微流控系统出现了，被称为数字微流控芯片。

界面上液滴运动的控制参数主要有毛细数 Ca 和邦德数 Bo（$Bo=\rho gL^2/\gamma$，其中，ρ 为流体密度，g 为重力加速度，L 为特征长度）。毛细数 Ca 表示黏性力与毛细力之比。邦德数 Bo 表示重力与毛细力之比，也可以表示成$Bo=L^2/\lambda_c^2$［其中，$\lambda_c=\sqrt{\gamma/\rho g}$，为毛细长度。此时，$Bo$ 更清楚地表明了液滴特征长度与毛细长度之比，当 $Bo\geqslant 1$ 时，重力起主导作用，液滴高度将小于毛细长度（见 6.2 节）。

长期以来，接触角被用于直观地表现液/固界面的亲/疏水性质（见 6.1 节）。在微尺度下，人们发现接触角已经不那么容易被"描述"了。这是因为真实表面上的几何粗糙度、化学不均匀性等难以避免，而液滴接触角与边界处三相接触线附近的液、固相互作用有关。另外，长程分子间力的作用也会引起接触线变形。考虑到分离压力与表面张力的平衡，研究发现液滴形状在接触线附近变为了抛物线。再者，数值模拟研究发现运动接触线上的不可积应力奇异性必须由滑移条件消除，需要通过分子动力学模型来模拟其动力学响应。这些都是接触线研究中正在深入考虑的问题。关于杨氏（Young）方程中表面张力在垂直方向平衡缺失的问题，在宏观尺度下这种非平衡力造成的表面变形不明显。但微尺度下，如果薄膜厚度小于 $10\mu m$，则会引起可见的变形。目前正在研究利用杨氏公式中的垂直分量来控制薄膜运动[27]。

采用物理或化学方法对表面进行处理，在表面形成具有特殊形状的结构、条带或热量分布图案，就可以利用马兰戈尼（Marangoni）应力、热毛细流等调制法向/切向应力，灵活地控制表面液滴运动。与之相比，基于电润湿理论的数字微流体技术（见 6.4 节），通过构建电极阵列，利用可调润湿性梯度控制液滴运动的时空变化。电润湿理论定义了新的无量纲参数为电润湿数 $\upsilon=c_dV/2\gamma$（其中，c_d 为绝缘层电容，V 为电势，γ 为液体表面张力）。在电润湿方程中，电场引起有效液/固表面张力下降，导致杨氏方程中增加了与电润湿数有关的项，引起接触角的降低，为形成润湿性梯度创造了条件。借助于 Taylor-Melcher 漏电介质模型，人们对液滴在直流电和交流电作用下的电润湿过程进行了大量的研究，深入理解了液滴操纵和混合过程中的流体现象。但最近研究发现，当外加电势达到一定值后，接触角将不再变化，这种所谓"接触角饱和"现象是目前介质上的电润湿（EWOD）中的理论难题，需要从介电电泳的角度出发进行解释。另外，当微流控系统涉及液/固界面流体与固体表面物理化学互相作用时，诸如接触角滞后、接触线黏弹运动等问题的物理机制尚不清楚，这也给理论研究带来许多困难，是微流体力学亟须深入探讨的问题。

5. *粒子运动与细胞*

微流控芯片传输或处理的样品中往往都带有粒子、大分子、DNA 螺旋体、细胞等，对这类样品进行分选、定位、聚集是微流动研究的重要内容。芯片处理的粒子的直径范围为10nm～100μm，它们无法像离子（直径约1Å）那样被认为是溶解在液体里。尽管这类粒子的质量有时可以忽略，但其表面性质（电荷双电层、疏水层等）变得非常重要。在胶体与悬浮液研究中，现有理论可用以指导微尺度下粒子运动的分析，但微尺度下粒子运动还有其自身所特有的一些问题。

首先是粒子表面性质（见7.1节）。在宏观尺度下，粒子尺度（～10μm）与流动特征尺度（～1cm）相比，可以作为表面光滑的刚性球。如利用斯托克斯公式（$F=6\pi\mu aU$）计算圆球绕流阻力，仅需要考虑球的半径。在微尺度下，粒子（高聚物材料）表面会有水合物或毛刷，当粒子直径小于200nm时，实验发现其布朗运动扩散系数测量值比用标称粒径计算的理论值略大。其次是粒子的表面电荷的影响。在电解液中粒子表面电荷形成双电层，其厚度1～100nm，表面电位约为几十毫伏。在宏观流场这种影响往往被忽略，但在特征尺度为微米级的流场中，这种影响显示出其重要性。粒子电泳和介电电泳经常被用于控制粒子运动，因此粒子表面电荷的分布及与外加电场的耦合作用是微流体力学应该考虑的问题。最后，纳米粒子热运动（布朗运动）是粒子周围液体分子碰撞引起粒子随机运动（见7.4节）。由爱因斯坦公式（$\Delta x^2=2D\Delta t$），对直径为50nm的粒子，扩散系数$D\approx10^{-12}\text{m}^2/\text{s}=1\mu\text{m}^2/\text{s}$，当时间步长$\Delta t=0.5\text{s}$，随机步长$\Delta x\approx1\mu\text{m}$，在一个宽度$W$为1$\mu$m的微管道，如果横向速度$v$极小（约1$\mu$m/s），计算的佩克莱数$Pe$（$Pe=vW/D$）约为1，扩散作用与对流作用在同一量级，布朗运动将造成粒子不断与壁面碰撞。另外，斯托克斯-爱因斯坦公式是从无界流场中得到的解析结果，在微纳米尺度受限空间下这些公式都面临修正或扩展。

粒子的介电电泳是非均匀电场与粒子极化量之间的相互作用产生的运动，与粒子是否带电无关（见7.2节），微流控芯片采用这种方法分选正负介电粒子。利用磁场力使粒子产生磁泳，利用超声波驻波力使粒子在波驻点聚集，利用光辐射力研发的“光镊”等都表明微尺度下可以利用多种力学方法控制粒子运动，有待微流体力学的研究为工程设计提供定量分析及优化方法（见7.3节）。

细胞是带有活性的粒子，跨膜电势、剪切力等对细胞活性有影响，而且细胞具有柔性和层状结构，这些特点使得细胞操控虽可以借鉴对粒子或液滴的操控，但有所不同，提出了许多微流动需要研究的问题[28]。本书7.5节介绍了细胞操控一般方法和应用技术。

6. 数值计算

近十年来，微流控芯片的基础和应用研究取得很大进展，多物理场耦合是微流控系统最重要特征，它的控制方程组已经基本成熟，包括电场泊松方程，不可压缩流体的连续方程和纳维-斯托克斯流动方程，离子输运的能斯特-普朗克方程，温度场的能量方程，化学组分输运方程，以及表达不同介质的物理化学性质和相互影响的参数方程等。这些方程是相互耦合的，不能独立求解。对一些简单问题已经有精确解或近似的解析解，如无限长均匀截面微通道中的电渗流等。微流控系统实际流动往往不那么简单，如非均匀（或间断）固壁面电位、异质材料壁面电渗流、离散电极调控电渗流、交变（行波）电场电渗流、电渗流热效应、粒子和液滴运动、气泡演化等，三维通道-腔室联合系统的电动流动非常复杂，壁面速度滑移和润湿动力学问题牵涉到液/固界面物理、化学相互作用。上述这些问题至今没有解析解和成熟结果，其中复杂的流动现象尚未被充分认识。数值解可以提供人们对微流控系统多物理场耦合复杂流动现象深入细致的认识，并把它转化为可能的实际应用。数值分析模拟已经成为微流控系统基础研究和芯片研发的有效手段之一，越来越引起人们的高度关注。本书第 8 章对微流控系统流动的数值分析法做一般原则性介绍。对以连续性为基础的流体动力学模型（见 8.1 节），非连续性的分子动力学模拟（见 8.1.1 节），格子-玻尔兹曼算法（见 8.2.2 节），耗散粒子动力学（见 8.2.3 节），以及液滴/气泡运动数值法（见 8.1 节）做抛砖引玉的介绍。第 8 章还对当前三种较常用的计算流体动力学商业软件（COMSOL、FLUENT、ACE）的特点做了比较分析（见 8.3 节），为读者提供有益的参考。

7. 微流动实验

微尺度流动的理论研究伴随着微尺度实验观测的深入而发展。微尺度下的实验测量空间尺度在百纳米至百微米量级，因此无法直接采用已有的宏观实验手段；其次，微尺度流动研究日益关注界面等“极限”状态的物理现象，对实验观测技术提出了更高的要求。在传统 PIV 技术的基础上，MicroPIV 技术经过改进成为微尺度下速度测量的重要手段（见 9.1 节）。为了解决 MicroPIV 体照明带来的问题，采用共轭聚焦原理的激光共聚焦显微镜，可具有更高的空间分辨率和进行三维流场定位的能力（见 9.3 节）。全反射隐失波荧光显微技术可在近壁面至 500nm 以内范围观测流场，成为研究液/固界面流场性质的新的实验手段（见 9.2 节）。另外，分布式压力传感器、纳升流量计、分子磷光温度显示等技术在微尺度流动参数测量中发展起来（见 9.4 和 9.5 节），但微尺度下的流场测量仍然存在许多难题，如示踪粒子表面性质对流场的影响、多物理场（电、热等）解耦测量等，有待微流体力学实验研究探索。

1.3.2 微尺度流动的主要特点

1. 低雷诺数流

微尺度流体力学的主要特点之一是低雷诺数流动，具有黏性层流特性。但这种低雷诺数主要由流动特征尺度(如微流道几何尺寸)减小造成，如流体流速为1cm/s，在1cm的管道中，流动的雷诺数为100，而在10μm管道中流动的雷诺数仅为0.1。显然微尺度下低雷诺数主要缘于流动特征尺度减小，并不完全由流动速度降低，因此惯性力在某些场合对流动起作用(见2.5.1节)。

2. 梯度量

梯度是物理量沿空间某一方向的变化率($\nabla=\partial/\partial x$)。随空间尺度$x$的缩小，在该方向上的物理量的梯度将增大，相关物理量在流动中的作用明显提高。下面分别阐述几个梯度量的作用。

1) 动量方程中的速度梯度

不可压缩的纳维-斯托克斯方程如式(1-1)所示，对式(1-1)左侧第二项和右侧第二项的分量式，用δ表示流向空间尺度(毫米量级)，如下：

$$
\begin{gathered}
\frac{\partial \boldsymbol{u}}{\partial t}+(\boldsymbol{u}\cdot\nabla)\boldsymbol{u}=-\frac{\nabla p}{\rho}+\frac{\mu}{\rho}\nabla^2\boldsymbol{u}+\boldsymbol{f} \\
u\frac{\partial u}{\partial x}+v\frac{\partial u}{\partial y} \qquad \frac{\partial^2 u}{\partial x^2}+\frac{\partial^2 u}{\partial y^2} \\
\frac{1}{\delta} \qquad \frac{1}{10^{-2}\delta} \qquad \frac{1}{\delta^2} \qquad \frac{1}{10^{-4}\delta^2}
\end{gathered} \tag{1-1}
$$

当展向(或法向)空间尺度由毫米量级减小至10μm，缩小10^2倍，与速度空间梯度平方有关的黏性项将提高10^4倍。流动尺度的减小导致梯度量作用显著增强，黏性项作用变得更为重要，一个明显的例子是在微流动中靠近壁面的区域，流动剪切率$\dot{\gamma}=\partial u/\partial z$可以增加$10^2$倍。另外，如管道的高度从1mm变为10$\mu$m，在同样速度$u$=1cm/s下，剪切率则从$10s^{-1}$增加到$10^3s^{-1}$。剪切率增大，容易引起滑移。

2) 能量方程中的温度梯度

在与传热和扩散有关的微流动现象中，涉及的温度梯度、浓度梯度等物理量也会起到非常重要的作用。由能量方程(1-2)，写出右侧第一项和第二项中与梯度有关的分量式，如下：

$$
\begin{gathered}
\rho c_v\frac{\partial T}{\partial t}=-\rho\boldsymbol{\nabla}\cdot\boldsymbol{u}+\boldsymbol{\nabla}\cdot(k\boldsymbol{\nabla}T)+\phi \\
\frac{\partial u}{\partial x}+\frac{\partial u}{\partial y} \qquad k\frac{\partial^2 T}{\partial x^2}+k\frac{\partial^2 T}{\partial y^2} \\
\frac{1}{\delta} \qquad \frac{1}{10^{-2}\delta} \qquad \frac{1}{\delta^2} \qquad \frac{1}{10^{-4}\delta^2}
\end{gathered} \tag{1-2}
$$

同样，当展向(或法向)空间尺度由毫米量级减小至10μm，与温度空间梯度平方有关的热传导将提高 10^4 倍。温度梯度增强，热传导作用增强。

3）界面方程中的表面张力梯度

朗道（Landau）方程[29]

$$\left[p_1 - p_2 - \alpha\left(\frac{1}{R_1} - \frac{1}{R_2}\right)\right]n_i = (\sigma_{1ik} - \sigma_{21ik})n_k + \frac{\partial \alpha}{\partial x_i} \tag{1-3}$$

式中，α 为表面张力。

由方程(1-3)右侧第二项看出，表面张力梯度将随着空间尺度减小而增大。表面温度分布不均匀或表面活化剂浓度分布不均匀，都会造成表面张力的切向梯度，这一梯度引起液滴或气泡的运动称为马兰戈尼（Marangoni）效应[30]。其他如包括热毛细流动（温度梯度）[31]、扩散毛细流动（浓度梯度）[32]、电毛细流动（表面电荷分布不均匀）[33]，均由相应的物理量梯度引起。甚至在多孔介质毛细管中，表面活化剂浓度分布不均匀，使得管中液滴或气泡表面张力沿长度方向变化，也会产生驱动压力差[34]。当毛细数 Ca 很小(10^{-6})时，毛细驱动压力差可比没有活化剂时提高 2 个数量级。

3. 低维化

维度是物理空间的描述，具有长度量纲 L；线段为长度一次方 L^1；面积为 L^2，体积为 L^3。与这些长度量相关的力分别称为线力 F_l、表面力 F_s 和体积力 F_v。当空间尺度缩小时，与长度相关的高阶量比低阶量的数值变小得更快，重要性相对降低。这就是人们常说的，当长度缩小时，表面力与体积力相比的影响更重要。可以预见，当尺度进一步减小，低维量如界面线张力，会逐渐显示其主导作用。

4. 多场耦合

实际流动中，要根据具体情况，在 N-S 方程中加入适当的体积力项。电解质溶液受到电场强度 $\boldsymbol{E}$ 的外电场作用时，N-S 方程中添加的电场力项为

$$\boldsymbol{F}_{\mathrm{v}} = \rho_e \boldsymbol{E} \tag{1-4}$$

式中，ρ_e 为流体中的体积电荷密度，单位为 C/m^3。如果向流体中加入磁性纳米粒子，就可以通过外磁场施加磁场力实现磁致混合等功能。此时 N-S 方程中添加的磁场力项可以写成

$$\boldsymbol{F}_{\mathrm{M}} = \eta(\boldsymbol{M}\nabla)\boldsymbol{H} \tag{1-5}$$

式中，η 为流体磁导率；$\boldsymbol{M}$ 为磁性粒子的磁性强度；$\boldsymbol{H}$ 为外加磁场强度。体积力可以源自电场、磁场力等的详细论述请见后续章节。

微尺度流动还具有其他特点，如流动时间历程变短，可观测的流动变化时间在

$10^{-3} \sim 10^{-8}$ s 之间，达到亚微秒。空间的观测尺度也接近了光学波长，到达亚微米。可观测快速变化也成为微流动的特点。

1.4 微流控芯片中的局部纳流控简介

纳流动是研究特征尺度在 1～100nm 范围内的流动。随着微纳加工技术发展，芯片尺寸已可以达到纳米范围，微流控逐步向微纳流控发展，也带动了纳流动的研究。近十年关于纳流动研究的文章按照每两年增加 1 倍的速度在发展，说明对纳流动研究需求的增长。本节将简要介绍纳流动特点。

纳米尺度下的流动研究并不陌生，在膜科学和胶体界面科学中早已开展了纳米孔或纳米粒子的研究。这些工作为目前的纳流动研究提供了很好的基础。与微流控相比，纳米流动的特点显然是特征尺度更小，受表面的影响更大，而且检测手段也更为复杂。纳流动特征尺度与液/固界面滑移长度可比，并开始接近液体分子尺度，使得流体力学的连续介质假设适用性和边界滑移问题更为显著。另一方面，流动特征尺度与液/固界面双电层的特征尺度相当，表面电荷及 Zeta 电位的作用将成为流动控制的重要因素，这一点已经由最近在纳流动研究的热点：粒子富集，纳流控整流器(nanofluidic diode) 和纳流控放大器(nanofluidic transistor)等应用作了很好的诠释[35]。纳流动的主要特点如下。

1. 连续流动与非连续流动的尺度界限

按照 1.2.1 节给出的方法，考虑当特征尺度从微米量级减小至纳米量级后流体的连续性。沿用 Kn 定义，对液体，文献[35]建议将 λ 定义为分子作用距离。设 λ 为 10 个分子长度，$Kn=1$ 为连续与非连续的分界，则液体特征尺度 $L \approx 3$nm。对 1nm^3 体积的流体，仅包含不到 50 个分子，显然从统计学角度，单个分子引起的涨落已经无法忽略了。基于这些分析，目前认为在 $L \geqslant 10$nm 情况下连续介质方程依然有效，而 $L < 10$nm 以下流动控制方程将以离散化的方程为主[23]。但在实验方面，Israelachvili[36]曾测量了 2nm 水膜，发现仍具有连续介质的扩散性质。同样，Bocquet 等[35]在其综述中对已有实验结果进行了分析，认为在大于 1nm 的尺度，连续介质力学的结论仍能适用。微纳流控的研究越来越逼近连续性假设适用的“极限”。

2. 表面力作用

纳米尺度下，管道特征尺度降低到 100nm 以下，接近壁面处属于范德瓦尔斯(van der Waals)力和库仑力的作用范围，在小于 10nm 范围，壁面化学键力的作用将无法忽略，线张力作用明显。这些影响暂归纳为以下三方面：双电层(EDL)、吸附和滑移作用,具体分析如下。

1)双电层的影响

根据微流控研究,液/固界面存在表面电荷(一般量级 1～10mC/m^2),固壁表面电荷与壁面附近的溶液离子电中性平衡,从而形成界面附近的双电层及其中的离子密度分布(见第 3 章)。密度分布造成近壁的某一种离子(正电荷或者负电荷)浓度增大;而在双电层外,体溶液不带净电荷。在纳米尺度下需要考虑双电层内离子密度分布的性质及因此而产生的与体溶液不同的导电性能。双电层常用德拜长度表征其特征尺度,而在纳流控中德拜长度与流动尺度相当,Dukhin 长度能更好地反映表面电荷的影响,其定义为 $L_{\mathrm{Du}}=\Sigma/\rho_{\mathrm{bulk}}$,其中,$\Sigma$ 为表面电荷数密度,ρ_{bulk} 为体溶液浓度。要研究表面电荷,传统常用的仅描述扩散层离子分布的 Gouy-Chapman 显得过于简单,需要引入 Stern 层来描述紧紧吸附于液/固界面的一层分子/离子。一个相关的例子是加在二氧化硅绝缘层的极化电压会改变二氧化硅表面 SiOH 团的化学平衡,引起液体质子释放或吸附并改变 Stern 层内的表面电荷密度,从而加强近壁流体的电导率。总之通过大量的实验和 MD 模拟,正在逐步揭示近壁纳米尺度内流动的细致结构对其对流动的影响。

2)吸附特性

纳米通道内分子(离子)横向自扩散更容易造成与壁面接触或碰撞,壁面的吸附性会影响自由分子的数量,对纳流动传输带来影响。吸附特征对液滴前驱线运动的影响已被观察到,表明除了物理作用力外还需要考虑壁面处化学吸附的作用。

3)滑移

微流动中已开展大量滑移边界条件的研究(见 2.4 节)。光滑疏水表面的滑移长度在 10～100nm 之间,正好是纳流动研究范围。最近文献报道的在纳米多孔介质材料或纳米管中发现流量显著增大,被认为正是滑移在发挥明显作用,虽然实验测量的误差仍需要仔细分析[37]。在纳尺度电渗流中,研究关心的是滑移所在的位置及滑移速度与双电层尺度 λ_{D} 和分子吸附长度 L 的关系。近来的研究显示,界面滑移会增大 Zeta 电位的绝对值,从而增强电渗流[38]。而滑移长度与表面电荷密度的相互关系也是现在一个有趣的研究课题。

3. 检测技术

纳米尺度流动实验比微米尺度流动实验难度更大:传统光学仪器分辨率受光波范围限制约在百纳米范围;微米尺度下还可采用的粒子示踪法,在纳米尺度下示踪粒子对流场的影响需要重新考虑。纳尺度流动观测的实验研究也伴随理论研究在开展。膜片钳技术已经可以对通过纳米管道的电流测量精确到皮安量级;利用近场显微镜,可观测距离表面到 10nm 范围的流场。

纳流动引人注目的主要应用在单分子操控、分子选择、生物分子组装等方面。

单分子操控是利用纳米通道将缠绕的DNA分子拉直,以便于对所构成肽链进行检测。还可以利用纳米孔穿透性,让DNA分子径直穿过,检测电流改变以判断分子性质[39]。利用微纳复合管道的浓差极化效应,将蛋白质富集,大大提高样品检测精度[40,41]。生物分子组装利用纳米通道限制分子自组装的方向和尺寸,获得特性分子,有可能成为材料制备中的新的手段[42]。纳流控二极管,利用纳米管道内活动离子穿越管壁表面电荷之间非对称静电相互作用产生的整流现象,可以用来分离和检测带电分子。总之,纳流控芯片可以提供更多的对分子或离子进行操控的方法,完成更复杂的功能。纳通道使得芯片集成度进一步提高,样品损耗减小,因此纳流控芯片有可能在未来芯片实验室发挥更大的作用[43]。

纳流控是微流控芯片的扩展,纳流控规律可能为芯片设计提供更好的改进和创新。但无论什么器件总要人去用,宏观尺度总得保持在人体适合操作的尺度上,因此纳流控一定要通过微操作系统才能与宏观尺度链接。无论芯片发展到何种程度,了解微流动规律仍是设计、优化芯片的必由之路。

1.5 本章小结

绪论首先阐述了有可能成为21世纪新的科学技术的微流控芯片实验室的发展过程和应用前景,然后介绍围绕微流控芯片设计而发展起来的微流体力学研究的框架、微流动的主要研究内容和特点及纳尺度流动简介。微流控芯片中的流体运动一般遵循流体力学基本理论,但芯片中复杂的流动现象促进了微尺度流体力学理论的发展,反之芯片设计与优化也依赖于对微尺度流动规律的理解。

本书主要针对微流控芯片中的流体流动现象与操控问题,以流体力学基本方程为基础,分析微流控芯片中的流动基本现象。章节的具体安排如下:简单介质流动按照驱动流动的主要梯度量——压力、电场、浓度和温度分为压力驱动流(第2章)、电驱动流(第3章)和传质与传热(第4章);复杂介质流动分为微管道内的液滴运动(第5章)、表/界面浸润(第6章)、粒子与细胞的运动(第7章)。为了使读者了解微流动的研究方法,增加了微尺度数值模拟(第8章)和微尺度流动测量(第9章)。各章先介绍相关流体运动方程,然后讲解基本物理概念和力学原理,同时介绍一些常用工程公式,最后给出几个应用实例,便于读者理解公式的使用。

参考文献

[1] 林炳承,秦建华. 微流控芯片实验室. 北京:科学出版社, 2006.

[2] 林炳承,秦建华. 图解微流控芯片实验室. 北京:科学出版社,2008.

[3] Manz A, Graber N, Widmer H M. Miniaturized total chemical analysis systems: A novel concept for chemical sensing. Sensors and Actuators B: Chemical,1990,1:244～248.

[4] McDonald J C, Duffy D C, Anderson J R, et al. Fabrication of microfluidic systems in poly(dimethylsi-

loxane). Electrophoresis, 2000, 21(1):27～40.

[5] Thorsen T, Maerkl S J, Quake S R. Microfluidic large-scale integration. Science, 2002, 298 (5593):580.

[6] Lin B C, Long Z C, Liu X, et al. Recent advances of microfluidics in mainland China. Biotechnology Journal, 2006,1(11):1225～1234.

[7] Wu D P, Qin J H, Lin B C. Electrophoretic separations on microfluidic chips. Journal of Chromatography A, 2008,1184(1/2):542～559.

[8] Whitesides G M. What Comes Next?. Lab on a Chip, 2011,11:191～193.

[9] Batchelor G K. Developments in microhydrodynamics//Koiter W. Theoretical and Applied Mechanics. New York: North Holland Publish Company, 1977.

[10] 严宗毅. 低雷诺数流理论. 北京:北京大学出版社,2002.

[11] Squires T M, Quake S R. Microfluidics: Fluid physics at the nanoliter scale. Reviews of Modern Physics, 2005,77: 977～1026.

[12] Tabeling P. Introduction to Microfluidics. Oxford:Oxford University Press,2005.

[13] Pfahler J, Harley J, Bau H, et al. Gas and liquid flow in small channels. ASME DSC, 1991, 32: 49～60.

[14] Ho C M, Tai Y C. Micro-electro-mechanical-systems (MEMS) and fluid flows. Annual Review of Fluid Mechanics,1998,30:579～612.

[15] Stroock A D, Dertinger S K W, Ajdari A, et al. Chaotic mixer for microchannels. Science, 2002,295: 647.

[16] Anna S L, Bontoux N, Stone H. A formation of dispersions using "flow focusing" in microchannels. Applied Physics Letters,2004, 82(3):364～366.

[17] Stone H A, Stroock A D, Ajdari A. Engineering flows in small devices: Microfluidics toward a lab-on-a-chip. Annual Review of Fluid Mechanics, 2004,36: 381～411.

[18] Darhuber A A, Troian S M. Principles of microfluidic actuation by modulation of surface stresses. Annual Review of Fluid Mechanics, 2005,37: 425～455.

[19] de Gennes P G. Polymers at an interface: A simplified view. Advances in Colloid and Interface Science, 1987,27: 189～209.

[20] Schoch R, Han J, Renaud P. Transport phenomena in nanofluidics. Reviews of Modern Physics, 2008, 80:839～883.

[21] van den Berg A,Craighead H, Yang P. From microfluidic application to nanofluidic phenomena issue reviewing the latest advances in microfluidic and nanofluidic. Chemical Society Reviews, 2010, 39(3): 948～956.

[22] 周光炯,严宗毅,许世雄,等. 流体力学. 北京:高等教育出版社,2000.

[23] Karniadakis G, Beskok A, Aluru N. Microflows and Nanoflows: Fundamentals and Simulation 29. New York: Springer Verlag,2005.

[24] DiCarlo D. Inertial microfluidics. Lab on a Chip, 2009, 9: 3038～3046.

[25] Teh S Y, Lin R, Hung L H, et al. Droplet microfluidics. Lab on a Chip,2008,8:198.

[26] de Gennes P G, Brochard-Wyart F, Quéré D. Capillarity and Wetting Phenomena: Drops, Bubbles, Pearls, Waves. New York: Springer Verlag,2004.

[27] Yuan Q, Zhao Y P. Precursor film in dynamic wetting, electrowetting, and electro-elasto-capillarity.

Physical Review Letters, 2010, 104: 246101.

[28] Ye N, Qin J, Shi W, et al. Cell-based high content screening using an integrated microfluidic device. Lab on a Chip, 2007,7: 1696～1704.

[29] Landau L D, Lifshitz E M. Fluid Mechanics. Oxford: Butterworth-Heinemann, 1998.

[30] Gallardo B S, Gupta V K, Eagerton F D, et al. Electrochemical principles for active control of liquids on submillimeter scales. Science, 1999, 283:57～60.

[31] Darhuber A A, Valentino J P, Davis J M, et al. Microfluidic actuation by modulation of surface stresses. Applied Physics Letters, 2003, 82:657～659.

[32] Bernstein J. Chemotropische bewegung eines quecksilbertropfens—zur theorie der amöboiden Bewegung. Pflügers Archiv European Journal of Physiology,1900,80: 628～637.

[33] Beni G, Hackwood S, Jackel J L. Continuous electrowetting effect. Applied Physics Letters, 1982,40: 912～914.

[34] Levich V. The damping of waves by surface-active substances I. Acta Physicochim URSS,1941,14: 307～328.

[35] Bocquet L, Charlaix E. Nanofluidics, from bulk to interfaces. Chemical Society Reviews, 2010,39: 1073～1095.

[36] Israelachvili J N. Intermolecular and Surface Forces. London: Academic Press,1992.

[37] Whitby M, Cagnon L, Thanou M, et al. Enhanced fluid flow through nanoscale carbon pipes. Nanoletter, 2008,8(9):2632～2637.

[38] Audry M C, Piednoir A, Joseph P, et al. Amplification of electroosmosis flows by wall slippage: Direct measurement on OTS surface. Faradic Discussion, 2010,146:113～124.

[39] Levy S L, Craighead H G. DNA Manipulation,sorting,and mapping in nanofluidic systems. Chemical Society Reviews,2010,39:1133～1152.

[40] Piruska A, Gong M J, Sweedler J V, et al. Nanofluidics in chemical analysis. Chemical Society Reviews,2010,39:1060～1072.

[41] Sung J K, Song Y A, Han J Y. Nanofluidic concentration devices for biomolecules utilizing ion concentration polarization;theory,fabrication,and applications. Chemical Society Reviews,2010,39:912～922.

[42] Samuel M, Jensen K F. Synthesis of micro and nanostructures in microfluidic systems. Chemical Society Reviews,2010,39:1183～1202.

[43] Mark D, Haeberle S, Roth G, et al. Microfluidic lab-on-a-chip platforms: Requirements,characteristics and applications. Chemical Society Reviews,2010,39:1153～1182.

第2章　微流控芯片压差流动

阿基米德(公元前287～公元前212),发现了流体静力学中的浮力定律,而流体运动的研究由伯努利(1700～1784)开始。达朗伯(1717～1783)尝试写出流体运动方程,而后欧拉(1707～1783)给出了非黏流的微分方程且沿用至今。基于柯西应力理论,纳维和斯托克斯完成了流体力学的黏流理论。宏观尺度下,这些方程可采用无滑移边界条件,但应用到微纳尺度流动中,要考虑滑移现象。

压差流动是微流控芯片中传输样品最常用的流动方式。压差驱动下的流体运动对生物样品影响小，驱动方式简单，有更好的生物兼容性。压力驱动适用于不同材料的管道，除高压条件下，不需要考虑热效应、管道变形等问题。这些优点使得压差驱动成为微流控芯片发展初期最为广泛采用的流动驱动方法，本书首先在这一章阐述微流控芯片中压差流动机理及其应用。

本章 2.1 节介绍连续介质流体力学基本方程组，包括连续性方程、纳维-斯托克斯方程及能量方程，并讲述了牛顿流体与非牛顿流体的区别。对流体受力仅包含压力梯度和黏性力的 N-S 方程，在层流条件下的简单流动可以获得一些解析解，如 2.2 节中介绍的矩形微通道流动。本章还介绍微流控芯片中低雷诺数的斯托克斯流动。2.3 节介绍微通道设计中流动参数的计算方法，包括简单截面的管道及复杂网络管道。壁面速度滑移在微尺度流动中可能有重要影响，2.4 节介绍边界速度滑移概念、影响因素及估算方法。本章最后以实用芯片为例，说明压差流动在微流控芯片中的应用。

2.1　连续介质流动方程组

2.1.1　连续性方程

基于质量守恒原理，流场中任一点流体密度满足连续方程为[1]

$$\frac{\partial \rho}{\partial t}+\nabla \cdot (\rho \boldsymbol{V})=0 \tag{2-1}$$

式中，ρ 为流体密度；$\boldsymbol{V}$ 为流体速度矢量。对定常流动 $\partial/\partial t=0$，连续方程(2-1)可以简化成

$$\nabla \cdot (\rho \boldsymbol{V})=0 \tag{2-2}$$

对不可压缩流体，ρ 为常数，连续方程(2-1)进一步简化为

$$\nabla \cdot \boldsymbol{V}=0 \tag{2-3}$$

在直角坐标系中，式(2-3)表示为

$$\frac{\partial u}{\partial x}+\frac{\partial v}{\partial y}+\frac{\partial w}{\partial z}=0$$

式中，x、y、z 表示坐标方向；u、v、w 为相应的速度分量。

由于微加工技术原因，微流控芯片中最常用的微通道为矩形截面微通道(简称矩形微通道)。截面宽度 w 比深度 h 大很多的宽浅型微通道 ($w \gg h$) 最为常见，也称之为狭缝微通道。微通道压强梯度、流量、能量损失之间的关系是微流控芯片

设计最关注的问题之一。流量是单位时间流体流过管道截面质量总量。由连续方程(2-1)对管道截面积分可以得到微通道流量。在定常流动时，管道流动的质量流量为

$$Q_m = \rho u A \tag{2-4}$$

式(2-4)表明，管道流量等于流体密度 ρ、平均流速 u 和管道截面积 A 的乘积。对于不可压缩流体(如液体)，体积流量可由式(2-4)简化为 $Q_v = uA$。

2.1.2 动量方程

根据动量守恒原理，流场中流体运动满足 N-S 方程[1]

$$\rho \frac{\partial \mathbf{V}}{\partial t} + \rho(\mathbf{V} \cdot \nabla)\mathbf{V} = -\nabla p + \mu \nabla^2 \mathbf{V} - \frac{2}{3}\nabla(\mu \nabla \cdot \mathbf{V}) + \rho \boldsymbol{f}_v \tag{2-5}$$

式中，p 为压力；μ 为动力学黏度；$\boldsymbol{f}_v$ 为单位质量流体的体积力。方程左侧为单位体积流体的惯性力。右侧第一项代表作用于单位体积流体所受的压强梯度；第二、三项代表单位体积流体所受的黏性力，包括黏性变形应力和黏性体膨胀应力；第四项表示单位体积流体受到与所含质量有关的力，如重力、电磁力等。

微流控芯片中的流动通常是不可压缩的各向同性的牛顿流体，密度和黏度为常数，N-S 方程(2-5)简化为

$$\frac{\partial \mathbf{V}}{\partial t} + (\mathbf{V} \cdot \nabla)\mathbf{V} = -\frac{1}{\rho}\nabla p + \mu \nabla^2 \mathbf{V} + \boldsymbol{f}_v \tag{2-6}$$

对理想流体(没有黏性的流体)，N-S 方程更进一步简化为欧拉(Euler)方程

$$\frac{\partial \mathbf{V}}{\partial t} + (\mathbf{V} \cdot \nabla)\mathbf{V} = -\frac{1}{\rho}\nabla p + \boldsymbol{f}_v \tag{2-7}$$

对式(2-7)沿流线积分，得到理想流体定常运动的伯努利(Bernoulli)方程

$$\frac{V^2}{2} + \frac{p}{\rho} + gz = C \tag{2-8}$$

式中，g 为重力加速度；z 为重力方向的高度。方程(2-8)各项带有$([L]/[T])^2$ 量纲，它的含义为单位质量流体所具有的动能、压力能和重力势能之和在流线上为一常数，因此伯努利方程(2-8)表示沿流线各点处流体机械能守恒。

> 注意：伯努利方程是从理想流体的运动方程导出，因而没有机械能损失。对有较大逆压梯度和强烈混合的流动，应考虑能量损失，见方程(2-9)。

2.1.3 能量方程

根据能量守恒原理，流场中流体能量守恒方程为[2]

$$\frac{\partial}{\partial t}\left(\frac{1}{2}\rho V^2+\rho e\right)=-\boldsymbol{\nabla}\cdot\left[\rho\boldsymbol{V}\left(\frac{1}{2}V^2+w\right)-\boldsymbol{V}\cdot\boldsymbol{S}-\kappa\boldsymbol{\nabla}T\right] \tag{2-9}$$

式中，e 是流体内能；w 是焓；$\boldsymbol{S}$ 为流体应变率张量；κ 是流体热传导系数。方程左边为单位体积流体的能量变化率，包括动能和内能。方程右边是能量流密度的散度，代表能量流密度的空间变化率，第一项表示除了流动造成的质量传递带来的能量变化；第二项代表流体黏性引起的内摩擦生热作用，是机械能耗散项；第三项代表流场中温度梯度引起分子扩散产生热传导的作用，与流动无关。微流控芯片内流体大多为不可压缩液体，根据连续方程(2-3)和热力学关系 $e=c_V T$，并忽略辐射热，则得到用温度 T 表示的能量方程

$$\rho c_V\left(\frac{\partial T}{\partial t}+\boldsymbol{V}\cdot\boldsymbol{\nabla}T\right)=\varphi+\boldsymbol{\nabla}\cdot(k\boldsymbol{\nabla}T) \tag{2-10}$$

式中，c_V 为流体比热容；方程右边第一项 φ 表示黏性耗散函数，是黏性应力摩擦生热所做的功；右边第二项是热传导，k 是流体热传导率。第 4 章将讲述能量方程(2-10)的应用。

2.1.4 牛顿流体与非牛顿流体

在研究微流控芯片流动时，经常会提到“牛顿流”和“非牛顿流”，这是对流体本构的描述。流体的本构是指流体微元所受应力与其发生的应变率之间的关系。这里简要讲述牛顿流体和非牛顿流体的区别[1]。

1. 牛顿流体

当流体受外力作用，流体微元上会受到正应力(沿微元表面法向)和剪应力(沿微元表面切向)的作用。在正应力和剪应力(或称剪切应力)作用下，流体微元在相应方向上发生正应变和剪切应变。实验发现，牛顿流体的两层流体间的剪切应力 τ 与剪切应变率 $\dot{\gamma}$ (与剪切力垂直方向上的速度梯度)成正比，其表达式为

$$\tau=\mu\frac{\partial u}{\partial y}=\mu\dot{\gamma} \tag{2-11}$$

式中，μ 为流体动力黏度系数，是剪切应力 τ 与剪切应变率 $\dot{\gamma}$ 的比例系数。牛顿流体的比例系数 μ 是流体物性参数，仅与流体的温度和压力有关。式(2-11)表明牛顿流体在给定剪切应力 τ 下的线性变形，是牛顿流体的本构方程。

2. 非牛顿流体

能满足上述公式的流体只是一些分子结构简单的流体。实验表明,很多流体的剪应力与剪切应变率之间不满足式(2-11),被称为非牛顿流体。非牛顿流体的应变率 $\dot{\gamma}$ 与剪应力 τ 的关系为 $\dot{\gamma} = f(\tau)$,不同流体有其具体表达式。为了与牛顿流体对比,定义了非牛顿流动的表观黏度 $\eta = \tau/\dot{\gamma}$。表观黏度 η 与牛顿流体的黏度系数 μ 有相同的量纲,但通常依赖于流体的应变率,甚至流体的运动过程。非牛顿流体可简单地分为三类:非时变性非牛顿流体、时变性非牛顿流体和黏弹性流体[1],下面简单介绍它们的特点。

1) 非时变性非牛顿流体

这类流体的表观黏度仅与应变率有关,与时间无关,即 $\eta = \eta(\dot{\gamma})$。比较常见的非时变性非牛顿流体的模型有幂律流体模型和宾汉(Bingham)塑性流体模型。幂律流体模型的剪应力与剪切应变率的关系为

$$\tau = \eta_0 (\dot{\gamma})^n \tag{2-12}$$

当 $n<1$,流体的表观黏度随剪切率增加而降低,称为剪切致稀流体(如图 2.1 所示)。常见的材料如啫喱、涂料等都属于剪切致稀流体;当 $n=1$,流体表观黏度与剪切率无关,即 $\eta = \eta_0$(常数),即为牛顿流体;当 $n>1$,流体表观黏度随剪切率增加而增大,称为剪切致稠流体。水和淀粉混合成的糨糊具有剪切致稠的性质。宾汉塑性流体模型的剪应力与应变率关系为

$$\tau = \tau_0 + \eta_0 (\dot{\gamma}) \tag{2-13}$$

该类流体的最大特征是存在屈服应力 τ_0,只有当应力超过它时,流体才会流动,因此具有可塑性。当剪应力较小的时候,宾汉流体呈现固体状特性,保持不动;当剪应力超过了屈服应力 τ_0 之后,流体呈现线性流动的特征,等同于牛顿流体,黏度为常数(如图 2.1 所示)。形成这种现象的原因是,宾汉流体内含有某些粒子或者大分子,它们在静止的状态下形成了一种微结构,只有剪应力足以破坏这种微结构时,流动才会开始。常见的宾汉流体有牙膏、涂料、油漆等。还有些流体在超过屈服应力 τ_0 作用发生变形(流动),但流体剪应力与应变率并非线性变化。

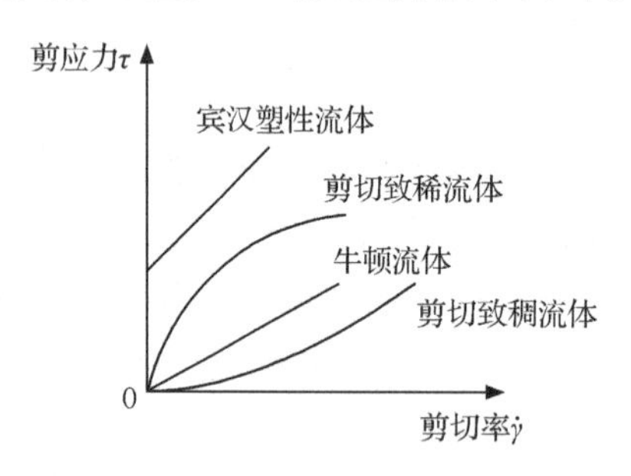

图 2.1 牛顿流体与非牛顿流体的剪应力与剪切率关系示意图

2）时变性非牛顿流体

这类流体的表观黏度不仅与应变率有关，而且与剪切作用持续时间有关。主要有触变体（如油漆）和触稠体（如石膏水溶液）。此类非牛顿流体的本构关系式只能依靠实验测定，尚没有一般的数学表达式。

3）黏弹性流体

这类流体特征是既具有黏性又具有弹性效应，总剪切应力为

$$\tau = \mu\dot{\gamma} + G\gamma \tag{2-14}$$

式中，μ 为流体的动力黏度系数；G 为剪切模量；γ 为剪切应变。显然线性黏弹性流体的黏性效应用牛顿黏性定律描述（方程右侧第一项），弹性效应用虎克定律描述（方程右侧第二项）。弹性与黏性不同，黏性有耗散作用，而弹性可以储存并释放再利用。当流体含有少量高分子或其他柔性粒子会增加流体的弹性。微流控芯片的尺度小，流动的剪切率容易提高，这将强化流体弹性的作用。在微流动混合中，可以利用流体弹性湍流增进混合，或进行流体整流（见 2.5.3 节）。

注意：非牛顿流体有与牛顿流体不同的流动特性，例如压力驱动的牛顿流体速度剖面为抛物线，而宾汉塑性流体速度剖面类似“柱塞流”，中心有一“固体核心”区，近管壁才出现速度梯度；黏弹性流体会有开口虹吸、出口膨胀等现象。

*2.1.5　连续性假设的适用性

绪论中已经提到，在微流动研究初期引人关注的理论问题之一是连续性假设的适用性。上述流体质量守恒、动量守恒和能量守恒的方程组的成立，基于一个最基本的假设是连续介质假设，即假设物质连续地、无间隙地分布于物质所占有的整个空间，流体宏观物理量是空间点及时间的连续函数[1]。

气体动力学中判断连续介质假设成立与否的无量纲数为 Knudsen 数。当 $\lambda \ll L$ 时，连续介质假设成立。而液体分子间的结构至今尚不清楚，难以确定分子自由程的大小。但宏观流动的尺度远远大于流体分子或流体微团的尺度，流体分子间距或分子特性并未显示出来，连续性假设的正确性从未遭到怀疑[3]。

而微机电系统和微加工技术的发展提供了观测微米尺度管流的机会，人们可以测量微管道中流量与压力关系。如 Pfahler 等[4]用微米管道（直径为 100μm）测量流体阻力系数。按照宏观流动理论，在低雷诺数下黏性流体圆管道层流的阻力系数 f 与雷诺数 Re 乘积为常数 64（见 2.3.1 节），但实验发现这个乘积并不等于 64。许多实验室先后开展了实验，所用微管道管径从 1.6μm 到 1mm[5]。在注意到控制实验不确定度等实验条件后，实验结果趋于统一。例如，Adrian 等[6]用 200μm～1mm 圆管进行液体流量测量实验，雷诺数为 100～2000。他们发现，fRe

值与传统流体动力学结果接近。Cui 等[7]用 2.9～10μm 石英圆管对三种不同液体进行实验,发现对液体黏度经过高压修正后,在 $Re < 10$ 的范围,N-S 方程很好地描述了流量与压力关系。由于压力驱动流的圆管道流量与直径 4 次方成正比。随管径缩小,保持相同流量所需的压力梯度将非线性快速增加。管道变形、黏度随压强修正变化等因素极大影响流动测量的不确定度。

而对于纳米尺度的流动,由于受实验条件的限制,目前可靠的实验结果还不多。根据表面力仪(surface force apparatus)的实验结果,当受限液体的特征尺度减小到几个纳米时,连续介质假设仍适用[8]。但近来有报道发现,在 10～100nm 的纳流道中(如碳纳米管),流体的流量大于经典流体力学的理论预测,这可能与流动的滑移边界条件有关,这方面的内容将在 2.4 节中讨论。

2.2 典型流动

上节介绍了连续介质流体方程组,包括连续性方程、动量方程和能量方程,并从应力与应变率关系说明牛顿流体和非牛顿流体的区别。流体力学方程组含有非线性项,在求解方程时需要采用数值方法(见第 9 章),有一定难度。但对一些简单的流动问题,非线性项等于零,线性化方程可以得到精确解析解[9]。本节将介绍这一类典型流动,如宽浅型的狭缝微通道流动可简化为二维流动(见 2.2.1 节),充分发展的定常管道流动(见 2.2.2 节)以及低雷诺数的斯托克斯流动(见 2.2.3 节)。

黏性流体的运动有两种状态:层流和湍流。层流是层次分明、互不混合的流动状态,而湍流是杂乱无章、互相混合的流动状态。湍流中的流动物理量在空间和时间上都是随机涨落的,描述湍流运动需要引入近似模型,本节仅就层流运动进行讨论。

2.2.1 二平板间的流动

微流控芯片中狭缝微通道流动可以近似为两无限长平行平板间隙流动,如图 2.2所示。平板间隙充满黏度为 μ 的均质不可压流体。上板面以速度 U 沿 x 方向匀速运动,下板面静止。只有沿平板方向(x)的流动速度 u,它的大小只沿间隙厚度方向(y)变化,动量方程简化为

$$0 = \frac{\mathrm{d}p}{\mathrm{d}x} - \mu \frac{\mathrm{d}^2 u}{\mathrm{d}y^2} \tag{2-15}$$

流动速度 u 为

$$u(y) = \frac{U}{2h}(y+h) + \frac{1}{2\mu}\frac{\mathrm{d}p}{\mathrm{d}x}(y^2 - h^2) \tag{2-16}$$

式中，$\mathrm{d}p/\mathrm{d}x$ 是沿流动方向的压强梯度；h 是平板间隙半高度(如图 2.2 所示)。当 $\mathrm{d}p/\mathrm{d}x=0$，速度为

$$u=\frac{U}{2h}(y+h) \tag{2-17}$$

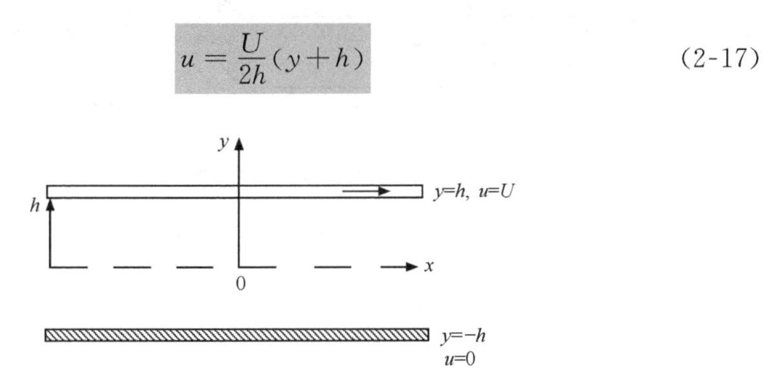

图 2.2　平板间隙流动示意图

此时没有压强梯度，仅由两板的相对运动而引起的流动，称为简单库埃特流。

当 $U=0$，而 $\mathrm{d}p/\mathrm{d}x\neq 0$，则

$$u=\frac{1}{2\mu}\frac{\mathrm{d}p}{\mathrm{d}x}(y^2-h^2) \tag{2-18}$$

此时，上、下板都静止不动($U=0$)，流体在 x 向压强梯度作用下引起的运动，称为泊肃叶(Poiseuille)流动，其速度剖面是上下对称的抛物线形(如图 2.3 所示)。

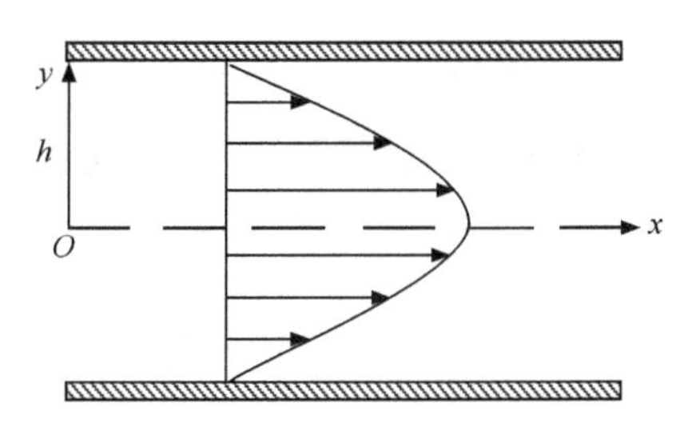

图 2.3　泊肃叶流速度剖面示意图

式(2-18) 可以表示微流控芯片狭缝微通道 ($w\gg h$) 的速度特性，微通道体积流量为

$$Q_v=-\frac{2wh^3}{3\mu}\frac{\mathrm{d}p}{\mathrm{d}x} \tag{2-19}$$

式中，w 是微通道宽度；h 是半深度。而对一个矩形微通道 $-a\leqslant y\leqslant a$，$-b\leqslant z\leqslant b$，如图 2.4 所示。

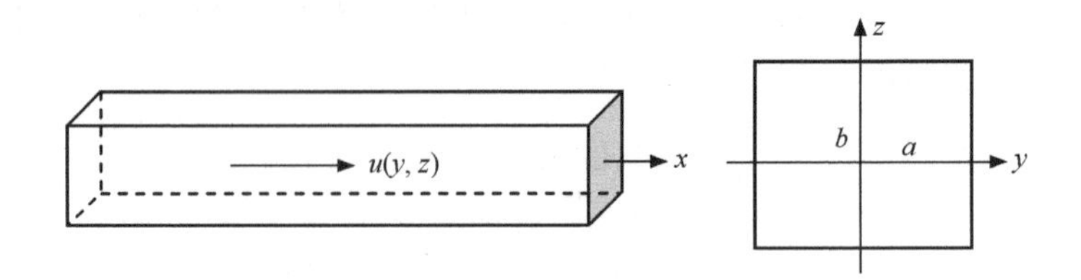

图 2.4　无限长均匀矩形微通道示意图

矩形微通道压差层流流动速度为[12]

$$u(y,z)=\frac{16a^2\Delta p}{\pi^3\mu L}\sum_{n=1,3,5,\cdots}^{\infty}\frac{1}{n^3}\left[1-\frac{\cosh\left(n\pi\dfrac{y}{2a}\right)}{\cosh\left(n\pi\dfrac{b}{2a}\right)}\right]\sin\left(n\pi\frac{z}{2a}\right) \tag{2-20}$$

式中，a 为管道半宽；b 为管道半高；L 为管道长度。微通道体积流量为

$$Q_v=\int_{-a}^{a}\int_{-b}^{b}u(y,z)\mathrm{d}y\mathrm{d}z=\frac{ba^3\Delta p}{6\mu L}\left[1-\sum_{n=1,3,5,\cdots}^{\infty}\frac{1}{n^5}\frac{192}{\pi^5}\frac{a}{b}\tanh\left(n\pi\frac{b}{2a}\right)\right] \tag{2-21}$$

式(2-21)可以近似简化为 $Q_v=\frac{a^3b\Delta p}{6\mu L}\left(1-0.63\frac{b}{a}\right)$。

2.2.2　无限长直圆管中的黏性流动

对于横截面为任意形状的等截面无限长直管，流动特征是只有沿流向的速度 $u=u(y,z)$，动量方程简化为

$$\mu\left(\frac{\partial^2 u}{\partial y^2}+\frac{\partial^2 u}{\partial z^2}\right)=\frac{\mathrm{d}p}{\mathrm{d}x} \tag{2-22}$$

当截面形状为圆形，速度解为

$$u=\frac{1}{4\mu}\frac{\mathrm{d}p}{\mathrm{d}x}(r^2-r_0^2) \tag{2-23}$$

式中，r_0 是圆管半径。管道体积流量为

$$Q_v=-\frac{\pi r_0^4}{8\mu}\frac{\mathrm{d}p}{\mathrm{d}x} \tag{2-24}$$

最大管流速度 $u_{\max}=-(pr_0^2/4\mu)$，平均流速为 $\bar{u}=u_{\max}/2$。上述泊肃叶管流公式在微流控流动中经常使用。

2.2.3 斯托克斯流动

由于微流控芯片的流动是低雷诺数流动，流体对流加速度可以被忽略，N-S方程简化为斯托克斯(Stokes)方程。满足斯托克斯方程的流动称为斯托克斯流，对微小圆形颗粒在流体中缓慢运动，也可以当做斯托克斯流处理，因此本节先介绍斯托克斯方程，然后给出颗粒的阻力公式。

1. 斯托克斯方程[10]

N-S方程(2-6)左边描述了流体惯性作用，它包括两项：流场中微元自身速度随时间的变化、微元在流场中迁移引起的速度空间变化。方程右边三项分别表示流体微元受到的作用力，包括压强、黏性及体积力作用。要比较这些项之间的大小，首先要把它们无量纲化。如同比较两个长度 $L_1=1\text{cm}$ 和 $L_2=1\text{m}$，我们选用同一长度(如1mm)将它们转换为没有量纲的量，$1\text{cm}/1\text{m}=0.01$，而 $1\text{m}/1\text{m}=1$，这样很清楚地得出 $L_1<L_2$。选用同一量去度量某物理量的方法就称为对该物理量进行无量纲化，而所选的同一量在物理上称为特征量。为了比较N-S方程惯性力、黏性力的大小，我们引入特征长度 L、特征时间 t^* 和特征速度 u：

$$\frac{\text{惯性项}}{\text{黏性项}}=\frac{(u\cdot\nabla)u}{\mu\nabla^2 u}\propto\frac{UL}{\nu} \tag{2-25}$$

当 Re 趋于零，且没有体积力时，N-S方程简化为

$$\frac{\partial\mathbf{V}}{\partial t}=-\frac{1}{\rho}\nabla p+\nu\nabla^2\mathbf{V} \tag{2-26}$$

如果流动为定常或准定常，可忽略式(2-26)左侧速度时间变化率，则得到

$$0=-\nabla p+\mu\nabla^2\mathbf{V} \tag{2-27}$$

此式称为斯托克斯方程。

斯托克斯流动是黏性流体的定常或准定常流动在雷诺数 $Re\to 0$ 的极限情形下的一种近似模型。从雷诺数的定义($Re=UL/\mu$)看出，当流速 U 较小，或流动特征尺度 L 较小，或流体黏度 μ 较大时，都可以使雷诺数变小，而近似为斯托克斯流。但并非仅限于上述情况，还包括这三个量合起来构成的雷诺数很小。当然，在微尺度的流动，主要是因为特征尺度 L 减小而造成雷诺数的减小。

> 注意：在 $Re\to 0$ 特征条件下，流场运动学参量(速度、流线等)与流体黏度 μ 和密度 ρ 无关，也不依赖于流动的历史，只与瞬时的边界条件有关。流场的动力学量，如压力、应力等，只与黏度系数 μ 有关，与密度 ρ 无关。

2. 圆形粒子的斯托克斯阻力公式

根据斯托克斯公式，圆球在静止、无界流场中缓慢运动（雷诺数 $Re = U_0 a/\nu \ll 1$）所受阻力为

$$F_x = -6\pi\mu U_0 a \tag{2-28}$$

式中，U_0 是圆球运动速度；a 是球的半径。此公式表明，球在黏性流体中平移所受阻力与球平移的速度、流体的黏度系数和球半径成正比。对半径为 a 的薄圆盘所受阻力为

$$F_x = -k\mu U_0 a \tag{2-29}$$

式中，k 为修正系数。当圆盘正面朝前运动（迎风），$k=16$；当圆盘侧缘朝前运动，$k=32/3$。对与球形相差不多的沙粒、大分子、细胞等，均可以用上述公式计算它们运动阻力。

1911 年，列勃钦斯基和哈达玛分别独立解决了黏度系数为 μ_i 的球形液滴被另一种不相掺混的液体（μ_0）绕过时，液滴所受的阻力为[11]

$$F_x = -6\pi\mu_0 U_0 a \frac{1+\dfrac{2\mu_0}{3\mu_i}}{1+\dfrac{\mu_0}{\mu_i}} \tag{2-30}$$

当液滴被气流绕过时，$\mu_0 \ll \mu_i$，此时 $F_x \approx -6\pi\mu_0 U_0 a$，正是相同半径固体球的斯托克斯公式；当气泡被液体绕过时，$\mu_0 \gg \mu_i$，气泡受到的阻力 $F_x = -4\pi\mu_0 U_0 a$，仅为固体球受阻力的 2/3。

斯托克斯流在 $Re \to 0$ 极限情况下成立，但只要有流动，雷诺数不可能为 0，因此斯托克斯公式的局限性在运动物体的远场表现出来。1910 年由奥森提出修正方法。另外，上述公式没有考虑非圆形截面粒子的阻力计算，有兴趣者可参考文献[10]。

2.3 管道流动参数计算

在微流控芯片设计时，经常要计算微管道流量、速度或能量损失等参数。本节介绍一些常用的流量（速度）工程计算公式。

2.3.1 管道能量损失计算公式

由于流体黏性作用，流体与管道内壁的摩擦及管道截面形状变化都会引起流

体机械能损失，而 2.1 节提到的伯努利方程(2-8)并未考虑能量损失。工程上常采用的计算光滑管道能量损失 h_f 的公式为[9]

$$h_f = f\frac{L}{d}\frac{u_m^2}{2g} \tag{2-31}$$

式中，h_f 表示单位质量流体通过管道时的机械能损失，也称为水头损失，单位为 m；L 为管道长度；d 为管道内径；u_m 为平均流速；g 为重力加速度；能量损失系数 f 与 Re 有关。圆管道层流的损失系数为

$$f = \frac{64}{Re} \tag{2-32}$$

显然，在圆管道层流流动时，能量损失系数 f 与 Re 乘积为常数 64。描述管道流动损失和雷诺数关系的无量纲数也可称为泊肃叶(Poiseuille)数，其定义为

$$Po = \frac{1}{4}fRe \tag{2-33}$$

式中，雷诺数 $Re = u_m d/\nu$ 。在圆管道层流条件下，$Po=16$。

对于水平放置的管道，沿程水头损失主要表现为压强水头的变化，可表示为

$$\frac{\Delta p}{L} = f\frac{1}{d}\frac{\rho u_m^2}{2} \tag{2-34}$$

如果已知所设计管道的平均流速，计得 Re，利用式(2-32)计得阻力损失系数 f，再用式(2-34)估算所需的压力降。

2.3.2　管道流量公式

1. 圆管

由 2.2 节给出的二维圆管泊肃叶公式(2-24)可知，流量计算公式为

$$Q = \frac{\pi d^4 \Delta p}{128\mu L} \tag{2-35}$$

式中，Δp 为压差；d 为圆管直径；L 为管长；μ 为黏度。在芯片设计时，如果已知所需要的流量、管道长度和直径，根据式(2-35)可以计算所需压差。管流平均速度公式为

$$\overline{U} = \frac{Q}{A} = \frac{d^2 \Delta p}{32\mu L} \tag{2-36}$$

2. 方管

对高度为 h、宽度为 w 的矩形截面微管道，当 $w \gg h$ 时，可以近似估计流量为

$$Q = \frac{wh^3 \Delta p}{12\mu L} \tag{2-37}$$

不满足 $w \gg h$ 的条件时，White 给出的计算流量近似公式[12]为

$$Q = \frac{8\Delta p h^3 w^3}{\mu L (h + w)^2 g(\alpha)} \tag{2-38}$$

式中，$\alpha = h/w$，为管道高宽比；系数 $g(\alpha)$ 的表达式为 $g(\alpha) \sim 96 - 130\alpha + \varepsilon(\alpha^2)$。

为简化起见，也可以先求管道截面的水力学直径 $d_h = \dfrac{2wh}{w+h}$，然后代入上述圆管公式，计算其管道流量和平均流速等。式(2-38)是计算方管流量式(2-21)的工程近似。

2.3.3 管道截面尺寸对流量的影响

微流控芯片复杂管道设计中，当管道需要连接其他部件时，管道截面沿流动方向变化，如管道扩张、收缩或分流。此时需要考虑管道截面尺寸变化对流动参数的影响。目前尚缺乏复杂微管道的实验数据，本节介绍宏观水力学实验数据，供参考[13]。

1. 收缩/扩张管道

当样品从储液池流入圆管或测试腔，流道的截面尺寸会突然增大或缩小(如图 2.5 所示)。按照流体力学连续性方程，当流道截面 A 减小时，流速 u_m 将增大。根据 2.2 节式(2-31)，速度增大将引起水头损失增加，因此管道设计时应该考虑管道截面变化引起流动损失。

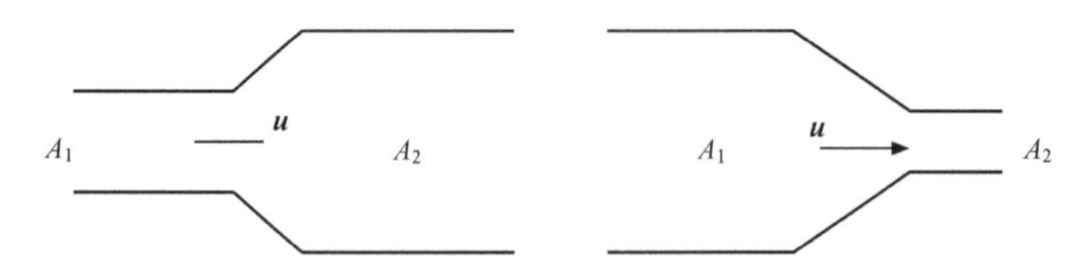

图 2.5 扩张和收缩管道示意图

变截面管道的能量损失计算公式为[13]

$$h_l = \zeta \frac{u_{m2}^2}{2g} \tag{2-39}$$

对急剧扩张管，按照 Borda-Carnot 公式，能量损失系数为 $\zeta=(1-A_1/A_2)^2$。对急剧收缩管，用收缩系数 $C=A_1/A_2$ 和管道在窄截面处的流速 u_{m2} 表示能量损失 h_l。其中能量损失系数 $\zeta\approx0.5\left(1-\frac{A_2}{A_1}\right)$。表 2.1 给出实验测出的急剧收缩管的收缩系数和相应的能量损失系数。显然，当管道截面均匀，$A_1/A_2=1$ 时，能量损失系数 $\zeta=0$，即没有损失。

表 2.1 急剧收缩管的收缩系数和能量损失系数[13]

A_2/A_1	ζ	A_2/A_1	ζ
0.1	0.41	0.6	0.18
0.2	0.38	0.7	0.14
0.3	0.34	0.8	0.089
0.4	0.29	0.9	0.036
0.5	0.24	1.0	0

2. 分叉管道

分叉管道的损失可以按照合流或分流两种流动状态考虑。对于合流管道（如图 2.6 所示），分支管道与主流管道的面积比、流量比分别为 $C_1=A_1/A_3$，$C_2=A_2/A_3$，$\chi_1=q_1/Q$，$\chi_2=q_2/Q$，其中 A 为管道截面积，q 和 Q 为流量。水流在管段 2～3 连接，合流管道能量损失系数为[13]

$$\zeta_{2,3}=\frac{h_{2,3}}{\frac{v_3^2}{2g}}=\chi_1\left[1+\left(\frac{\chi_1}{C_1}\right)^2\right]+\chi_2\left[1+\left(\frac{\chi_2}{C_2}\right)\right]^2+\frac{2\chi_1^2}{C_1}\cos\alpha \tag{2-40}$$

式中，α 为管道分叉角；$h_{2,3}$ 为合流管道能量损失。

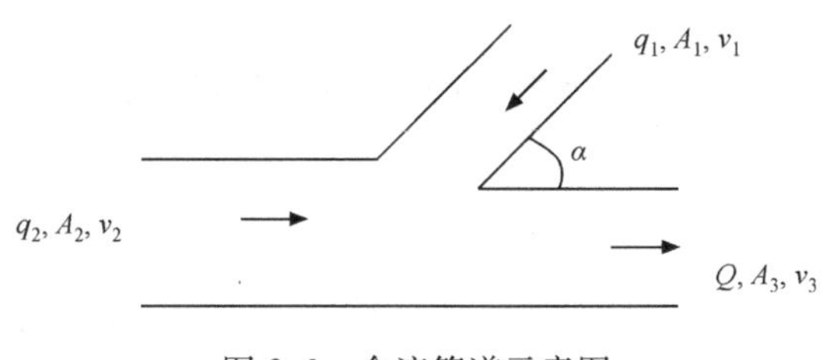

图 2.6 合流管道示意图

对于分流管道（如图 2.7 所示），水流在管段 3～1 分流，合流管道能量损失系数为 $\zeta_{1,3}=\frac{h_{1,3}}{v_1^2/2g}$。具体参数参考表 2.2。

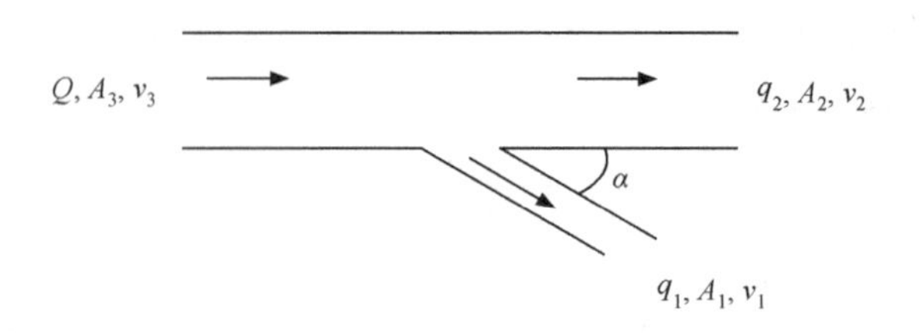

图 2.7 分流管道示意图

表 2.2 分流管道不同流量比下的速度比、能量损失系数[13]

参数	$\frac{q_1}{Q}$								
	0.3			0.5			0.7		
α	90	60	45	90	60	45	90	60	45
$\frac{v_1}{v_2}$	0.3	0.8	0.9	0.5	0.8	0.9	0.7	0.7	0.7
$\zeta_{1,3}$	0.76	0.59	0.35	0.74	0.54	0.32	0.88	0.52	0.30

2.3.4 复杂管网的流量计算

1. 多孔材料管道的流量计算(达西定律)

当微流控芯片采用凝胶或膜材料时,样品流过的流道没有确定的截面形状。为了确定流量,可将材料当做多孔介质处理,采用达西(Darcy)定律计算整体流量

$$q=-\frac{k}{\mu}\nabla p,\ \nabla\cdot\dot{q}=0 \tag{2-41}$$

式中,q 为单位截面的流量;k 为介质渗透率;μ 为流体动力黏度。该公式为斯托克斯方程在管道中垂直流速的截面处的积分,引入了截面参数。

注意:式(2-41)来自斯托克斯方程,因此只适于低雷诺数流动。

2. 网状结构管道的流量计算

Song 等[14]设计了一个层级结构的微通道,模拟人工肺结构。在通道中分布着液体段,模拟气管中存在液体阻塞,相当于肺炎或呼吸窘迫综合征的情况。图 2.8 中灰色部分为气体,白色部分为气管中的液体。实验使用的管道高为 50μm,第一级宽度为 $w_i=720\mu$m,各级宽度为 $w_{i+1}=0.83w_i$,各级长度关系为 $L_{i+1}=0.6L_i$。如果气管第 i 层中有一段液柱,则管道的流量压力关系为

$$p_i = R_i L_i N_i Q_i \tag{2-42}$$

式中，L_i 为液柱长度；R_i 为阻力；i 为管道的层级；N_i 为第 i 层分支数量。如果气管中有两段液柱，而且液柱在不同层（i 或 j），则管路的流量为

$$Q = \frac{p}{R_i^1 L_i^1 + R_j^2 L_j^2} \tag{2-43}$$

其中，上标 1 和 2 表示两段液柱的编号；i 和 j 表示液柱所位于的层级。

当气管中有一段液柱时，管道阻力随液柱所在的层级而变化，液柱所处层级越高，表示位于末梢管道层级阻力越小（如图 2.9 所示）。

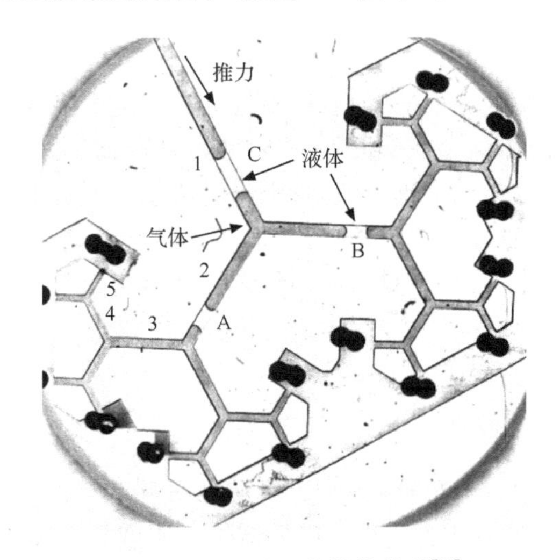

图 2.8　人工肺网状结构管道[14]

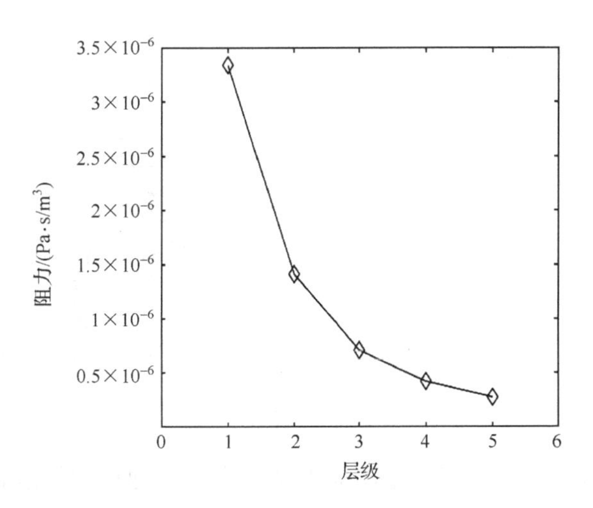

图 2.9　阻力随层级变化[14]

3. Starling 定律

当膜内外有介质交换而需要计算跨膜流动时，可考虑 Starling 定律[10]

$$v_{\mathrm{n}} = k(\Delta p - \Delta \Pi) \tag{2-44}$$

式中，v_{n} 为膜表面法向速度；Δp 为膜内外流体压差；$\Delta \Pi$ 为渗透压差；k 为膜的渗透系数。

以上计算公式均为光滑壁面管道，如考虑边界的影响请参考 2.4 节。

2.4 边界条件

流体流经固体会受到表面的影响，边界处的流体速度要逐渐趋于壁面的速度。如果物体表面静止，流体速度在壁面处一般为零。但微尺度下流动实验发现，有时管道流量的实验测量值会大于理论值，特别当管道壁面由疏水材料制作，实验流量会明显增加，这可能是边界滑移的影响。2.1 节阐述了流体力学的基本方程组，本节将介绍相应的边界条件，特别是滑移边界条件及影响因素。

2.4.1 滑移边界条件

1. 两种边界条件的提出

在经典流体力学中，边界条件分为无滑移和滑移两种。无滑移边界条件由伯努利在 1738 年提出[15]，他认为紧靠壁面处流体的速度与固体表面的速度一致，二者不存在相对运动(如图 2.10(a)所示)。

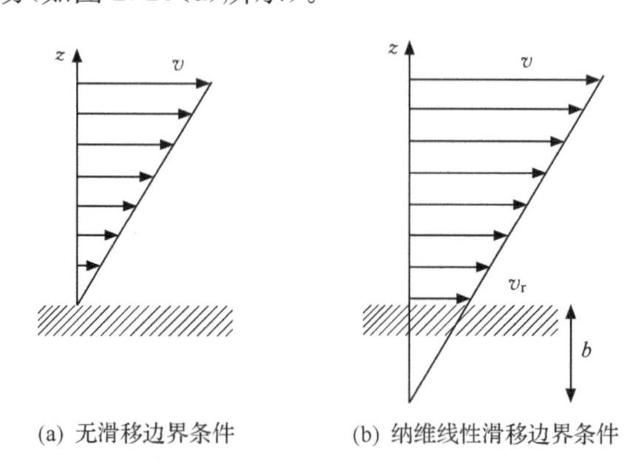

图 2.10　两种不同的边界条件示意图

而纳维于 1823 年提出了线性滑移边界条件[16]。他认为靠近物体表面的流体速度不为 0，存在一个滑移速度 u_{slip} (图 2.10(b)中的 v_{r})，滑移速度的表达式

$$u_{\text{slip}} = b\frac{\partial u}{\partial z}\Big|_{\text{wall}} = b\dot{\gamma}_{\text{w}} \tag{2-45}$$

式中，b 为滑移长度，表示滑移速度滞止为零所对应的沿壁面法向的长度；$\dot{\gamma}_{\text{w}}$ 为壁面处流体剪切率。纳维认为 u_{slip} 与 b 成线性关系。如果在界面上剪应力连续，固体表面的剪应力 τ_{solid} 等于液体表面的剪应力 τ_{fluid}。依据 Brillouin[17] 提出的液/固界面剪切应力表达式

$$\tau_{\text{solid}} = ku_{\text{slip}} \tag{2-46}$$

又由牛顿流体剪应力公式

$$\tau_{\text{fluid}} = \mu\dot{\gamma}_{\text{w}} \tag{2-47}$$

联立式(2-45)～式(2-47)，得到滑移长度的表达式

$$b = \mu/k \tag{2-48}$$

式中，k 为摩擦系数；μ 为流体的黏度。这里需要注意的是，此处的摩擦系数 k 与我们通常所用的摩擦系数并不一样，常用的摩擦系数 $k_0 = F_{\text{f}}/N$，是摩擦力与正压力的比值，是一个无量纲量，而式(2-46)、式(2-48)中的 k 的单位为 $\text{kg}/(\text{s}\cdot\text{m}^2)$。

尽管滑移边界条件很早提出，但滑移长度可能的量级为微米甚至纳米，对特征尺度为毫米以上的宏观流动影响很小，因此无滑移边界条件一直被广泛采用着。直到微流控芯片出现，需要研究微米特征尺度甚至更小的纳米尺度流动，滑移现象常常被观察到，对滑移边界条件的研究重新受到重视。

2. 影响边界滑移的因素

从滑移边界条件的公式(2-45)可以看出，滑移速度与流体剪切率有关。式(2-48)分析表明，滑移长度与壁面和流体的性质有关，因此影响滑移的因素主要包括流体剪切率、表面亲(疏)水性、粗糙度等物理化学性质和液/固界面的纳米气层等，下面分别予以介绍。

1) 流体剪切率

Thompson 等[18]通过分子动力学模拟发现滑移长度和剪切率存在非线性关系，即

$$b = b_0(1-\dot{\gamma}/\dot{\gamma}_{\text{c}})^{-\frac{1}{2}} \tag{2-49}$$

式中，b_0 是滑移长度极限值；$\dot{\gamma}_{\text{c}}$ 为剪切率临界值。式(2-49)表明，当剪切率 $\dot{\gamma}$ 接近临界值 $\dot{\gamma}_{\text{c}}$ 后，滑移长度 b 将会显著偏离其极限值 b_0，但模型给出的临界剪切率 $\dot{\gamma}_{\text{c}}$ (10^{11}s^{-1})很高，目前的实验难以达到，该结论尚未验证。Joseph 等[19]的实验发现，在 100～1000s^{-1} 剪切率范围内，滑移长度（实验结果 $b<100\text{nm}$）不受剪切率的影

响。而 Choi 的实验结果显示[20]，对于亲水表面，滑移长度与剪切率无关，但对于疏水表面，当剪切率大于 $\dot{\gamma}_c>50000s^{-1}$后，滑移长度随剪切率增大。Huang 等[21]在 OTS 光滑疏水壁面附近用 TIRV 测量近壁速度，发现在剪切率 $\dot{\gamma}_c=200\sim2000s^{-1}$的范围内，滑移长度随剪切率增大。因此亲水表面上剪切率对滑移长度的影响较小，而疏水表面剪切率对滑移长度的影响明显。

2）表面亲/疏水性

固体表面对液体表现出不同的浸润特性（见 6.1 节），这里仅分析表面亲/疏水性对滑移的影响。表面亲/疏水性与固体表面能有关，也就是液体与固体分子之间的相互作用强弱有关。对于亲水表面，即接触角 $\theta<90°$，较强的液固相互作用会限制液体的滑移，而对于疏水表面（$\theta>90°$）恰恰相反。目前已有的实验结果也表明，光滑的疏水表面滑移长度确实增大，但是不同的实验测量方法，得到的滑移长度结果并不相同[8,19,22,23]。通过 SFA/AFM 等技术，在光滑疏水表面可测得滑移长度约 10nm，而在光滑亲水表面的滑移长度接近 0。而通过 MicroPIV 等粒子示踪测速方法，在不同表面得到的滑移长度分别要大近 1 个量级[8]。粒子示踪测速方法由于示踪粒子的影响，有可能得到偏大的测量结果。综合不同测量方法的实验结果，可以认为，光滑亲水表面基本没有滑移，而光滑疏水表面的滑移长度约10～100nm。

3）表面粗糙度

实际的固体表面，不可能是完全光滑的，总会存在一定程度的粗糙度。Zhu 等[24]在 6 种不同表面粗糙度，但具有相近表观接触角的表面上（均方根粗糙度 0.2～6.0nm）的实验发现，存在着一个临界粗糙度（约 6nm 均方根粗糙度）。当粗糙度小于此值时，可以忽略粗糙度的影响，而大于此值时，粗糙度将减弱滑移。Gelea 等[25] 的实验结果则显示，如果液体分子尺度与粗糙度相当，无滑移边界条件适用；反之，如果液体分子尺度远小于或远大于粗糙度，则滑移边界条件适用。特别当疏水表面存在着相对较大尺度（100nm～10μm）的粗糙度时，表面具有超疏水性，将会引起较大的滑移长度。这些实验中，表面粗糙度的作用往往伴随着表面亲/疏水性改变或纳米气泡的影响，所以对表面粗糙度作用进行分析时仍需综合考虑其他因素的影响。

4）表面双电层

两物体接近到一定的距离，会产生静电作用。如果液体和固体接触，在固体表面会形成双电层（见 3.1 节）。微流控中常常使用缓冲液，这种带有离子的溶液将影响壁面双电层及液体中离子的近壁分布。特别在电渗流动中，滑移对 Zeta 电位有影响[26]，而且滑移面位置也是正在研究的问题。

5）纳米气层

液固接触的状态显然会影响流体相对壁面的滑移，纳维提出滑移公式时尚未考虑这点，但微流动的研究揭示出其影响。2002 年诺贝尔物理奖获得者 de Gennes[27]最先提出了一个模型，解释了壁面存在的纳米气膜使滑移增强的机理，推导出滑移长度表达式：

$$b = -h + \frac{\mu}{\rho v_x} \approx \frac{\mu}{\rho v_z},\ v_z = \frac{v_{\mathrm{th}}}{(2\pi)^{1/2}},\ v_{\mathrm{th}}^2 = \frac{k_{\mathrm{B}} T}{m} \tag{2-50}$$

式中，v_z 为气体分子沿壁面法向的速度；μ 为液体黏度系数；ρ 为流体密度；k_{B} 为玻尔兹曼(Boltzmann)常量；m 为分子质量。代入分子热力学运动速度 $v_{\mathrm{th}}=300\mathrm{m/s}$，$\rho=1\mathrm{g/cm^3}$，$\mu=10^{-3}\mathrm{Pa\cdot s}$，从而估算滑移长度 $b=1\sim10\mu\mathrm{m}$。同时，Attard 等[28]通过原子力显微镜发现了这层纳米气层。这层气膜在表面上呈不规则网状分布，厚度达 30nm，曲率半径 100～300nm，存在的时间可达到 1h。但根据拉普拉斯公式，界面上纳米气泡或气膜的毛细压力将是一个很大的值，气泡或气膜的稳定性一直难以很好地解释。

目前为止，上述多种影响滑移的因素已被注意，但是这些因素往往耦合在一起，难以定量描述其影响，所以计算滑移长度的理论公式至今仍为微尺度流动研究中的热点问题。本书因篇幅有限，不再做深入阐述。下面将介绍光滑和粗糙表面滑移长度的理论分析和估算方法。

2.4.2　光滑表面滑移长度的估算

1. 理想气体在光滑表面的滑移长度

当理论滑移长度 b_{th} 与气体分子自由程 λ 接近，即 $b_{\mathrm{th}}\sim\lambda$ 时，b_{th} 的计算公式[29]为

$$b_{\mathrm{th}} = \frac{2(2-p)}{3p}\lambda \tag{2-51}$$

式中，p 为壁面对气体分子的散射率。理想气体滑移长度模型的最新进展可参考微尺度流动专著。

2. 液体在光滑表面的滑移长度

对具有原子光滑的表面，Barrat 通过 MD 模型计算给出液体的滑移长度[30]

$$b \sim \frac{D^*}{S c_{\mathrm{LS}}^2 \rho_{\mathrm{c}} \sigma^2} \tag{2-52}$$

式中，D^* 是液体分子扩散系数；S 是第一层液体分子的结构因子；ρ_{c} 是第一层液体分子的流体密度；c_{LS} 是伦纳德-琼斯(Lennard-Jones)势的液固系数；σ 为分子直径。

崔海航根据钱学森的物理力学理论[31]，从分子活化能 E 的角度描述液体分子在固体表面滑移时的能量变化，给出了滑移长度的表达式[32]

$$b = a\exp\left(\frac{E_L - E_{LS}}{k_B T N_A}\right) \tag{2-53}$$

式中，a 为液体分子间距；E_L 和 E_{LS} 分别为液体分子间及液体与固体分子间的活化能；k_B 为玻尔兹曼常量；N_A 为阿伏伽德罗（Avogadro）常量；T 为热力学温度。活化能表示分子迁移所需的能量，作者运用液/固界面的黏附功来描述活化能，从而引入接触角 θ，进一步得到

$$b = a\exp\left(a^2\gamma_{LV}\,\frac{1-\cos\theta}{2k_B T}\right) \tag{2-54}$$

式中，γ_{LV} 为液气表面张力系数。在实验条件下，$T=295K$，$\gamma_{LV}=0.073N/m$，对水分子，$a=0.3nm$，$E_L\approx 10kJ/mol$。对光滑亲水表面（$\theta\approx 20°$），由式（2-54）算得 $b\approx 0.6nm$；对光滑疏水表面（$\theta\approx 120°$），$b\approx 1.0nm$；如果考虑一个极端疏水的情况，取液固两相活化能 $E_{LS}=0$，由式（2-54）得到 $b\approx 18.5nm$。

根据 2.4.1 节中相应段落中的讨论可知，光滑疏水表面实验测量得到的滑移长度一般在 10～100nm 之间，光滑亲水表面滑移长度相比要小一个量级。而理论上估计的光滑亲/疏水表面的滑移长度值则明显较小。这主要因为两方面的原因：一是对于所谓的“光滑”表面亲/疏水性的滑移实验，往往可能已经包含有粗糙度及纳米气泡的影响；二是在前面介绍过的，示踪粒子测速实验可能会有导致测量速度偏大的系统误差未被剔出。目前光滑疏水表面比较可信的滑移长度测量值是 10nm 量级，还没有可靠的证据验证光滑表面的滑移长度能达到 100nm 以上。

3. 管道内壁滑移长度计算公式

如果已知管道几何参数和所加压力，估算微管道浸润光滑表面滑移长度，可采用下述公式[20]：

$$b = 0.059\times\dot{\gamma}_w^{0.485},\ u_{slip} = b\dot{\gamma}_w = b\,\frac{\Delta pd}{4\mu_0 L} \tag{2-55}$$

式中，$\dot{\gamma}_w$ 为壁面剪切率；L 为管道长度；d 为管道直径；Δp 为管道两端压力降。此公式适用于剪切率 $\dot{\gamma}_w\sim(10^2\sim10^6)s^{-1}$ 范围。

如果已知管道几何参数和流量，可依据泊肃叶公式计算滑移对流量增量的贡献。比如对半径为 r 的圆管，其流量可以表示为

$$Q = \frac{\pi pr^4}{8\mu L} + \pi r^2 u_{slip} \tag{2-56}$$

式中，第一项为无滑移边界条件下泊肃叶公式的流量（定义为 Q_0）；第二项为由于纳维边界滑移而导致流量的增大。因此

$$Q = Q_0\left(1+\frac{4b}{r}\right) \tag{2-57}$$

对于高 h 宽 w 的矩形截面微流道，当 $h \ll w$ 时也有简单的公式

$$Q = Q_0\left(1+\frac{6b}{h}\right) \tag{2-58}$$

需要注意的是，理论上流量 Q 与管道特征尺度的 4 次方成正比，如果要通过实验精确测量滑移长度对流量的影响，管道截面形状的规则程度，管径沿长度方向分布的均匀性和管径测量的精度都会对结果有重要影响。文书明曾系统分析了微流动边界层理论并给出一些工程计算方法，可供读者参考[33]。

2.4.3　粗糙表面滑移长度的估算

固体表面的液体状态会受到表面能、粗糙结构的高度、宽度、间距等的影响。有关实验和模拟已经证实，光滑表面所能达到的最大接触角约为 120°，因此为了获得更大的疏水以至于超疏水的效果，只能依靠疏水材料和表面粗糙度的共同作用。当表面具有粗糙结构时，如果气体被限制在了粗糙结构之间从而产生液/气界面，则液体流经此表面时会产生滑移。此时，界面会产生两种状态，分别是：①Cassie状态，即液滴完全被托在粗糙结构的顶部而不能进入微结构间隙，间隙中充满空气；②Wenzel 状态，即液体完全浸润微结构表面，结构间隙不存在空气（见 6.1 节）。显然，如果要增强滑移，Cassie 状态是我们所期望的。其作用常被称为荷叶效应或超疏水作用，在具有微结构的荷叶表面，液滴的接触角能达到 150°以上。对超疏水作用的研究，往往与流动减阻效果及保持超疏水 Cassie 状态相关联。

1. 小雷诺数下粗糙表面的有效滑移长度

对带有规则微结构表面，如果微结构的单位宽度为 a，结构间距为 b，高度为 h（如图 2.11(a)所示），Zheng 等对液体在带微结构表面的浸润过程进行了分析[34]，认为流体不是完全浮在微结构上（如 Cassie 状态），也不是完全浸入结构底部的 Wenzel 状态，而是有一个浸润深度 h_p，实验发现微结构宽度 a 对浸润深度 h_p 的影响最大。同时发现微结构高度 h 较大时，表观接触角也较大；一般 b/a 在 2～3 之间时会获得最大表观接触角（如图 2.11(b)所示）。

对粗糙表面，在 $Re<10$ 条件下，郑旭等用 MicroPIV/PTV 测量了内壁带有规则微结构表面的管道流速。结果显示，在距离壁面 1μm 处速度 $U \sim (2-$

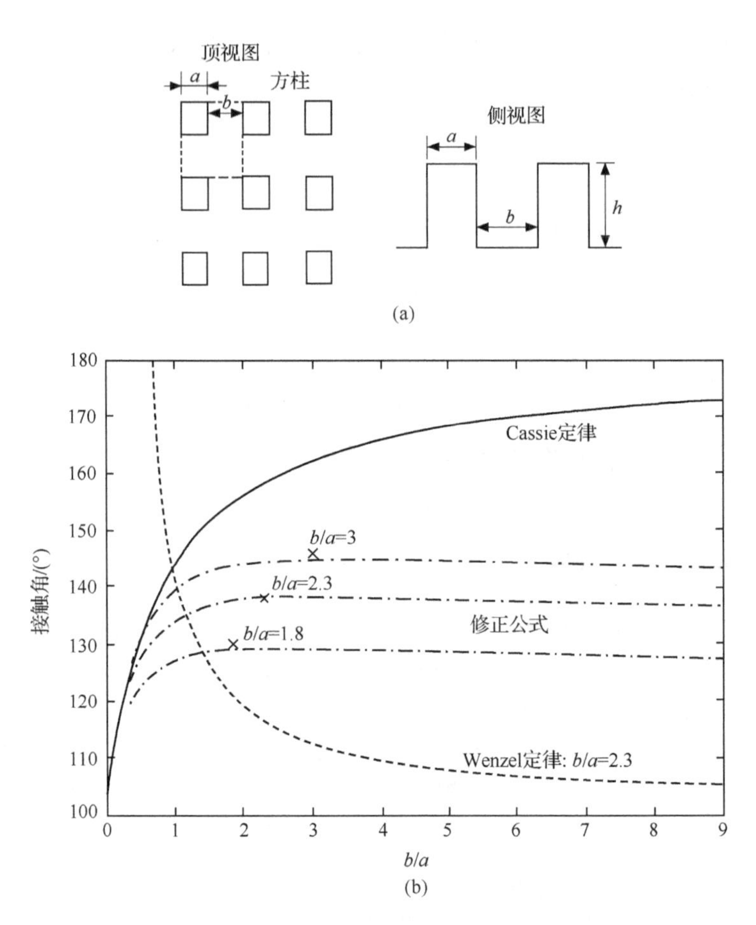

图 2.11　表面微结构的俯视图和侧视图(a)微结构对表观接触角的影响(b)[34]

3)U_{smooth}，距离壁面大于 3.8μm 高度后，流场速度和光滑壁面管道的速度一致。有效滑移长度 b_{eff} 如式(2-59)所示，与管道长度 L 和液/气接触面的比值 φ 有关。

$$\frac{b_{\text{eff}}}{L}=-7.89\times\frac{1}{2\pi}\ln\left(\cos\frac{\pi}{2}\varphi\right) \tag{2-59}$$

2. 大雷诺数下粗糙度对流动阻力的影响

对于宏观尺度下管道流动，当雷诺数约为 2300 时，管道流动的流态将从层流转变为湍流，转捩后流动阻力大大增加。在微尺度下出现转捩的雷诺数仍保持不变吗？Hao 等[35]在较大雷诺数下研究了粗糙度对微管道内流动转捩的影响。实验管道的水力直径分别为 153μm 和 190μm，同时管道壁面分为光滑和粗糙两种类型。研究发现在光滑壁面微管道层流中，流动阻力系数与宏观的矩形管道层流理论相符，层流到湍流的转捩发生在 $Re=2100$ 左右。图 2.12 中纵坐标 f 为阻力系数(见 2.3 节)，横坐标为雷诺数。对粗糙的微管道，在 $Re=800$ 时，f 已经偏离了线性的理论关系，测量的阻力偏大(如图 2.13 所示)，流动转捩雷诺数提前至 $Re=800\sim900$。

滑移是微流体力学研究的前沿课题，随着纳流控的研究，对滑移问题的机理认识和工程计算方法将更加完善。

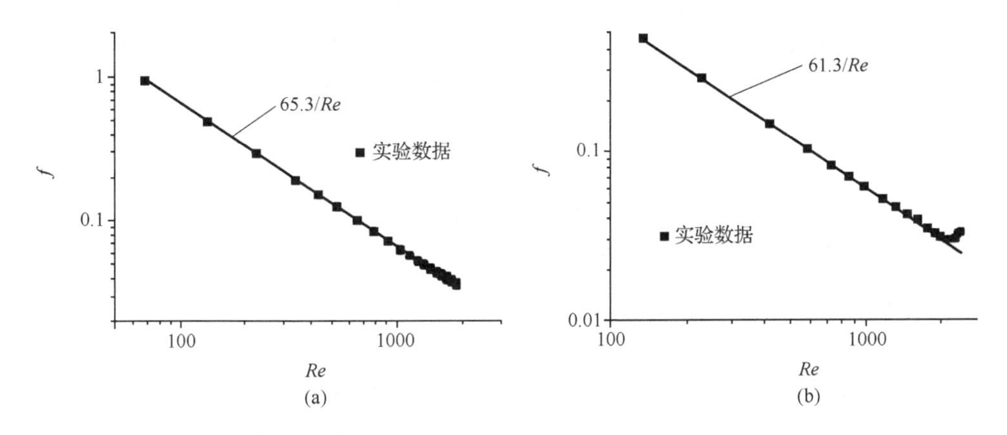

图 2.12　光滑管道中充分发展流动的阻力系数与雷诺数之间的关系[35]

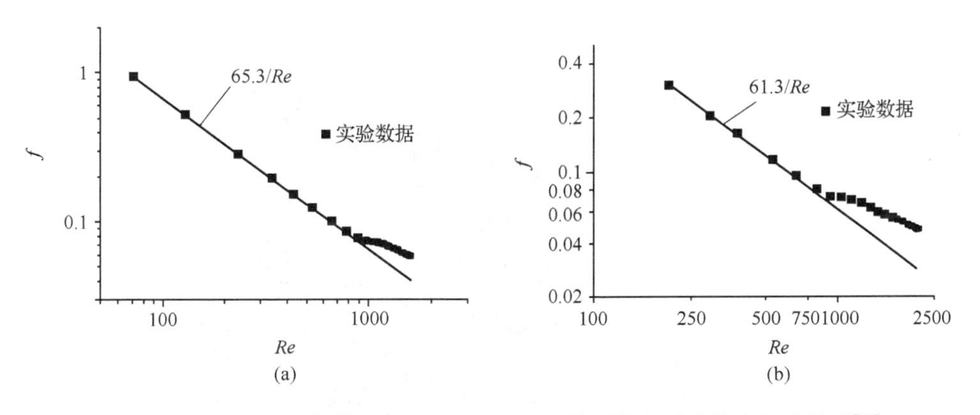

图 2.13　带粗糙元微管道中充分发展流动的阻力系数与雷诺数之间的关系[35]

2.5　应用实例

2.5.1　惯性力的作用

Microfluidics 中的 fluidic 词根含有“射流”的意思。在 20 世纪 60 年代，利用流动特性制作的双稳/单稳智能自动控制组件体现了 fluidic 的作用。在微制造系统出现后，人们也曾试图设计制造非线性的微流控逻辑组件。2005 年 Squires 等分析，由于器件尺寸变小且 $Re \to 0$，黏性力的作用增大，构建小型化流动计算机的努力失败了[36]。微尺度流动的 Re 变小主要是因为流动特征尺度减小，而流动的速度仍可能达到毫米/秒的量级。特别是在弯曲管道处，流动发生方向改变时，流体惯性力仍可以被利用。下面介绍利用弯曲管道结构实现流动的聚焦。

在单分子检测、液滴输运等微芯片中，往往需要将流体聚焦在很小的范围内。常用方法是利用剪切流“夹住”样品流，称为轴向对称聚焦，这需要两个同轴圆管道，沿流向前后放置，分别进行 x 和 y 方向的聚焦。是否可以用一根平面加工的弯曲管道完成三维聚焦？先回顾流体通过弯曲管道的流动特性。如果弯道的内半径为 W，弯道曲率半径为 R，当 $R>W$，即弯道曲率半径大于弯道半径 W 时，非均匀流动剖面形成二次 Dean 流。这种二次涡的旋转轴沿管道轴线，而且成对，其速度场形成“夹缝”，对样品产生聚焦作用（如图 2.14 所示）。Huang 课题组[37]设计弯管的流动雷诺数 $Re \approx 74$（$Re = \rho VD/\mu$，其中，ρ 为流体密度、V 为流体速度、D 为管道水力学直径），Dean 数 $k \approx 43$ （$k = \sqrt{\delta} Re$，$\delta = D/R$）。图 2.14 显示，初始的样品（浅色），经过弯道被 Dean 涡挤成条带，再用水平剪切流从两侧聚焦，最终成为处在中心的点聚焦流。Dean 流是这种类似漩涡的流动，在旋转液滴内部也会出现。

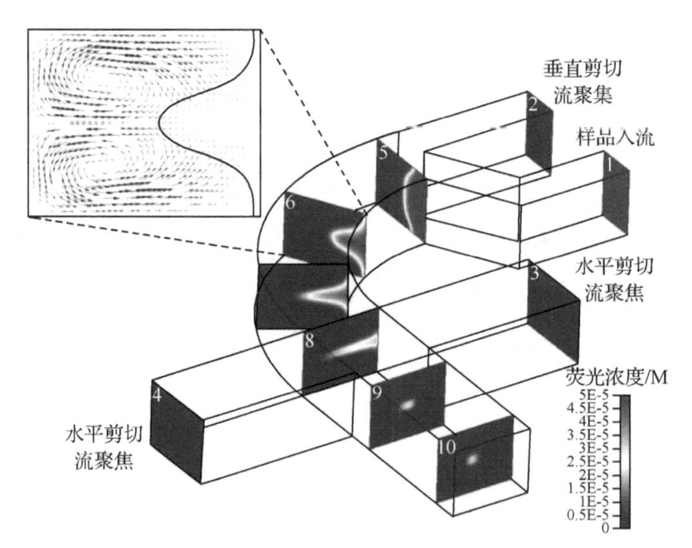

图 2.14　微流控漂移流动聚焦[37]

2.5.2　气动阀门与 PDMS 材料模量的关系

在微芯片设计中，经常用 PDMS 材料制作微气阀（如图 2.15 所示）。横向液体管道位于下层，上层竖直方向为不同宽度的气体控制管路，待测样品从下层流过。管道交叉部位由一层 PDMS 隔膜分开。控制上层流道的气体压力使得 PDMS 薄膜变形，实现了对下层液体流道的阻断，产生阀功能，这类气阀设计原理是基于上下层压差与薄膜变形的关系，压差与液体流量的关系是重要的参数。

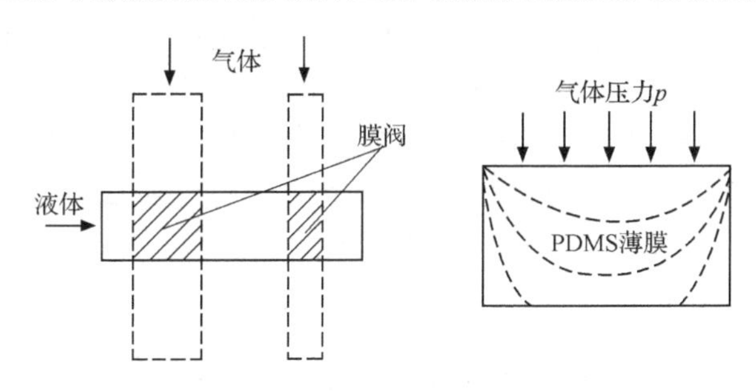

图 2.15　微阀的结构原理示意图[38]

崔海航等[38]根据圆形弹性薄膜在外加载荷作用下的变形理论，得到微阀 PDMS 隔膜的变形公式

$$z = -\frac{1}{4}\left[\frac{24(1-\nu^2)p}{E}\right]^{\frac{1}{3}} \frac{r^2}{t^{\frac{1}{3}}R^{\frac{2}{3}}} \tag{2-60}$$

式中，p 为气体压力；E 为弹性模量；ν 为泊松比（PDMS 材料泊松比约为 0.5）；r 为阀门半径；t 为薄膜厚度；R 为薄膜的半径。从公式看出，隔膜的变形量与压力 p 和特征尺度 r 成正比，与 E 和膜厚成反比。

实验测量了下层液体驱动压力为 3kPa 和 10kPa 两种情况下气体控制压力与液体流量之间的关系，用液体最大流量进行无量纲化后，得到图 2.16 所示的结果。

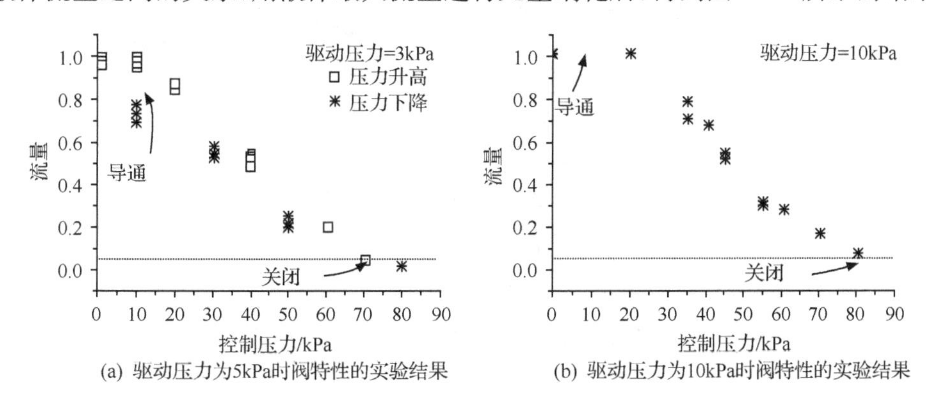

(a) 驱动压力为5kPa时阀特性的实验结果　(b) 驱动压力为10kPa时阀特性的实验结果

图 2.16　控制管路气体压力与样品管路液体流量之间的关系[38]

从结果可以看出，随着气体控制压力的升高，液体流量逐渐减少，在控制压力在 80kPa 附近液体流量趋近于零，即获得了阀的关断功能。通过控制驱动液体的

压力与气体控制压力之间的差值，可以较好地控制阀的动作性能。

2.5.3 流体整流器

利用了黏弹性流体的非线性阻力设计流体整流器[39]（如图 2.17 所示）。低雷诺数下的牛顿流体，当强制向前或向后通过一个管道时流速仅与压力有关。当外加压力一样时，流速一致，净流量为零。Groisman 等[39]利用非对称管道测量非牛顿流体的流量 Q 和 ΔP 的关系，在 Re 较小时，向前和向后流动的形态是相同的，这与低雷诺数下牛顿流体流动可逆性一致，且此时流量 Q 随 ΔP 线性增加。但当 Re 更大时，流量 Q 与 ΔP 的关系出现非线性变化，且向前流和向后流的情况不同。高分子流体流经一系列扩张和收缩区时，流过收缩区的高分子会沿流向拉伸，当流动拉伸特征时间 t_c 小于高分子材料松弛时间 t_p，即 Deborah 数 $\left(De=\dfrac{t_p}{t_c}\right)$增大时，高分子会被解开，此时溶液的表观黏性增加几个数量级，这使得流体阻力非线性迅速增加，而在扩张区流体没有拉伸。对比两种流向下 Q 与 ΔP 的关系发现，随 ΔP 增加，Q 出现不同数值。这是因为向前流动为扩张流，向后流动为收缩流，造成向前与向后流量不相同，从而形成非对称性管道的整流效应。

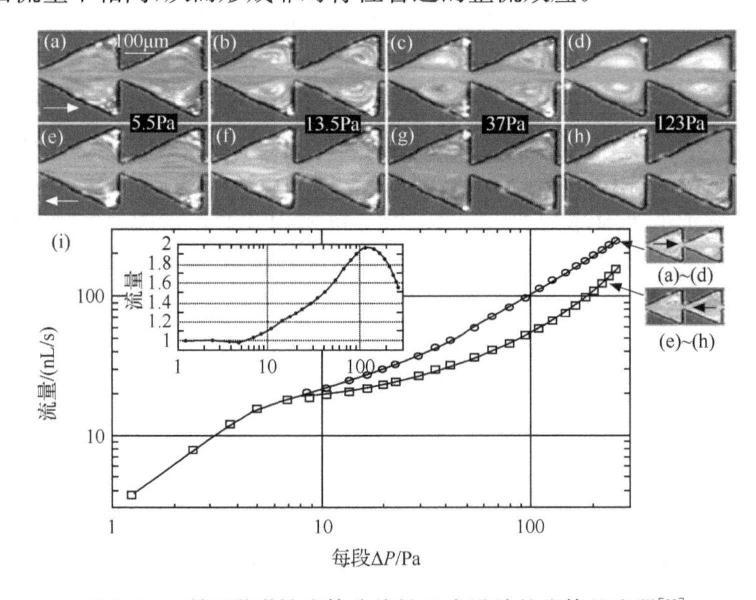

图 2.17 利用黏弹性流体非线性阻力设计的流体整流器[39]

2.5.4 多功能脉冲流动微过滤器

微流控芯片的大多数流体泵输出脉冲式流量，即平均值不为零的周期流动，如振动膜的机械式微泵，交变电场电渗泵都是输出带脉动的定向流量。这些脉动流量有利于样品溶液预处理和液体混合,但不能直接应用于电泳分离。脉动流量会产生附加泰勒弥散效应,扩展组分带宽,降低分离精度。对脉动流量的过滤非常有必要。一种多功能脉冲流动微过滤器如图 2.18 所示[40]。脉动液体进入水平放置的微通道后,可以自由进出通空气的垂直滤波管。滤波管中液体-气体自由面在重力作用下波动有效消除流动的脉动分量。每经过一级滤波,流动逐渐平稳。经过多次滤波后,可以得到非常平稳的出口流量。滤波器的数值效果表示在图 2.19 中。可以看出,二级滤波后,流量的脉动现象完全消除。在滤波的同时,也实现样品和试剂的高效率混合。

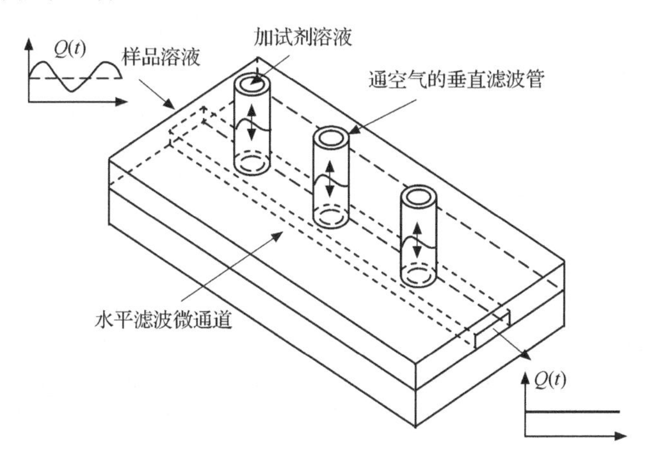

图 2.18　多功能脉冲流动微过滤器

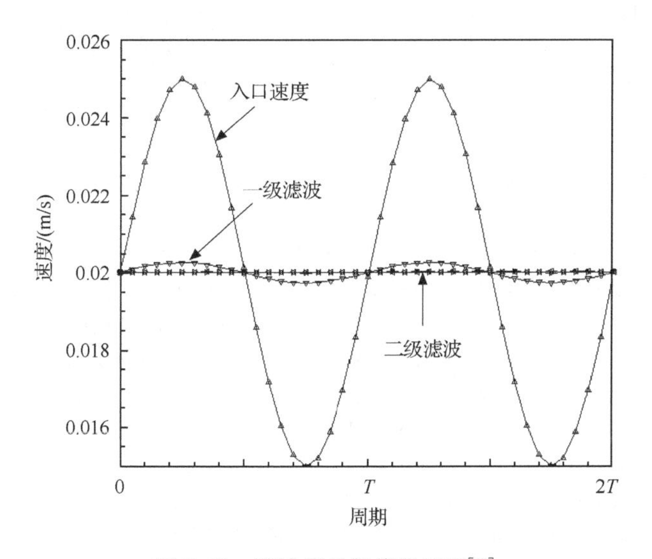

图 2.19　滤波器的数值效果图[40]

2.6 本章小结

本章介绍了微流控芯片中最常用的流体驱动方式——压力驱动流。首先介绍了流体的质量守恒方程,从其积分形式得出常用的流量公式。动量方程的基本形式是N-S方程,在忽略黏性项的情况下得到理想流体的欧拉方程,其积分形式为伯努利方程,可方便地计算一维管流中的流速与压力参数。在有热交换情况下,需要考虑能量方程。通过本构方程说明了牛顿流体与非牛顿流体的区别。汇总了管道流量的计算公式,对复杂流道或分层级流道分别给出了流量的计算方法。之后介绍了滑移边界条件的物理概念,以及相关的理论分析与实验研究的结果,给出了影响滑移边界的因素和估算方法。最后通过例子说明了惯性力的作用及微阀设计中的流体力学问题。

参考文献

[1] 周光炯,严宗毅,许世雄,等.流体力学.北京:高等教育出版社,2000.

[2] Landau L D, Lifshitz E M. Fluid Mechanics. 2nd ed. Course of Theoretical Physics, Vol. 6. Oxford: Butterworth-Heinemann,1999.

[3] Batchelor G K. An Introduction to Fluid Dynamics. Cambridge: Cambridge University Press, 2000.

[4] Pfahler J, Harlay J, Bau H, et al. Gas and liquid flow in small channels. ASME DSC, 1991, 32, 49～60.

[5] Morini G L, Spiga M, Tartarini P. Laminar viscous dissipation in rectangular ducts. International Communications in Heat and Mass Transfer, 1998, 25 (4):551～560.

[6] Adrian R J, Mechanics A. Particle-imaging techniques for experimental fluid mechanics. Annual Review of Fluid Mechanics, 1991,23:261～304.

[7] Cui H H, Li S, Z, Zhu S N. Flow characteristics of liquids in microtubes driven by a high pressure. Physics of Fluids, 2004,16:1803～1810.

[8] Bocquet L, Charlaix E. Nanofluidics, from bulk to interfaces. Chemical Society Reviews, 2010, 39: 1073～1095.

[9] 章梓雄,董曾南.粘性流体力学.北京:清华大学出版社,1998.

[10] 严宗毅.低雷诺数理论.北京:北京大学出版社,2002.

[11] 列维奇 B T.物理化学流体力学.戴干策,陈敏译.上海:上海科学技术出版社,1965.

[12] White F. Viscous Fluid Flow. New York: McGraw-Hill Book Company,1974.

[13] 莫斯特柯夫.水力学手册.麦乔威译.北京:水利出版社,1956.

[14] Song Y, Manneville P, Baroud C N. The air-liquid flow ir microfludic airway tree. 2nd French-Chinese Symposium on Microfluidics, Paris, 2010.

[15] Bernoulli D. Hydrodynamica. Strassburg:Sive de Viribus et Motibun Fluordium Commentarii,1738:59.

[16] Navier C L M H. Memoire sur les lois du movement des fluids. Mem. Acad. Sci. Ins. Fr. ,1823, 6: 389～416.

[17] Brillouin M. Leçons sur la Viscosité des Liquides et des Gaz. Paris:Gauthier-Villars,1907.

[18] Thompson P A, Troian S M. A general boundary condition for liquid flow at solid surfaces. Nature, 1997, 389: 360～362.

[19] Joseph P, Tabeling P. Direct measurement of the apparent slip length. Physical Review E, 2005, 7: 035303.

[20] Choi C H. Apparent slip flows in hydrophilic and hydrophobic microchannels. Physics of Fluids, 2003, 15: 2897.

[21] Huang P, Guasto J S, Breuer K S. Direct measurement of slip velocities using three-dimensional total internal reflection velocimetry. Journal of Fluid Mechanics, 2006,566:447～464.

[22] Cheng J T, Giordano N. Fluid flow through nanometer-scale channels. Physical Review E, 2002, 65 (3):031206.

[23] Ou J, Rothstein J P. Direct velocity measurements of flow past drag-reducing ultrahydrophobic surfaces. Physics of Fluids,2005,17:103606.

[24] Zhu Y X, Granick S. Limits of the hydrodynamic no-slip boundary conditions. Physical Review Letters, 2002,88: 106102.

[25] Gelea T M, Attard P. Molecular dynamics study of the effect of solid roughness on the slip length at the fluid-solid boundary during shear flow. Langmuir,2004,20:3477～3482.

[26] Bouzigues C, Tabeling P, Bocquet L. Nanofluidics in the Debye layer at hydrophilic and hydrophobic surfaces. Physical Review Letters, 2008, 101:114503.

[27] de Gennes P G. On fluid /wall slippage. Langmuir, 2002,18:3413～3414.

[28] Attard P, Moody M P, Tyrrell J W G. Nanobubbles: the big picture. Physica A, 2002, 314: 696～705.

[29] Maxwell J C. On stresses in rarefied gases arising from inequalities of temperature. Philosophical Transactions of the Royal Society of London, 1879,170, 231～256.

[30] Barrat J L, Bocquet L. Influence of wetting properties on hydrodynamic boundary conditions at a fluid/solid interface. Faraday Discussions, 1999, 112:119.

[31] 钱学森. 物理力学. 上海:上海交通大学出版社,2007.

[32] 崔海航. 简单液体在微米尺度管道中流动特性的实验研究[博士论文]. 北京:中国科学院力学研究所,2005.

[33] 文书明. 微流边界层理论及其应用. 北京:冶金工业出版社,2002.

[34] Zheng X, Silber-Li Z H. The hydrophobicity of surfaces with micro-structures. Nano/Micro Engineered and Molecular Systems, 2006,1:674～678.

[35] Hao P F, Yao Z H, Zhu K Q, et al. Experimental investigation of water flow in smooth and rough silicon microchannels. Journal of Micromechanics and Microengineering, 2006, 16(7):1397～1402.

[36] Squires T M, Quake S R. Microfluidics: Fluid physics at the nanoliter scale. Reviews of Modern Physics, 2005,77: 977～1026.

[37] Shi J, Mao X, Ahmed D, et al. Focusing microparticles in a microfluidic channel with standing surface acoustic waves (SSAW). Lab on a Chip,2008,8:221～223.

[38] 崔海航,李战华,靳刚. 一种PDMS薄膜型微阀的制备与性能分析. 微细加工技术,2004,(3): 70～75.

[39] Groisman A, Quake S R. A microfluidic rectifier:Anisotropic flow resistance at low Reynolds numbers. Physical Review Letters, 2004,92: 94501.

[40] 吴健康,汪洪丹. 微流体滤波器[实用型专利]: ZL 200720084405. 3. 2007.

第3章　微流控芯片电动流动

麦克斯韦(1831～1879)建立了电磁动力学方程。借助能斯特-普朗克通量,电荷守恒概念用于了离子流研究,尽管这里扩散、电迁移和对流仅被线性组合。电场与流体中的带电离子的相互作用引出许多有趣和重要的流动现象,包括电双层、耗散与富集等。

随着微流控系统,尤其是生物芯片和芯片实验室技术的发展,流体输送、混合、反应、分离与控制技术已经成为微流控系统的关键核心问题,越来越引起人们的高度关注[1~3]。由于微流控器件尺寸的缩小而引发的流动尺度效应,液/固界面电场力,流场-电场-温度场-离子运动多物理场耦合,使得微流控系统流动现象与宏观系统有很大不同[4]。常规体积力(如重力、惯性力等)一般不重要,流动为低雷诺数层流。微流控系统电场力成为液体流动的主导驱动力。新的流动现象激发创新的流体输送和控制技术,如电场力产生电渗流动、液体混合反应、电泳分离技术等。由于微电极制造、信号控制和集成技术日益成熟,电场驱动流体方式效率高,无需机械运动部件,具有成本低、运行可靠、寿命长的优点,便于控制和系统集成。电渗流广泛应用于微流控系统的液体输送、混合反应和分离,如DNA排序[5~8]。

微流控系统流动是流体力学与生物、化学、医学、电学和传质传热等学科交叉研究前沿领域。双电层和电渗流是微流控系统中与流体力学相关的最重要基础问题之一。随着微流控系统技术的飞速发展,纳米尺度下电动流动的多样性特征备受国内外学术界关注。双电层和电渗流研究在微流控芯片的功能原理分析和优化设计中有重要作用。

电渗流动研究可追溯至20世纪[9]。根据胶体化学和界面理论,液/固界面存在带电的液体薄层(双电层[4])。双电层内的离子在外加电场作用下运动,通过黏性力拖曳周围液体分子一起运动。双电层正负离子数量差导致流体带电。带电液体相对于壁面切向的整体流动,就是电渗流。电渗流一般用来驱动和控制微通道极性液体流动。文献[8]报道在截面积为$5.6\mu m\times 66\mu m$,长度为165mm的毛细管施加27～163V/cm的电场,可以得到0.13～0.78mm/s的电渗流速度和3～18nL/s的电渗流量。微通道理想电渗流速度呈现活塞状均匀剖面,非常适用于微通道毛细管电泳分离[10]。目前,电渗流从原理性研究向应用性研究发展。低电压的交变电场电渗流控制手段成为研究新热点[11~13]。随着微流体系统微型化和纳米制造技术的发展,纳米尺度下的双电层和电渗流更成为研究的前沿课题[14~16]。

3.1　微流控系统多物理场耦合电动流动方程组

3.1.1　双电层,电渗流和泊松-玻尔兹曼方程

在微流控芯片中,常用的材料有硅、玻璃和高分子聚合物,如PMMA(聚甲基丙烯酸甲酯,或称有机玻璃)、PDMS等。这类材料与电解质溶液(存在自由运动的离子)接触时,固体表面发生水解被极化,形成硅烷醇表面基团。这些基团可能带正电、负电或中性,与电解质溶液的pH有关。壁面电荷吸引溶液中的异性离子,排斥同性离子。这导致液/固界面附近溶液正负离子数量之差,形成带净电荷的液

体薄层，称为“双电层”[4]，其基本构造如图 3.1 所示。

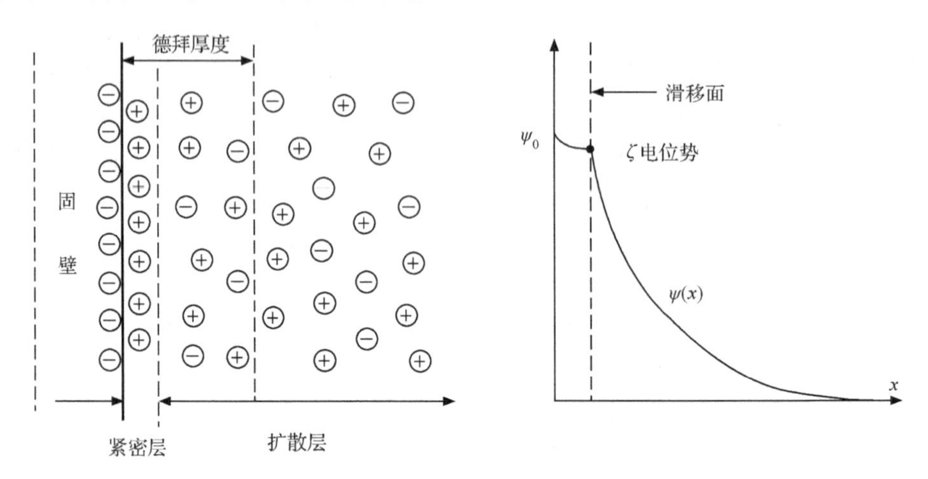

图 3.1 液/固界面双电层结构示意图

紧靠壁面的异性离子被静电力强烈吸附无法移动，称之为紧密层（stern layer）。通常紧密层厚度为分子直径大小的量级。紧密层外的离子受壁面电荷的作用力减弱和热运动扩散效应，离子浓度渐趋于原始浓度，这个区域称为扩散层。扩散层的离子在外力作用下可以运动。紧密层与扩散层的交界面称为滑移面（slip plane），有的文献也称之为剪切面。滑移面电位与远离固壁面处电位之差定义为双电层 Zeta 电位，它是可以通过间接方法测量。一般默认，远离壁面处的电位为零，Zeta 电位也可以理解为滑移面电位。由于紧密层电位降非常小，目前大多数研究以滑移面 Zeta 电位近似代替壁面电位 $\psi_0 \approx \zeta$，也是可以接受的。扩散层与紧密层一起称之为双电层。双电层特征厚度通常用德拜厚度来表示，$\lambda_D = \sqrt{\varepsilon_r \varepsilon_0 k_B T/(2z^2 e^2 n_0)}$（对称电解质溶液），取决于壁面材料和溶液的物理化学性质，以及溶液温度、离子浓度 n_0，$\varepsilon_0 = 8.85 \times 10^{-12} C^2/(N \cdot m^2)$是真空介电常数，$\varepsilon_r$ 是溶液相对介电常数。稀释电解溶液离子摩尔浓度一般在 $10^{-6} \sim 10^{-2} M^*$ 之间。一个摩尔离子浓度表示 1L 体积有 $N_A = 6.022 \times 10^{23}$ 个的离子。基本电荷 $e = 1.602 \times 10^{-19} C$，玻尔兹曼常量 $k_B = 1.380 \times 10^{-23} J/K$。双电层厚度一般为几纳米到几百纳米的量级。在双电层之外的区域，溶液为电中性，电荷密度为零。在微流控系统中，双电层电场对液体流动起着至关重要的作用。与此相关的流动现象称为“电动流动（electrokinetic flows）”，包括电渗流动、颗粒电泳、流动电位和沉降电位，以及电黏性效应等[2,4,16]。双电层电位及电荷密度分布规律是微流

* 1M=1mol/L。

控系统电动流动分析与系统优化设计的基础。目前绝大多数研究认为,液体流动在微纳米尺度下(特征流动尺度不小于10nm),仍然可以采用连续性假设。在热平衡状态下(离子不运动),双电层电位和离子浓度满足玻尔兹曼分布规律[10]

$$n_i(x) = n_{i0}\exp\left[-\frac{z_i e\psi(x)}{k_B T}\right] \tag{3-1}$$

式中,x 是离开固壁面距离坐标;z_i 表示第 i 类离子的化合价;T 是电解质溶液热力学温度;n_i 为第 i 类离子数量浓度;n_{i0} 是远离壁面的第 i 类离子数量浓度,那里的离子不受壁面电荷的作用,溶液为电中性。式(3-1)的电位表示局部电位与远离壁面处电位之差,并默认那里的电位和它的梯度为零,即

$$\psi_\infty = 0,\ \mathrm{d}\psi_\infty/\mathrm{d}x = 0 \tag{3-2}$$

如果远离壁面处的电位不为零,则式(3-1)中的电位 $\psi(x)$ 必须用 $(\psi(x)-\psi_\infty)$ 代替。双电层里正负离子数量浓度差使电解质溶液局部带电。单位体积里各种离子携带电荷总和就是电解质溶液局部体积电荷密度,表达为

$$\rho_e(x) = \sum z_i e n_i(x) \tag{3-3}$$

双电层电位满足静电泊松方程

$$\frac{\mathrm{d}^2\psi(x)}{\mathrm{d}x^2} = -\frac{\rho_e(x)}{\varepsilon_r\varepsilon_0} = -\frac{1}{\varepsilon_r\varepsilon_0}\sum z_i e n_i(x) \tag{3-4}$$

式中,ε_0、ε_r 分别是真空介电常数和电解质溶液的相对介电系数,有时候也定义 $\varepsilon = \varepsilon_r\varepsilon_0$ 为溶液介电常数。对于对称电解质溶液,$z_2 = -z_1$,$|z_1| = |z_2| = z$,$n_{+0} = n_{-0} = n_0$,泊松方程式(3-4)与式(3-1)结合,得到泊松-玻尔兹曼方程(Poisson-Boltzmann,简称P-B方程)

$$\frac{\mathrm{d}^2\psi(x)}{\mathrm{d}x^2} = \frac{2zen_0}{\varepsilon_r\varepsilon_0}\sinh\left[\frac{ze\psi(x)}{k_B T}\right] \tag{3-5}$$

在多维空间的对称电解质溶液,P-B方程(3-5)可以写成

$$\nabla^2\psi = \frac{2zen_0}{\varepsilon_r\varepsilon_0}\sinh\left(\frac{ze\psi}{k_B T}\right),\ \rho_e = -2zen_0\sinh\left(\frac{ze\psi}{k_B T}\right) \tag{3-6}$$

在多维空间的非对称电解质溶液,P-B方程为

$$\nabla^2\psi = -\frac{1}{\varepsilon_r\varepsilon_0}\sum z_i e n_{i0}\exp\left(-\frac{z_i e\psi}{k_B T}\right) \tag{3-7}$$

双电层是固壁面电荷对离子的作用力与离子“热扩散”相互作用的结果。在热平衡

状态,固壁面的面积电荷密度 σ 与法线方向溶液的电荷总量平衡[3],表达如下:

$$\sigma = -\int_0^{\infty} \rho_e(x)\mathrm{d}x \tag{3-8}$$

利用式(3-4),得到

$$\sigma = \varepsilon_r\varepsilon_0 \left(\frac{\mathrm{d}\psi}{\mathrm{d}x}\right)_{x=0}^{x\to\infty} \approx -\varepsilon_r\varepsilon_0 \left(\frac{\mathrm{d}\psi}{\mathrm{d}x}\right)_{x=0} \tag{3-9}$$

积分式(3-5),得到

$$\frac{\mathrm{d}\psi}{\mathrm{d}x} = -\sqrt{\frac{8n_0k_BT}{\varepsilon_r\varepsilon_0}}\sinh\left(\frac{ze\psi}{2k_BT}\right) \tag{3-10}$$

在固壁面有 $\psi_0 \approx \zeta, x = 0$,可以得到固壁面的电荷密度与 Zeta 电位的关系如下:

$$\sigma = \sqrt{8\varepsilon n_0 k_B T}\sinh\left(\frac{ze\zeta}{2k_BT}\right) \tag{3-11}$$

严格地讲,P-B 方程(3-5)~(3-7)要求如下的条件:①物理化学性质和环境条件均匀的无限大光滑平面固壁;②无限大的电解质溶液区域;③液体和离子处于热平衡状态,不运动。微流控系统由许多复杂的微通道网路和一些腔室连接组成一体化的分析系统,微通道的壁面也不是绝对均匀和平面光滑的,工作时,液体是在不断地流动。因此上述条件很难在实际上严格满足。在一些有规律的条件下,P-B 方程可以得到准确的结果。对无限长均质壁面,均匀截面的直微通道(包括二维狭窄缝隙微通道和矩形截面微通道等),在通道截面尺度和双电层特征厚度比 (kh) 不是很小的情况下,其壁面双电层和电渗流计算,P-B 方程可以得到精确的结果。在微流体系统电动流动的研究中,P-B 方程有重要的意义。在一维情况,方程(3-5)的解析解给出如下[10]:

$$\psi(x) = \frac{2k_BT}{ze}\ln\left[\frac{1+f(x)}{1-f(x)}\right], \quad f(x) = \tanh\left(\frac{ze\zeta}{4k_BT}\right)e^{-kx} \tag{3-12}$$

式中,ζ 是双电层 Zeta 电位;x 是离开固壁面距离;$k = \dfrac{1}{\lambda_0} = \sqrt{\dfrac{2z^2e^2n_0}{\varepsilon_T\varepsilon_0k_BT}}$,双电层特征厚度倒数。

在热平衡状态的微通道,离子分布在垂直壁面方向呈玻尔兹曼规律。这里有两个重要无量纲参数:① $\alpha = ze\zeta/(k_BT)$,双电层能量数,表示固壁电荷对离子的吸引力与离子“扩散力”之比。这个能量数越大,表示壁面电荷对溶液离子的作用力越强,离子在壁面的积聚量(或排斥量)越大,感应的电荷密度也越大。② kh,电动长度,它是微通道截面特征尺度和双电层特征厚度之比,表示双电层在微通道流动中的静电效应的程度。对于宏观流动,$kh \gg 1$,固壁面的静电效应没有太大意义，一般不考虑。随着芯片微型化，流动尺度（微通道截面宽度、深度）越来越小，当截面尺度缩小到微米量级时，固壁面的静电效应起到主导作用，流体受的电场力大大超过传统重力的影响。当双电层能量数较小，$\alpha \leqslant 1$，P-B 方程（3-5）可以线性化为

$$\frac{d^2\psi(x)}{dx^2} = k^2\psi(x) \tag{3-13}$$

式(3-13)称为德拜-休克尔(Debye-Hückel)近似。其中，$\lambda_D = \frac{1}{k} = \sqrt{\frac{\varepsilon_r\varepsilon_0 k_B T}{2z^2e^2n_0}}$ 是双电层的特征厚度，又称德拜长度。双电层中扩散层的边界大约在 $(3 \sim 5)\lambda_D$ 位置。在扩散层之外，固壁面静电荷对溶液离子的作用力消失。加入边界条件：$\psi = \zeta$，$x = 0$；$\psi = 0$，$x \to \infty$，得到线性化 P-B 方程(3-13)的解析解如下：

$$\psi(x) = \zeta e^{-kx},\ 0 \leqslant x < \infty \tag{3-14}$$

当 $\alpha = \frac{ze\zeta}{k_B T} = 1$ 时，一价对称电解质溶液在室温时，对应的壁面 Zeta 电位 $|\zeta| \approx 25\text{mV}$。在壁面电位高于 25mV 时，方程(3-14)相对于方程(3-12)会有一定误差[3]。一般讲，溶液中离子在外力作用下运动，偏离热平衡状态。离子浓度时空分布不是严格的玻尔兹曼分布式(3-1)。离子浓度时空分布严格遵循离子携带电荷守恒律，即能斯特-普朗克方程。对一些规则微通道，P-B 方程仍然可应用。在无限长均匀直微通道中，离子在均匀外电场作用下平行于壁面运动，而且速度不变，所以离子运动和液体流动不改变双电层的电位和离子浓度在垂直壁面方向的分布规律。在狭缝微通道的电动长度 $kh \gg 1$ 时，如图 3.2 所示，上下壁面的双电层互不干扰，而且在微通道中心处对称，$\partial\psi/\partial y = 0$。解方程(3-13)（$h - y$ 代替 x）得到双电层电位

$$\psi(y) = \zeta\frac{\cosh(ky)}{\cosh(kh)}, \qquad 0 \leqslant y \leqslant h,\ \text{线性化解} \tag{3-15}$$

$$\psi(y) = \frac{2k_B T}{ze}\ln\left[\frac{1+f(y)}{1-f(y)}\right], \quad f(y) = \tanh\left(\frac{ze\zeta}{4k_B T}\right)e^{-kh}e^{ky},\ \text{非线性解} \tag{3-16}$$

在均匀直微通道中，如果进出端口施加电压，没有压强差，则微通道的电渗流动不会诱导附加的压强梯度，称为无压差电渗流。它的流动可近似为一维流动，如图 3.2 所示。不考虑电场力以外的体积力，黏性不可压缩流体定常层流的 N-S 方程为

$$\rho\left(\frac{\partial u}{\partial t} + u\frac{\partial u}{\partial x}\right) = -\frac{\partial p}{\partial x} + \mu\left(\frac{d^2u}{dx^2} + \frac{d^2u}{dy^2}\right) + \rho_e E \tag{3-17}$$

式中，ρ_e、E 分别是液体体积电荷密度和外加电场强度。对无限长均匀微通道无压差定常层流，考虑连续方程 $\partial u/\partial x = 0$，方程(3-17)简化为

$$\mu \frac{\mathrm{d}^2 u}{\mathrm{d}y^2} = -\rho_e E = \varepsilon \frac{\mathrm{d}^2 \psi}{\mathrm{d}y^2} E \tag{3-18}$$

式中，$\varepsilon = \varepsilon_r \varepsilon_0$ 是常数；E 是外加电场强度，电场力只包含静电力一项。边界条件为：$u = 0, y = h; \dfrac{\partial u}{\partial y} = 0, y = 0$，积分方程(3-15)，并加入边界条件，得到

$$u(y) = \frac{\varepsilon E}{\mu}[\psi(y) - \zeta] \tag{3-19}$$

这里电位 $\psi(y)$ 由式(3-15)或式(3-16)给出。双电层电位和电渗流速度表示在图 3.2 中，其中，$\bar{\psi} = \psi/\zeta$，$\bar{u} = u/U$，$U = -\varepsilon\zeta E/\mu$。可以看出，在固壁面附近，电渗流速度快速增加，在双电层外，电位 $\psi \approx 0$，根据方程(3-19)，电渗流速度达到一个常数值 $u = -\varepsilon\zeta E/\mu$，电渗流速度呈现柱塞式的均匀速度剖面，几乎充满微通道截面。这个速度称为电渗流滑移速度，也称之为亥姆霍兹-斯莫路柯夫斯基(Helmholtz-Smoluchowski)速度[10]。这个速度常作为电渗流特征速度对电动流动方程无量纲化。微通道横截面电位和电渗流速度分布表示在图 3.2、图 3.3 和图 3.4 中，其中，$\bar{y} = y/h$ 为微通道横截面位置坐标。

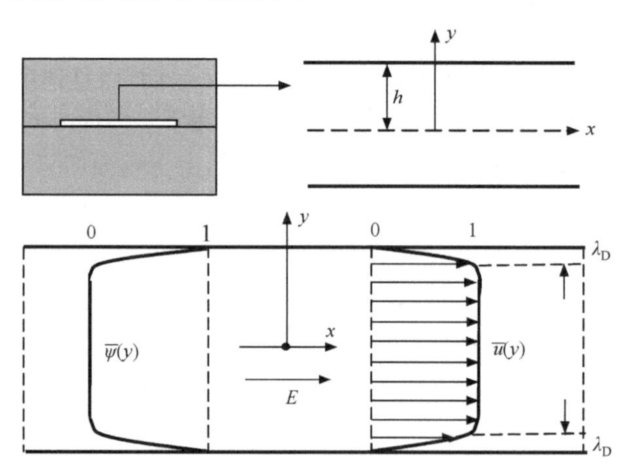

图 3.2　二维缝隙微通道双电层电位和电渗流速度示意

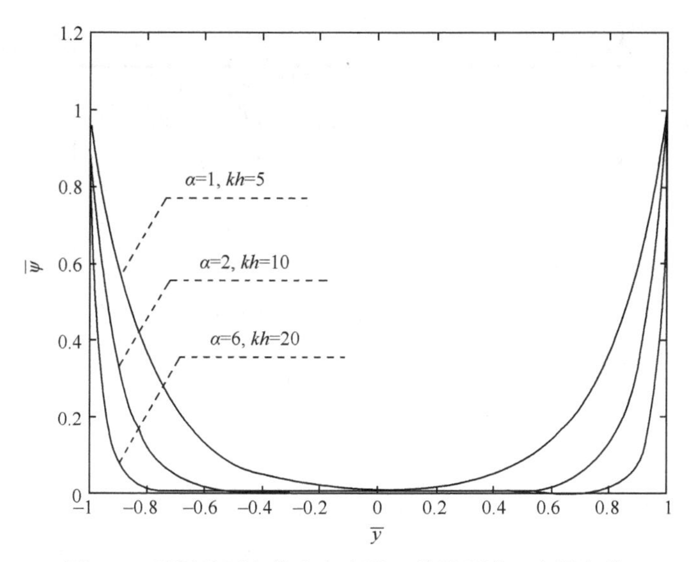

图 3.3　不同壁面电位和宽度的二维微通道双电层电位

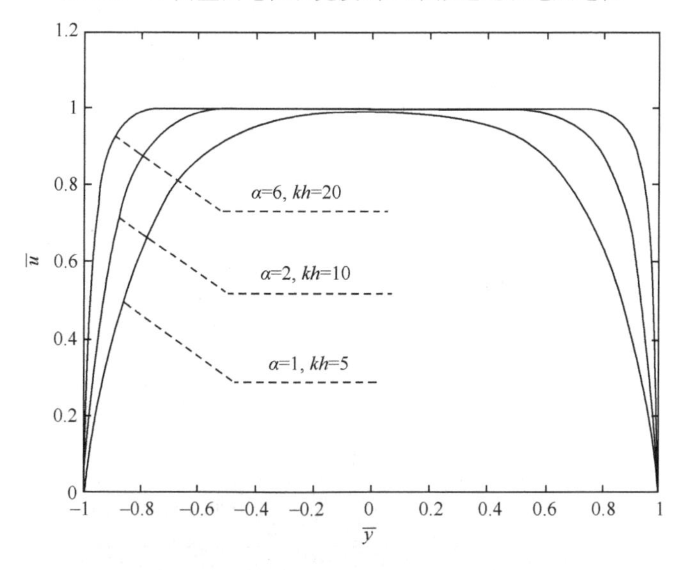

图 3.4　不同壁面电位和宽度的二维微通道电渗流速度分布

实际微通道总是有限长度，它与上下游连接的微通道或其他部件一般都会有反压差同时作用于电渗流微通道。微通道速度是电渗流速度和反压差流动速度的叠加，表示为

$$u(y)=\frac{\varepsilon E}{\mu}[\psi(y)-\zeta]+\frac{1}{2\mu}\frac{\partial p}{\partial x}(y^2-h^2) \tag{3-20}$$

速度剖面如图 3.5 所示。

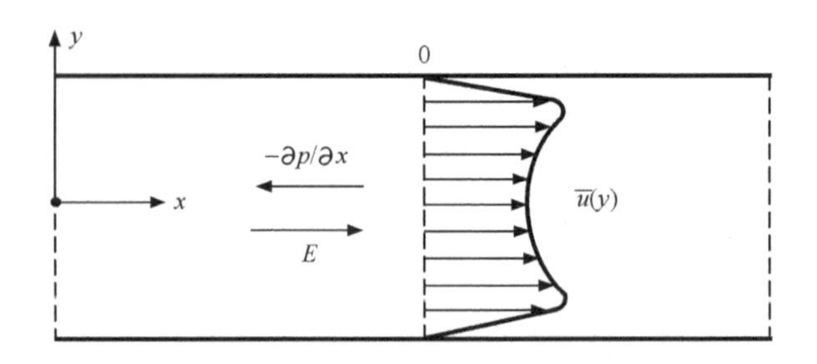

图 3.5　二维有反压差微通道电渗流速度分布形态

这样的速度剖面不能直接应用于电泳分离。对无限长均匀矩形截面直微通道，如图 3.6 所示，充分发展电渗流方程给出如下：

$$\mu\left(\frac{\partial^2 u}{\partial x^2}+\frac{\partial^2 u}{\partial y^2}\right)=-\rho_e(x,y)E \tag{3-21}$$

矩形截面四个壁面的速度为零，方程(3-21)没有解析解。对于对称电解质溶液，以上方程中电荷密度 $\rho_e(x,y)$ 可采用数值法求解方程(3-6)得到，再数值求解式(3-21)得到正方形微通道电渗流速度 $u(x,y)$，如图 3.7 和图 3.8 所示。

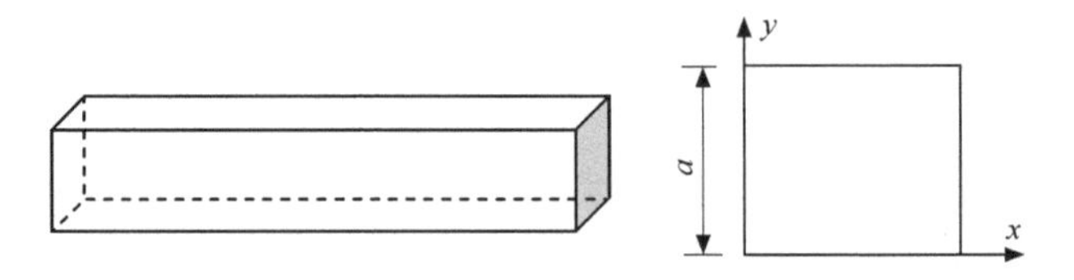

图 3.6　无限长均匀矩形微通道

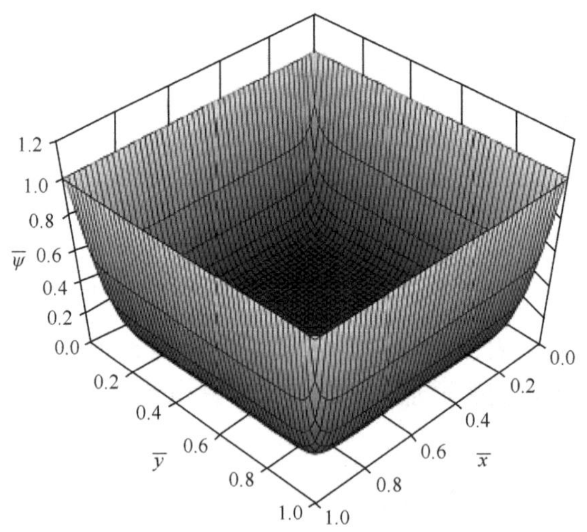

图 3.7　无限长均匀矩形微通道双电层电位

$\overline{x}=x/a,\overline{y}=y/a,\overline{\psi}=\psi/\zeta$

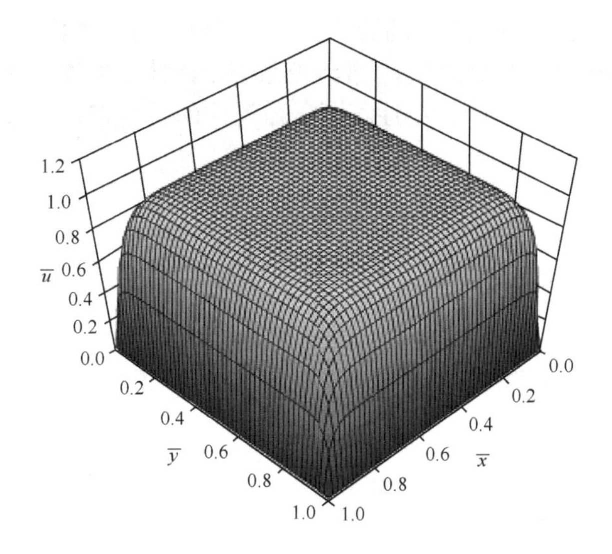

图 3.8　无限长均匀矩形微通道截面电渗流速度

$\overline{x}=x/a, \overline{y}=y/a, \overline{u}=u/(-\varepsilon\zeta E/\mu)$

3.1.2　微流控系统电动流动多物理场耦合方程组

微流控系统电动流动(electrokinetic flows)指的是带电液体在电场力作用下的流动。液体中的电荷可以从外部输入或外电场感应产生,也可以内部自然发生。由于固壁面电荷的作用,使得壁面附近双电层的液体带电,这是自然双电层的电荷,取决于固壁面和溶液的物理化学性质以及当时的温度条件。在外电场作用下电荷运动,携带电荷的离子通过黏性力作用拖曳周围液体分子一起运动,从而形成液体相对于壁面的切向电渗流动。这种流动主要是电场力驱动,即使微通道进出端口没有压强差时,电渗流动也可能会诱发局部压强梯度。微流控系统复杂的电动流动是电场力和压强梯度共同作用的流动,无压差电渗流是电动流动的一个特例。严格地讲,离子在运动时,它的浓度分布不再严格按照玻尔兹曼规律式(3-1)。只有规则微通道电渗流没有压强梯度。无限长均匀缝隙微通道和矩形截面微通道便是典型的无压强梯度电渗流。传统的双电层 P-B 方程有严格的条件:离子处于热平衡状态,平坦无限大均匀光滑固壁面,无限大静止液体相。在很多情况下,这些条件难以满足。严格地讲,离子浓度的时空分布应该受离子输运 N-P 方程控制。文献[17]分析比较了 P-B 方程和 N-P 方程得到的电渗流,证实在双电层重叠时,$kh\sim 0(1)$,P-B 方程略有偏差。在模拟交叉通道或者非等截面通道电渗流以及一些亚微米级(几十纳米)通道电渗流时,均采用 Poisson-Nernst-Planck 方程(简称 P-N-P 方程)与 N-S 方程的耦合方程组[18~22]。

下面介绍微流控系统电动流动的多物理场现象和对应的控制方程，以及它们之间的相互耦合机理。一般情况下，微流控系统中流体为液体。在连续性适用的范围里（流动尺度大于 10nm），黏性不可压缩流体的质量连续方程和流动的 N-S 方程为

$$\nabla \cdot \boldsymbol{V} = 0 \tag{3-22}$$

$$\rho \frac{\partial \boldsymbol{V}}{\partial t} + \rho(\boldsymbol{V} \cdot \nabla)\boldsymbol{V} = -\nabla p + \mu \nabla^2 \boldsymbol{V} + \boldsymbol{F}_e \tag{3-23}$$

在一般情况下，微尺度流动中的重力、浮力和磁场力对液体运动影响甚微，可以不考虑，电场力是主要驱动力。式(3-23)中的 $\boldsymbol{F}_e$ 为作用于单位体积流体的电场力，表示如下[11]：

$$\boldsymbol{F}_e = \rho_e \boldsymbol{E} - \frac{1}{2}|\boldsymbol{E}|^2 \nabla \varepsilon + \frac{1}{2}\nabla\left[\rho |\boldsymbol{E}|^2 \left(\frac{\partial \varepsilon}{\partial \rho}\right)\right] \tag{3-24}$$

式(3-24)右边第一项是静电库仑力，第二项是介电力，第三项是流体压缩性产生的电收缩压强梯度。对不可压缩流体，第三项力为零。电解质溶液介电系数随温度变化。在温度梯度不明显的情况下，溶液的介电常数空间变化率不大，第二项的介电力比第一项的静电力小很多，也可以不考虑。在溶液温度不均匀性（温度梯度）明显的情况下，温度梯度会引起溶液介电系数和电导率变化，进而改变局部电荷密度。由于温度梯度引发的液体流动称为电热效应(electrothermal effect)，后面将讨论。在大多数情况下，液体电场力仍然以静电力为主。一般讲，溶液中离子在外电场力作用下运动，偏离热平衡。离子浓度时空特性不再是玻尔兹曼分布式(3-1)。静电力中的溶液体积电荷密度等于单位体积所有离子携带电荷的总和，即

$$\rho_e = \sum z_i e n_i \tag{3-25}$$

离子数量浓度遵循电荷守恒律，即离子输运的 N-P 方程

$$\frac{\partial n_i}{\partial t} + \nabla \cdot \boldsymbol{J}_i = 0 \tag{3-26}$$

$$\boldsymbol{J}_i = \boldsymbol{V} n_i - D_i \nabla n_i - e\mu_i z_i n_i \nabla(\varphi + \psi) \tag{3-27}$$

式中，n_i 表示第 i 种离子数量浓度（正离子或负离子）；$\boldsymbol{J}_i$ 是第 i 种离子数量通量，即每单位时间通过某方向每单位面积的离子个数。N-P 方程与流体力学连续方程极为相像，连续方程表示流体质量守恒律，N-P 方程表示离子携带电荷守恒律。对于稀释电解质溶液，离子通量式(3-27)包含三部分：第一部分是对流离子通量，即流场速度携带离子运动数量通量，$\boldsymbol{V}$ 是流场速度矢量；第二部分是离子浓度梯度通量，与传质传热相似，D_i 是 i 种离子扩散率；第三部分是电迁移通量，即局部电

场驱动的离子运动通量。电场由双电层电场 ψ 和外加电场 φ 两部分组成，μ_i 是第 i 种离子迁移率 (mobility)，即单位力作用的离子运动速度。在低雷诺数的斯托克斯流动，小球状离子的迁移率 $\mu = 1/(6\pi\eta a)$，这里的 η、a 是液体动力黏性系数和离子半径。一个离子的带电量为 ez_i，$ez_i\boldsymbol{E}$ 为第 i 种离子受到的电场力，电场强度为 $\boldsymbol{E} = -\nabla(\psi+\varphi)$，$\mu_i ez_i\boldsymbol{E}$ 为离子运动速度。所以第三项表示局部电场驱动的离子数量通量。根据爱因斯坦方程，有 $\mu_i = D_i/(k_B T)$，D_i 是第 i 种离子扩散率，正负离子通量表示为

$$\boldsymbol{J}_\pm = \boldsymbol{V} n_\pm - D_\pm \nabla n_\pm - e\mu_\pm z_\pm n_\pm \nabla(\varphi+\psi) \tag{3-28}$$

离子通量式(3-27)或式(3-28)适合于离子浓度低的稀释溶液，离子间距很大，互不干扰。在热平衡状态时，无外加电场，离子不运动，流体静止。N-P 方程(3-26)、(3-27) 简化为

$$\nabla \cdot \boldsymbol{J}_i = 0 \tag{3-29}$$

$$\boldsymbol{J}_i = -D_i \nabla n_i - \frac{eD_i z_i n_i}{k_B T}\nabla\psi \tag{3-30}$$

在无限大均匀平面固壁面，平行壁面方向的离子浓度和电位均匀分布。在垂直壁面方向有 $\dfrac{\mathrm{d}(J_{ix})}{\mathrm{d}x} = -\dfrac{\mathrm{d}^2 n_i}{\mathrm{d}x^2} - \dfrac{z_i e}{k_B T}\dfrac{\mathrm{d}}{\mathrm{d}x}\left(n_i \dfrac{\mathrm{d}\psi}{\mathrm{d}x}\right) = 0$，积分两次，加上远离壁面处的离子浓度和电位条件 $n_i = n_0$，$\psi \approx 0$，以及固壁面 $J_{ix} = 0$ 的条件，得到离子浓度的玻尔兹曼分布，$n_i = n_0 \exp\left(-\dfrac{z_i e\psi}{k_B T}\right)$。离子输运的 N-P 方程在热平衡时(离子不运动)，可以简化为玻尔兹曼分布。一般情况下，离子浓度分布与局部电场和流体速度有关。离子输运的 N-P 方程，液体流动的 N-S 方程和电场方程耦合。双电层电场仅局限于壁面附近，垂直于壁面，它满足泊松方程

$$\nabla^2\psi = -\frac{\rho_e}{\varepsilon_r \varepsilon_0} \tag{3-31}$$

外加电场分布在整个溶液区域，平行于壁面，它的传导电流满足守恒律

$$\nabla \cdot \boldsymbol{J} = -\nabla \cdot (\lambda \nabla\varphi) = 0 \tag{3-32}$$

式中，$\boldsymbol{J}$ 是电流密度；λ 溶液电导率，$\lambda = \sum\limits_i D_i z_i^2 e^2 n_i/(k_B T)$。严格地讲，溶液电导率与温度分布和离子浓度有关。除了双电层里的离子浓度有变化，微通道的绝大部分区域，溶液呈中性，离子浓度为常数。在温度梯度不大的情况下，溶液电导率可视为常数，则方程 (3-32) 简化为拉普拉斯方程

$$\nabla^2\varphi = 0 \tag{3-33}$$

基于以上分析，双电层电场(3-31)和外电场(3-33)允许分别求解。微流控系统中流体大多是生物-化学液体，类似电解质溶液，包含带电离子，在电场作用电解质导电。电流的焦耳热会引起温度变化。温度场满足热输运方程

$$\rho_f c_{pf}\left[\frac{\partial T}{\partial t}+(\mathbf{V}\cdot\nabla)T\right]=\nabla\cdot(k_f\nabla T)+S_f \qquad \text{流体区域} \tag{3-34}$$

$$\rho_s c_{ps}\frac{\partial T}{\partial t}=\nabla\cdot(k_s\nabla T)+S_s \qquad \text{固体区域} \tag{3-35}$$

式中，ρ_f、ρ_s 是流体和固体的密度；c_{pf}、c_{ps} 是流体和固体比热容；k_f、k_s 是流体和固体的热传导率；S_f、S_s 为流体和固体的热生成率(热源)。微流控系统的热输运过程通常在流体区域和固体区域同时进行。严格地讲，热输运方程必须在流-固联合区域求解，并满足流/固界面的温度和热流量连续条件。微流控系统中液态化学组分的迁移、扩散、浓缩、稀释、混合、反应、分离等过程由它们的浓度时空分布表征，满足组分浓度输运方程

$$\frac{\partial C_i}{\partial t}+(\mathbf{V}\cdot\nabla)C_i=\nabla\cdot(D_i\nabla C)+S_i \tag{3-36}$$

式中，C_i、D_i 和 S_i 是第 i 种组分的浓度、扩散率和生成率。方程(3-22)、(3-23)、(3-25)～(3-27)、(3-31)、(3-33)～(3-36)构成微流控系统多物理场电动流动耦合控制方程组。介质特性参数在多物理场耦合过程也会动态变化，并相互影响，如黏性系数、介电常数、电导率、热传导率、分子扩散率等。微流控系统多物理场耦合路线图表示在图 3.9 中。

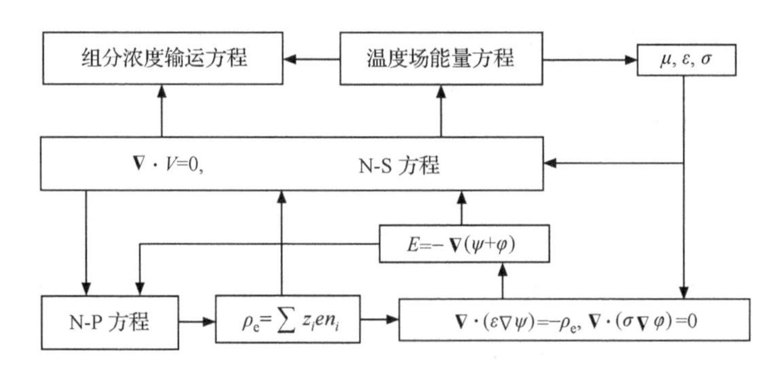

图 3.9 微流控系统多物理场耦合路线图

这里必须指出，以上的耦合方程组是对一般性的多物理场流动现象的通用描述，并非要求所有问题不分巨细，把所有方程都耦合在一起求解。根据实际问题的需要，耦合方程组做适当简化是必要的，选择性保留主要物理过程和对应的方程，次要过程可以忽略，甚至可以放松某些物理场之间较弱的耦合关系。比如说，介质

特性参数在一定条件范围里可以看成常数，这样可以降低数值求解难度，计算结果也能反映真实流动的本质，计算精度在可以接受的范围。

3.2　电渗流特性和影响因素

上一节讲到的双电层是影响电渗流的最重要因素，其中固壁面 Zeta 电位与壁面材料和溶液的性质密切相关。对一般的硅、玻璃类材料，Zeta 电位大小在 $-100\sim+100\text{mV}$ 范围之内。高分子聚合物类材料，如 PMMA、PDMS 等表面具有较强的疏水性，Zeta 电位很低。所以这类材料制作的微通道电渗流很微弱，甚至不支持电渗流。聚合物类材料比传统的硅、玻璃类材料有许多优点，表现为生物、化学、光学兼容性好、无毒、易加工、成本低，非常有利于大批量生产，是目前微流控芯片使用最多的材料之一。为了满足微流控芯片的不同应用，常常对这类材料表面进行改性处理以满足各项技术要求。电解质溶液的 pH 对壁面 Zeta 电位也有重要影响。大量实验表明，对硅、玻璃类材料，当 $\text{pH}<3$ 时，固壁面带正电荷，当 $\text{pH}>3$ 时，固壁面带负电荷，而 $\text{pH}\approx3$ 时，固壁面不带电。这属于物理化学的范围，有很多这方面的资料可供参考，这里不再重复。除了上述因素之外，电解质溶液的温度、离子浓度、电导率、介电常数、固壁面速度滑移等对电渗流也有较大的影响。下面就最常见的四个问题做讨论，供读者参考：①电渗流的焦耳热效应；②压强差流动的电黏性效应；③电场调控电渗流；④交变电场电渗流。

3.2.1　电渗流的焦耳热效应

一般情况下，在微通道中 $1\sim10\text{mm/s}$ 的电渗流平均速度需要施加大约 $100\sim1000\text{V/cm}$ 的直流电场[23]。高电压的直流电场会在溶液中产生可观的焦耳热。电场强度在 $100\sim300\text{V/cm}$ 的微通道内，焦耳热产生的能量密度可高达 1kW/cm^3 左右[24]。焦耳热效应会降低电渗效率和毛细管分离质量，破坏生物样品活性或产生气泡。焦耳热来自外加电场和电流的热效应，热生成率为 $\boldsymbol{EJ}=\lambda\boldsymbol{E}^2$，$\lambda$ 是溶液电导率，$\boldsymbol{E}$、$\boldsymbol{J}$ 为局部电场强度和传导电流密度。焦耳热会导致溶液温度上升和微通道纵向和横向的温度梯度。反过来，温度变化又改变流体性质，如黏性系数、介电常数、电导率和液体 pH 等，最终影响电渗流特性[25~28]。在毛细管电泳分离微通道中，焦耳热会破坏柱塞型的缓冲液流动速度剖面，引起分离样品带宽扩散和峰值拓宽[27]，而且高温升可能产生气泡，还会导致样品溶液的分解，破坏生物溶液活性，所以电渗流焦耳热效应会限制了毛细管电泳的应用。文献[29]、[30]研究了二维微通道稳态电渗流温度发展特性。文献[31]～[34]研究了流/固耦合微通道的电渗流热效应，而且考虑到温度变化对流体性质的反馈影响。目前 PDMS 材料和玻璃键合的芯片获得广泛的使用[35~38]。由于它们物理化学性质的差异，异质材料微通道电渗流特性与同质材料微通道有所不同。晁侃、吴健康等[39]研究了 PDMS 和玻璃键合的有限长度狭缝二维微通道电渗流热效应，包括温度变化对溶液性质的反馈作用。有限长度异质材料狭缝微通道如图 3.10 所示。

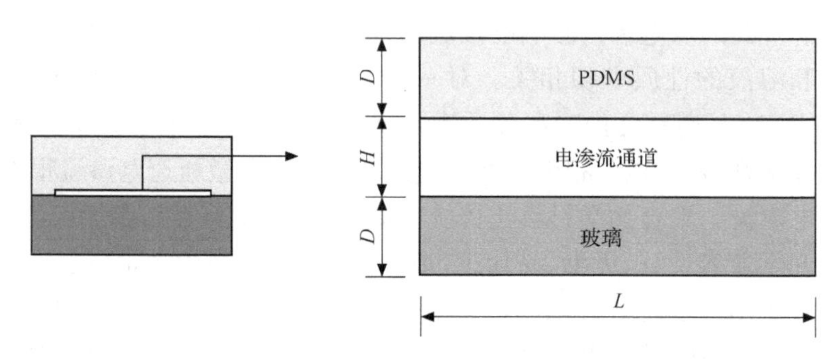

图 3.10　有限长度异质材料狭缝微通道示意图

电渗流的焦耳热通过固壁面向外散热，最终会达到生热和散热的平衡(热平衡状态)，即稳定的温度分布场。热传导在液体和固体基片(玻璃和 PDMS)中同时发生，所以必须在液-固联合区域求解热输运方程，液/固界面的温度和热通量必须连续。液/固耦合温度场的热输运方程表示如下[40]：

$$\rho_{\mathrm{f}} c_{p\mathrm{f}}\left(\frac{\partial T}{\partial t}+\mathbf{V}\cdot\nabla T\right)=\nabla\cdot(k_{\mathrm{f}}\nabla T)+\lambda\boldsymbol{E}^{2}\quad \text{通道溶液区域} \tag{3-37}$$

式中，λ 是溶液电导率；电场 $\boldsymbol{E}=-\nabla(\varphi+\psi)$。外电场和传导电流都平行于壁面方向，是焦耳热的主体。双电层电场 $\nabla\psi$ 垂直壁面，不产生平行于壁面的电流。在热输运方程(3-37)中可直接采用 $\boldsymbol{E}=-\nabla\varphi$。

$$\rho_{\mathrm{g}} c_{\mathrm{pg}}\frac{\partial T}{\partial t}=\nabla\cdot(k_{\mathrm{g}}\nabla T)\quad \text{玻璃基片区域} \tag{3-38}$$

$$\rho_{\mathrm{p}} c_{\mathrm{pp}}\frac{\partial T}{\partial t}=\nabla\cdot(k_{\mathrm{p}}\nabla T)\quad \text{PDMS 层区域} \tag{3-39}$$

式中，μ 是溶液动力黏度；λ 溶液电导率；ε 溶液介电常数；ρ_{f}、$c_{p\mathrm{f}}$、k_{f} 分别是液体的密度、比热容和热传导系数；下标 g、p 分别表示玻璃和 PDMS 材料。这些系数都受温度的影响，最终改变电场、电荷密度、电渗流和热平衡特性(生热和散热平衡)。温度引起溶液密度变化的浮力可以不考虑。微通道进出口没有压差，温度梯度也会诱导附加的压强梯度。温度对溶液和壁面材料性质的影响有如下的经验关系[41,42]：

$$\mu(T) = 2.761\exp(1713/T) \times 10^{-6}[\mathrm{kg/(m \cdot s)}]$$
$$k(T) = 0.61 + 0.0012(T - 298)[\mathrm{W/(m \cdot K)}]$$
$$\varepsilon_r(T) = 305.7\exp(-T/219)$$
$$D_{\pm}(T) = D_{\pm 0}[1 + 0.025(T - 298)]$$
$$\lambda_{\pm}(T) = \lambda_{\pm 0}[1 + 0.025(T - 298)]$$
$$\lambda(T) = \lambda_{+} c_{+} + \lambda_{-} c_{-}$$

式中，$D_{\pm 0}$ 是在室温时(15℃)时的离子扩散率；$\lambda_{\pm 0}$ 是室温时的离子摩尔电导率；$c_{\pm}$ 为离子摩尔浓度。P-B 方程在有热效应情况下不再适用。目前 N-S 方程(3-23)、N-P 方程(3-26)、(3-27)、泊松方程(3-31)，以及热输运方程(3-37)～(3-39)的耦合方程组被广泛采用研究电渗流焦耳热效应。数值结果[39]表明，进口处的溶液环境温度经过一段的热发展路程后会达到热平衡稳定状态，稳定状态时的电渗流温度分布与进口的溶液环境温度无关。由于微通道上下表面材料的热传导率不同，微通道截面出现温度梯度。微通道进出口没有压差，沿通道纵向温度梯度也会诱导附加的压强梯度，并改变电场和电荷密度分布。微通道电渗流焦耳热效应如图 3.11～3.16 所示，其中，ξ、η 分别是微通道长度和宽度距离，$\eta = y/h$，$\xi = x/h$，h 是微通道半宽。可以看出，PDMS 内表面温度比玻璃表面的温度高。研究还发现，由于焦耳热效应，微通道壁面附近的电荷密度下降(如图 3.15 所示)。焦耳热还会改变电场变化特征(如图 3.14 所示)和诱导压强梯度(如图 3.16 所示)。在热发展区压强梯度为负，在热稳定区压强梯度为正。

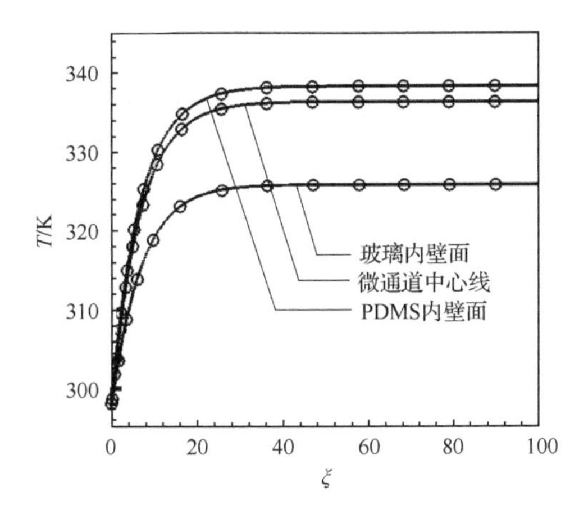

图 3.11　微通道的电渗流温度分布

进口温度 $T_e = 308\mathrm{K}$，离子浓度 $n_0 = 0.1\mathrm{M}$，外电场 $E = 4 \times 10^4 \mathrm{V/m}$

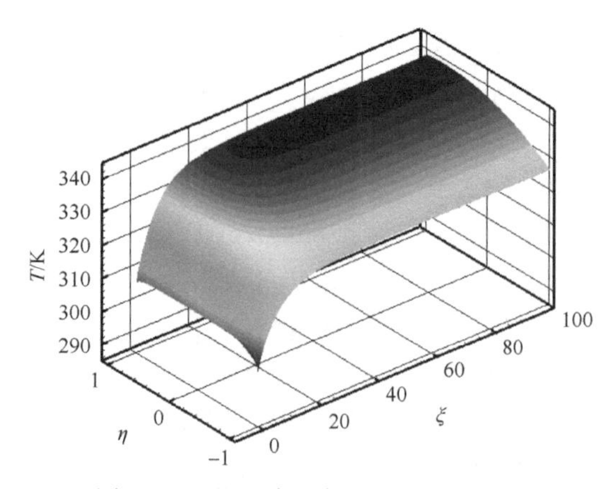

图 3.12 微通道电渗流二维温度分布

进口温度 $T_e = 308\text{K}$，离子浓度 $n_0 = 0.1\text{M}$，外电场 $E = 4 \times 10^4 \text{V/m}$

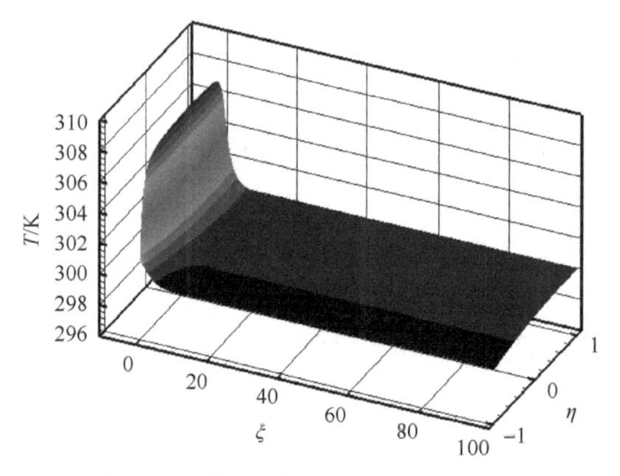

图 3.13 微通道电渗流二维温度分布

进口温度 $T_e = 308\text{K}$，离子浓度 $n_0 = 0.1\text{M}$，外电场 $E = 10^4 \text{V/m}$

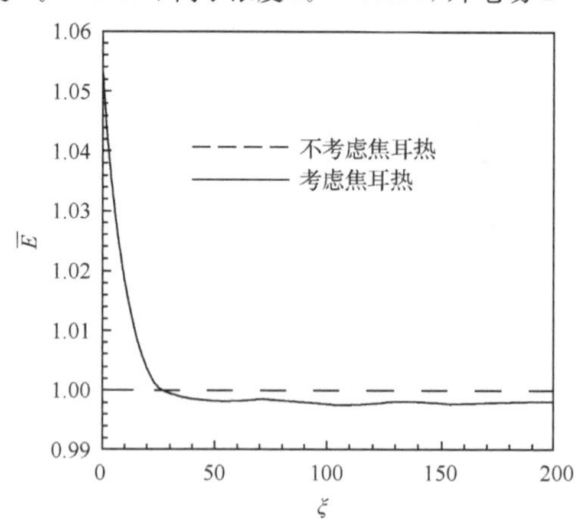

图 3.14 电渗流焦耳热在微通道诱发的电场强度梯度

$E = 4 \times 10^4 \text{V/m}$

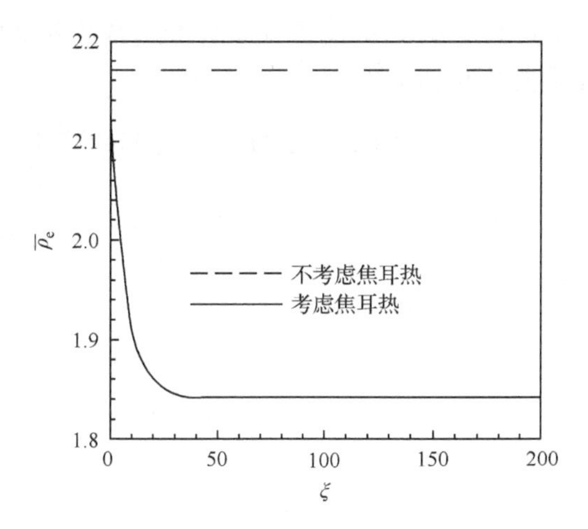

图 3.15　电渗流焦耳热在微通道诱发的玻璃壁面溶液电荷密度梯度

$E = 4 \times 10^4\,\mathrm{V/m}$

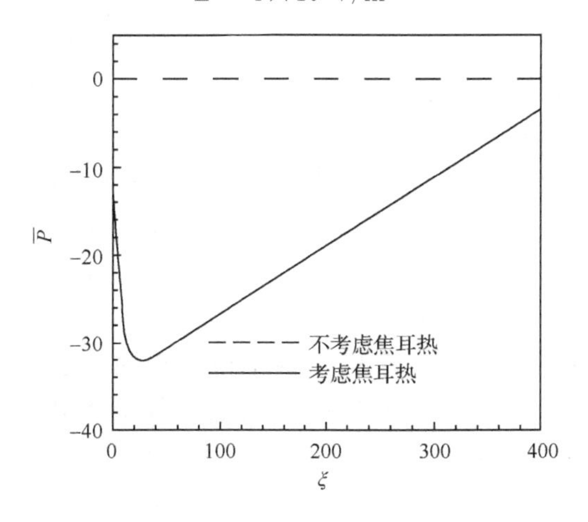

图 3.16　电渗流焦耳热在微通道诱发附加溶液压强梯度

$E = 4 \times 10^4\,\mathrm{V/m}$

以上分析认为，电渗流溶液体积电荷密度是单位体积内的离子所带电荷的总和 $\rho_e(x) = \sum z_i e n_i(x)$。电渗流焦耳热产生的温度空间分布不均匀性（温度梯度）会引发溶液的介电常数和电导率空间梯度，接着改变溶液局部体积电荷密度和流体受力，最终影响电渗流动特性，这就是电渗流的电热效应（与焦耳热不同）。文献[11]给出在交变电场中，温度梯度导致的流体附加电场力（时间平均）

$$\langle F_e \rangle = \frac{1}{2}\mathrm{Re}\left[\frac{\sigma\varepsilon(\alpha-\beta)}{\sigma+\mathrm{i}\omega\varepsilon}(\nabla T \cdot \boldsymbol{E}_0)\boldsymbol{E}_0^* - \frac{1}{2}\varepsilon\alpha\,|\boldsymbol{E}_0|^2\,\nabla T\right] \tag{3-40}$$

式中，Re[]表示复数的实部；ω 是电场频率；$\boldsymbol{E}_0$、$\boldsymbol{E}_0^*$ 分别是交变电场振幅和共轭振

幅；$\alpha=(\partial\varepsilon/\partial T)/\varepsilon$，$\beta=(\partial\sigma/\partial T)/\sigma$，分别是流体介电常数和电导率的温度敏感系数。对直流电场 $\boldsymbol{E}$，附加电场力为[11]

$$F_{\mathrm{e}}=\varepsilon(\alpha-\beta)(\nabla T\cdot\boldsymbol{E})\boldsymbol{E}-\frac{1}{2}\varepsilon\alpha\,|\boldsymbol{E}|^{2}\,\nabla T \tag{3-41}$$

方程(3-41)的第一项是温度梯度导致的附加静电力，第二项是介电力。

3.2.2 压强差流动的电黏性效应

微通道液体流动呈现与传统管道流动不同的物理现象，已经被大多数人认识。其中最重要的区别是在相同压强梯度时，微通道的流量小于传统流体动力学理论计算的流量。由于微通道横向尺度缩小效应，存在附加的阻力导致通道流量减少。大多数人认为微通道固壁和液体界面的物理化学作用是产生附加流动阻力的主要原因。微通道横向尺度与固/液界面双电层厚度的比值（kh）越小，固/液界面的阻力效应越明显。文献[43]通过水在微通道中的流动实验，观察到液体的流动特征与微通道材料、通道尺寸以及液体的属性有关。文献[44]的研究发现，对于微通道的相同流量，金属微通道的压差比硅微通道的压差要小。文献[45]～[48]研究双电层对微通道压强差液体流动产生的附加阻力。微通道在压强梯度作用下的液体流动携带双电层的电荷一起运动。这种非电场力作用下的随流电荷运动叫流动电流，从而在微通道产生与流动反向的电位差，称为流动电位。如果流动电位不能通过外接电路产生电流，就会作用于双电层带电液体产生反向的电阻力，减少流量，好像流体具有更大的黏度，这就是双电层的电黏性效应[9,10]。电解质溶液虽然不是金属导电体，但其中包含自由离子，在流动电位作用下也会导电，即传导电流。如果微通道两端没有电路连接，相当于断开电路。微通道总电流为零。流动电位产生的传导电流与压强差的流动电流相平衡（大小相等，而且反向），即电流平衡条件[3]：

$$I_{\mathrm{c}}+I_{\mathrm{s}}=0 \tag{3-42}$$

式中，I_{s}、I_{c} 分别为微通道流动电流和传导电流。在一个无限长均匀狭缝微通道中，如图 3.2 所示，微通道的流动电流为

$$I_{\mathrm{s}}=2\int_{0}^{h}u\rho_{\mathrm{e}}\,\mathrm{d}y \tag{3-43}$$

这里，流动电流（或称对流电流）是跟随流体一起运动的电荷产生的电流。流动电位的传导电流（当地电场驱动电荷运动）为

$$I_{\mathrm{c}}=2h\lambda E \tag{3-44}$$

这里，λ 为溶液电导率（近似为常数），绝缘壁面的电流很小，一般可以不考虑。于

是流动电位的电场强度为

$$E=-\frac{1}{\lambda h}\int_0^h u\rho_e \mathrm{d}y \tag{3-45}$$

正是这个电场反作用于带电流体产生附加电阻力。与方程(3-18)类似,狭缝微通道充分发展的定常流动方程为

$$\frac{\mathrm{d}^2 u}{\mathrm{d}y^2}=\frac{1}{\mu}\frac{\partial p}{\partial x}-\frac{\rho_e E}{\mu} \tag{3-46}$$

右边第一项是外加的压强梯度,第二项是流动电位的电场阻力。采用无量纲化

$$\bar{x}=\frac{x}{h},\ \bar{y}=\frac{y}{h},\ \bar{u}=\frac{u}{U},\ \bar{p}=\frac{p}{\rho U^2},\ U=u_{\max}=-\frac{h^2}{2\mu}\frac{\mathrm{d}p}{\mathrm{d}x} \tag{3-47}$$

$$\bar{\rho}_e=\frac{\rho_e}{-\varepsilon\zeta/h^2},\ \bar{E}=\frac{E}{\varepsilon\zeta U/(\lambda h^2)} \tag{3-48}$$

流动方程(3-46)无量纲化为

$$\frac{\mathrm{d}^2\bar{u}}{\mathrm{d}\bar{y}^2}=-2+\gamma\bar{\rho}_e\bar{E} \tag{3-49}$$

无量纲的电场为

$$\bar{E}=\int_0^1 \bar{u}\bar{\rho}_e \mathrm{d}\bar{y} \tag{3-50}$$

式中,无量纲数 $\gamma=(\varepsilon\zeta)^2/(\mu\lambda h^2)$,定义为电黏性系数[48],表示双电层电阻力与流体黏性力之比。从 Debye-Hückel 近似电位的解(3-15),得到双电层的电荷密度为

$$\bar{\rho}_e(\bar{y})=(kh)^2 f(\bar{y}),\ f(\bar{y})=\frac{\cosh(kh\bar{y})}{\cosh(kh)} \tag{3-51}$$

把式(3-51)代入式(3-49),积分两次,加入边界条件 $u=0,\bar{y}=1;\partial\bar{u}/\partial\bar{y}=0,\bar{y}=0$,得到

$$\bar{u}(y)=(1-\bar{y}^2)-\gamma\bar{E}\left[1-\frac{\cosh(kh\bar{y})}{\cosh(kh)}\right],\ 0\leqslant\bar{y}\leqslant 1 \tag{3-52}$$

可以看出,电黏性效应减少流速,等价于增加流体的有效黏性系数。把式(3-52)代入式(3-50)得到

$$\bar{E}=\frac{\int_0^1(1-\bar{y}^2)\bar{\rho}_e \mathrm{d}\bar{y}}{1+\gamma\int_0^1[1-f(\bar{y})]\bar{\rho}_e \mathrm{d}\bar{y}} \tag{3-53}$$

二维狭缝微通道压强差流动的电黏性效应表示在图 3.17 中，其中，$\alpha = 1, kh = 20$。

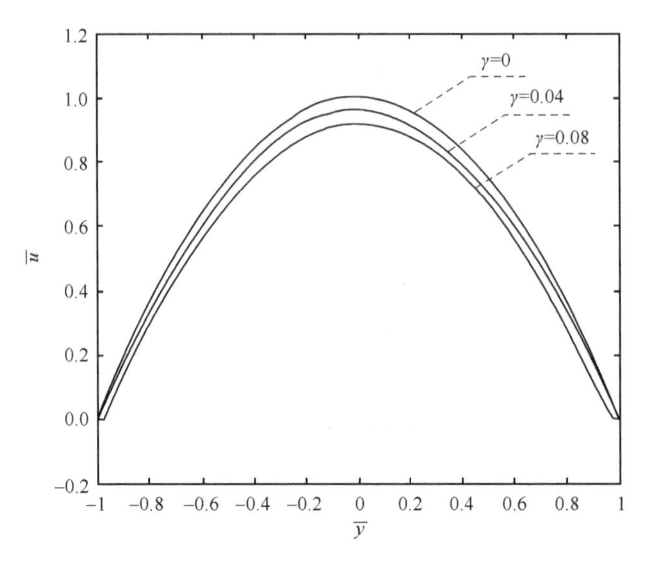

图 3.17 不同电黏性数时的狭缝微通道压差流动横截面速度分布图

类似原理，Li[3]给出矩形微通道压差流动电黏性效应的速度特性。

3.2.3 电场调控电渗流

一般固壁面与电解质溶液接触会自然感应双电层，这种原生双电层的壁面电位大小一般在 100mV 以下。原生双电层受控制的余地很有限，为了实现高效率的液体输送和混合反应目的，可以对电渗流进行人工调控。对固壁面进行物理化学改性，改变通道几何结构，如通道内设置突起块[49]、制造锯齿型粗糙表面[50]，或直接用 Z 型通道[51]都可改变固壁面电位和电渗流特性。通道表面不一致的 Zeta 电位分布也能实现控制电渗流的效果[52~54]。这些方法加工的芯片一旦成型，其特性固定，可调控性差，而且加工困难、成本高，不利于大批量生产。由于微电极加工集成技术日趋成熟，人们想到，在固壁面埋入与溶液绝缘的电极，并施加一定电压产生垂直壁面方向的电场，这样也可以灵活调控固壁面电位和微通道电渗流，包括壁面电位大小和极性[55,56]。电极的数量、间距、大小、形状可以根据实际需要灵活设计。调控的壁面电位可以是均匀连续的，或间断，可以是稳态，或瞬态可变的，这样微通道电渗流可以被灵活调控，包括速度大小、方向，以及截面上的速度分布形态，还可以瞬时变向和制造微涡旋流动[57~59]。这种调控的电渗流也称之为“场效应晶体管”[60]。电极电位是在芯片之外的电控制单元采用计算机控制，灵活方便。调控的电渗流可以大大提高液体混合反应效率，实现生物颗粒（细胞、蛋白质、

DNA、细菌、病毒等)的浓缩、稀释、捕捉和分离[61,62]。由于微电极制造和集成技术已经成熟,电场调控双电层和电渗流技术有很好的应用前景。最简单的、均匀连续的电场调控双层模型如图 3.18 所示。

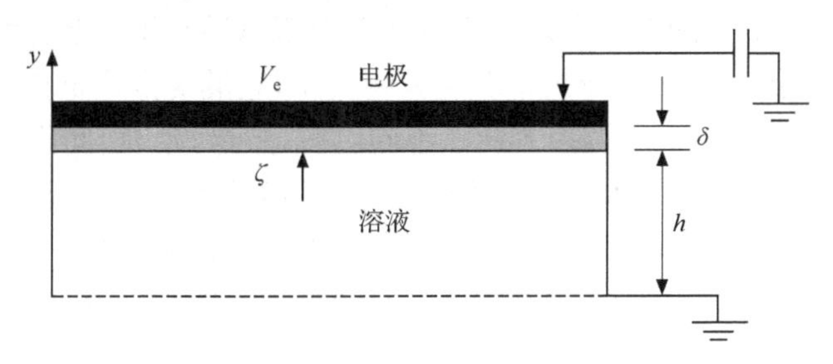

图 3.18　无限长均匀连续的电场调控双层示意图

在固壁面上粘贴微电极。这里,δ、h 分别是壁面绝缘层厚度和微通道半宽,V_e、ζ 分别是电极调控电位和壁面感应电位(与原生 Zeta 电位无关)。在绝缘层,电位满足

$$\frac{\partial^2 \psi}{\partial y^2} = 0, \quad \psi = ay + b \tag{3-54}$$

边界条件为

$$\psi = V_e, \quad y = h + \delta; \quad \psi = \zeta, \quad y = h \tag{3-55}$$

得到

$$V_e - \zeta = a\delta \tag{3-56}$$

在溶液区域,线性双电层解为 $\psi = \zeta \dfrac{\cosh(ky)}{\cosh(kh)}$,在液/固界面处的电场连续条件为

$$\varepsilon_s \left(\frac{d\psi}{dy}\right)^s_{y=h} = \varepsilon_f \left(\frac{d\psi}{dy}\right)^f_{y=h} \Rightarrow \varepsilon_s a = \varepsilon_f k \zeta \tanh(kh) \tag{3-57}$$

式中,ε_f、ε_s 为流体和固体的介电常数。最后得到壁面感应电位

$$\zeta = \frac{V_e}{1 + k\delta \tanh(kh) \varepsilon_f / \varepsilon_s} \tag{3-58}$$

固壁面总电位为 $\zeta_{总} \approx \zeta_0 + \zeta$,其中 ζ_0 是原生双电层 Zeta 电位。以上方程中,一般有 $kh \gg 1$,$\tanh(kh) \approx 1$,$\varepsilon_f / \varepsilon_s \approx 39$,$\zeta \approx V_e/(1 + 39k\delta)$。这个公式可以作为电场调控双电层壁面电位量级估算和电渗流数值解的自我检验。可以看出,只有壁面绝缘层很薄时,外电场调控的壁面电位才会有明显的效果。目前微电极制造技术可以在电极表面溅射很薄的高介电强度的绝缘层(几十纳米)。绝缘层的目的是防

止液/固界面发生电化学反应破坏生物溶液的活性和有效成分，也可以采用没有绝缘层的阻挡电极(blocking electrodes)，如铂金之类的材料，但成本很高。调控后的微通道电渗流速度为 $u_{\mathrm{eof}}=-\varepsilon\zeta_{\mathrm{t}}E/\mu$。这样可以降低外加直流电场，同时保持流量不变，这对实际应用很有意义。交变电场调控双电层在下一节介绍。

最近分散电极调控电渗流技术获得大量应用，它的优点是电极配置灵活，电渗流的可调控性好，电极电压调控方便。不同电极(数量、形状、间距)和调控电压的优化组合可以制造丰富多彩的电渗流涡旋图案。虽然不是传统意义上的湍流，但扭曲变形的流线大大增加不同液体之间的接触面积，非常有利于生物溶液与化学试剂的混合反应。液体混合效率体现于它的浓度变化特征，由以下的化学组分浓度输运方程控制：

$$\frac{\partial C}{\partial t}+\boldsymbol{V}\cdot\nabla C=\nabla\cdot(D\nabla C) \tag{3-59}$$

式中，C 表示液体浓度；$\boldsymbol{V}$ 是电渗流速度；D 是液体分子扩散系数，一般为 $10^{-10}\sim10^{-7}\mathrm{m^2/s}$ 的量级，它的扩散混合效率很低。Chao 等[63]研究了二维微通道任意分散电极调控电渗流特性和液体混合效率。电极与溶液之间有很薄的绝缘层，如图 3.19 所示。P-N-P 方程、N-S 方程和组分输运方程联合求解双电层电位、离子分布、电荷密度、电渗流速度和液体组分浓度。双电层电位在液-固联合区域求解

$$\nabla\cdot(\varepsilon_k\nabla\psi)=-\frac{\rho_{\mathrm{e}}}{\varepsilon_0};\begin{cases}\rho_{\mathrm{e}}=0, & k=1\\ \rho_{\mathrm{e}}=\sum_i e(z_i n_i), & k=2\end{cases} \tag{3-60}$$

式中，$k=1$ 表示壁面绝缘层；$k=2$ 表示微通道液体区域。

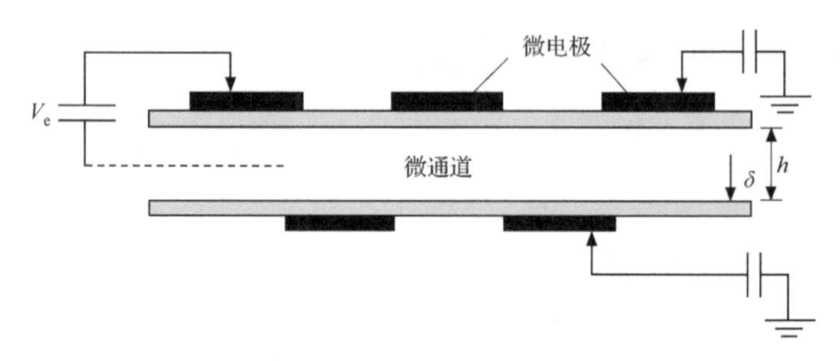

图 3.19 任意离散电极调控电渗流微通道示意图

在垂直壁面方向，电极电位与微通道中心电位之差 V_{e} 为调控电压，作为求解调控双电层电位的边界条件。电极之间的壁面条件为 $\partial\psi/\partial n=0$。微通道的进出口选取在距离电极适当远的地方，给定无电动效应的流动边界条件。单壁面单电极调控的壁面电位、电渗流速度、微涡旋和液体混合过程表示在图 3.20～3.23 中。

微通道进口处生物溶液和化学试剂溶液的象征性浓度分别为 1.0 和 0.0，出口处的浓度接近 0.5，这表示电渗流微涡旋使液体充分混合。多电极调控电渗流微涡旋和液体混合表示在图 3.24～3.27 中。深色代表生物溶液，浅色代表化学试剂溶液。外电场 $E=10^5\text{V/m}$，$kh=32$，$k\delta=3.0$。V_e 为调控电压，是电极电位与微通道中心电位之差，$V_e=-100\zeta_0$，$\zeta_0=25\text{mV}$。只有在电极附近的壁面有感应电位、电荷密度和微涡旋。正是这些微涡旋大大增强液体混合效率。

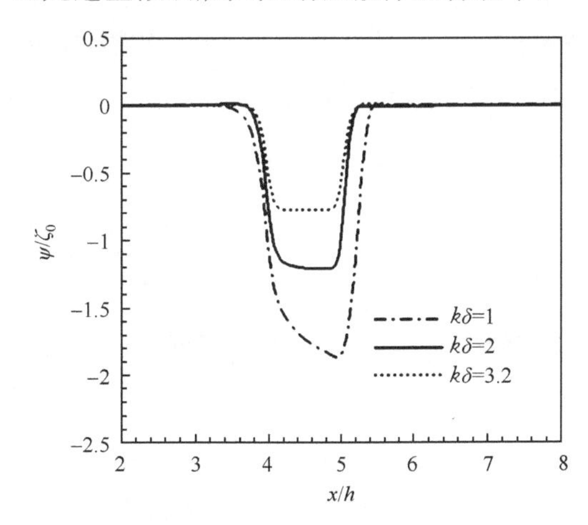

图 3.20　单电极调控的壁面电位分布与绝缘层厚度关系

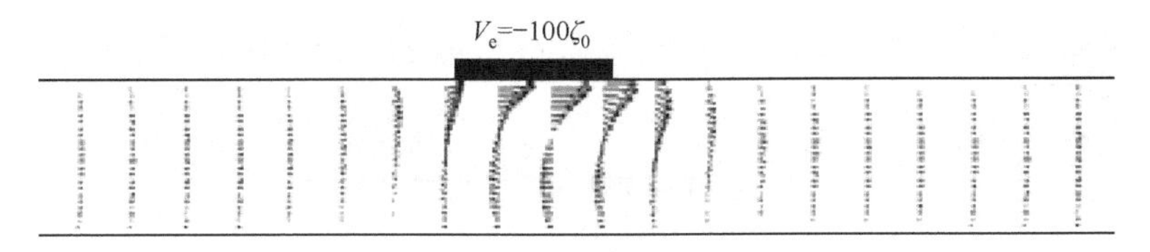

图 3.21　单电极调控的微通道电渗流矢量图

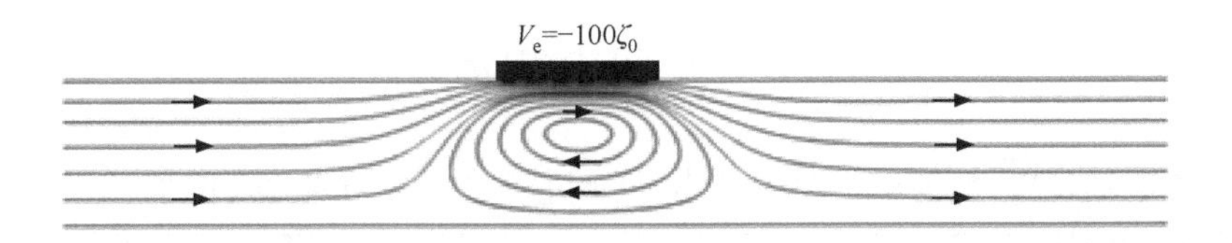

图 3.22　单电极调控的微通道电渗流微涡旋

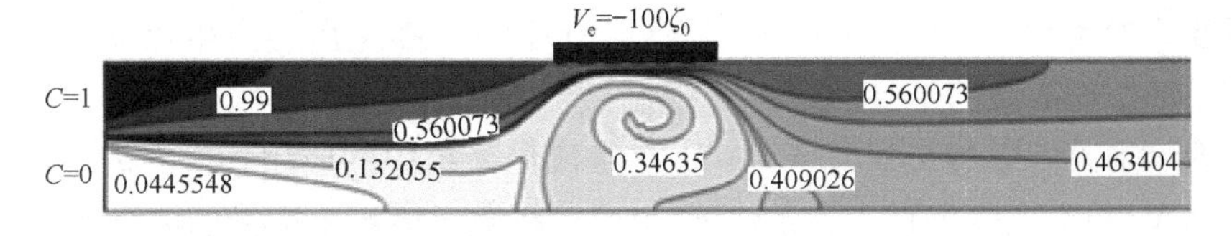

图 3.23　单电极调控的微通道电渗流液体混合过程

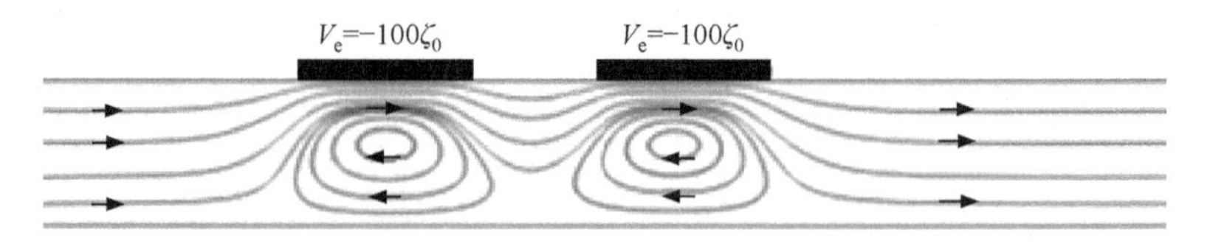

图 3.24　单面双电极调控的微通道电渗流微涡旋

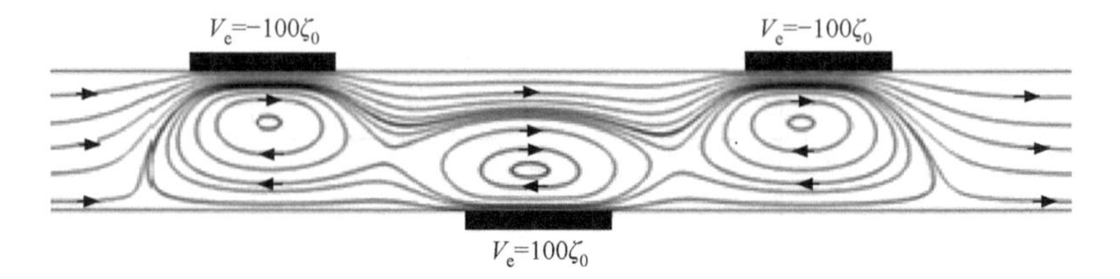

图 3.25　双面非对称三双电极调控的微通道电渗流微涡旋

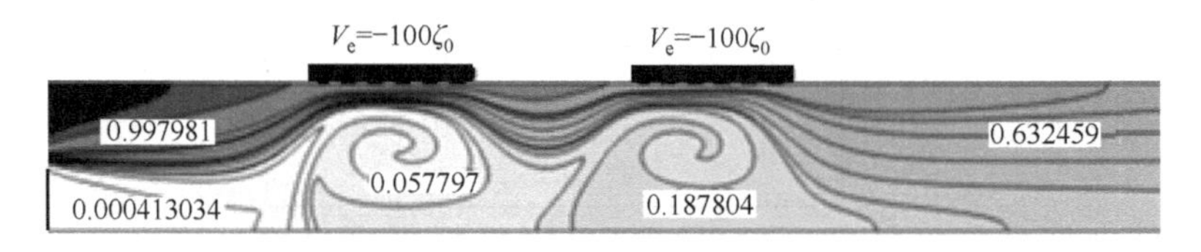

图 3.26　单面双电极调控的微通道电渗流液体混合过程

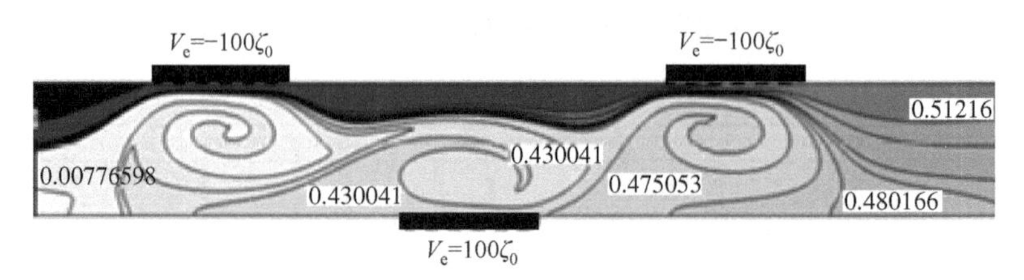

图 3.27　双面非对称三双电极调控的微通道电渗流液体混合过程

3.3　交变电渗流动

直流电场(DC)电渗流已经有很长的研究历史。它在生物、化学、医学等领域有很多成功应用,但直流电场电渗流存在一些问题。为了得到需要的电渗流量,必须施加高直流电压。在多数情况下,在微通道中的1～10mm/s的电渗流平均速度需要施加大约100～1000V/cm的直流电场[64]。高电压会产生焦耳热和气泡,甚至破坏生物溶液的活性。高电压限制微流控芯片的微型化、便携化,而且不安全。近年来人们想到交变电场(AC)在微流控系统中的应用。研究表明,低电压(小于5V)的交变电场在一定条件下,也可以在微通道产生适量的电渗流量[65],而且没有焦耳热和气泡问题。交变电场电渗流(ACEO)可以提高生物液体与试剂溶液的混合效率[66]。目前已经知道人体的许多生物化学过程与交变电渗流有关[67]。交变电渗流可以用来研究手机电磁场对大脑的影响[68]。在地球科学领域,频率相关的电渗流可以研究地下多孔介质毛细管的流动特性和多孔介质的孔隙率[69]。直流电渗流与交变电渗流有很大的差别[70,71]。直流电渗流在微通道是栓塞状的流动形态。在通道截面上,流动速度为一常数(除壁面外)。交变电渗流在微通道截面速度剖面呈波浪状,而且随时间变化。由于交变电动流动在微流控系统领域有良好的应用前景,交变电渗流动引起很多关注[72]。典型的有以下几种交变电动流动,介绍如下。

3.3.1 均匀等截面微通道交变电场驱动电渗流

在无限长均匀等截面直通道的两端施加交变电场,微通道双电层带电液体在电场力作用下交变运动。如前所述,沿着微通道纵向的交变液体运动不影响固壁面双电层结构和电荷密度分布。固壁面双电层的解和液体流动的 N-S 方程不耦合,可以独立求解。Wang 等[73]给出无限长均匀二维狭缝微通道(如图 3.2 所示)的周期电渗流解析解。黏性不可压流体周期层流的控制方程为

$$\rho \frac{\partial u}{\partial t} = \mu \frac{\partial^2 u}{\partial y^2} + \rho_e E \tag{3-61}$$

式中,E 为周期电场强度。用复数表示周期性电场强度和周期电渗流速度

$$E = \mathrm{Re}[E_0 \exp(\mathrm{i}\omega t)], \quad u = \mathrm{Re}[u_0 \exp(\mathrm{i}\omega t)] \tag{3-62}$$

式中,$\mathrm{i} = \sqrt{-1}$;E_0、u_0 分别为电场强度和电渗流速度复振幅。方程(3-61)可简化为

$$\mu \frac{\partial^2 u_0}{\partial y^2} - \mathrm{i}\omega\rho u_0 = -E_0 \rho_e(y) \tag{3-63}$$

采用无量纲化:$\eta = \dfrac{y}{h}$,$\bar{\psi} = \dfrac{\psi}{\zeta}$　$\bar{u}_0 = \dfrac{u_0}{U}$,$(U = \varepsilon\zeta E_0/\mu)$,$\bar{\rho}_e = \rho_e/(-\varepsilon\zeta/h^2)$,得到无量纲方程

$$\frac{\mathrm{d}^2 \bar{u}_0}{\mathrm{d}\eta^2} - B^2 \bar{u}_0 = \bar{\rho}_e(\eta) \tag{3-64}$$

这里,$B^2 = \mathrm{i}Re$,$Re = \dfrac{\omega h^2}{\nu}$,定义为频率雷诺数[73],表示时间变化的非定常惯性力与黏性力之比,不同于传统意义的雷诺数。边界条件为

$$\bar{u}_0 = 0,\ \eta = 1;\ \frac{\mathrm{d}\bar{u}_0}{\mathrm{d}\eta} = 0,\ \eta = 0 \tag{3-65}$$

周期外电场振幅 E_0 给定。采用参数变易法得到电渗流速度解

$$\bar{u}_0 = F(\eta) - F(1)\frac{\cosh(B\eta)}{\cosh(B)} \tag{3-66}$$

$$F(\eta) = \frac{1}{B}\int_0^{\eta}\bar{\rho}_e(t)\sinh[B(\eta - t)]\mathrm{d}t \tag{3-67}$$

其中,电荷密度给出如下[70]:

$$\bar{\rho}_e(\eta) = 4m\beta\frac{[1+m^2\exp(2kh\eta)]\exp(kh\eta)}{[1-m^2\exp(2kh\eta)]^2} \tag{3-68}$$

式中

$$\beta = (kh)^2/\alpha,\ \alpha = \frac{ze\zeta}{k_B T},\ m = \tanh\left(\frac{\alpha}{4}\right)\exp(-kh) \tag{3-69}$$

周期电渗流振幅大小和相位差在微通道截面的分布规律表示在图 3.28 和图 3.29 中。图中的点为数值解,与解析解完全一致。电渗流在微通道截面的瞬时速度分布形态表示在图 3.30 中。微通道周期电渗流速度不但与双电层特性和外电场强度有关，而且随频率雷诺数的增加而下降。双电层以外区域电渗流速度振幅随离开通道壁面的距离快速衰减。雷诺数越高，速度衰减越明显。微通道横截面上周期电渗流速度有相位差,表现出波浪状速度剖面。雷诺数越高，速度相位差越明显。低雷诺数的周期电渗流速度振幅与稳态电渗流速度相同,并具有柱栓式速度分布剖面。对小 kh 数的微通道,Debye-Hückel 近似的周期电渗流解与数值解基

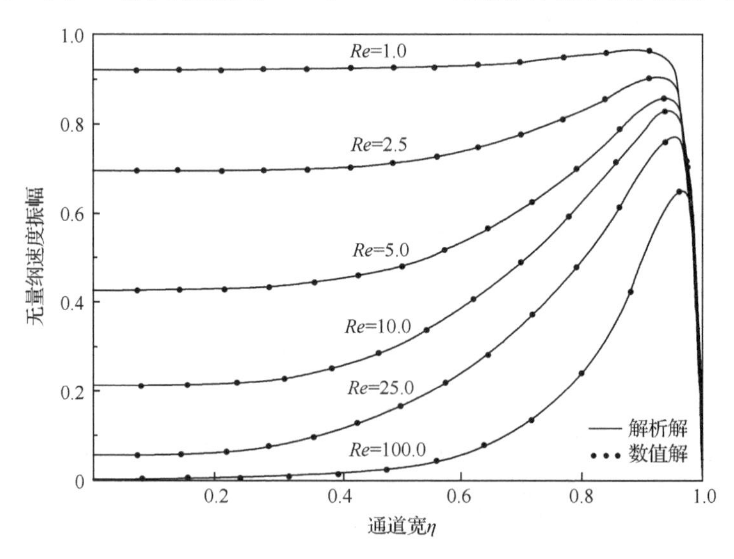

图 3.28　周期电渗流速度振幅沿微通道宽度的分布，$\alpha = 4, kh = 50$

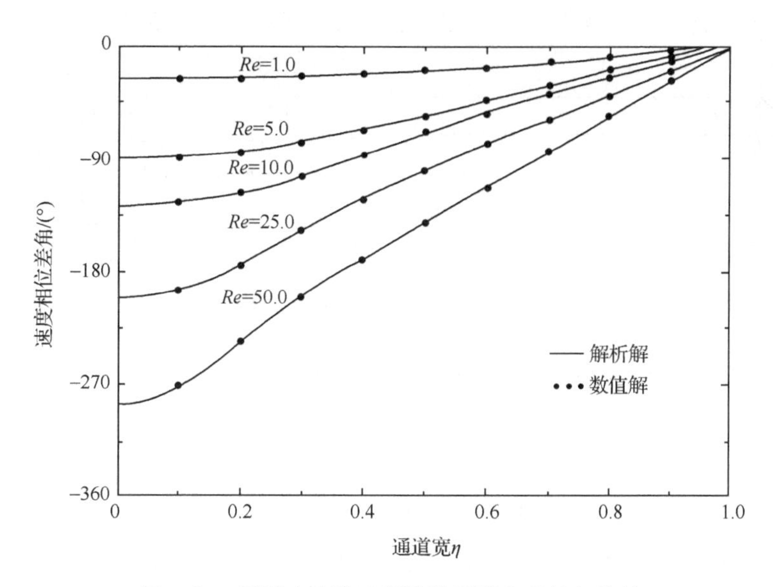

图 3.29　周期电渗流速度沿微通道宽度的相位差

$\alpha = 4, kh = 50$

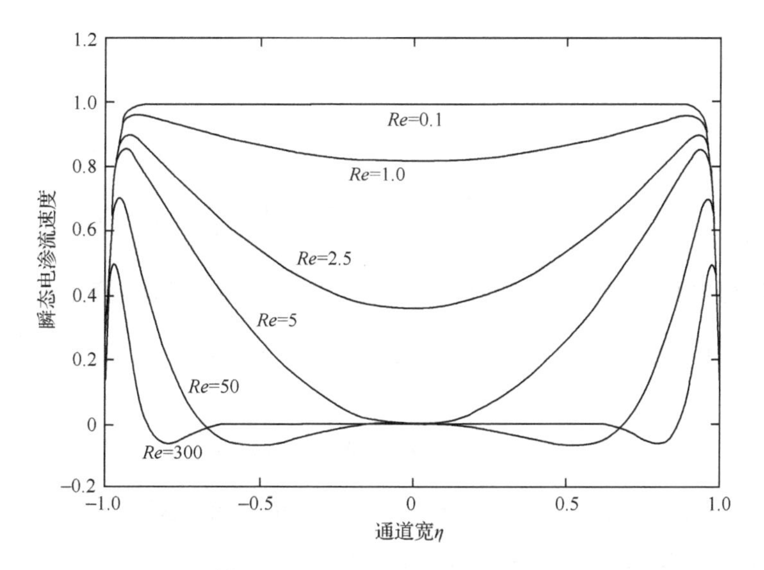

图 3.30　周期电渗流在微通道截面的瞬时速度分布形态

$\alpha = 4, kh = 50$

本一致。这种纯周期电渗流不产生定向流量。如果在微通道两端施加交直流混合电场 $E = \bar{E} + E_0\cos(\omega t)$，则可以产生定向流量，同时具有很好的液体混合功能。

Wang 等[74]给出无限长均匀矩形微通道周期电渗流解析解和有限元数值解。均匀矩形微通道如图 3.31 所示。

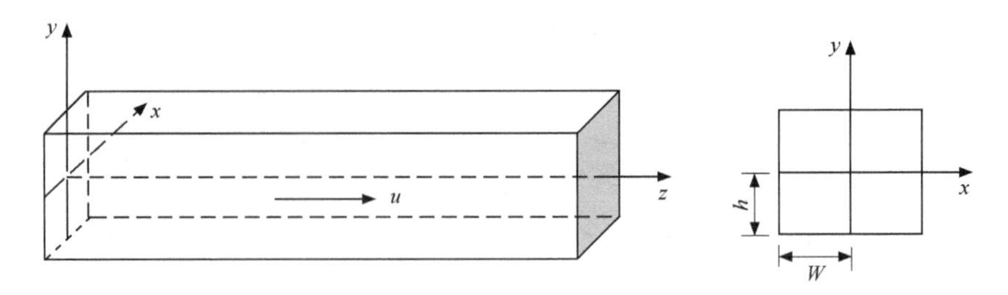

图 3.31　无限长均匀矩形微通示意图

对无限长均匀矩形微通道，电渗流速度沿通道纵向是均匀的（$\partial u/\partial z=0$）。通道截面二维周期流动 N-S 方程表示如下：

$$\rho\frac{\partial u}{\partial t}=\mu\left(\frac{\partial^2 u}{\partial x^2}+\frac{\partial^2 u}{\partial y^2}\right)+\rho_e E \tag{3-70}$$

采用复数表示法 $E=\mathrm{Re}[E_0\exp(\mathrm{i}\omega t)]$，$u=\mathrm{Re}[u_0\exp(\mathrm{i}\omega t)]$ 有

$$\mu\left(\frac{\partial^2 u_0}{\partial x^2}+\frac{\partial^2 u_0}{\partial y^2}\right)-\mathrm{i}\omega\rho u_0=-E_0\rho_e \tag{3-71}$$

采用无量纲化：$\bar{x}=\dfrac{x}{h}$，$\bar{y}=\dfrac{y}{h}$，$\bar{\psi}=\dfrac{\psi}{\zeta}$，$\bar{u}_0=\dfrac{u_0}{U}$，$U=\varepsilon\zeta E_0/\mu$，$\bar{\rho}_e=\rho_e/(-\varepsilon\zeta/h^2)$ 得到

$$\frac{\partial^2\bar{u}}{\partial\bar{x}^2}+\frac{\partial^2\bar{u}}{\partial\bar{y}^2}-\mathrm{i}Re\bar{u}_0=\bar{\rho}_e \tag{3-72}$$

其中，无量纲数 $Re=\dfrac{\omega h^2}{\nu}$，为频率雷诺数。它对周期电渗流的特性有重要影响，包括电渗流的振幅、相位差，以及微通道截面速度分布剖面形态。矩形微通道壁面速度无滑移边界条件

$$\bar{u}_0=0,\ \bar{x}=-W/h,W/h,\ \bar{y}=-1,1 \tag{3-73}$$

双电层电荷密度 $\rho_e(x,y)$ 从二维 P-B 方程(3-6)预先数值求解，然后解方程(3-72)周期性电渗流速度复振幅的解析解给出如下[74]：

$$\sum_{k=1}^{\infty}\cos\sqrt{\lambda_k}\ \bar{x}\left[F_k(\bar{y})-F_k(1)\frac{\cosh(B_k\bar{y})}{\cosh(B_k)}\right] \tag{3-74}$$

其中，

$$\lambda_k=\left[\frac{(k-1/2)\pi}{l}\right]^2,\ B_k^2=\mathrm{i}Re+\lambda_k,\ Re=\omega h^2/\nu,\ l=W/h \tag{3-75}$$

$$F_k(\bar{y}) = \frac{1}{B_k}\int_0^{\bar{y}} \varphi_k(t)\sinh[B_k(y-t)]\mathrm{d}t \tag{3-76}$$

其中特征函数

$$\varphi_k(\bar{y}) = \frac{2}{l}\int_0^l \bar{\rho}_e(\bar{x},\bar{y})\cos\sqrt{\lambda_k}\,\bar{x}\,\mathrm{d}\bar{x} \quad (k = 1,2,\cdots) \tag{3-77}$$

解析解和有限元数值解一致。不同频率雷诺数时的周期电渗流振幅在微通道截面的分布形态表示在图 3.32～3.34 中。

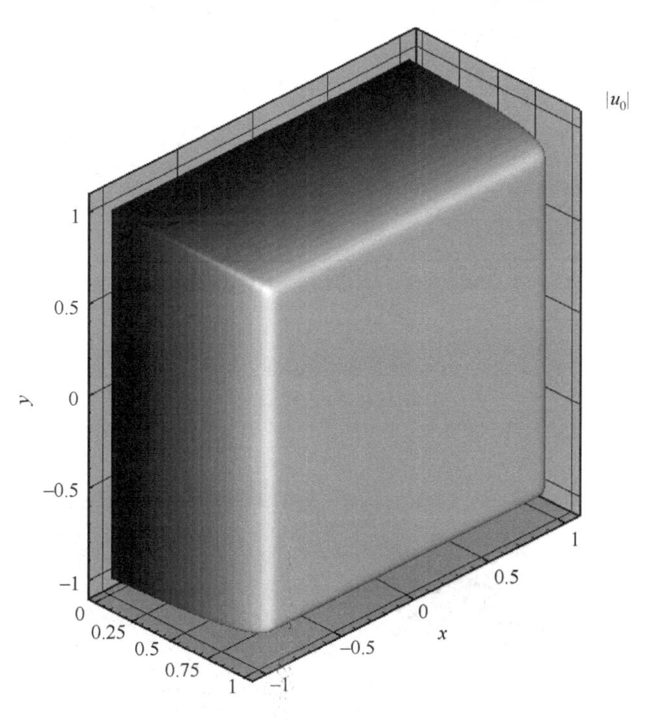

图 3.32　小频率雷诺数时的周期电渗流振幅

$\alpha = 4, kh = 50, Re = 0.1$

矩形微通道周期电渗流瞬时速度上半周期度剖面表示在图 3.35～3.38 中。下半周期的速度与上半周期速度方向相反，分布形态相同。

以上结果表明，微通道周期电渗流特性与频率雷诺数 ($Re = \omega h^2/\nu$) 强烈相关，电渗流速度随雷诺数的增加而下降。双电层以外区域电渗流速度振幅随离开固壁面距离快速衰减，雷诺数越高，速度衰减越明显。微通道横截面上周期电渗流速度有相位差，表现出波浪状速度剖面，雷诺数越高，速度相位差越明显，通道中央的流体几乎不流动。低雷诺数的周期电渗流速度振幅与直流电场电渗流速度相同，并具有柱栓式速度分布剖面。

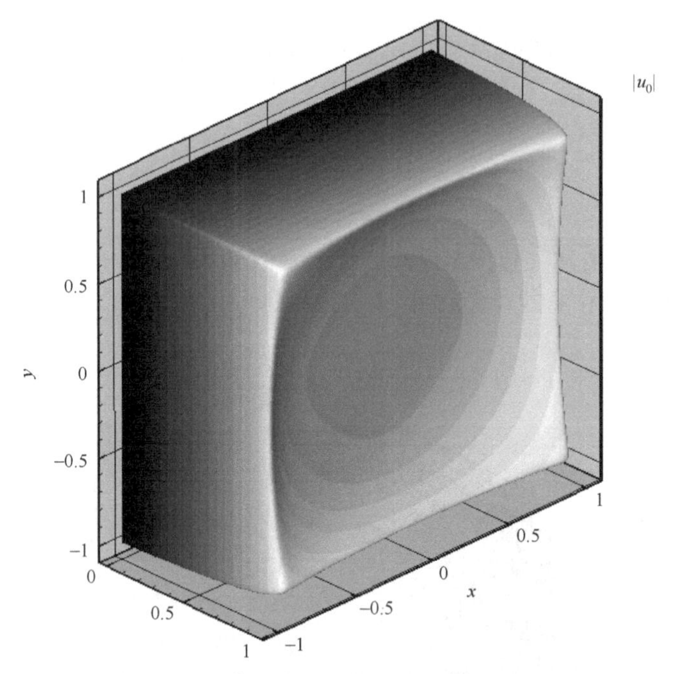

图 3.33　中等频率雷诺数时的周期电渗流振幅

$\alpha = 4, kh = 50, Re = 5$

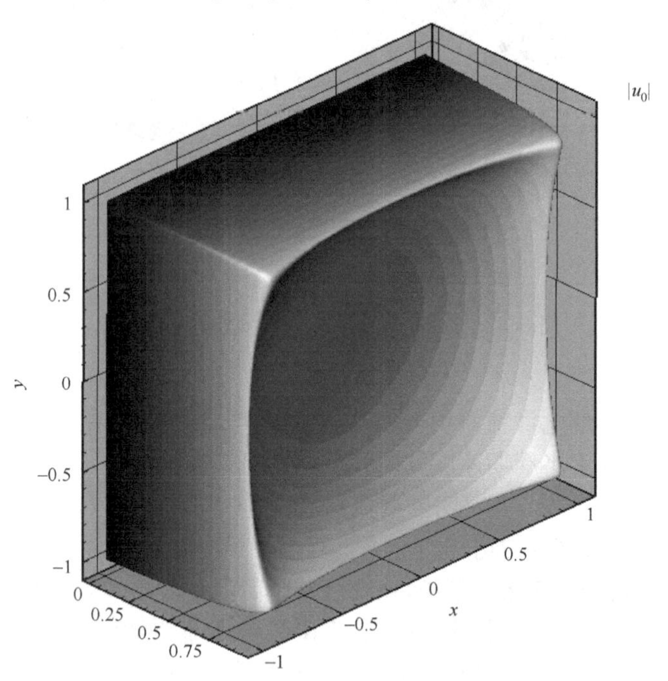

图 3.34　高频率雷诺数时的周期电渗流振幅

$\alpha = 4, kh = 50, Re = 10$

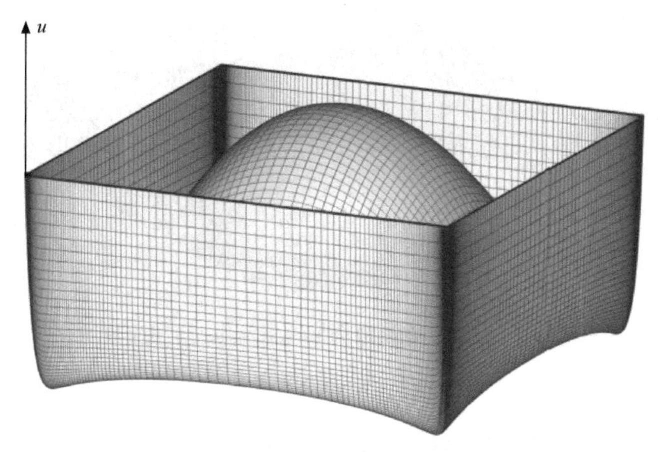

图 3.35　矩形微通道周期电渗流瞬时速度剖面

$t = 0$

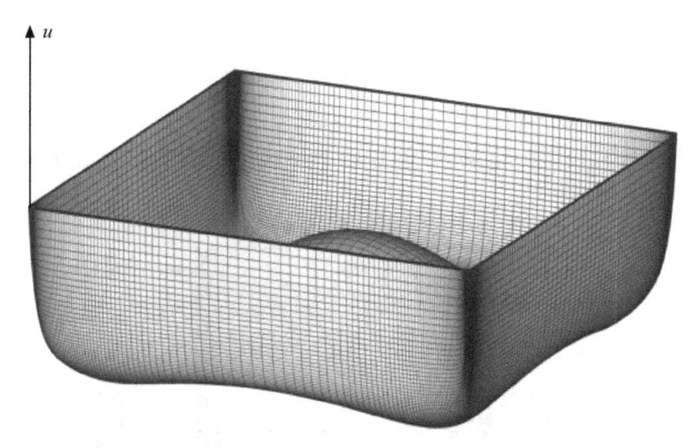

图 3.36　矩形微通道周期电渗流瞬时速度剖面

$t = T/6$

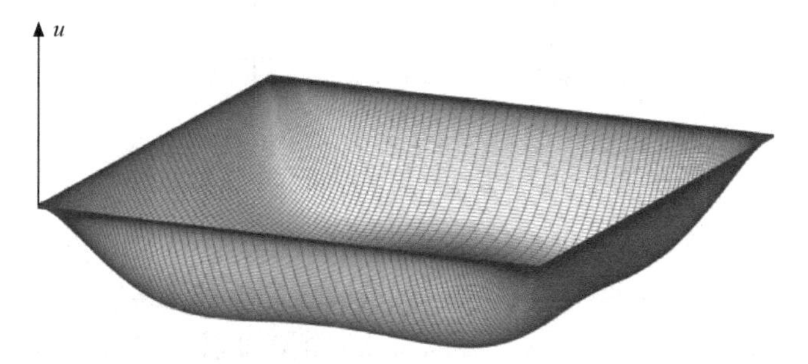

图 3.37　矩形微通道周期电渗流瞬时速度剖面

$t = T/4$

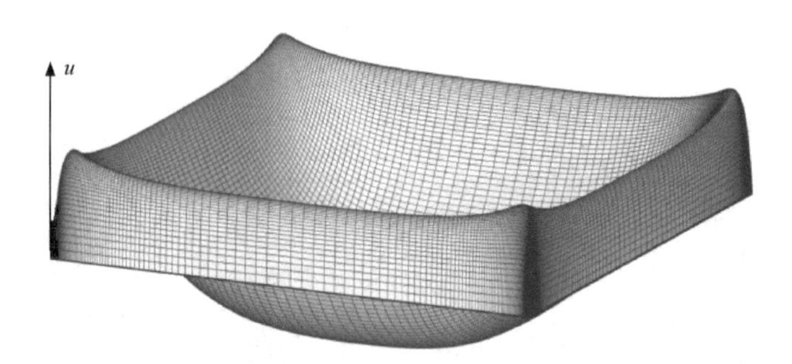

图 3.38　矩形微通道周期电渗流瞬时速度剖面

$t = T/2$

3.3.2　交变电场调控双电层和电解质离子运动

前面讲到直流电场(DC)调控的稳态双电层。如果在固壁面施加交变电场(AC),交变电场吸引(或排斥)电解质溶液离子,使离子来回周期运动。受到周围液体的阻力,离子周期运动滞后于电场变化。壁面感应电位,离子浓度和电荷密度都随时间周期变化,并与调控电场有滞后相位差。频率越高,相位差越大。考察一个无限长均匀微通道,在壁面施加交变电场。电极与溶液之间有绝缘的介电层,如图 3.39 所示。

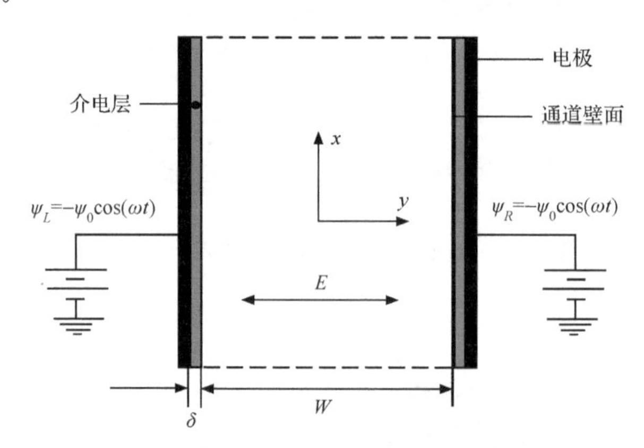

图 3.39　交变电场调控微通道双电层示意图

Zhang 等[75]采用数值法求解液-固联合区一维瞬态 P-N-P 方程(y 方向)。数值结果表明,调控电场频率对溶液电位、离子浓度和电荷密度的周期变化特性有重要的影响,如图 3.40～3.44 所示。可以看出,固壁面感应的交变电位振幅随频率增加,但会达到一个饱和值,再往后不再随频率变化(如图 3.40 所示)。还可以发现,固壁面感应电位和离子脉动滞后于调控电场(如图 3.41 和图 3.44 所示)。在电场低频率时,调控电场特征时间(周期)比电解质充电时间大得多,离子有充分时间到达(或离开)壁面,电解质溶液完全充电。周期双电层特性类似于稳态双电层,并且与调控电场同步(相位差为零)。随着频率增加,电场周期缩短,离子对电场的响应滞后,没有充分时间到达(或离开)壁面,电解质溶液不完全充电。在高频时,离子不能到达(或离开)壁面,电解质溶液不充电。高频率时,虽然壁面电位可能很高,但离子在原地摆动,基本不位移,离子浓度脉动振幅趋于零(如图 3.43 所示),也不能感应有效的电荷密度,不存在双电层。交变电场调控双电层呈现与稳态双电层完全不同的特性,电场频率是最关键因素之一。壁面绝缘层厚度越小,调控效果越明显。

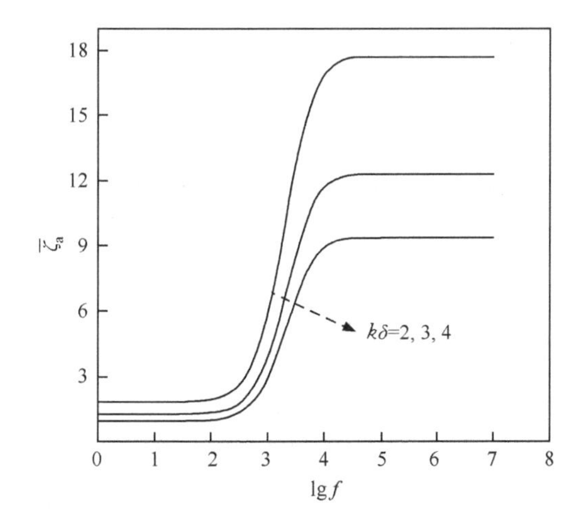

图 3.40　壁面电位振幅随电场频率的变化特性

$$f=\frac{w}{2\pi}$$

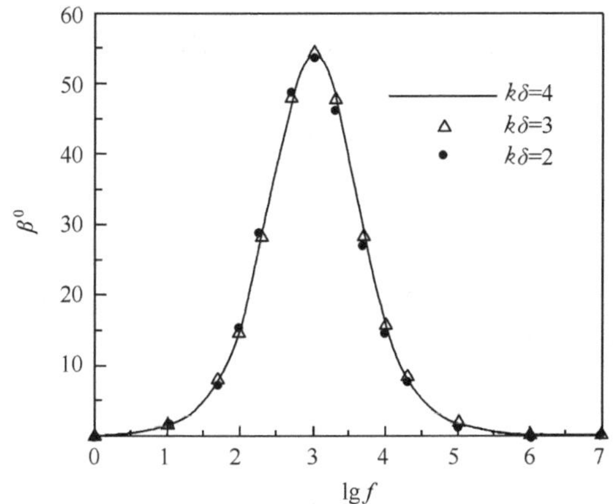

图 3.41　壁面电位相位差随电场频率的变化特性

$$f=\frac{w}{2\pi}$$

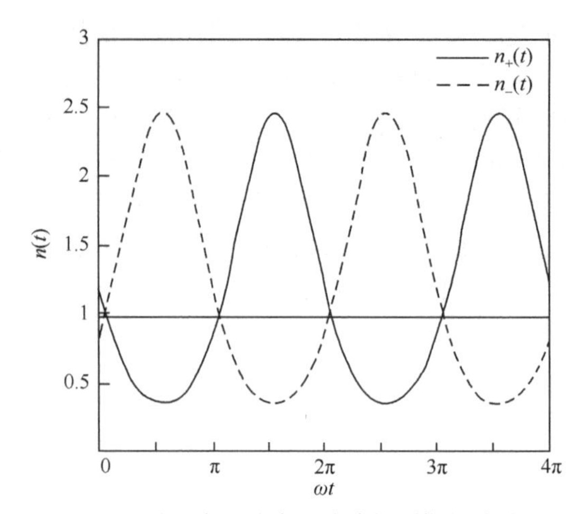

图 3.42　壁面离子浓度的非线性周期振荡特性

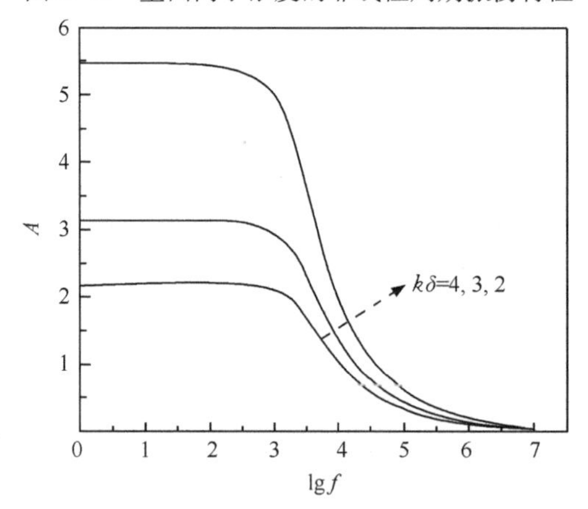

图 3.43　壁面离子浓度振幅随电场频率的变化特性

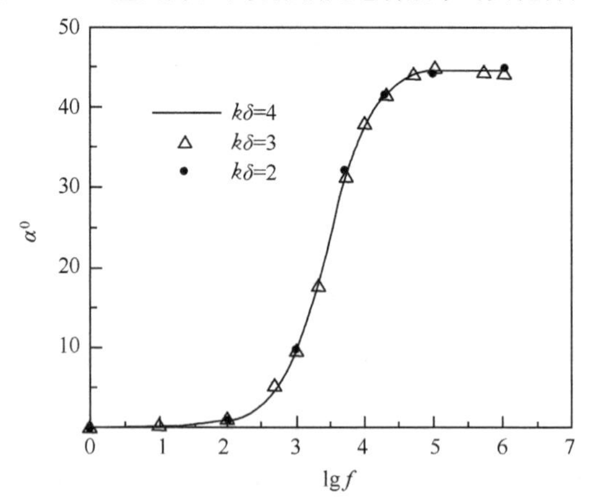

图 3.44　壁面离子浓度振相位差随电场频率的变化特性

3.3.3　对称和非对称电极组交变电渗流

在微通道壁面粘贴一对与溶液绝缘的大小形状相同的电极，外加交变电压。在溶液中感应的电场如图3.45所示。垂直壁面的电场分量感应双电层和产生电荷密度（类似于稳态电场调控双电层原理）。平行壁面的切向电场驱动电荷运动产生电渗流。一个电场兼有两种功能：感应电荷和驱动电荷。在上半周期，溶液中切向分量 E_t 指向左边（高电位指向低电位）。右电极附近感应负电荷，电场作用力向右，驱动溶液向右流动。左电极附近感应正电荷，电场作用力向左，驱动溶液向左流动。溶液流动流线如图3.46所示。在下半周期，溶液中电场变向，切线方向电场 E_t 指向右边。右电极表面感应正电荷，电场作用力还是向右。左电极表面感应负电荷，电场作用力还是向左。在交变电场中，电极附近溶液流动方向始终不变，与电极的极性变化无关。因为是对称电极，两边溶液流动速度大小相等（$F_l = F_r$），方向相反，总流量为零。

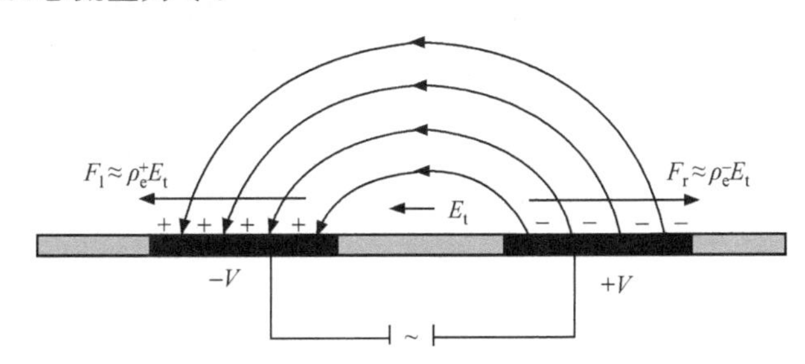

图3.45　对称电极交变电渗流动示意图

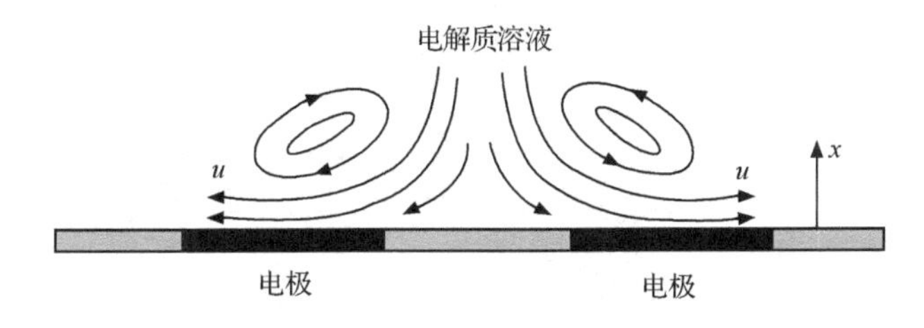

图3.46　对称电极交变电渗流动流线图案

如果采用非对称平面电极组（如电极长度不同），或三维非平面电极组，在交变电场中，两个电极附近溶液流动速度方向相反，大小不同，于是产生定向流量。这就是非对称电极交变电渗流基本原理，如图3.47所示。

文献[76]指出，在低频率时，有充分时间在电极周围形成双电层，电极与溶液的电位降几乎全部集中在双电层里，双电层外区域几乎没有电位降，切向电场 E_t 接近零，没有电渗流驱动力。在高频率时，溶液离子对电场反应迟钝，离子不能充分接近电极表面，在电极附近不能形成有效的双电层和电荷密度，电驱动力也趋于

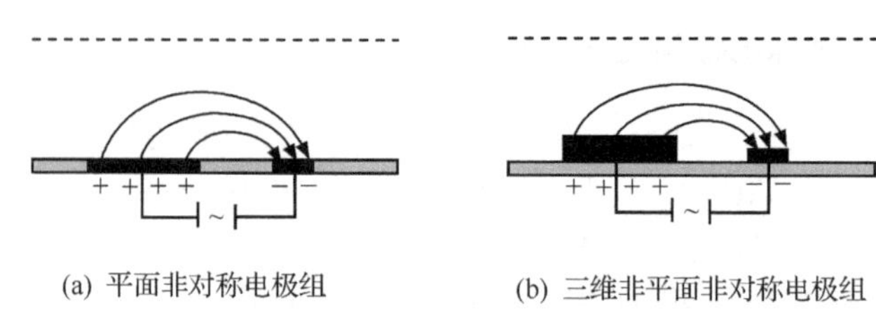

(a) 平面非对称电极组　　(b) 三维非平面非对称电极组

图 3.47　非对称电极组交变电场示意图

零。只有在某一个中等频率附近，在电极附近有最大的电渗流速度[76]，如图 3.48 所示。实验还发现，在一定的条件下会观测到反向电渗流。具体原因众说不一，对于具体问题，数值解可能是分析这个频率和最大速度的有效方法之一。外电场感应的电荷密度正比于外电场的大小，$\rho_e \propto E$。在电渗力 $\rho_e E$ 的驱动下，电渗流平均速度正比于电场的平方，即 $u_{eof} \propto E^2$。这就是为什么较低电压的交变电场也能产生适量的电渗流量，它也称之为感应电荷电渗流(ICEO)[72]。电极交变电渗流是一种典型的非线性电动流动现象，它是时间平均速度不为零，以两倍频率 (2ω) 为主频的液体交变流动。

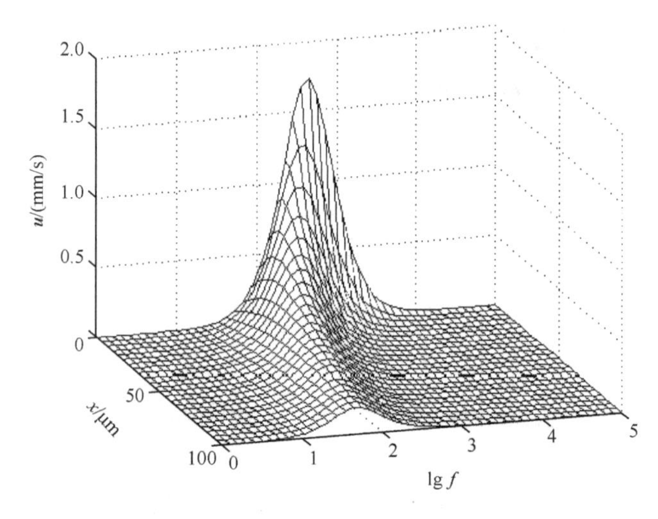

图 3.48　电极附近电渗流速度随交变电场频率的变化特性[76]

x 是电极表面向溶液延伸的距离，交变电压大小为 1V，两电极间距为 25μm

3.3.4　行波电场电渗流

在微通道固壁面粘贴一系列微电极，施加幅值、频率相同的交变电场，每相邻电极之间有相同的相位差，这就形成行波电场，如图 3.49 所示。电极与电解质溶液绝缘。

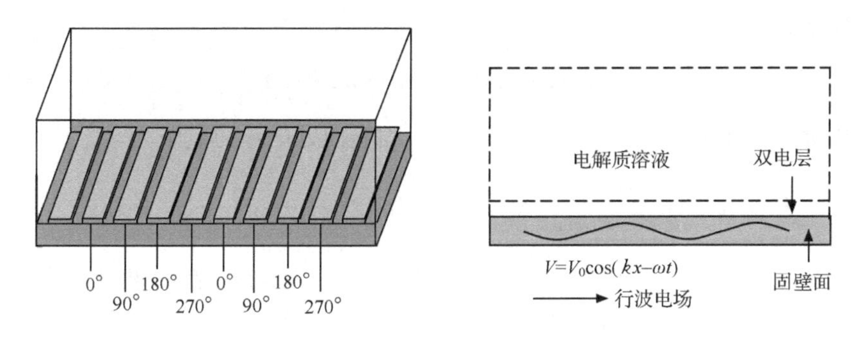

图 3.49　微通道壁面行波电场示意图[76]

实际微电极是分散不连续的，电极之间相位差是跳跃的。在原理分析时，近似采用连续的行波电位 $V(x,t)=V_0\cos(kx-\omega t)$ 代替实际微电极的效果。其中，V_0、k、ω 分别是行波电场的幅值、波数、圆频率。波数与波长、频率与周期有如下的关系：$k\lambda=2\pi$，$\omega T=2\pi$，行波速度为 $c=\omega/k$。固壁面高电位的地方吸引溶液中的负离子，排斥正离子。低电位的地方吸引电解质溶液中的正离子，排斥负离子，这样使得固壁面附近的液体带电（电场诱导电荷）。诱导电荷密度和电场的非线性作用产生电渗驱动力 $\rho_e E$，引起电渗流，也是一种感应电荷电渗流[72]，电渗流速度为 E^2L 的量级。可见，较低的电场强度也可能产生适量的电渗流量，它的原理如图 3.50 所示。

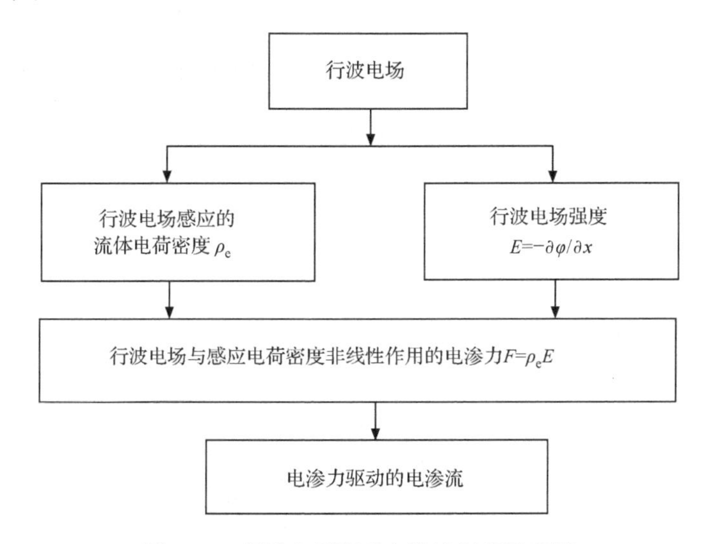

图 3.50　行波电场驱动电渗流原理示意图

行波电场看成是一种外激励力，感应电荷是微通道溶液对外界激励力的响应，也应该具有行波特性，而且它的主频与电场频率相同。因为离子运动对周期电场力的响应有一定的“滞后性”，落后于电场一个相位角 φ，固壁面的电荷密度的量

级大约为

$$\rho_e \approx \rho_0(\omega)\cos(kx - \omega t + \varphi) \tag{3-78}$$

行波电场驱动感应电荷运动,产生电渗流。固壁面处电渗力量级为

$$F = \rho_e E = \rho_e\left(-\frac{\partial V}{\partial x}\right) \approx k\rho_0 V_0\{\sin[2(kx - \omega t) + \varphi] - \sin\varphi\} \tag{3-79}$$

可以看出,行波电场的电渗力由周期和定常两个部分组成。第一部分的周期电渗力驱动带电溶液周期运动,时间平均值为零,不产生定向流量,只有第二部分稳态电渗力产生定向的流量。这里关键是相位差。在低频率时,壁面电荷有充分时间吸引溶液中异性离子,可以认为异性离子瞬时到达壁面,电荷密度与电场相位差 $\varphi \approx \pi$(高电位吸引负离子,低电位吸引正离子),稳态电渗力为零(方程(3-79)),几乎没有电渗流。在高频率时,离子对电场的响应微弱,在电极附近不能形成有效的双电层和电荷密度 $\rho_e \to 0$,也没有电渗流。只有在某一个中等频率附近有最大的电渗流速度。Ramos 等[77~80]对行波电场电渗流了做大量分析和实验。时间平均电渗流速度的典型结果[76]表示在图 3.51 中。结果显示,最大电渗流速度发生在电解质溶液充电特征时间附近,$t^* \approx \varepsilon/\sigma$,对应频率为 $\omega \approx \sigma/\varepsilon$,无量纲频率 $\Omega = \varepsilon\omega/\sigma \approx 1$ 附近。这里,ε、σ 为溶液介电常数和电导率。

图 3.51 中,$U = \dfrac{u}{-\varepsilon E_x \zeta/\mu}$,为无量纲速度电渗流滑移速度;$V_0 = V/25\text{mV}$,为无量纲行波电场幅值;$\delta = \dfrac{1}{1+\lambda_s/\lambda_D}$,$\lambda_s$、$\lambda_D$ 分别为双电层紧密层和扩散层厚度。一般情况,紧密层厚度比扩散层厚度小很多,$\lambda_s/\lambda_D < 1$。

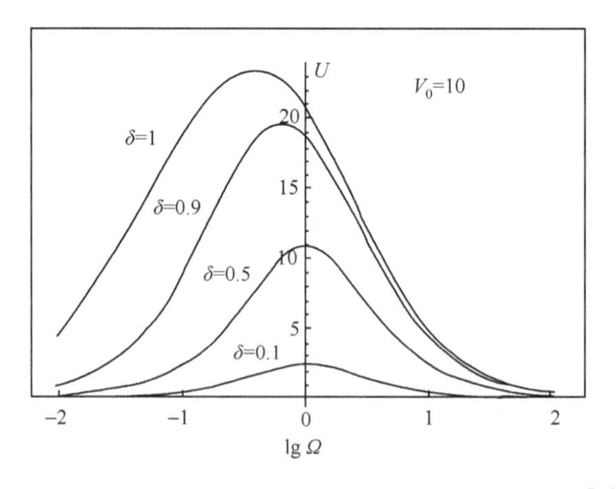

图 3.51 行波电场电渗流时间平均速度与频率的关系[76]

3.4　应用实例

3.4.1　电渗流泵

电渗流已经成为微流控芯片液体输运的最重要方式之一，它不需要活动的机械单元，设计制造简单、操作方便、运行可靠。只要在微通道两端口的电极施加一定电压，即可驱动电解质溶液流动。在微通道全开放时，没有反压差（$\Delta p=0$），流量达到最大值

$$Q_{\max}=\alpha Au\,,\ u=-\frac{\varepsilon_{r}\varepsilon_{0}\zeta\Delta\varphi}{\mu L} \tag{3-80}$$

流量修正系数

$$\alpha=\frac{1}{A}\int_{A}\left(1-\frac{\psi}{\zeta}\right)\mathrm{d}A \tag{3-81}$$

式中，A 为微通道截面积；$\psi(x,y)$ 为微通道截面双电层电位。相对于微通道截面积，双电层厚度很小的情况下，一般可以取 $\alpha\approx 1$。关闭微通道时，会产生反压差。反压差流量与电渗流量相抵消，总流量为零。矩形微通道（$w\times 2h$）最大反压差[81]为

$$\Delta p_{\max}=-\frac{3\varepsilon_{r}\varepsilon_{0}\zeta\Delta\varphi}{d^{2}L} \tag{3-82}$$

式中，ζ 为微通道壁面 Zeta 电位；$\Delta\varphi$ 为微通道两端口施加的电压差；L 为通道长度；w、$2h$ 分别为矩形通道的宽度和深度。这个最大反压差也称为电渗流诱导压差，通常作为微流控系统电能-机械能转换的技术指标。对半封闭的微通道，反压差介于零和最大反压差之间，这时流量为[81]

$$Q=Q_{\max}\left(1-\frac{\Delta p}{\Delta p_{\max}}\right) \tag{3-83}$$

一般讲，上述电渗流泵的反压差和流量不是足够大。为了提高流量和反压差，一种填充型的电渗流泵广泛应用，如图 3.52 所示[81]。

在微通道中填装固体颗粒的多孔介质，多孔介质中有许多条弯曲细微流道，总流量相当于所有细微流道流量总和。根据式(3-82)，电渗流反压差随着通道直径减小而大大提高。填装型电渗泵可以产生较高的反压差，其流量为[81]

$$Q=-\frac{\beta A_{c}a^{2}}{8\tau\mu L_{c}}\Delta p-\frac{\beta\alpha A_{c}\varepsilon_{r}\varepsilon_{0}\zeta\Delta\varphi}{\tau\mu L_{c}} \tag{3-84}$$

式中，α 是流量修正系数；β 是多孔介质的孔隙率；L_{c}、A_{c} 分别为填装多孔介质的

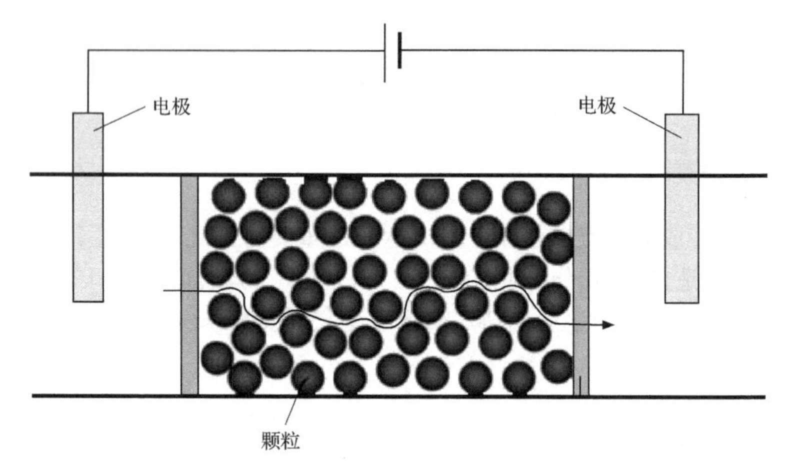

图 3.52 填装型电渗泵示意图

长度和截面积；a、τ 分别为多孔介质流道的平均半径和曲率系数，$\tau=(L_e/L_c)^2$，L_e 是多孔介质流道平均有效长度，大于多孔介质填装长度 L_c。

3.4.2 电泳分离溶液的电动进样

电泳分离是目前最常用的生物化学分析手段。交叉电泳分离芯片如图 3.53 所示[81]。待分离样品溶液从通道 1、2 进入分析区，经过交叉口再进入分离通道 3、4。注入溶液过程称为进样，采用电渗驱动方式注入溶液叫电动进样。在进样通道 1、2 的两端口施加一定的直流电压产生电渗流，就可以完成溶液进样。溶液进入

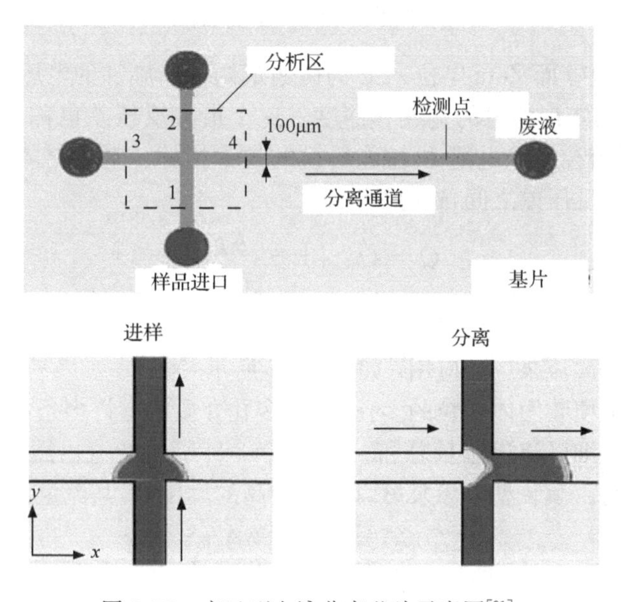

图 3.53 交叉型电泳分离芯片示意图[81]

分离通道也是在电渗流驱动下向下游运动，实现分离。T形通道也可用于电泳分离，样品进样与分离的方式如图3.54所示。电泳分离是电渗流最常见的应用之一，通过通道壁面Zeta电位、缓冲液pH、微通道长宽、施加电压等参数的优化组合，可以得到最佳的分离效果。

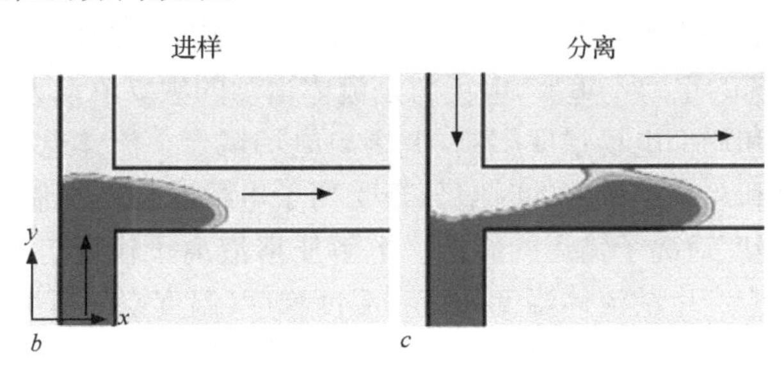

图3.54　T形电泳分离芯片示意图[81]

3.4.3　电动液体混合器

在生物溶液分析中，它与化学试剂的快速高效率混合是微流控芯片最重要的步骤之一。在微纳米尺度空间，液体流动为低速的层流状态。一般讲，液体混合效果不好，可以利用电渗流原理制造混乱的流动状态，扭曲流线，生成涡流，最大限度增加不同液体的接触面，这样可以有效提高液体的混合效率。一种交变电场电渗流混合器如图3.55所示[81]。交变电场在微通道产生脉冲式的电渗流，它的流态复杂，局部有涡旋，而且随时间变化，这种流态非常有利于液体混合。控制频率、微通道几何结构尺度、液体特性(pH)和通道壁面Zeta电位，可以实现高效率液体混合。通过实验和计算证实，这是一种很有效的主动液体混合器。

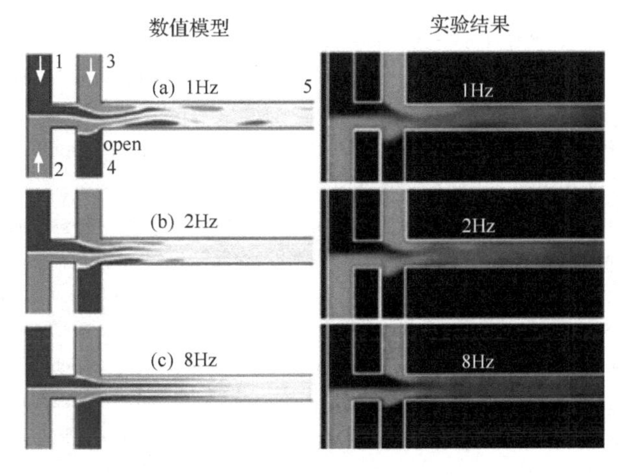

图3.55　交变电场液体混合器示意图[81]

3.5 本章小结

本章描述微流控系统电动流动基本物理现象和工作原理，给出液/固界面双电层和微通道电渗流基本解，描述微流控系统多物理场耦合原理。由于微流控系统的尺度效应，传统的重力不重要，电场力是流体运动的主要驱动力，流动特性受流体体积电荷密度和局部电场强度影响，流场与电场耦合。流体电荷密度是局部离子携带电荷的总和。离子浓度的时空分布受离子电荷守恒律控制，其中包含局部流场速度、电场强度对离子输运的影响。电解质溶液离子输运与电场、流场耦合。电场的焦耳热效应产生的流体温度升高和温度梯度(温度空间不均匀性)改变流体的物理化学性质，如黏性系数、介电常数、电导率等，最终影响微流控系统的流场和电场特性。微流控系统是最典型的流场-电场-热传导-离子输运等多物理场耦合流动现象。本章介绍了微流控系统多物理场耦合控制方程组，包括黏性不可压缩流体流场连续方程和 N-S 流动方程、电场泊松方程、温度场能量方程、离子输运的电荷守恒 N-P 方程，以及溶液组分输运的质量守恒方程。本章还对电渗流焦耳热效应、压强差流动电黏性效应、电场调控电渗流，以及交变电场电渗流做了分析，并介绍微流控系统典型电动流动现象和应用实例。

参考文献

[1] Clayton J. Go with the microflow. Nature Methods, 2005, 2(8): 621～627.

[2] Karniadakis G E, Beskok A. Micro Flows: Fundamentals and Simulation. New York: Springer-Verlag, 2002:40～62.

[3] Li D. Electrokinetics in Microfluidics: Interfaces Science and Technology. New York: Elsevier Science and Technology, 2004.

[4] Mohamed G H. The MEMS Handbook. New York: CRC Press, 1999.

[5] Edwards J M I, Hamblin M N. Thin film electro-osmotic pumps for biomicrofluidic applications. Biomicrofluidics, 2007, (1): 014101.

[6] Evstrapov A A, Bulyanitsa A L, Kurochkin V E. Rapid analysis of oligonucleotides on a planar microfluidic chip. Journal of Analytical Chemistry, 2004, (59): 521～527.

[7] Fu L, Lin C. High-resolution DNA separation in microcapillary electrophoresis chips utilizing double-L injection techniques. Electrophoresis, 2004, (25):3652～3659.

[8] Jacobson S C, Hergenroeder R, Koutny L B, et al. Open channel electrochromatography on a microchip. Analytical Chemistry, 1994, 66(14): 2369～2373.

[9] Lyklema J. Fundamentals of Interface and Colloid Science. New York: Academic Press, 1995.

[10] Hunter R J. Zeta Potential in Colloid Science. New York: Academic Press, 1981.

[11] Morgan H, Green N G. AC Electrokinetics: Coloids and Nanoparticles. Baldock: Research Studies Press LTD, 2003.

[12] Margaret A L, Stephen C J. Electrokinetic fluid control in two-dimensional planar microfluidic devices.

Analytical Chemistry，2007，(79)：7485～7491.

[13] Qian S Z，Jérôme F L D. Modulation of electroosmotic flows in electron-conducting microchannels by coupled quasi-reversible faradaic and adsorption-mediated depolarization. Journal of Colloid and Interface Science，2006，(300)：413～428.

[14] Zhen Y，Anthony L G. Electrokinetic transport and separations in fluidic nanochannels. Electrophoresis，2007，(28)：595～610.

[15] Zhang W F，Li D. Low speed water flow in silica nanochannel. Chemical Physics Letters，2007，450(4)：422～425.

[16] Kim S J，Wang Y C. Concentration Polarization and Nonlinear Electrokinetic Flow near a Nanofluidic Channel. Physical Review Letters，2007，(99)：044501.

[17] Park H M，Lee J S，Kim T W. Comparison of the Nernst-Planck model and the Poisson-Boltzmann model for electroosmotic flows in microchannels. Journal of Colloid and Interface Science，2007，(315)：731～739.

[18] Fu L M，Lin J Y，Yang R J. Analysis of electroosmotic flow with step change in zeta potential. Journal of Colloid and Interface Science，2003，(258)：266～275.

[19] Brotherton C M，Davis R H. Electroosmotic flow in channels with step changes in zeta potential and cross section. Journal of Colloid and Interface Science，2004，(270)：242～246.

[20] Mirbozorg，S A，Niazmand H. Electro-Osmotic flow in reservoir-connected flat microchannels with non-uniform zeta potential. Journal of Fluids Engineering，2006，(128)：1133～1143.

[21] Lin C H，Fu L M，Chien Y S. Microfluidic T-form mixer utilizing switching electroosmotic flow. Analytical Chemistry，2004，(76)：5265～5272.

[22] Achim V T，Johan D，Bart V D B，et al. Numerical solution of a multi-ion one-potential model for electroosmotic flow in two-dimensional rectangular microchannels. Analytical Chemistry，2002，(74)：4919～4926.

[23] Probstein R F. Physicochemical Hydrodynamics：An Introduction. New York：John Wiley and Sons，1994.

[24] Mala G M，Li D. Flow characteristics of water in microtubes. International Journal of Heat and Fluid Flow，1999，(20)：142～148.

[25] Jones A E，Grushka E. Nature of temperature gradients in capillary zone electrophoresis. Journal of Chromatography，1989，466：219～225.

[26] Knox J H. Thermal effects and band spreading in capillary electro-separation. Chromatographia，1988，26(1)：329～337.

[27] Grushka E，McCormick R M，Kirkland J J. Effect of temperature gradients on the efficiency of capillary zone electrophoresis separations. Analytical Chemistry，1989，61(3)：241～246.

[28] Knox J H，McCormack K A. Temperature effects in capillary electrophoresis. 1：internal capillary temperature and effect upon performance. Chromatographia，1994，38(3-4)：207～214.

[29] Azad Q Z，Manzari M T，Hannani S K. An analytical solution for thermally fully developed combined pressure-electroosmotically driven flow in microchannels. International Journal of Heat and Mass Transfer，2007，50(5-6)：1087～1096.

[30] Horiuchi K，Dutta P. Joule heating effects in electroosmotically driven Microchannel flows. International Journal of Heat and Mass Transfer，2004，47(14-16)：3085～3095.

[31] Dutta P，Horiuchi K. Thermal characteristics of mixed electroosmotic and pressure-Driven microflows. Computers and Mathematics with Applications，2006，52(5)：651～670.

[32] Tang G Y，Yang C，Chai J C. Numerical analysis of the thermal effect on electroosmotic flow and electrokinetic mass transport in microchannels. Analytica Chimica Acta，2004，507(1)：27～37.

[33] Tang G Y，Yang C，Chai J C. Joule heating effect on electroosmotic flow and mass species transport in a microcapillary. International Journal of Heat and Mass Transfer，2004，47(2)：215～227.

[34] Tang G Y，Yan D，Yang C. Joule heating and its effects on electrokinetic transport of solutes in rectangular microchannels. Sensors and Actuators A，2007，139(1-2)：221～232.

[35] Eteshola E，Leckband D. Development and characterization of an ELISA assay in PDMS microfluidic channels. Sensors and Actuators B，2001，72(2)：129～133.

[36] Brugger J，Beljakovic G，Despont M. Low-cost PDMS seal ring for single-side wet etching of MEMS Structures. Sensors and Actuators A，1998，70(1-2)：191～194.

[37] Fu R，Xu B，Li D. Study of the temperature field in microchannels of a PDMS chip with embedded local heater using temperature-dependent fluorescent dye. International Journal of Thermal Sciences，2006，45(9)：841～847.

[38] Jeong O C，Konishi S. Fabrication and drive test of pneumatic PDMS micropump. Sensors and Actuators A，2007，135(2)：849～856.

[39] Chao K，Wu J K，Chen B. Joule heating effect of electroosmosis in a finite-length microchannel made of different materials. Applied Mathematics and Mechanics，2010，31(1)：109～118.

[40] Tang G，Yan D，Yang C，et al. Assessment of Joule heating and its effects on electroosmotic flow and electrophoretic transport of solutes in microfluidic channels. Electrophoresis，2006，(27)：628～639.

[41] Weast R，Astle M J，Beyer W H C. Handbook of Chemistry and Physics. Boca Raton：CRC Press，1986.

[42] Xuan X，Sinton D，Li D. Thermal end effects on electroosmotic flow in a capillary. International Journal of Heat and Mass Transfer，2004，47(14-16)：3145～3157.

[43] Mala G. M，Li D，Werner C，et al. Flow characteristics of water through a microchannel between two parallel plates with electrokinetic effects. International Journal of Heat Fluid Flow，1997，(18)：489～495.

[44] Mala G M，Li D. Flow characteristics of water in microtubes. International Journal of Heat Fluid Flow，1999，(20)：142～148.

[45] Yang C，Li D，Masliyah J H. Modeling forced liquid convection in rectangular microchannels with electrokinetic effects. International Journal of Heat Mass Transfer，1998，(41)：4229～4249.

[46] Ren L，Qu W，Li D. Interfacial electrokinetic effects on liquid flow in microchannels. International Journal of Heat Mass Transfer，2001，(44)：3125～3134.

[47] Chun M S，Lee S Y，Yang S M. Estimation of Zeta-potential by electrokinetic analysis of ionic fluid flows through a divergent microchannel. Journal of Colloid and Interface Science 2003，(266)：120～126.

[48] Gong L，Wu J K. Resistance effect of electric double layer on liquid flow in microchannel. Applied Mathematics and Mechanics，2006，27(10)：1391～1398.

[49] Chang C C，Yang R J. Computational analysis of electrokinetically driven flow mixing in microchannels with patterned blocks. Journal of Micromechanics and Microengineering，2004，(14)：550～558.

[50] Chen C K, Cho C C. Electrokinetically-driven flow mixing in microchannels with wavy surface. Journal of Colloid and Interface Science, 2007, (312): 470～480.

[51] Chen J K, Yang R J. Electroosmotic flow mixing in zigzag Microchannels. Electrophoresis, 2007,(28): 975～983.

[52] Fu L M, Lin J Y,Yang R J. Analysis of electroosmotic flow with step change in zeta potential. Journal of Colloid and Interface Science, 2003, (258): 266～275.

[53] Christopher M B, Robert H D. Electroosmotic flow in channels with step changes in zeta potential and cross section. Journal of Colloid and Interface Science, 2004, (270): 242～246.

[54] Mirbozorg S A, Niazmand H. Electro-Osmotic flow in reservoir-connected flat microchannels with non-uniform zeta potential. Journal of Fluids Engineering, 2006, (128): 1133～1143.

[55] Lee C S, William C, Blanchard C, et al. Direct control of the electroosmosis in capillary zone electrophoresis by using an external electric field. Analytical Chemistry, 1990, 62: 1550～1552.

[56] Buch J S, Wang P C, Donald L D, et al. Field-effect flow control in a polydimethylsiloxane-based microfluidic system. Electrophoresis, 2001, 22: 3902～3907.

[57] Ajdari A. Electro-osmosis on inhomogeneously charged surfaces. Physical Review Letters, 1995, (75): 755～758.

[58] Erickson D, Li D. Influence of surface heterogeneity on electrokinetically driven microfluidic mixing. Langmuir, 2002, (18):1883～1892.

[59] Hirofumi D, Takuma A, Naoya T. Ion transport through a T-intersection of nanofluidic channels. Physical Review E, 2008, (78):026301.

[60] Richard B M S, Stefan S, Jan H,et al. Field-effect flow control for microfabricated fluidic networks. Science, 1999, 286 (5441):942～945.

[61] Ajdari A. Generation of transverse fluid currents and forces by an electric field: electroosmosis on charge-modulated and undular surface. Physical Review E, 1996, (53): 4996～5005.

[62] Chen L, Conlisk A T. Effect of nonuniform surface potential on electroosmotic flow at large applied electric field strength. Biomedicalical Microdevices, 2008, (11):251～258.

[63] Chao K, Chen B, Wu J K. Numerical analysis of field-modulated electroosmotic flows in microchannels with arbitrary numbers and configurations of discrete electrodes. Biomedical Microdevices, 2010, 12(6): 959～966.

[64] Brown A B D, Smith C G, Rennie A R. Pumping of water with ac electric fields applied to asymmetric pairs of microelectrodes. Physical Review E, 2000, (63): 016305.

[65] Green N G, Ramos A, González A, et al. Fluid flow induced by nonuniform Experimentalac electric fields in electrolytes on microelectrodes(measurements). Physical Review E, 2000, (61): 4011～4018.

[66] Oddy M H, Santiago J G, Mikkelsen J C. Electrokinetic instability micromixing. Analytical Chemistry, 2001, (73):5822～5832.

[67] Li S K, Ghanem A H, Higuchi W I. Pore charge distribution considerations in human epidermal membrane electroosmosis. Journal of Pharmaceutical Sciences, 1999,(88): 1044～1049.

[68] Tsuda T, Yamauchi N, Kitagawa S. Separation of red blood cells at the single cell level by capillary zone electrophoresis. Analytical Sciences,2000, (16): 847～850.

[69] Pengra D B,Li S L, Wong P. Determination of rock properties by low frequency AC electrokinetics. Journal of Geophysical Research, 1999, (104): 29485～29508.

[70] Dutta P, Warburton T C, Beskok A. Numerical simulation of mixed electroosmotic and pressure driven micro flows. Heat Transfer A, 2002, (41):131～148.

[71] Repper P M, Morgan F D. Frequency-dependent electroosmosis. Journal of Colloid and Interface Science, 2002, (254): 372～383.

[72] Bazant M Z, Squires T M. Induced-charge electrokinetic phenomena: Theory and microfluidic applications. Physical Review Letter, 2004, (92):066101.

[73] Wang X M, Wu J K. Flow Behavior of periodical electroosmosis in microchannel for biochips. Journal of Colloid and Interface Science, 2006, 293(2):483～488.

[74] Wang X M, Chen B, Wu J K. A semianalytical solution of periodical electroosmosis in a rectangular microchannel. Physics of Fluids, 2007,19 (1):324～332.

[75] Zhang Y, Wu J K, Chen B. Frequency effects on periodical potential and ion concentration oscillation in microchannel with an ac electric field perpendicular to wall. Applied Mathematical Sciences, 2011, 5(33): 1631～1647.

[76] Morgan H, Green N G. AC Electrokinetics: Colloids and Nanoparticles. Baldock: Research Studies Press LTD, 2003.

[77] González A, Ramos A, Castellanos A. Pumping of electrolytes using travelling-wave electroosmosis: A weakly nonlinear analysis. Microfluid Nanofluid, 2008, (5):507～515.

[78] Ramos A, Morgan H, Green N G, et al. Pumping of liquids with traveling-wave electroosmosis. Journal of Applied Physics, 2005, (97): 084906.

[79] Ramos A, González A, García-Sánchez P, et al. A linear analysis of the effect of Faradaic currents on traveling-wave electroosmosis. Journal of Colloid and Interface Science, 2007, (309):323～331.

[80] García-Sánchez P, Ramos A. The effect of electrode height on the performance of travelling-wave electroosmotic micropumps. Microfluidics and Nanofluidics,2008, (5):307～312.

[81] Li D. Encyclopedia of Microfluidics and Nanofluidics. New York: Springer Science and Business Media, LLC,2008.

第 4 章　微流控芯片的传质与传热

“如果分子运动论确实是正确的，那么那些可见的粒子的悬浮液就一定也像分子溶液一样，具有符合气体定律的渗透压。这种渗透压同分子的实际大小有关，亦即同一摩尔质量中的分子个数有关。如果悬浮液的密度不均匀，那么各处的渗透压也会因此而不同，这就会引起一种趋向均匀的扩散运动，这能从已知的粒子迁移率计算出来。”

——爱因斯坦《相对论》1946 年

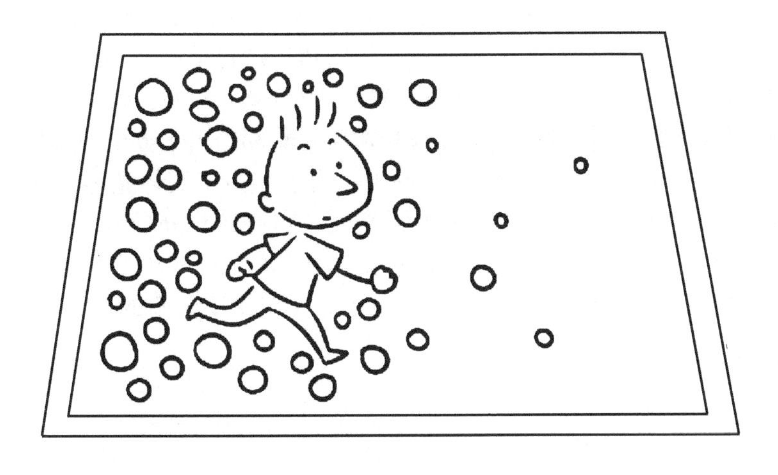

微量物质的生化分析是微流控芯片的重要功能之一。样品从注入芯片到数据检出的过程需要经过筛选、分离、富集、检测等多个环节，测量的结果往往受到流动与物质传输过程的影响。因此，进行高精度测量就要求对传质过程进行有效的控制，如各组分浓度梯度的形成与保持、微量物质的混合与富集等，这就要求在芯片设计时慎重考虑传质过程的控制参数。溶液样品中主要待测物质的形式为离子、分子、大分子或细胞等，本章将重点介绍离子态的溶液，即样品溶液此时是作为另一连续相来进行处理的，需要考虑分子扩散与对流对质量传输的影响，这与细胞等颗粒样品的输运过程有很大不同(见第 7 章)。考虑到微型化器件本身多学科交叉的特点，本章将不严格区分流体力学、传热学和传质过程。希望借助本章的内容，读者可以加深对基础章节内容的理解，拓展对物质和热量传输过程研究领域的认知，了解在微尺度条件下处理流动、物质传输和热量传输的一些原则和方法。

4.1 传输过程

4.1.1 分子传输现象

传输过程是指研究体系中的物理量自发地从高强度区域向低强度区域转移的过程。当物理量的分布处于非平衡状态时，该物理量的转移过程将使其分布最终趋于平衡。微流控系统中伴随流动现象常见的物理量包括速度、温度和物质浓度，因此传输过程主要包括动量传输、热量传输与质量传输三种传输过程。

从微观角度看，动量传输、热量传输和物质传输都是由于分子的无规则热运动引起的，是大量分子热运动的统计平均行为。为了与由于流体整体运动引起的对流传输区分，一般称上述三种传输现象为分子传输现象，与分子运动有关的物质宏观传输特性分别为分子扩散系数、热导率和黏度，对应的物理规律分别为菲克定律、傅里叶热传导定律与黏性流体的牛顿内摩擦定律，它们的微观机理解释如图 4.1所示。

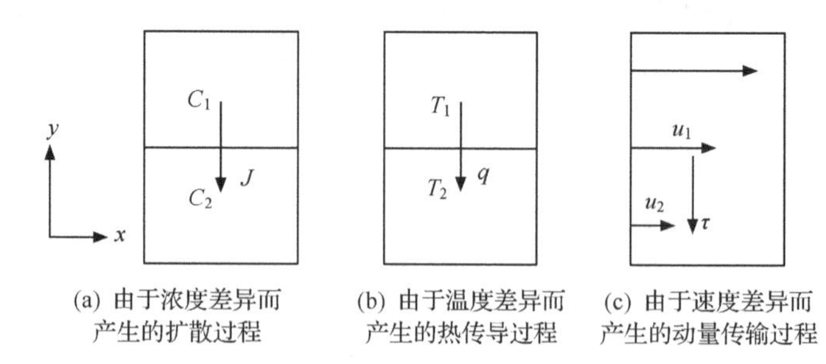

图 4.1　三类典型的分子传输过程

1. 菲克定律

1855 年，菲克(Fick)提出在单位时间内通过垂直于扩散方向的单位截面积的扩散物质流量与浓度梯度成正比。在静止的各向同性介质中浓度扩散的通量表达式为

$$J = -D\frac{\partial C}{\partial x_j} \tag{4-1}$$

式中，J 为扩散通量($\mathrm{mol/(m^2 \cdot s)}$)；$D$ 称为扩散系数($\mathrm{m^2/s}$)；C 为物质或组分的浓度($\mathrm{mol/m^3}$)；负号表示扩散方向与浓度梯度方向相反。扩散系数 D 是描述扩散速度的物理量，相当于单位浓度梯度时的扩散通量，对离子溶液，D 的数量级约为 $10^{-9}\mathrm{m^2/s}$，其值越大则扩散越快。

2. 傅里叶热传导定律

1822 年，傅里叶提出了热传导的基本定律，表示为传导的热流量与温度梯度及垂直于热流方向的截面积成正比，即

$$q = -\lambda\frac{\partial T}{\partial x_j} \tag{4-2}$$

式中，q 为单位时间内通过单位面积的热量，即热流密度($\mathrm{J/(m^2 \cdot s)}$)；λ 为热导率($\mathrm{J/(K \cdot m \cdot s)}$)。

3. 牛顿内摩擦定律

1687 年，牛顿提出了确定黏性流体内部摩擦力的牛顿内摩擦定律。对于牛顿流体，流体内部的摩擦力取决于速度梯度及黏度 μ

$$\tau = -\mu\frac{\partial u}{\partial y} \tag{4-3}$$

这里需要指出，一般意义上 τ 可以理解为单位面积摩擦力，其单位为 $\mathrm{N/m^2}$，还可从传输过程理解为单位时间单位面积上动量通量。

上述三类传输过程的特征在表 4.1 进行总结和对比。

表 4.1 典型的三类传输过程

	传输过程		
	质量传输	热量传输	动量传输
支配因素	浓度差	温度差	速度差
物性参数	扩散系数 D	热导率 λ	黏度 μ
稳态过程	菲克定律 $J=-D\frac{\partial C}{\partial x_j}$	傅里叶定律 $q=-\lambda\frac{\partial T}{\partial x_j}$	牛顿内摩擦定律 $\tau=-\mu\frac{\partial u}{\partial y}$
通量物理意义	摩尔通量	热量通量	动量通量
相互关系	$D=\frac{\mu RT}{pM}=\frac{\lambda RT}{pC_{v,m}}$		
非稳态过程	$\frac{\partial C}{\partial t}=\frac{\partial}{\partial x}\left(D\frac{\partial C}{\partial x}\right)$	$\frac{\partial T}{\partial t}=\frac{M}{\rho C_m}\lambda\cdot\frac{\partial^2 T}{\partial z^2}$	无

4.1.2 非稳态传输现象

1. 菲克第二定律

当浓度随时间变化,浓度扩散微分方程可由菲克第二定律描述

$$\frac{\partial C}{\partial t}=\frac{\partial}{\partial x}\left(D\frac{\partial C}{\partial x}\right) \tag{4-4}$$

当地浓度随时间的变化与浓度扩散的二阶导数成正比。

2. 非稳态导热

当温度随时间变化,温度变化的微分方程可由非稳态导热方程描述

$$\frac{\partial T}{\partial t}=\frac{M}{\rho C_{\mathrm{m}}}\lambda\frac{\partial^2 T}{\partial z^2} \tag{4-5}$$

4.2 流动传质规律

上述的物质传输与热量传输过程是建立在没有流体流动的基础上的,仅考虑稳态与随时间变化的非稳态传输过程,而对于伴随流动过程发生的传输过程,还需要在上述理论的基础上加入流体对流产生的影响。本节首先考虑物质传输的对流-扩散方程,4.5 节考虑由于对流的存在对换热的影响。

4.2.1 对流-扩散方程

当样品溶解在流体中,并伴随流体一同运动,这时物质的传输过程不但需要考

虑扩散，还需要计入流体运动对样品浓度分布的影响，此时需要在菲克定律基础上增加对流项

$$\frac{\partial C}{\partial t}+\mathbf{V}\cdot\nabla C=D\nabla^{2}C \tag{4-6}$$

式中，$\mathbf{V}$ 是背景流场的速度；D 是扩散系数。将该方程进行无量纲化，可以得到如下无量纲形式：

$$\frac{\partial C^{*}}{\partial t^{*}}+\mathbf{V}^{*}\cdot\nabla C^{*}=\frac{1}{Pe}\nabla^{2}C^{*} \tag{4-7}$$

式中，佩克莱(Peclet)数 ($Pe=UL/D$) 代表了对流与扩散作用之比，当 Pe 较高时，物质传输以对流作用为主，扩散作用可以忽略。对于特征尺度约为 5nm 的蛋白质，在特征尺度为 100μm 的微通道内随流体运动，如果流体的速度为 $U=$ 100μm/s，相应的 Pe 约为 250。

4.2.2　泰勒弥散

泰勒弥散(Taylor dispersion)效应是 1953 年 Taylor[1]在研究圆形毛细管中压力流动条件下物质输运规律时发现的现象。在层流条件下，圆管中的流体在压力驱动下将发展成具有抛物线形速度剖面的泊肃叶流动，即通道中心的速度快于靠近管壁的速度。如果有物质随着流体运动，将沿着通道轴向形成如图 4.2(a)所示的弥散现象，这主要是由于通道剖面方向上的速度差所导致。虽然泰勒弥散有助于混合效率的提高，但在很多情况下，对于分离效率和检测精度将产生不利影响。而在如图 4.2(b)所示的电渗流动中，由于在微通道中双电层厚度可以忽略不计，速度剖面可近似认为柱塞(plug-like)型，可降低或消除驱动过程中的弥散效应，是

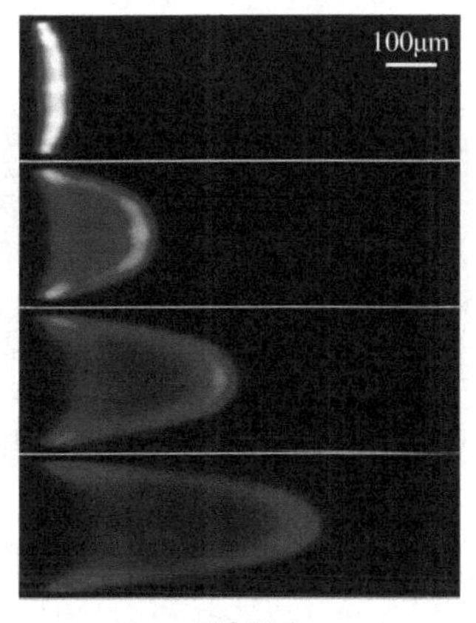

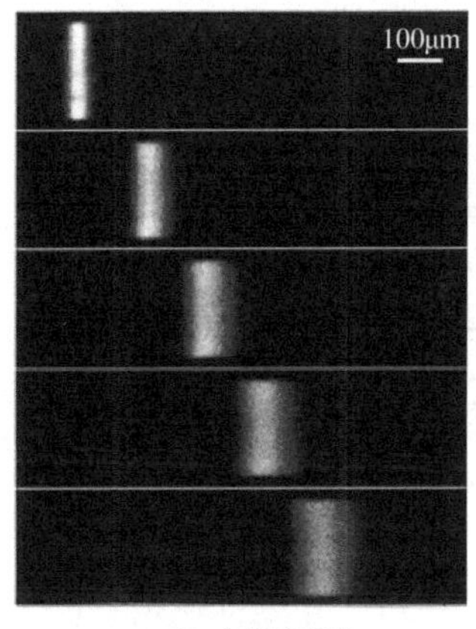

(a) 压力驱动　　(b) 电渗流驱动

图 4.2　不同驱动方式下的泰勒弥散效应(来自斯坦福大学微流动实验室)

进行塞状试样传输和试样分离的理想方法。值得指出的是，即使在电渗驱动流动中，也可能存在由于通道两端储液池液面差形成的压力梯度所引起的泰勒弥散，其他的如壁面电荷分布梯度、溶液电导率不同、温度梯度等所导致的速度差，均会造成泰勒弥散效应的增加。

4.2.3 有效扩散系数的计算

由于速度差的存在，这里可引入一个量来表征弥散系数，或者称之为有效扩散系数 D_{eff}。对于无限大两平面之间的压力流，它可写成

$$D_{\text{eff}} = D\left[1 + \frac{1}{210}\left(\frac{Uh}{D}\right)^2\right] \tag{4-8}$$

式中，U 为平均流速；h 为两平面间高度；D 为分子扩散系数。式(4-8)右端第一项为分子扩散系数，第二项为流动剪切引起的弥散，其值正比于 Pe 的平方。对于具有侧壁的矩形或者近似矩形微通道，式(4-8)需引入一个形状因子 f，变为

$$D_{\text{eff}} = D\left[1 + \frac{1}{210}\left(\frac{Uh}{D}\right)^2 f\right] \tag{4-9}$$

这里，形状因子 f 与通道展弦比 W/h 有关，其值随着 W/h 增加而变大。

4.2.4 T 形通道扩散过程

T 形通道具有两个流体入口和一个出口，通常具有 T 或 Y 形状。由于微流控中流动为层流，两束浓度(或组分)不同的溶液从 T 交叉处汇合后并行流动，但会在界面上沿着垂直于流动方向进行扩散，如图 4.3 所示。通过测量扩散界面可以测量溶液浓度、反应动力学和组分扩散系数等，因此，T 形管在微流控研究中具有重要意义[2]。

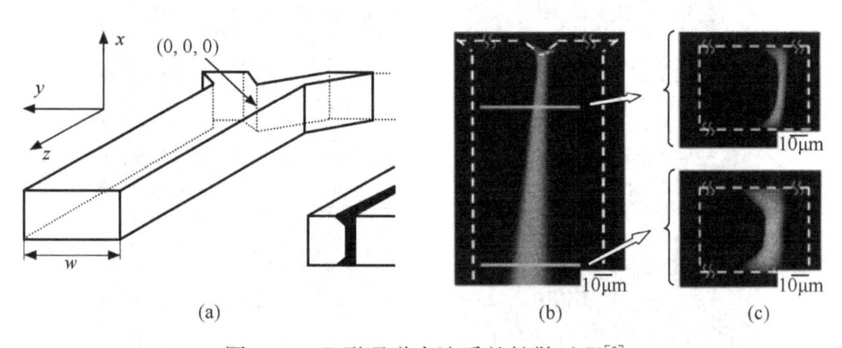

图 4.3　T 形通道中溶质的扩散过程[2]

同时，T 形管内流动方向与扩散方向正交，可以对二者进行独立分析，因此，利用 T 形管流动更容易理解对流扩散过程。在 T 形管流动中，Pe 可以写为

$$Pe = \frac{Uw}{D} = \frac{l}{w} \tag{4-10}$$

式中，w 为通道宽度；$l = Uw^2/D$，为组分扩散到通道整个宽度的时间内流体流动的距离。

4.3　微 混 合 器

微流控芯片或微全分析系统是微型化、集成化的检测与分析器件，其功能大都与化学反应有关，充分的混合是实现器件功能的重要条件。微尺度流动的典型特征是流动的 Re 非常低（$\sim 0(1)$），流动大都处于层流区，分层不掺混的流动造成了混合困难。在宏观领域里，有足够空间可供利用，借助湍流流动是获得充分混合的主要手段，而微系统的小尺寸层流特性极大地限制了传统混合技术在其中的应用。因此，微尺度下的混合问题是微流控系统需要关注的一类问题，也是微流控系统为科学研究所提供的一个创新领域。

在低雷诺数的情况下，不借助于外界条件，混合主要依赖于流体分子的扩散。根据菲克定律，扩散的时间 t 与扩散距离的二次方（d^2）成正比，与扩散系数 D 成反比。可以看出，当待混合流体处于微通道内时，一方面可以通过减小分子扩散的距离实现在短时间内的混合，另一方面可以通过减小扩散系数，得到较好的混合效果，而扩散系数作为物性参数，与物质组成、温度、黏度等因素相关。微尺度下混合的另一条途径是破坏分层流动，通过引入扰动，增强各流层之间的掺混，增加样品间接触的概率，从而获得好的混合。具体的实现途径则包括改变流经流路几何形状的被动混合方式，以及人为引入各种外加扰动的主动混合方式，常见的混合器形式如图 4.4 所示。

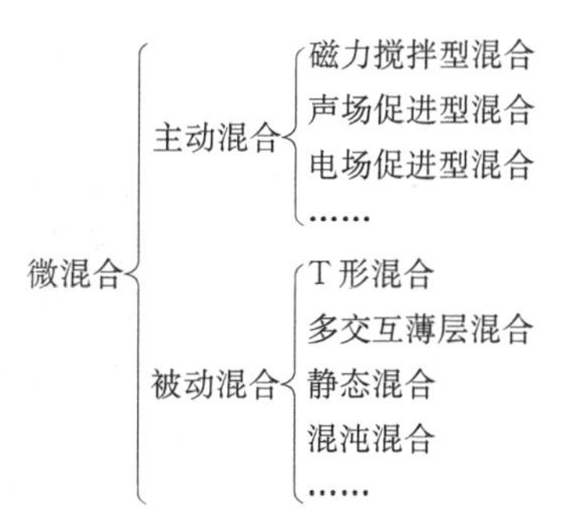

图 4.4　微混合器件的分类

4.3.1　被动混合

除了前面提到的通过扩散进行混合之外，在低雷诺数下对流也是增进混合的一种主要手段。但是,在层流状态下各个流层之间互相平行,因此对于展向的混合是非常不利的。混沌混合是解决这一问题的主要方法,该方法的原则就是将原本平行的流线,利用特殊的通道几何形式反复的分割、拉伸、扭曲或者折叠,以此增加原本平行流层之间的接触概率。在改变流线形式的方法中,在流道中加入障碍物是比较有效的方法。数值计算表明,非对称排列的障碍物可以有效地改变流动的方向,增进流体之间的融合,使得展向的混合增强。另外,周期性弯曲的流道也可以实现类似的功能。对于不同的 Pe,设计混沌混合器使使用的策略可能会有所不同。Pe 越低,为了得到同样的混合效果,对流层之间的扰动需要越大。以此为依据设计出了众多不同的混合器类型[3],如图 4.5 所示。

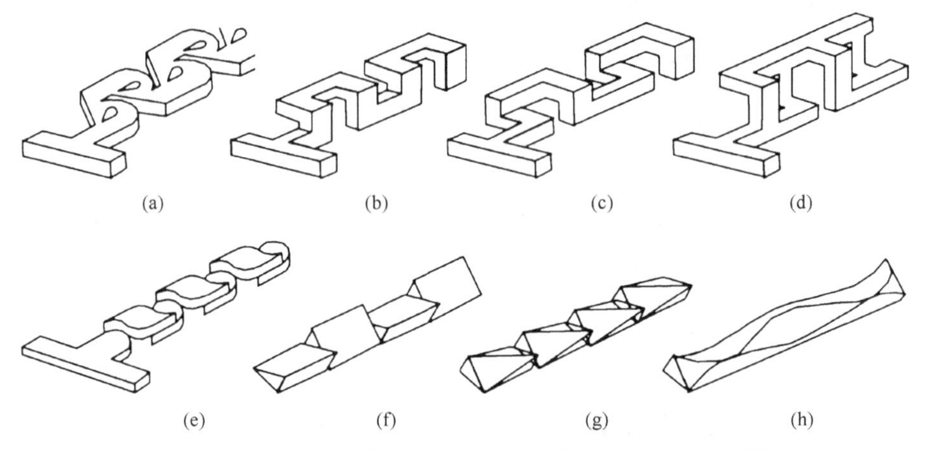

图 4.5　利用不同几何形状增进流层混合的混沌混合器件[3]

液滴是一种液体相在另外一种不溶流体相中的不连续分布形式。在微流控芯片领域,常见的形式包括:水相与油相之间的互相分布(water-in-oil, W/O;oil-in-water, O/W)、水或油分布在空气中,以及复合形式的液滴(液滴之中包含另一液滴)等。在微流控芯片中可生成大量的微小液滴,利用这些液滴可进行大通量筛选和制备功能材料。与连续流微流控芯片相比,该型芯片在物理上充分地利用了微尺度下表面张力居于主导的特点,离散液滴所消耗样品量更少,每个液滴均可作为一个单独的反应单元,且液滴间彼此独立,能够大量地进行并行或顺序反应。另外,通过液滴内部的运动及与壁面的相互作用可以有效地解决层流流动所造成的混合困难等问题。液滴在微通道的运动过程中,内部存在对称的漩涡,随着通道走向的改变,漩涡分布也相应地改变,这样通过若干个周期之后获得很好的混合效果[4],如图 4.6 所示。通过控制入口处反应物的量,可以生成大量组分连续变化的液滴,以此为基础可以进行大通量的条件筛选。

在此简单的微通道基础之上还可以进行改进,如在侧壁上放置不同的粗糙单元,可以使得混合的效果进一步增强。另外一种不是利用微通道,而是利用在微通

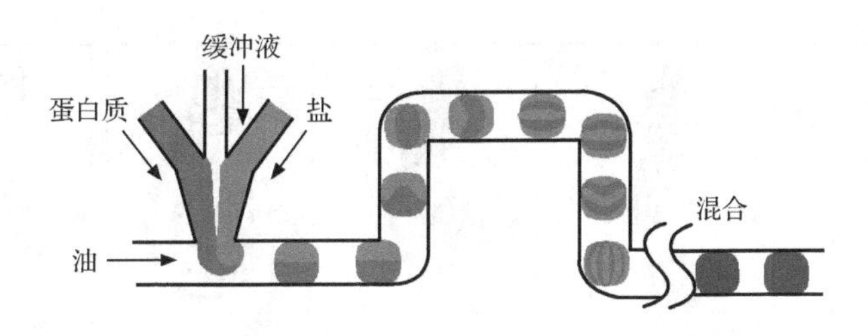

图 4.6　利用液滴内部流场及微通道走向的变化实现液滴内的混合[4]

道中障碍物阵列来引导液滴的运动的设计则可以产生非对称的涡结构，当障碍物结构的方向改变后，非对称涡可以更好地增强混合[5]，如图 4.7 所示。

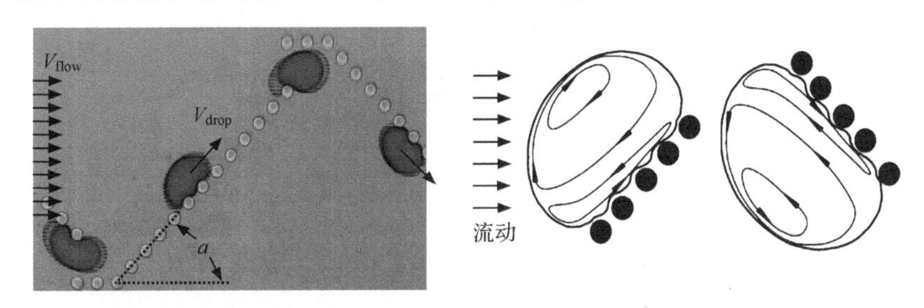

图 4.7　借助非对称涡实现液滴内的混合[5]

4.3.2　主动混合

两种反应物在微通道内除了借助通道自身几何形状的改变进行被动混合之外，同样可以通过其他外加的物理场来实现，借助外界能量的方法称为主动混合。目前已经实现了多种物理场的主动混合器，如压力脉动注射、声场、电场、磁场及介电电泳等，混合过程可以借助流体自身对外加物理场的响应，还可以利用外加的颗粒或转子实现，这时外加的物理场作用在颗粒或转子上。另外对于液滴的混合，也可以实现主动混合，如借助数字微流控技术，通过电润湿技术引导液滴实现定向运动，从而实现液滴内部的充分混合等。图 4.8 显示通过改变磁场方向引起流体内磁珠分布来实现分层流体的混合，而图 4.9 显示了利用外加电场使人工纤毛(cilia)发生摆动，从而实现主动混合[6]。

图 4.8　通过外加磁场方向的改变改变内部磁珠的分布以实现分层流体的混合[6]

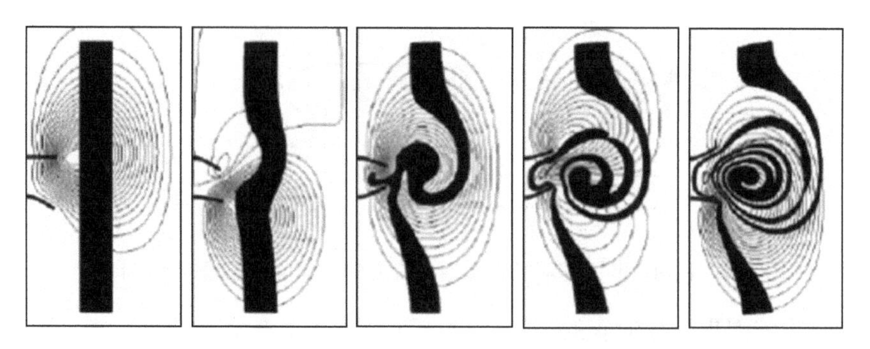

图 4.9　通过外加电场控制两个人工纤毛的摆动实现对两层流体的混合[6]

4.4　传 热 现 象

4.4.1　微尺度传热基本特征

微尺度传热问题往往与流动问题是结合在一起的，因此微尺度下流动问题的一些效应，如稀薄气体效应、滑移边界条件等，会直接影响到传热特性。与宏观尺度相比，流动和热物理问题在微尺度下主要体现在如下三个方面：表面主导效应，低雷诺数效应，跨尺度和多物理场耦合效应。

考虑对流的影响，一个传热问题的完备方程组应该在原有的连续性方程及N-S方程的基础上增加对流换热方程

$$\rho c_p\left(\frac{\partial T}{\partial t}+\mathbf{V}\cdot\nabla T\right)=\kappa\nabla^2 T+\rho q \tag{4-11}$$

式中，κ 为传热系数；ρq 为其他热能源项。

4.4.2　典型的微尺度热物理效应

1. 黏性热耗散效应

黏性热耗散效应是流体流动中机械能转变为热能的过程，由于热能不能再加以利用，常将这一部分能量称为黏性热损失。在微尺度液体和气体的微通道流动中不可忽略，它在一定程度上反映了流体内摩擦的强弱。研究由进出口两端的压力差 ΔP 驱动的微通道中的层流流动，根据能量守恒定律，在压力差驱动下的流动中，两端压力降是该系统能量输入的唯一来源，做功可近似由进出口压力差与体积流量的乘积来表示

$$\int_s P_{\mathrm{n}} v \mathrm{d}s=(P_{\mathrm{in}}-P_{\mathrm{out}})Q=\Delta PQ \tag{4-12}$$

在恒定流中，可以近似地认为输入的能量全部用来克服壁面的黏性阻力，其结果是将机械能转换为了热能，而转换后热能的流向则取决于管壁的温度边界条件，等熵（壁面绝热）或存在有热交换。先考虑前者的情形，由于不存在壁面方向的热损失，压力降做功将全部转化为流体在进出口两端的内能变化。在假定流体为不可压缩流体且物性参数保持不变的情况下，其内能的变化由进出口两端的温度来决定，可以表示为

$$\int_s \rho U \mathrm{d}s = \rho c_p Q(T_{\mathrm{in}} - T_{\mathrm{out}}) = \rho c_p Q \Delta T \tag{4-13}$$

式中，ΔT 为进出口的平均温升；Q 为体积流量。利用上面式(4-12)和式(4-13)可以得到等熵条件下平均温升 ΔT 的近似表达式

$$\Delta T \sim \Delta P / \rho c_p \tag{4-14}$$

式(4-14)表明，在等熵流动中，进出口平均温升与进出口压力差成正比，具体的大小还取决于流体的物性参数。对不同的流体，获得单位温升(1K)所需的压力差不同，表 4.2 给出几种流体获得单位温升所需的压力降。

表 4.2　等熵条件下不可压流体微管内获得单位温升所需的压力降

	黏度/(Pa·s)	密度/(kg/m^3)	比热容/(J/(kg·K))	压力降/(Pa/K)	*Re*
空气	1.79×10^{-5}	1.293	1004	1.30×10^{3}	1.64×10^{-3}
水	1.00×10^{-3}	996	4178	4.16×10^{6}	1.30
异丙醇	1.95×10^{-3}	779	2531	1.97×10^{6}	1.26×10^{-1}
四氯化碳	9.92×10^{-4}	1630	850	1.38×10^{6}	7.17×10^{-1}

注：*Re* 按照微通道管径 10μm，管长 10cm 计算得出。

从表 4.2 可以看出，等熵条件下，液体获得单位温升所需的压力降基本处于兆帕的数量级，气体则远小于液体所需要的压力降。还可以看到，等熵条件下温升与通道的几何尺寸无关，但 *Re* 的计算则依赖于具体的通道形式。对于典型的有压力差驱动下微通道的(管径 10μm，管长 10cm)流动，无论气体还是液体，它们的 *Re* 大都小于 1，远远小于向紊流转变的临界 *Re*。需要指出，实际的微流动实验中，壁面绝热条件很难实现，这时需要考虑通过壁面产生的热交换，如壁面为自然对流或等温边界的情况，压力降所做功中还将有一部分通过壁面传到空间环境中，这时得到进出口的温升会小于等熵条件得到的温升，具体大小取决于边界条件的类型。

黏性热耗散会导致进出口温度的变化，而温度变化会对流动性能产生一定的影响，温度的变化最直接的影响就是流体黏度的变化。对大部分液体，温度每升高 1℃，则黏度减小约 3%。已证实，在 30MPa 压力驱动下在微通道中流动，即使考虑壁面存在热交换的情况，液体进出口温升仍可以达到约 10℃左右，这意味着液

体黏度将下降约 30%。若再计入温升沿微管长度方向存在分布，即进口温度较低，而出口温度很高，则由于黏度的减小可引起约 15%的流量增加，这个变化已经非常可观了。原则上，上述结论对宏观尺度的层流流动亦适用，但是在常规尺度流动中这一效应通常是被忽略的，其原因在于常规尺度同样压力驱动下流动的 *Re* 远远超出临界的 *Re*，已处于紊流的范围，或者大部分的压力能转化为流体的动能。所以，正是微通道为我们提供了这样一个平台，使得流动可以由非常高的压力驱动，并保证流动依旧处于层流状态，从而凸显出了黏性热耗散的效应。

对于大部分微流控芯片通道，在压力驱动下产生的流动，其进出口的压力降一般都小于 1MPa，由此产生的进出口截面的平均温升对黏度的影响表面上看是可以忽略的(小于 3%)，但由于该温升是截面的平均温升，具体的温度分布在截面上可能很不均匀，还需要考虑温升在截面上的具体分布。流体力学分析表明，在局部区域，黏性热耗散与当地的剪切速率的平方成正比，而管流中的剪切速率存在沿管径方向的分布，在通道中心处为零，管壁处最大，导致内摩擦所产生的温度形成径向分布，进而造成黏度的径向分布和流量的变化。因此，若考虑黏性热耗散引起的温升对流体黏度与流动特性的影响，三维的温度分布必须考虑，这就需要通过具体的通道几何形状由数值计算来确定。

2. 焦耳热

在微通道中，当采用外加电场驱动流体时，流体中的电流将产生焦耳热(Joule heating)。在多数情况下，由于电流非常微弱，并且微流控器件的散热良好，有焦耳热产生的温度变化可以忽略不计。然而，在某些情况下，如电场强度非常大、溶液电导率高等，焦耳热引起的升温将不能忽略，焦耳热效应对微通道流动及物质输运产生各种不同的影响[7]。本书第 3 章针对焦耳热现象有详细叙述，在此不再赘述。

3. 热泳

热泳(thermophoresis)也称为热扩散或者 Ludwig-Soret 效应，即物质，包括微颗粒、化学组分、生物分子等，在温度梯度下进行迁移。在低浓度条件下，热泳速度与温度梯度存在线性关系，因此，在扩散效应上必须加上热泳影响，物质的输运通量可用 Onsager 理论写成[8]

$$J = -D\nabla C - D_T C(1-C)\nabla T \tag{4-15}$$

式中，D 为分子扩散系数；D_T 为热扩散系数；C 为物质浓度。方程(4-15)右端第一项为遵守菲克定律的常规扩散，第二项是由温度梯度导致的热扩散。在静止流体中 $J=0$，Soret 系数可表示为

$$S_T = \frac{D_T}{D} = -\frac{1}{C(1-C)}\frac{\nabla C}{\nabla T} \tag{4-16}$$

在温度梯度下,物质的最终浓度可表示为

$$C = C_0 e^{-S_T(T-T_0)} \tag{4-17}$$

式中,C_0、T_0 分别为参考浓度和参考温度。Soret 系数给出了热泳分离的有效程度。通常情况下,热扩散系数 D_T 是温度和浓度的函数,因此使得热泳的理论描述变得复杂和困难。气体中的热泳效应已有较为完善的理论[9],但对液体中的热泳效应,目前尚无令人满意的理论或公式。热泳效应可用于分析物的分离、提纯及富集等。图4.10显示的是 Duhr 等[10]利用热泳效应在微尺度下实现了 DNA 分子的富集。他们采用红外激光对沿着"DNA"三个字母的溶液薄层加热升温2℃,发现在不同初始温度下,DNA 分子热泳呈现不同模式:在3℃的低温溶液中,DNA 富集到字母高温区,而在20℃的室温溶液中 DNA 离开温度高的字母部分。

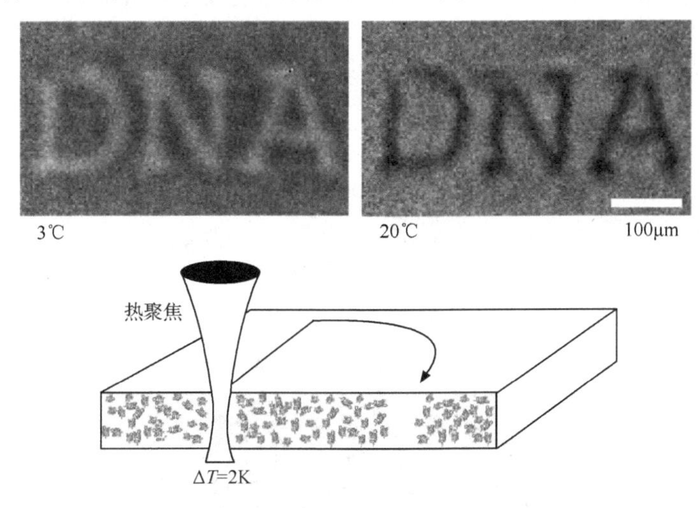

图4.10 DNA 分子在不同初始温度下的热泳效应[10]

4.5 应用实例

4.5.1 浓度梯度的形成

在生化研究分析中,很多情况下需要考查特定生化组分浓度梯度对生化过程的影响,这些生化过程包括化学趋向性、生物模式形成和变态、血管再生及神经生长等。在宏观器件中,由于流动的不稳定性,很难长时间地保持稳定的浓度梯度,也很难获得具有特定变化形态的浓度梯度,而微流动的层流特性使得不同浓度的组分能线性叠加,从而形成所需的浓度场分布。

哈佛大学的 Whitesides 研究小组[11]设计了金字塔形的微流控浓度梯度发生器(concentration gradient generator),其基本结构由多级的弯曲微通道和节点组成。不同浓度的组分从不同入口进入通道网络，在各级节点和分叉处按一定比例混合并在下一级再次分开，通过如此逐级操作，最后在下游出口形成特定浓度梯度。图 4.11(a)是浓度梯度发生器的结构示意图，在每一级上各个微通道的大小和长度均相同，水平方向的短通道流阻相比于垂直方向的弯曲长通道可以忽略不计，因此流体在各个节点处的分叉和混合能通过简单关系进行计算。图 4.11(b)是某一节点附近的放大图。以入口浓度 C_p、C_q 为例，在上一级出口 C_p 向右侧分叉处为 $(V_p+1)/B$，而 C_q 向左侧分叉处为 $(B-V_q)/B$，当它们在下一级入口汇合后，浓度变为 $[C_p(V_p+1)/B+C_q(B-V_q)/B]/2$。这里，$B$ 为各层的分叉微通道数目，$V(V_p,V_q)$ 为分叉比例系数，从左至右从 0 变化到 $B-1$，可参看图 4.11(a)。如此逐级推导，可设计出所需要的浓度分布，包括线性浓度分布和抛物线形浓度分布。进一步地，采用如图 4.12 所示的多个浓度梯度发生器并联方法，获得了更为复杂的浓度分布。

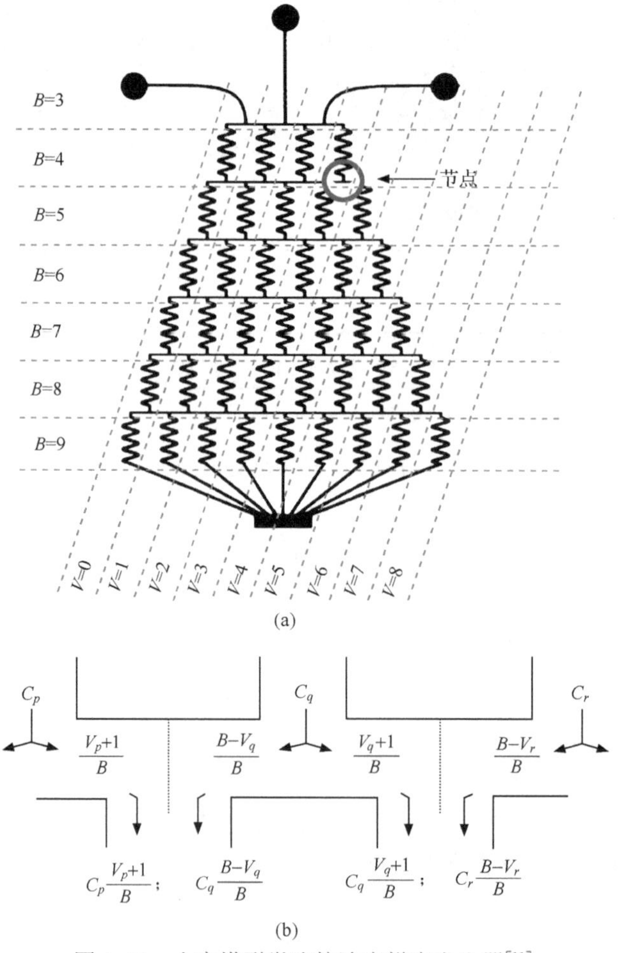

图 4.11　金字塔形微流控浓度梯度发生器[11]

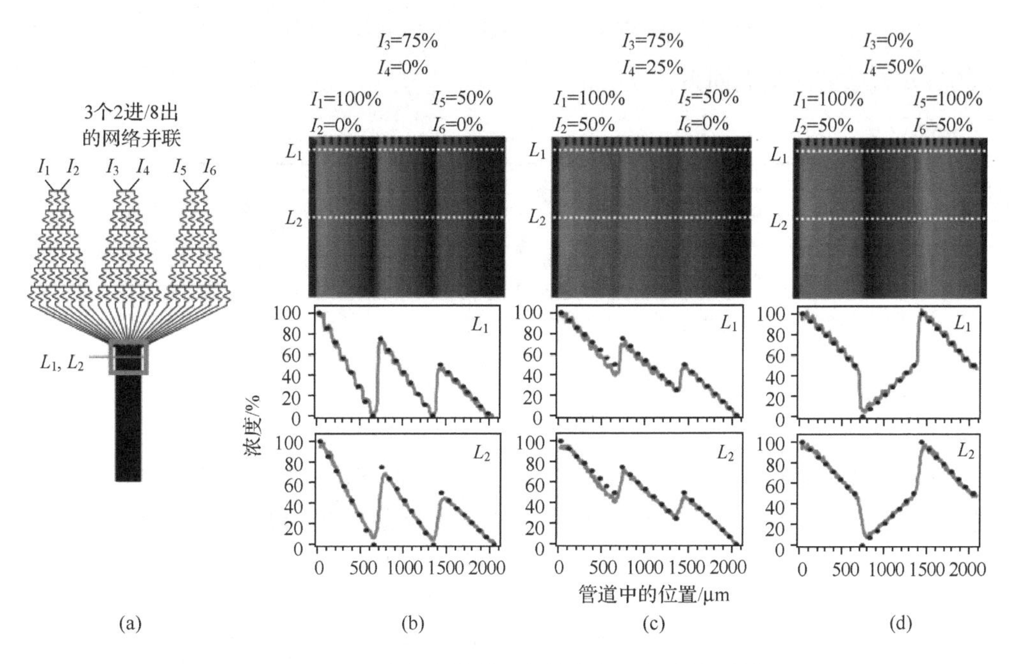

图 4.12　多个金字塔形浓度梯度发生器的并联[11]

4.5.2　微流控免疫测定芯片的性能优化

免疫测定(immunoassay)是一种重要的生物检测手段,通过抗原抗体之间的免疫特异反应来实现样本中的抗原或者抗体检测。抗原-抗体之间主要依赖扩散作用相接触而发生反应,扩散时间的长短决定了免疫测定的快慢。在微流控免疫测定芯片中,由于扩散距离短,能将传统需要一天多时间的免疫测定缩短到 20～30min 内完成。Hu 等[13]采用数值模拟研究并优化了微流控免疫测定中常用的非均相免疫(heterogeneous immunoassay) 反应芯片的性能,芯片构型如图 4.13 所示。通道下壁面一部分镀有一层抗体,当试样流经此部分时,试样中的抗原将与壁面上的抗体发生免疫反应,通过荧光检测,能测定试样中的特定抗原。试样中的抗原浓度 C 可用本章中的物质输运方程(4-6)进行描述,而固壁上的抗原-抗体复合物浓度 C_S 由下面方程决定:

$$\frac{\partial C_S}{\partial t} = D_S \nabla^2 C_S + k_1 C(B_0 - C_S) - k_2 C_S \tag{4-18}$$

式中,D_S 是复合物在壁面上的扩散系数;B_0 为壁面上抗体的初始浓度;$B_0 - C_S$ 为壁面可用抗体的浓度;k_1、k_2 分别为抗原-抗体之间的结合系数和解离系数。壁面的浓度方程(4-18)和通道中的浓度输运方程(4-6)通过以下的边界条件联立求解

$$\boldsymbol{n}(C\boldsymbol{V}-D\nabla C)=-k_1C(B-C_S)+k_2C_S \tag{4-19}$$

式中，$\boldsymbol{n}$ 为壁面的法向向量。

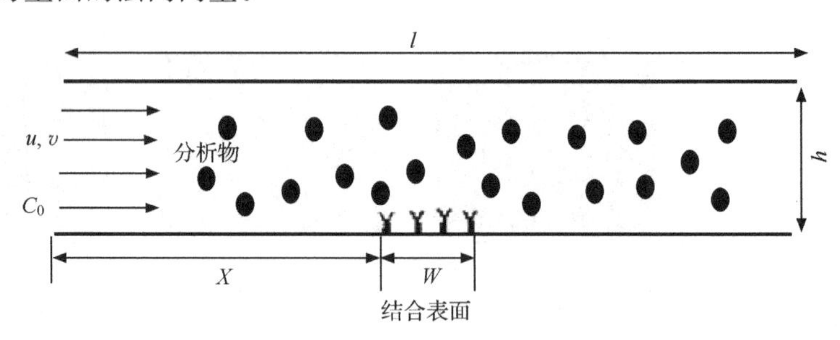

图 4.13 微流控非均相免疫芯片的模拟示意图[13]

图 4.14 的数值结果表明，当通道内试样静止时，需要非常长的时间，抗体-抗原之间的反应才有可能达到饱和，而一旦有流动存在，免疫反应均能很快达到饱和反应。这表明流动输运反应物的效率远高于仅仅通过扩散进行的输运，同时发现当流速高于某一值以后，继续增加流速并不能有效提高反应效率。此外，Hu 等还发现由于电渗驱动的速度为柱塞状，其在壁面附近的输运能力强于相应的压力驱动，因此电控微流控非均相免疫测定芯片具有更好的反应性能。

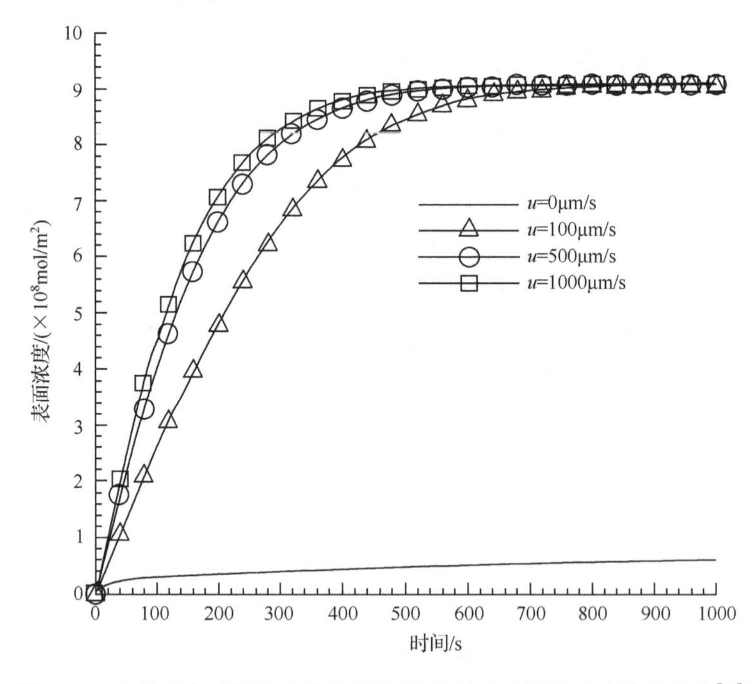

图 4.14 非均相免疫测定芯片壁面抗原-抗体反应随流速变化的趋势[13]

4.5.3　微流控聚合酶链式反应

聚合酶链式反应(polymerase chain reaction, PCR)技术是实现将低浓度的 DNA 样品进行化学放大扩增的过程,该方法在数小时内可使几个拷贝的模板序列甚至一个 DNA 分子扩增 10^7～10^8 倍,操作简便,现已广泛应用到分子生物学研究的各个领域,其核心是 DNA 的半保留复制。PCR 技术主要分为三个阶段:

(1) DNA 变性。在 92～97℃下加热双链结构的 DNA 样品,使链间的氢键发生断裂,分解成两条单链的分子。

(2) 退火。迅速降低温度到 55～65℃,此时单链 DNA 与引物按照碱基配对的原则互补结合。

(3) 延伸。把温度升到 72℃左右进行 DNA 的延伸反应。

每一循环经过变性、退火和延伸,DNA 含量即增加一倍。在 PCR 反应中,温度的变化对 DNA 复制效率起着决定性作用:升温、降温过程越快,反应所需时间越短。微流控芯片的热容小,比表面积大,传热效率相比宏观 PCR 装置高很多,因此能利用快速升温降温过程,实现 DNA 的快速放大,其优势不仅可以节约样品消耗量,而且有利于提高检测的效率及检测的灵敏度,实现便携化检测。所有反应都需要在液体环境下完成,并且涉及温度的精确控制,因此微尺度的流动问题及传热问题在 PCR 系统中显得格外重要。需要指出的是,除了三步 PCR 反应,也存在两步反应,即可将退火和延伸合并为一步。

目前,PCR 芯片按着结构的不同可以分为微室 PCR(micro-chamber PCR)和连续流 PCR(continuous-flow PCR)两种基本模式。它们的不同之处在于,前者温度的变化发生在固定容积内,温度变化是通过外界进行动态控制的;在后者通过液体流过具有不同温度分布的位置来实现温度的被动切换。微室 PCR 芯片具有较小的体积,易于实现多功能集成,然而它也同样具有传统 PCR 仪的缺点,在冷却速率方面受制于芯片本身的热容,同时微室 PCR 芯片在结构上有较大的"死体积",芯片清洗困难,通常仅可使用一次,不适合连续性进行多个试剂的扩增反应;而如图 4.15 所示的连续流 PCR 芯片则借助于"空间与时间转换"的方式,通过驱动混合试样通过三个不同的温度区来实现反应过程。由于连续流 PCR 芯片主要依靠流路微通道实现反应,有比较小的流体"死体积",运用适当的介质缓冲液进行间隔和冲洗,可以避免不同试样间的交叉感染,使连续流 PCR 芯片可以实现多个试样连续进样和批量化处理,因而具有"在线(on-site)化学放大器"的功能[14]。它的不足之处在于,扩增的次数取决于通过三个温区的次数,一旦流道设计方案确定,这个循环不能再改变。尽管如此,一些新兴的技术可以克服上述两种系统的不足,例如,研究证实,可在微室 PCR 芯片的液体介质中加入金属纳米粒子,同构微波对金属粒子加热,从而对整个流体介质进行加热,具有加热效率高,控制方式灵活的特点。

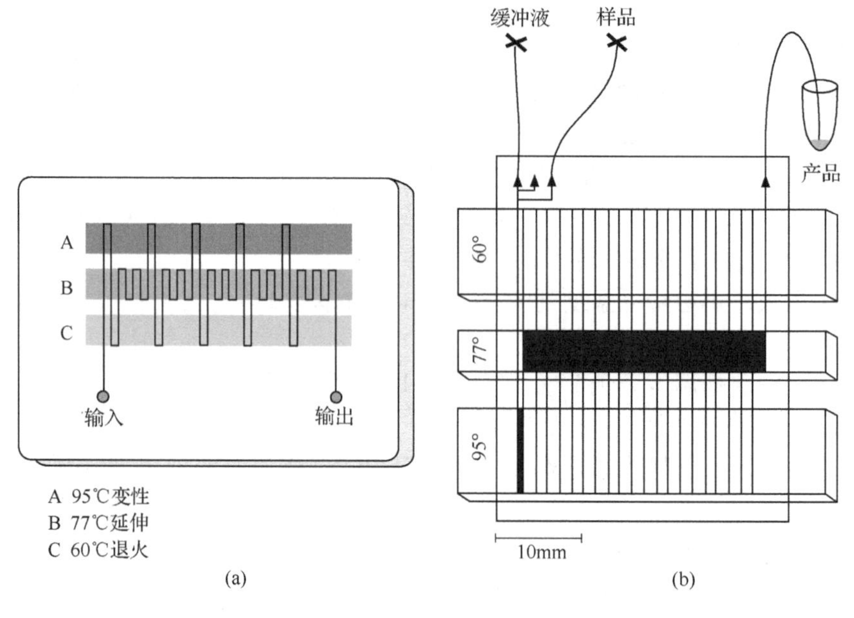

图 4.15 微型化的连续流动式 PCR 芯片[14]

微流控 PCR 器件的温度控制方法多样。Krishnan 等[15]设计了利用瑞利-伯纳德对流效应的微尺度 PCR 反应器，其结构如图 4.16 所示。该装置在微反应器底部用热板加热到 97℃，顶部采用水冷板保持 61℃，由于温度差在微反应器内将产生浮力对流，在特定条件下能形成稳定的瑞利-伯纳德对流，溶液中的 DNA 分子和其他反应组分随着流动在 97℃和 61℃温度之间循环运动，从而完成 DNA 的两步 PCR 扩增。此装置可以通过改变中间反应容器的几何尺寸来改变流动模式。

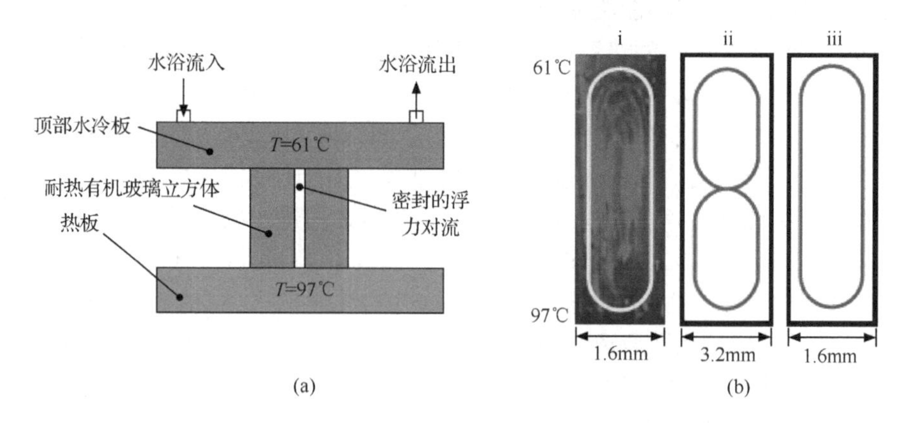

图 4.16 基于瑞利-伯纳德对流效应的微尺度 PCR 反应器[15]

Hu 等[16]利用 PCR 扩增溶液电导率高的特性，通过不同强度电场产生不同的焦耳热，实现了微通道中的温度控制，从而完成 DNA 的 PCR 扩增。

4.5.4 基于相变原理的微阀

在微全分析系统中，经常需要精确有效地控制反应物和样品试剂在复杂管路中的输运、混合、反应等，阀门是其中至关重要的器件单元。利用相变效应发展而来的微阀，其工作机理取决于热力学中的相变过程。原则上，相变微阀是利用外界条件变化，使介质在固、液之间进行转变，通常所采用的介质包括水、水凝胶、石蜡和溶胶-凝胶等，外界控制条件可以是温度、电压和 pH 等。与其他微阀相比，基于相变原理的微阀可以很好地与微分析系统结合，具有大规模集成和利用外部的控制电路进行寻址定位的能力。

利用温度变化来实现相变是相变微阀最常用的方式，温度的变化一般利用热电效应来实现。热电效应是热能和电能直接进行转换的一种现象，包括塞贝克(Seebeck)效应(对于一个导体或者半导体，当一端热，另一端冷时，温度差会在两端产生电位差)和佩尔捷(Peltier)效应(当有电流通过导体-半导体接触的界面时，将会发热或者制冷)，它紧凑的方式为微尺度下温度控制提供了方便，在微系统中得到大量应用。

水是生化分析系统最为广泛使用的介质，利用水的相变可以得到相变微阀的主要形式之——冰阀[17]。冰阀的工作原理是在需要关闭阀门时，对微通道中的水溶液进行主动冷却，使之在极短的时间内迅速冻结，从而堵塞流道；在需要开启阀门的时候，则加热已冻结的部位使之融化，以恢复流体的流动状态，这些操作都是在极小的空间内进行的。这一技术可以解决传统的膜片式阀门所产生的泄漏的问题，同时，因为介质就是溶液自身，不会对分析过程造成污染。特别是，当流道尺寸越小时(纳米尺度)，冰阀越易于工作。

水凝胶微阀则是另一类利用相变实现关闭/开启功能的微阀[18]。在胶体的分散系中，当固体是离散相，液体是连续介质，该体系称为溶胶，溶胶可以分为亲液溶胶和疏液溶胶两种。凝胶则是溶胶在凝结时所产生的半固体性质的物质，凝胶风干之后得到的固体物质称为干凝胶，干凝胶的最大特点在于浸入某一特定液体之后，能够吸收液体，产生体积膨胀，形态变软，这一现象称为溶胀(swelling)。如果溶胀的过程是在无限大空间进行的，最后凝胶将发生彻底的溶解；如果溶胀过程发生在有限的空间内，在体积变化的过程中就会产生一定的压力，这种预压力可以承受一定的外界压力作用，如微通道中流体的压力，起到阀门的作用。描述溶胀过程的主要参数是溶胀的速度，即单位时间单位体积内干凝胶所吸收的液体的量，该参数将直接决定微阀的重要的性能指标——反应时间。与溶胀相对应的是收缩过程，在一定温度范围内，溶胀与收缩是可以互相转化的，对不同的溶胶类型可以通过控制外界的温度、磁场、电场、pH、离子强度、水中有机化合物的浓度等参数对这一过程进行控制。凝胶的溶胀和收缩过程本质上就是一种相变过程，其相变的过程中体系的吉布斯自由能将发生变化，如在溶胀发生的过程中会向体系外释放热量。

目前聚 N-异丙基丙烯酰胺(PNIPAAm)类温敏性高分子作为智能材料被广泛研究，其突出特点是存在一个低的临界溶解温度(约 32℃)，当体系温度高于这一温度，水凝胶保持退溶胀或收缩状态(de-swelling)，此时微通道处于导通的状态；而低于这一温度，水凝胶开始溶胀，体积变大，微通道变为关闭状态。热力学研究表明，诱导水凝胶发生相转变的分子间相互作用力有四种：憎水作用、范德瓦耳斯力、氢键和静电作用力，它们的合力决定着凝胶是吸收水还是排斥水。这四种力的大小随温度发生变化，因此在一定温度下凝胶中溶胀的水会排出，体积收缩发生相转变，这一温度即为温度刺激响应性水凝胶的临界温度。凝胶溶胀或收缩的特征时间可以表示为 $T \sim R^2/D$，式中，R 是凝胶的尺寸，D 代表协同扩散系数，随聚合物浓度与交联密度不同，D 值为 $10^{-7} \sim 10^{-6}\,\mathrm{cm^2/s}$。温度刺激响应性水凝胶对温度的响应时间与其尺寸的平方成正比，因此温度刺激响应性水凝胶微球的响应时间非常短。

4.6 本章小结

本章介绍了微尺度下的传质与传热的基本原理与控制方程，针对微尺度下的传热传质特性作了阐述。微流控器件具有常规反应器所没有的优势，其短的扩散距离、层流流场、大的比表面积、小的热容量等，使得传热传质效率大大提高，并在很大程度上避免常规尺度下反应物混合不均匀及局部过热等缺点，在生化反应的微型化研究领域展现出巨大的应用潜力。随着微流控器件向日益复杂的大规模集成发展，仍需要研究者对复杂通道中的输运现象进行深入研究，值得重点考虑的方向包括传热与传质的耦合机制、三维效应、界面特性影响、微纳通道复合结构效应等。

参考文献

[1] Taylor G. Dispersion of soluble matter in solvent flowing slowly through a tube. Proceedings of the Royal Society A, 1953, 219:186～203.

[2] Ismagilov R F, Stroock A D, Kenis P J A, et al. Experimental and theoretical scaling laws for transverse diffusive broadening in two-phase laminar flows in microchannels. Applied Physics Letters, 2000, 76: 2376～2378.

[3] Ngugen N T, Wu Z. Micromixers: A review. Journal of Micromechanics and Microengineering, 2005, 15:R1.

[4] Song H, Cheng D L, Ismagilov R F. Reactions in droplets in microfluidic channels. Angewandte Chemie International Edtion, 2006, 45: 7336～7356.

[5] Cui H, Lim K M. Micro-pillar barriers for guiding, mixing and sorting droplets. Solid-state Sensors, Actuators and Microsystems Conference, 2009: 817～820.

[6] Meijer H E H, Singh M K, Kang T G, et al. Passive and active mixing in microfluidic devices. Wiley Online Library,2009:201～209.

[7] Xuan X. Joule heating in electrokinetic flow. Electrophoresis,2008, 29:33～43.

[8] de Groot S R, Mazu P. Non-equilibrium Thermodynamics. Amsterdam: North-Holland, 1969.

[9] de Groot S R. Thermodynamics of Irreversible Processes. Amsterdam: North-Holland, 1951.

[10] Duhr S, Braun D. Why molecules move along a temperature gradient. Proceedings of the National Academy of Sciences, 2006, 103:19678～19682.

[11] Jeon N L, Dertinger S K W, Chiu D T, et al. Generation of solution and surface gradients using microfluidic systems. Langmuir, 2006, 16: 8311～8316.

[12] Dertinger S K W, Chiu D T, Jeon N L, et al. Generation of gradients having complex shapes using microfluidic networks. Analytical Chemistry, 2001, 73:1240～1246.

[13] Hu G, Gao Y, Li D. Modeling micropatterned antigen-antibody binding kinetics in a microfluidic chip. Biosensors and Bioelectronics, 2007, 22:1403～1409.

[14] Kopp M U, de Mello A J, Manz A. Chemical amplification: Continuous-flow PCR on a chip. Science, 1998, 280:1046～1048.

[15] Krishnan M,et al. PCR in a Rayleigh-Benard convection cell. Science,2002, 298:793.

[16] Hu G, Xiang Q, Fu R, et al. Electrokinetically controlled real-time polymerase chain reaction in microchannel using Joule heating effect. Analytica Chimica Acta, 2006, 557:146～151.

[17] Gui L, Liu J. Ice valve for a mini/micro flow channel. Journal of Micromechanics and Microengineering, 2004, 14:242～246.

[18] Baldi A, Gu Y, Loftness P E, et al. A hydrogel-actuated enviromentially sensitive microvalve for active flow control. Journal of Microelectromechanical Systems, 2003, 12:613～621.

第 5 章　微通道中的液滴运动

“一个肥皂泡展示了人生的每个阶段，从出生、长大、发展、老去…… 直至生命流逝。”

——德让纳《软物质与硬科学》2000 年

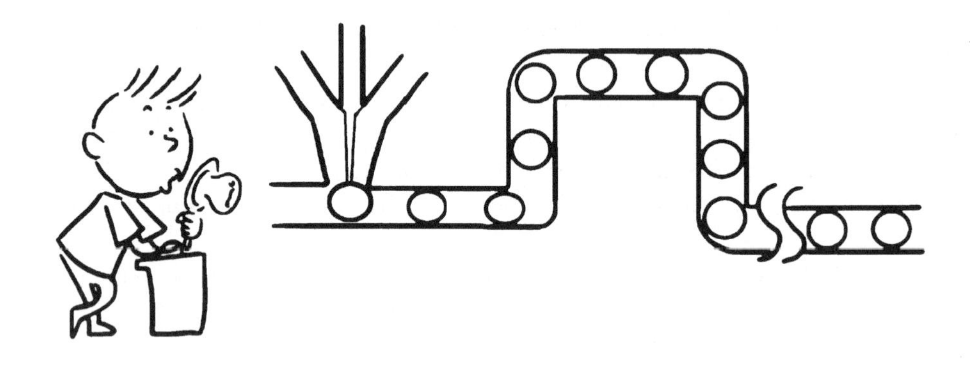

微尺度多相流动指的是微尺度下引入两种或者更多互不相溶流体并对此进行操控。液滴是近年来在微流控芯片上出现的一种新的流体运动形式，就微通道中的液滴而言，两种互不相溶的液体，比如水和油，分别被赋予分散相和连续相的功能，前者以微小体积单元(10^{-15}～-10^{-9} L)的液滴形式分散于后者之中。每一个液滴均可被视为独立的微反应器。基于液滴的反应方式具有更快的传质、传热效率，能大大减少昂贵试剂的消耗，液滴与液滴之间相对独立，减少了相互污染，因此微液滴已被应用于蛋白质结晶[1]、酶筛选[2]、微纳米颗粒制备[3]等各个方面。从微流体力学的角度来看，基于液滴的反应及合成过程以多相流形式进行，连续相和分散相共存于微尺度通道中。多相流有别于单相流的最根本特点是流动中同时存在着被相界面明显分开的两种或者多种物质组分，界面的存在使得原本相对简单的微通道流动变得复杂。在微流控芯片的微通道受限空间条件下，比表面积非常大，边界效应对液滴行为起着关键的作用，液滴演化呈现出与宏观流动条件下显著不同的规律。气、液两相流体系统中的气泡也可归结于液滴的一种类型，基本原理和控制方法与液滴类似。在下面的描述中，我们所讲的液滴泛指液滴与气泡两种形式。

5.1 微尺度多相流液滴动力学的基本原理

5.1.1 液滴动力学中的无量纲参数

与单一流体系统相比，液滴的存在引入了界面张力。界面张力 γ 定义为单位长度上的作用力(N/m)，也可定义为单位面积上的能量(J/m^2)，它的作用使得界面总面积最小化以获得较低的表面能量。

流体行为依赖于各种作用力，这些作用包括黏性力、惯性力、重力、表面张力、剪切应力、分离压力等，它们之间的相对重要性体现为各种无量纲参数。雷诺数是流体力学中最重要的参数，定义为

$$Re = \frac{\rho U l}{\mu} \tag{5-1}$$

Re 代表惯性力与黏性力之比，在微流动中，多数情况下特征速度 U 不超过厘米/秒量级，特征长度 l 不超过百微米量级，即雷诺数小于 10，惯性力通常可以忽略，流动行为表现为典型的层流流动。

多相流中的另一个重要无量纲参数是韦伯数，定义为

$$We = \frac{\rho U^2 l}{\gamma} \tag{5-2}$$

We 代表惯性力和表面张力之比，We 越小说明表面张力越重要。相比宏观大尺度流动，微尺度流动通常属于小 We 情形，界面效应对流动的影响明显。

在多相流中，由于不同相流体可能存在密度差 $\Delta\rho$，需定义邦德(Bond)数来考察重力作用

$$Bo = \frac{\Delta\rho g l^2}{\gamma} \tag{5-3}$$

Bo 代表重力作用与界面张力之比。在微尺度流动中，重力作用通常可以忽略。

从上面的分析可以看出，微通道的液滴行为主要受黏性作用与界面张力作用影响，它们之间的相对重要性通过毛细数表达，定义为

$$Ca = \frac{\mu U}{\gamma} \tag{5-4}$$

Ca 是微尺度多相流动中的重要无量纲参数。在低 Ca 下，界面张力引起的应力作用大于黏性应力，在此条件下液滴界面将缩小形成球形，而在高 Ca 下，黏性效应将起主导作用，液滴界面将变形并偏离原本对称的球形形状。

方程(5-1)～(5-4)定义的无量纲参数可以通过组合形成新的无量纲参数。

5.1.2 润湿现象

在微通道气、液两相系统中，气泡表面将靠近或者接触到通道固壁，形成两类截然不同的三相区域，如图 5.1 所示。前一种情形是气/液界面直接接触到固壁，在三相交界处形成接触线(contact line)，后一种情形是形成一层非常薄的吸附膜将气、固两相隔离。吸附膜的厚度最多可达百纳米左右，并与分离压力(disjoining pressure)的概念相联系。此分离压力的大小与膜厚度的三次方成反比。有关分离压力的具体论述，可参见本书第 6 章。由于实验手段很难区分这两种情况，当观测到气、固、液三相有接触时，通常引入表观接触线的概念进行描述。三相之间的能量关系可通过杨氏方程进行描述

$$\gamma_{lg}\cos\theta = \gamma_{gs} - \gamma_{ls} \tag{5-5}$$

式中，γ_{lg}、γ_{gs}、γ_{ls} 分别为液/气、气/固、液/固界面的界面张力。接触角 θ 的大小决定了液体在固壁表面的润湿特性：$\theta = 0$ 为完全润湿，$\theta = \pi$ 为非润湿，$0 < \theta < \pi$ 则为部分润湿。润湿特性可以通过对表面进行化学处理或者引入具有微纳结构的表面粗糙度进行改变。

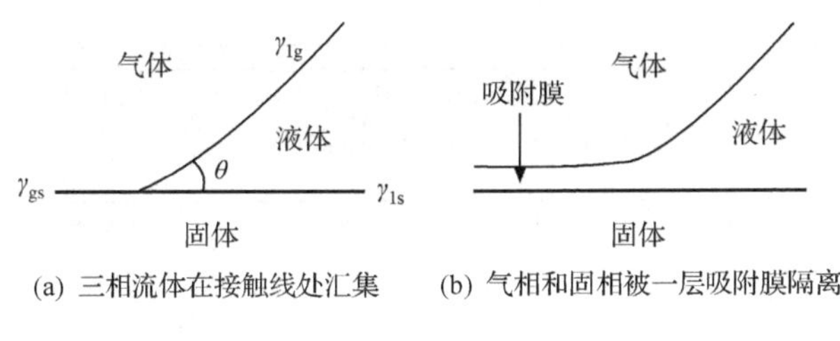

图 5.1　三相区不同的局部构型

5.1.3　微通道中的液滴流动行为

1. 液滴流阻计算

液滴界面曲面的存在将引起液滴内部压力与外部压力之间的压力跳跃，称为拉普拉斯压力，它定义为

$$\Delta p=\gamma\left(\frac{1}{R_1}+\frac{1}{R_2}\right) \tag{5-6}$$

式中，R_1、R_2 分别为界面曲率的两个主轴半径。拉普拉斯压力取决于界面上的各点位置，半径越小，压力越大。例如，在 100μm 宽的亲水微通道中，水/空气界面间的毛细压力约为 0.015bar*，而在同样条件下，100nm 通道中的毛细压力增加为 15bar[4]。由于 R_1 和 R_2 通常随着空间位置有所变化，将影响液滴内的压力分布，这些压力变化对液滴内外流场起着重要作用。

微通道网络中的液滴运动路径受到液滴流动特性的影响。特别地，液滴的流动阻力在其中起了关键的作用，如何计算液滴流阻是预测复杂通道中液滴运动规律并实现液滴操控的前提之一。图 5.2 显示了长度为 l_b 的气泡存在于长度为 l 的微通道中，通道入口与出口压力分别为 P_{in} 和 P_{out}，气泡左端与右端压力分别为 P_L 和 P_R。气泡左右通道内的压力梯度定义为

$$\mathrm{d}V_1:\Gamma_L=\frac{P_L-P_{in}}{l_L},\quad \mathrm{d}V_2:\Gamma_R=\frac{P_{out}-P_R}{l_R} \tag{5-7}$$

气泡左右的液体以相同的速度运动，因此左右压力梯度相等，即 $\Gamma_L=\Gamma_R$。由此整个通道的压力梯度可表示为

$$\Gamma=\frac{\Delta P_B-\Delta P_E}{l-l_b} \tag{5-8}$$

---

* $1\text{bar}=10^5\text{Pa}$。

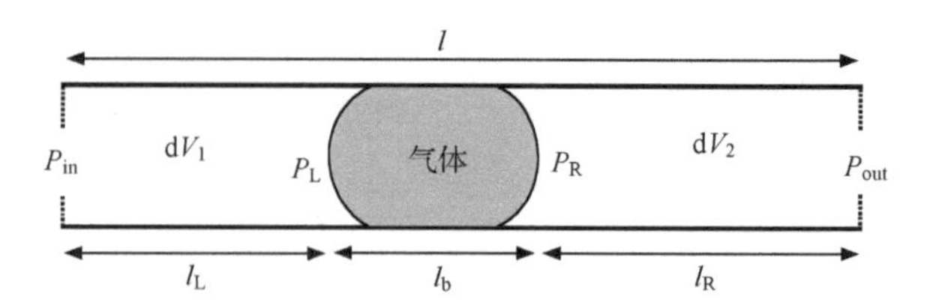

图 5.2　含有单个气泡的微通道各点压力示意图

这里,穿过气泡的压力降定义为 $\Delta P_B = P_L - P_R$,而外加压力为 $\Delta P_E = P_{in} - P_{out}$,$l$ 和 l_b 分别为通道总长度和气泡长度。从式(5-8)可以看到,外加压力 ΔP_E 必须大于气泡引起的额外压力降 ΔP_B 才能驱动流体从左向右运动。

Bretherton 导出圆通道中的长气泡压力降为[5]

$$\Delta P_B = 14.893 Ca^{2/3} \frac{\gamma}{d} \tag{5-9}$$

式中,d 为圆管直径。Wong 等导出了截面为多边形通道中的气泡压力降公式[6]

$$\Delta P_B = \frac{C_D}{A} Ca^{2/3} \frac{\gamma}{H} \tag{5-10}$$

式中的系数 C_D/A 由界面形状及气泡长度决定,在文献[6]中给出了具体数值。需要指出的是,在低毛细数下,通常认为气泡压力降与 $Ca^{2/3}$ 成正比关系,但前面的比例系数到目前为止尚未统一,有待实验及理论的进一步研究。因此,式(5-9)和式(5-10)只能作为较好的参考。对于多个气泡或者液滴,如果它们之间的距离足够远,其总的压力降可看成多个气泡/液滴的简单叠加,但如果它们之间存在相互作用,压力的变化将更为复杂。

2. 马兰戈尼效应

通常情况下,两相界面上的表面张力不可能保持处处为同一个值。界面张力的不平衡将引起沿界面切线方向的流动,如图 5.3 所示,这种流动称为马兰戈尼流动。界面张力的变化可能来自界面处各种物理量的变化,包括温度、表面活性剂浓度、界面带电特性等。因此温度梯度、表面活性剂或者电场等可用于诱导产生切向界面应力的变化,沿界面产生切向应力,即

$$f_S = \nabla_S \gamma \tag{5-11}$$

式中,∇_S 表示表面梯度。切向应力方向与梯度方向一致,即流体从低界面张力处向高界面张力处流动。这里可引入一个新的无量纲参数,马兰戈尼数 (M),它定义为

$$M=\frac{\tau l}{\mu U} \tag{5-12}$$

代表界面张力不平衡所引起的切向应力 τ 作用与黏性力之比。

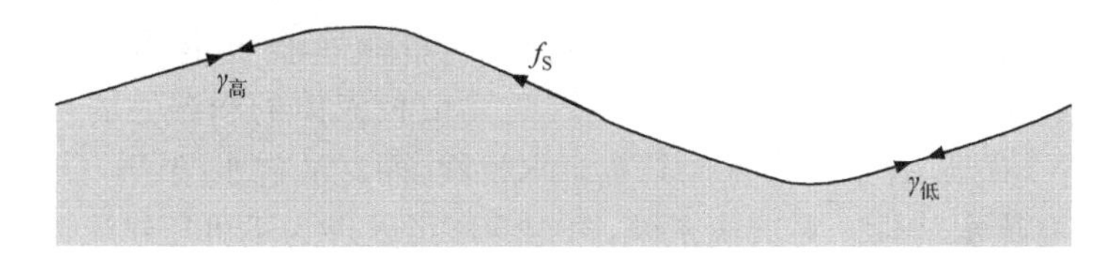

图 5.3　表面张力梯度引起的马兰戈尼流动
长箭头指向高张力区，短箭头指向低张力区

3. 混合现象

混合是生物及化学反应与检测中的重要步骤之一。在微流控芯片中，通道的特征尺度通常在几十微米到几百微米之间，*Re* 较小，处于层流状态，难以用湍流方式增加流体间的混合，而只能依靠不同相流体接触处的分子扩散作为物质混合的主要手段。混合交换过程缓慢，即使在微尺度空间，混合需要的时间也往往太长。这给需要多相流体之间快速混合来实现的反应和检测带来困难。因此，在微流控芯片中，如何克服两相流体之间的界面张力来促进混合是微流控芯片多相流动中的一个重要课题。

当液滴的尺寸和微通道尺寸处于同一量级时，分段液滴或者气泡将能大大加强流体的混合效应。如图 5.4 所示，当液滴在直通道中移动时，对称而相互独立的旋转流动将出现在液滴内部及液滴之间的通道内，旋转流动的数目和模式依赖于两相流体的黏性之比。从图 5.4 可以看出，混合各自在液滴及通道的上下两部分内进行，而上部流体与下部流体仍不能很好地混合。因此，需要采用其他措施来加强整体混合效果，其中较为有效的方法是采用弯曲微通道。有关弯曲微通道中液滴增强混合的应用将在后面 5.3.1 节中阐述。

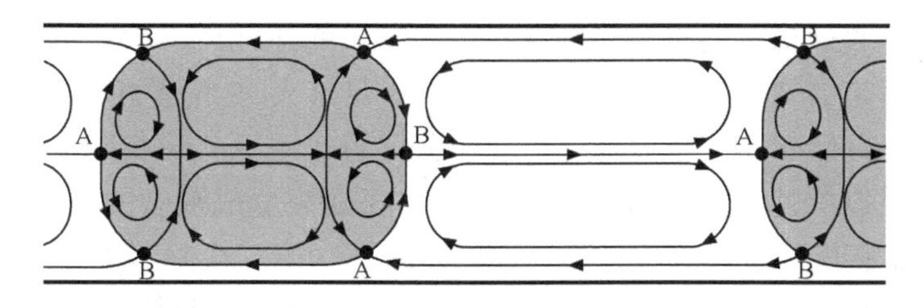

图 5.4　微通道中液滴内部及外部的流动模式

4. 气泡与液滴的区别

气泡和液滴本质上属于两相流动中的同一类流动形态，具有相同或者类似的流体力学运动规律。但是，两种又有所区别，对气泡所依赖的气/液体系来说，只需要考虑液相在通道壁面的润湿特性，而对液滴所依赖的液/液体系，需要考虑两种液相的润湿特性，即连续相液体的润湿性强，离散相液体的润湿性弱。例如，对水包油型（O/W）液滴，要求通道壁面具有亲水特性，而对油包水型（W/O）液滴，要求通道壁面具有疏水特性。对液滴来说，两相液体可处理为不可压缩流体，同时考虑两者的黏性大小。

5.2 微通道中的液滴操控

5.2.1 液滴生成方式

微通道中液滴的生成与传统的乳化过程相似，即将两种互不相溶的液体，以一种作为连续相，另一种作为分散相，分散相以微小体积（皮升～纳升）单元分散于连续相中，形成液滴。根据连续相和分散相流体的不同性质，液滴可分为油包水型（W/O）和水包油型（O/W）。以油包水型体系为例，在传统乳化过程中，将水溶液加入到油相中并搅拌即可得到以水溶液为分散相的液滴。在微流控芯片中，由于流动的层流特性，很难采用搅拌方法来生成液滴，因此研究者发展了多种方法生成液滴，液滴的生成与相界面的不稳定性密切相关，根据构型不同，可分为三种主要形式：压力差诱导破碎、毛细不稳定性和开尔文-亥姆霍兹不稳定性，以下分别进行具体描述。

1. 压力诱导破碎

Thorsen 等[7]开拓性地设计了 T 形结构芯片，采用压力驱动微通道中的水相和不同类型的油相以生成液滴。典型的 T 形结构如图 5.5(a)所示，油相和水相分别从水平和垂直通道中流出。这里首先引入一个通道几何参数 λ，它定义为垂直通道与水平通道的宽度之比。当 $\lambda \ll 1$，且 Ca 足够大时，两者相遇后在 T 形结构处形成油/水界面，水相在压力推动和油相剪切力作用下与油相同步向前运动，当界面张力不足以维持油相施加的剪切力时，水相断裂生成独立的被油相包裹的液滴单元，此区域有时候称为垂滴（dripping）区域。第二个区域称为挤压（squeezing）区，此时 $\lambda \sim 1$，且 Ca 较小。Garstecki 等[8]证实液滴逐渐增大并阻塞水平通道中流动，跨过液滴或者气泡的压力差将大大增加，迫使水相形成颈部结构并破裂形成液滴。在这种情况下，液滴或者气泡的形成不是由于剪切力作用，而是由于压力差诱导产生。

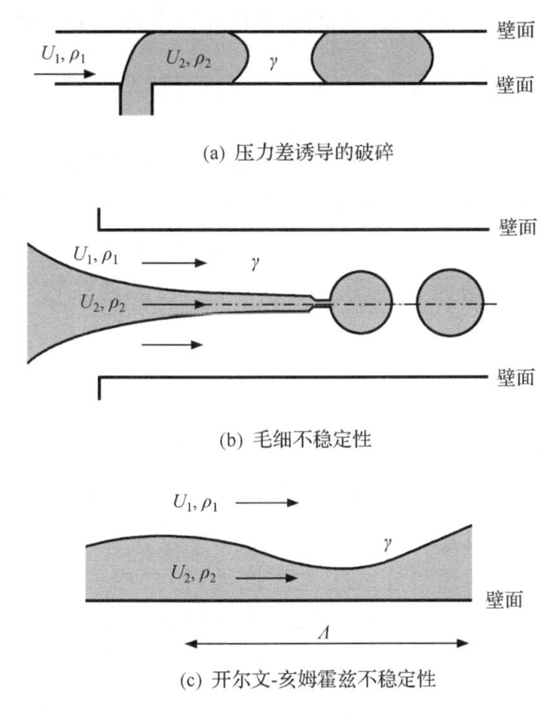

(a) 压力差诱导的破碎

(b) 毛细不稳定性

(c) 开尔文-亥姆霍兹不稳定性

图 5.5　液滴生成过程中的三类不稳定性

2. 毛细不稳定性

Anna 等[9]和 Dreyfus 等[10]首先提出了流动聚焦(flow focusing)结构的微流控芯片来生成液滴，其基本原理如图 5.5(b)所示。在该结构中，油相从水相两侧流出，对水溶液产生夹流聚焦的效果，水相受到来自两侧油相的对称剪切力作用，破碎生成液滴或者气泡。相比 T 形结构，液滴的生成过程更为稳定，生成液滴的大小的可控范围更宽，能生成直径远小于通道尺寸的液滴。通常情况下，流动聚焦实验中的 *Re* 很小，在 0.01～1 之间，界面应力占主导，并且惯性力相比于黏性力相对作用变小。在很多情况下，界面的毛细不稳定性产生了尺寸均匀的液滴或者气泡。

3. 开尔文-亥姆霍兹不稳定性

另一种液滴产生的方式是利用两相界面的开尔文-亥姆霍兹不稳定性(简称 K-H 不稳定性)。当两相流体以不同的速度向前运动，K-H 不稳定性将引起两相界面产生波动，如图 5.5(c)所示。在某一速度以下，界面张力依然能使得界面保持稳定。在某一速度以上，小波长的波变得不稳定并开始增长，直至形成液滴或者气泡。当满足以下速度差条件时，界面张力将抑制 K-H 不稳定的发生

$$(U_1 - U_2)^2 < 2\sqrt{g\gamma(\rho_1 - \rho_2)}\frac{\rho_1 + \rho_2}{\rho_1\rho_2} \tag{5-13}$$

从式(5-13)可以看出，产生 K-H 不稳定性的速度差与两相之间的密度和界面张力密切相关。对于气、液两相体系，速度必须超过每秒数米才有可能形成 K-H 不稳定性，此速度明显已经超过了常用微流控芯片的适用范围。但对液/液体系，产生 K-H 不稳定性形成液滴所需的速度差在 0.1m/s，虽然速度较大，但仍属于微流控芯片的工作范围。

5.2.2 液滴输运方式

微流控芯片功能的实现首先依赖于微通道内流体的操控及输运。对基于微通道液滴的芯片，要使得液滴成为真正可用的微反应器，液滴生成以后，需要精确控制液滴输运的多个过程，包括分离、筛选、定位、合并等步骤。

液滴在微通道中的输运受连续相流体推动，与之相关的两相流动中液滴可分为两种类型，即液滴直径小于通道尺寸的小液滴和直径接近于通道尺度的大液滴，它们在通道中的输运特性有所不同。小液滴的跟随性好，通常认为将以连续相的当地流速运动，运动轨迹与液滴外部流场的流线一致。因此，在压力驱动条件下，由于连续相流动速度剖面的泊肃叶性质，在通道中间的小液滴运动得比靠近通道壁面的要快。此外，在通道分叉处，液滴将随着不同流线流入不同的分叉通道中。

对于大液滴情形，由于毛细效应和液滴界面变形的影响，流动将变得更为复杂。大液滴在通道中运动时，连续相流体在液滴和壁面之间会形成一层润滑薄膜。膜厚由黏性阻力和毛细压力的大小决定。Bretherton[5] 发现对于直径为 H 的圆管中无黏气泡，薄膜厚度 e 与液滴毛细数 Ca_d 存在以下非线性关系：

$$\frac{e}{H} \propto Ca_d^{2/3} \tag{5-14}$$

以后的一系列实验[11] 和理论计算[12,13] 发现，对于圆形及矩形通道，在毛细数 $Ca_d < 0.01$ 的条件下，标度律式(5-14)均成立，这也适用于低毛细数的微通道流动，薄膜厚度大约在通道半宽的 1%～5%之间。薄膜的存在将使得大液滴运动速度 V_d 与外流输运速度 V_{ex} 存在一个滑移速度。对于圆管，液滴速度快于外流速度

$$\frac{V_d - V_{ex}}{V_d} \propto Ca_d^{2/3} \tag{5-15}$$

而对矩形通道，液滴速度慢于外流流速

$$\frac{V_{\mathrm{d}}-V_{\mathrm{ex}}}{V_{\mathrm{d}}} \propto -Ca_{\mathrm{d}}^{-1/3} \tag{5-16}$$

5.2.3 具有粗糙表面通道内的液滴运动

近年来，固体表面亲/疏水性和几何结构对液滴运动影响的研究引起了人们的广泛关注。众所周知，随着管道直径的下降，管道的流动阻力急剧上升。通过对管道表面进行化学改性，并构造适当的几何形状，可以形成超疏水表面，有效地减小流动阻力，在工程实际中具有非常重要的意义。

为了分析压力梯度驱动的液滴在有结构通道中的运动，以及接触线的动力学特征，可采用格子-玻尔兹曼法(lattice Boltzmann method，LBM)对其进行了数值模拟。首先设定弗鲁特数 $F=0.124$，分别模拟疏水表面 $K_{\mathrm{w}}=0.1$(对应的静态接触角约为 127°)和亲水表面 $K_{\mathrm{w}}=0.22$(对应的静态接触角约为 72°)管道中液滴的运动情况。从模拟的结果(如图 5.6 所示)可以知道，对于疏水表面的管道，在液滴流过结构的空隙时，由于气/液表面张力的作用，空气“托住”液滴滑过空隙，液体并不进入空隙中，这有效地减小了流动阻力。同样的几何结构和物理条件下，若将表面设定为亲水表面，液滴可能流入空隙中，这种情况对减阻是不利的。若液滴

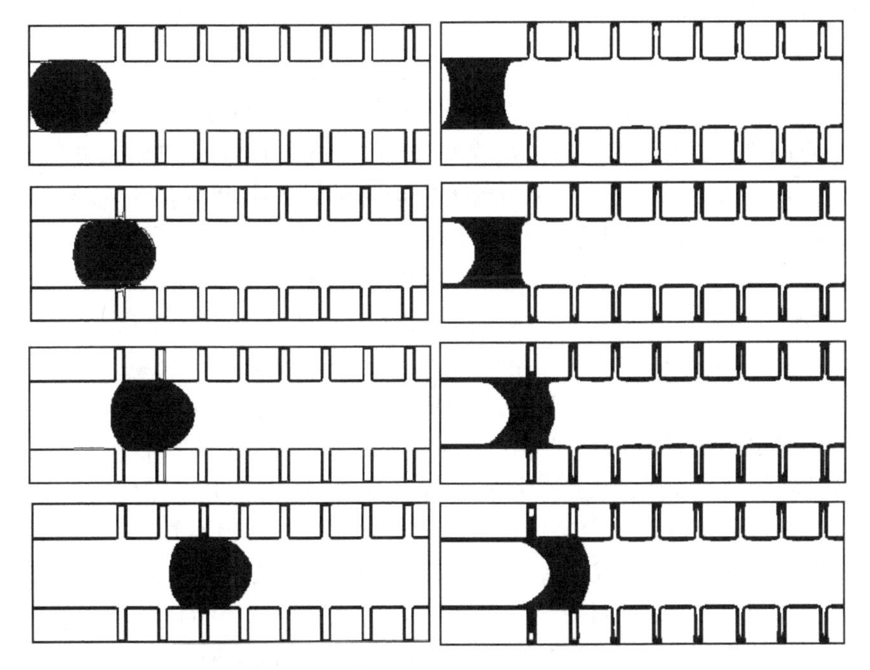

图 5.6　液滴在有结构管道中流动，从上至下对应不同的时刻

左侧为疏水管壁，$K_{\mathrm{w}}=0.1$；右侧为亲水管壁，$K_{\mathrm{w}}=0.22$

的平衡态接触角是一定的，较大的管道空隙可以减小固体壁面引起的黏性阻力，但太大的空隙有可能使得液滴进入空隙，影响减阻的效果。因此，寻找优化的几何结构对进行流道设计非常重要。图 5.7 描述了液滴从空隙上跳过去的详细过程。液滴跳过空隙前首先黏附在固体表面的右上角；当系统的能量积累得越来越多时，接触线逐渐接触到下一个固体表面的左上角，然后突然跳上去；最后在固体表面滑行，接触角变为最小值，直到到达下一个固体表面的右上角再一次变大为止。

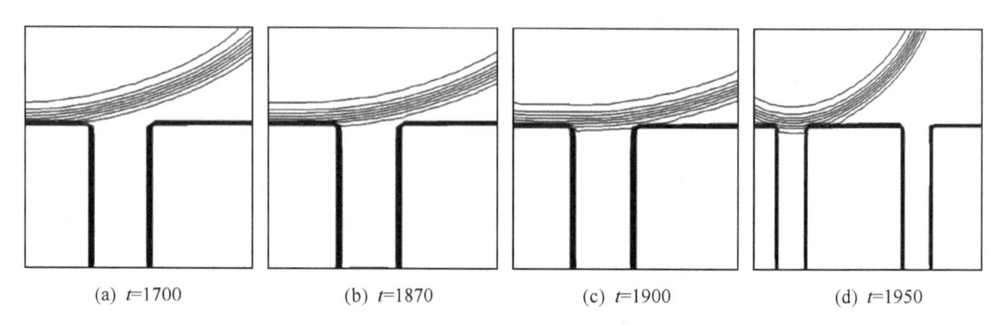

(a) t=1700　(b) t=1870　(c) t=1900　(d) t=1950

图 5.7　超疏水管道中液滴接触线附近的黏附-跳跃-滑行的过程

其中 $F = 0.081$，时间为无量纲计算时间

5.2.4　液滴分选与定位

液滴的分选是一项液滴操控中的重要技术，能有选择性地将某一个或者某一类液滴从众多液滴中挑选出来。其基本原理是通过在局部(如通道分叉处)施加一个外力，使得特定的液滴偏离原本顺着外部流线方向的自然运动轨迹，并与其他液滴分离。本质上，液滴的分选与微颗粒的分选有相似之处，因此用于颗粒分选的各种方法经过一定的改进后也能用于液滴分选。根据分选过程中所施加外力方式的不同，可分为介电泳[14]、微阀[15]、表面声波[16]、光热效应[17]等。以介电泳为例，当某个液滴运动至通道分叉处时，在局部施加电压，产生非均匀电场，由于液滴溶液和周围溶液的介电性质不同，液滴将受到介电泳力的作用，偏向其中一条分叉通道，然后关闭电压，后续液滴将进入另一条通道，从而实现液滴的分选。

液滴生成后，正常流动条件下在微通道中的停留时间只有几秒到几分钟的时间，难以满足一些耗时较长的应用要求，如细胞培养、线虫生长、蛋白质体外表达等，因此有必要发展液滴捕获与定位手段。行之有效的方法是在微通道中加入特定的几何结构，利用液滴经过此结构时受到的物理阻力将其捕获，从而实现对与此液滴相关生化反应的长时间在线观测。图 5.8 是两种几何结构捕获液滴的示意图，分别用于线虫[18]和细胞[19]的研究。这两种方式的液滴捕获效率不是很高，因此，Shi 等[20]发展了两层通道结构，利用液滴密度小于连续相流体而产生的浮力作用，使得液滴能从下层通道进入上层通道的特定位置而实现捕获与定位，液滴的捕获效果得到了较大改进。

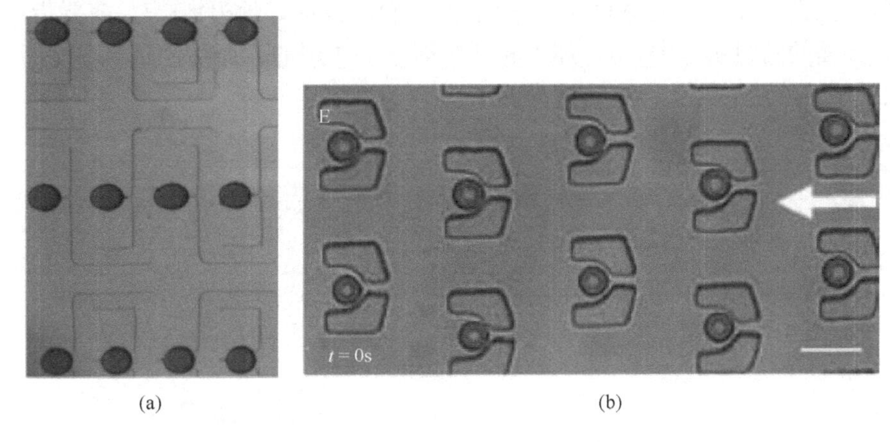

(a)　　(b)

图 5.8　液滴捕获与定位的两种几何结构

5.2.5　液滴融合

基于液滴的生化反应,如微纳颗粒的材料合成过程中,需要向已有液滴中加入另一种反应组分,通常以不同液滴之间的融合形式进行,以便获得良好的混合反应效果,因此,液滴的可控融合(coalescence)是另一项重要的液滴操控技术。液滴的融合需要克服液滴之间流体薄膜的分离作用并使得液滴界面失稳才能实现。针对宏观尺度下的球状液滴研究表明,液滴的融合过程是从毛细力-黏性力平衡占主导的区域向毛细力-惯性力平衡占主导的区域的转化过程。但是在微通道中,由于通道壁面的存在,液滴界面通常不是球形,这一理论难以定量地应用于受限空间内的液滴融合过程。一方面,由于液滴之间的流体层需要从有限的空间排出,液滴的融合变得困难。而另一方面,受限效应使得液滴与液滴的接触面变得更平更大,使得融合也有可能变得更为容易。目前发展的液滴融合方式主要分为被动式融合和主动式融合。

1. 被动式融合

被动式融合的基本思路是:先在芯片的不同位置生成包含不同组分的液滴,调节各类液滴的生成速率,并通过改变微通道结构,使得上游液滴流速变慢,使得下游液滴能追上上游液滴,并在特定位置相遇(同步化),在互相靠近的过程中,液滴之间的分离薄膜逐渐排空,当液滴之间距离小于一临界值时,液滴界面变得不稳定并破碎,两液滴合并完成融合过程。被动式融合的关键是调节流动条件和通道几何构型。图 5.9 显示了两类用于液滴被动式融合的微通道结构。在图 5.9(a)的结构中,液滴首先进入扩张通道中,此时流速降低,后面液滴开始追上前面液滴,然后两液滴在进入收缩通道的过程中完成融合[21]。图 5.9(b)采用了类似的扩张-收缩结构,但进一步加入两排微柱,使得前面液滴能被更好地迟滞[22]。需要指出的是,在上面的两组实验中,均未加入起到界面稳定作用的表面活性剂,表面活性剂的缺乏使得液滴融合变得更为容易。

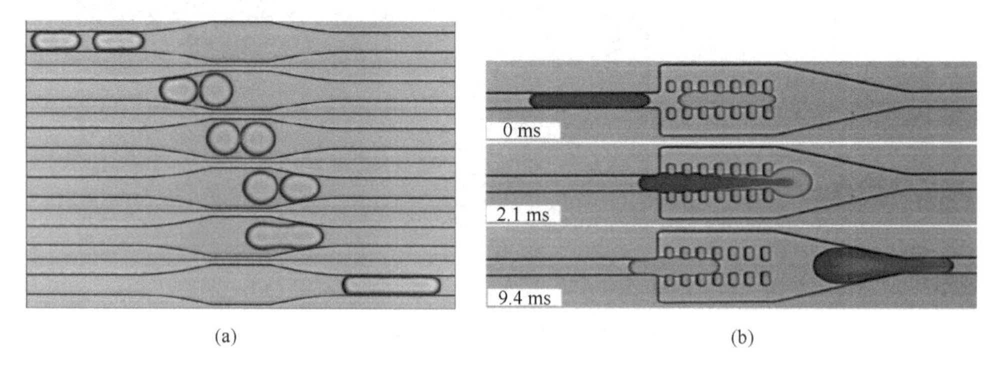

图 5.9 实现液滴被动式融合的两类微通道结构

2. 主动式融合

被动式融合效率低,因此人们更多地利用外加作用更准确有效地实现液滴融合。其中最有潜力的方式是在局部施加电场进行的电融合(electrocoalescence)。实验发现,电场作用在很大范围内(电压从 1V 到数千伏,频率从直流到数千赫兹)均能较好地控制液滴融合。Link 等[23]在通道局部加入电极,加电后使得两种溶液液滴带上等量异种电荷,两种液滴进入汇合通道后,在静电力作用下相互靠近并融合,融合效率随着电压增加而提高。电场作用的另一种效果是在液滴界面产生麦克斯韦应力,使得界面变形并破裂,达到促进液滴融合的效果[24]。另一种主动融合方式是通过激光加热。Baroud 等[25]利用激光的热效应对两液滴接触处进行加热,一方面加速界面处表面活性剂的排除,另一方面诱导出复杂的三维流动,两者均有效地除去液滴之间的流体薄层,从而促进液滴融合。相比于被动融合方式,主动式融合能实现高表面活性剂条件下的液滴融合,对于实际反应中用到的多相流动体系更为适用。

5.3 应用实例

5.3.1 液滴的混合增强

反应动力学(reaction kinetics)是化学分析中的重要研究内容之一,需要用尽可能少的样品试剂消耗来实现尽可能快的反应,而不同反应物之间的迅速混合是实现上述要求的关键。在微流控芯片中,由于低雷诺数条件下的层流效应,混合通常只依赖于分子扩散作用,但基于液滴的反应过程中,各组分可以通过液滴运动过程中的混沌对流(chaotic convection)效应实现快速混合。

如前面图5.4所示,当液滴在直通道中运动时,虽然内部存在对称的环流,但液滴上、下各半之间的混合效率并不高,流体只经过拉伸(stretching)和折叠(folding),而缺乏转向(reorienting)。图5.10比较了有无转向效应两种情况下的液体混合效率,其基本模型称为贝克变形(baker's transformation)。显然对于液滴中的多组分,如果经历一系列的拉伸、折叠、转向过程,整个液滴内流体将得到快速的混合。

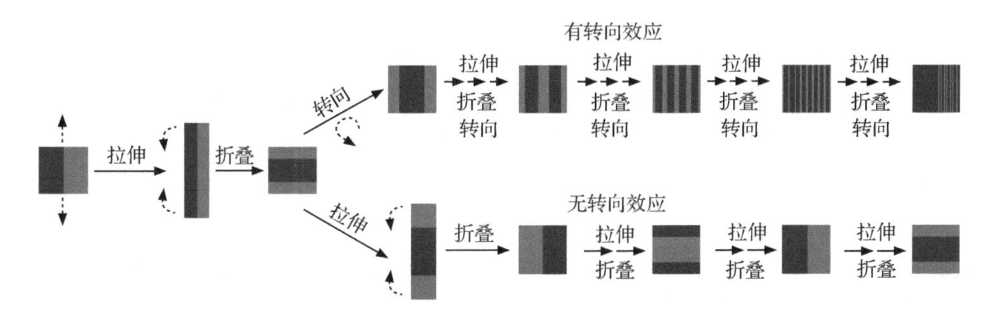

图5.10　贝克变形模型:有无转向效应两种情况下液体混合效率的比较

Song等[26]设计了具有弯曲结构的微通道液滴增强混合芯片,利用通道的几何形状变化来打破在直通道中原本对称的流动模态。从图5.11(b)中可以看到,在通道的弯曲部分,由于通道曲率半径的变化,导致靠近内壁面和靠近外壁面的流

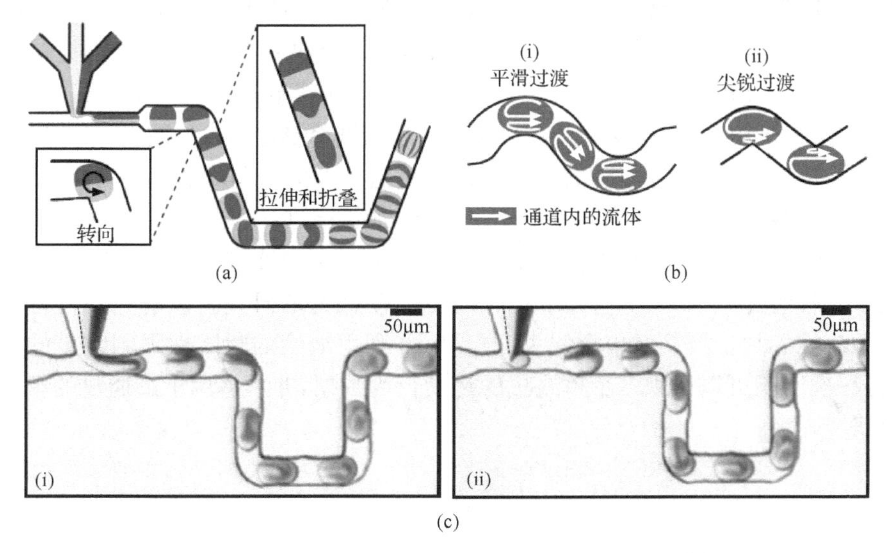

图5.11　弯曲微通道中液滴内部流动及混合增强[25]

速不再对称，其引起的流动剪切力也发生变化，使得液滴内部的流动涡的大小发生变化，即曲率半径小的一侧漩涡尺寸变小，而曲率半径大的另一侧漩涡变大，对呈蛇形弯曲的管道而言，内外壁两侧的漩涡大小交替变化，从而使得液滴上下各半的液体实现交换并混合。如果通道存在尖锐的弯曲，液滴内部的漩涡方向还可能发生反转，也能更好地促进液滴内部各组分的充分混合。图 5.11(c)的实验照片显示了经过几个弯曲后，液滴内不同灰度的液体基本混合均匀。

5.3.2 微生物研究

微通道中的液滴与细胞尺寸相近，内部条件能准确控制，非常适合单细胞的研究，目前有不少基于液滴平台的细胞行为的研究见诸报道。液滴的另一类新颖应用是单个微生物的生化行为研究。Shi 等[18,20]利用液滴为培养和观测平台，开展了神经毒素诱导下单个线虫运动行为的研究。线虫虽然只有由 302 个神经元组成的简单神经系统，但其对适应性、感受性及外界刺激等表现出复杂的行为方式，因此被广泛应用于筛选行为异常的突变体或者研究行为对应的基因功能和神经机制。传统的线虫研究以微孔板或琼脂板为平台，利用常规检测系统观察并记录群体线虫或者单个线虫的运动行为特征，需要研究人员手工操作，非常耗时耗力，难以实现高通量的单个线虫行为研究。

Shi 等[18]采用的液滴微流控芯片如图 5.12 所示，由一个 T 形液滴生成器和一个含有 180 个相同结构单元的微液滴捕获阵列组成。在实验中，水相为线虫悬液/MPP+溶液混合液，与油相分别通过压力注入芯片后，通过调节线虫悬液的浓度及水油两相的流量，能在 T 形液滴生成器处形成连续的包裹有单个线虫的溶液微液滴，微液滴在注射泵推动下继续流动，然后顺序逐一被 180 个微结构单元捕获。其捕获原理是利用液滴在微通道内的流动路径总是选择流阻最小的路径这样特性。具体捕获过程如图 5.13(a)所示，当液滴到达捕获单元时，由于路径 1(虚线表示)的流阻大于路径 2(实线表示)，此时液滴 1 会选择路径 2。如图 5.13(b)所示，当液滴 1 进入路径 2 后，液滴的存在使得此时路径 2 的流阻大于路径 1，液滴 2 将进入路径 1 被捕获并定位，即完成捕获步骤，如图 5.13(c)所示。此过程循环反复，最终所有的捕获单元均能捕获一个含有单个线虫的液滴。在此基础上，Shi 等开展了对神经毒素 MPP+诱导下单个线虫运动行为的研究。该研究平台首次实现了微流控芯片上液滴对单个线虫的包裹，并利用液滴的封闭性限制线虫的运动范围，一次实验可以得到多个单线虫的运动行为数据，非常适用于高通量的单个微生物研究。

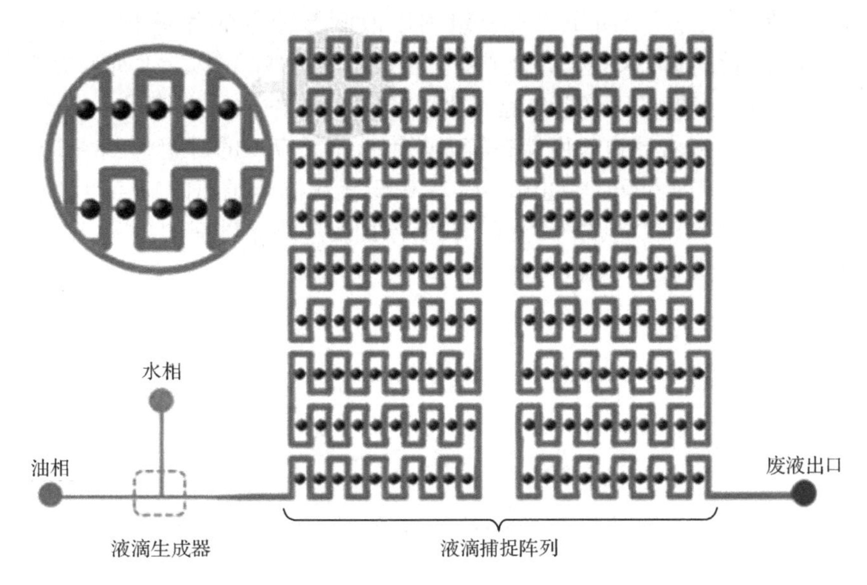

图 5.12　用于单个线虫运动行为分析的液滴微流控芯片示意图[18]

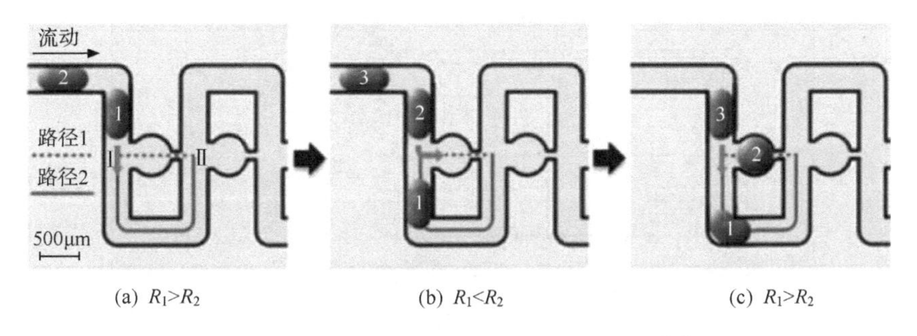

(a) $R_1>R_2$　　(b) $R_1<R_2$　　(c) $R_1>R_2$

图 5.13　基于流动阻力的液滴捕获原理[18]

5.3.3　微反应器

微液滴因其形态稳定、便于操控、试剂消耗少、不易交叉污染等优势，成为微反应器(microreactor)的理想选择，用于药物筛选、蛋白质结晶、材料合成等各领域研究。近年来，利用液滴微流控芯片作为合成平台制备纳米半导体颗粒(量子点)成为研究热点之一。相比传统合成方式，基于液滴的制备技术具有更快的传质、传热效率，能大大减少昂贵试剂的消耗，能精确控制颗粒尺寸和形状，能获得更窄的粒径分布，能合成具有复合成分和不同晶体结构的颗粒，能通过大规模集成获得有实际意义的产量，已成为现代材料产业，特别是包括纳米材料在内的稀有珍贵材料产业的重要合成平台。

美国芝加哥大学 Ismagilov 研究组利用液滴微流控芯片进行 CdS 及 CdS/CdSe 核/壳复合结构纳米颗粒的合成[3]。合成步骤分成如图 5.14 所示的两步(反应 1 和反应 2)。首先将反应组分包入液滴,弯曲结构的微通道使得各组分充分混合,通过调节流量或者通道长度能在较大范围控制反应 1 的时间(5ms～1min),第二步是在通道下游加入反应终止剂 (R_3),由于液滴混合迅速的特点,反应即刻停止,所得到的纳米颗粒粒径分布远好于没有添加反应终止试剂的情况,显示出微液滴在材料合成方面的优势与巨大潜力。

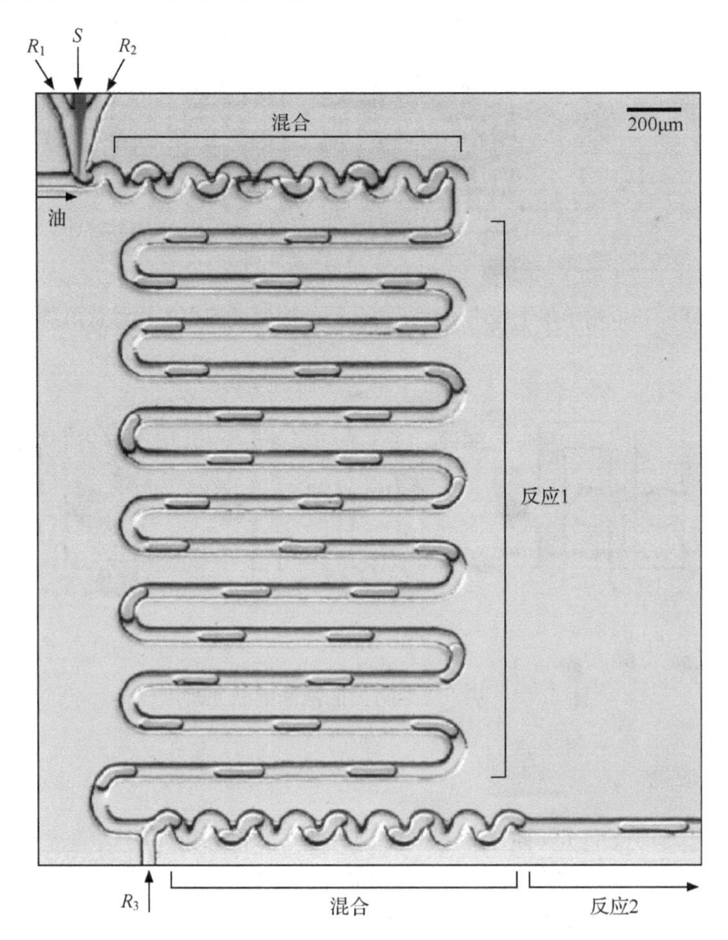

图 5.14　液滴微流控芯片中合成纳米颗粒的多步反应[3]

5.3.4　液滴/气泡逻辑

液滴在微通道网络运动的过程中,会自动选择流阻最小的路径,而液滴本身会增大其所在路径的流阻,对后续液滴的路径选择产生影响,在原本呈现线性的低雷诺数斯托克斯流动中引起非线性效应，这些效应与复杂多通道结构进一步耦合，使得液滴行为呈现多样性和复杂性。利用液滴或者气泡在微通道中的非线性运动规律，能实现所谓的液滴/气泡逻辑功能。

Prakash 等[27]设计了气泡逻辑结构以实现“与”门、“或”门及“非”门功能。如图 5.15 所示，当第一个气泡进入交叉位置时，由于 $A+B$ 通道最粗(即流阻最小)，液滴将进入此通道分支，随后液滴增加了 $A+B$ 通道的流阻，引导下一个气泡进入另一个通道 $A \cdot B$。这样的通道结构实现了逻辑门的功能。他们进一步设计了如图 5.16 所示的环状振荡器(ring oscillator)。该振荡器由三个相同的“与”门结构组成，“与”门结构之间用成为延时线路的微通道连接，当气泡沿延时线路运动到达某一“与”门入口时，将会产生瞬时的压力脉动，触发另一个气泡的运动。此振荡装

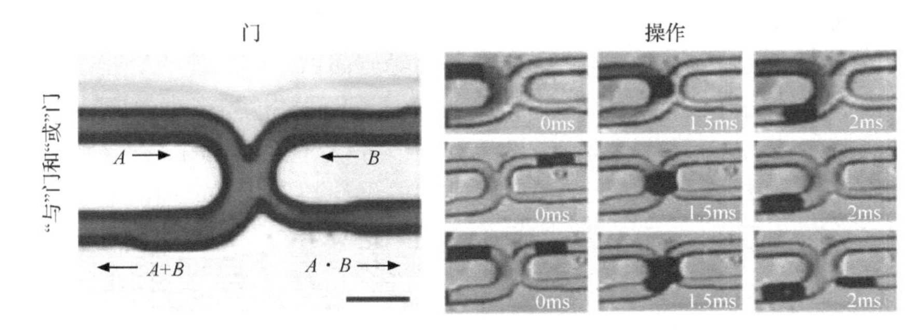

图 5.15　实现“与”门和“或”门功能的气泡逻辑结构[27]

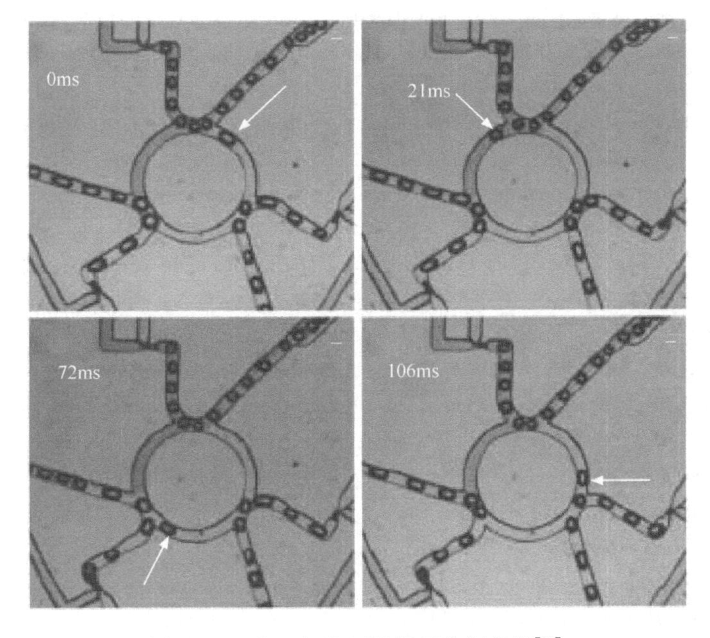

图 5.16　基于气泡逻辑的环状振荡器[27]

置的频率可写成$f \propto 1/[3(l/v+\tau_d)]$，这里$l$是延时通道的长度，$v$是气泡的平均运动速度，$\tau_d$是“与”门的延时频率，通过改变连续相流体的流量能调节振荡频率。此外，Fuerstman 等[28]基于液滴运动的类似原理，设计了具有非对称环状结构的液滴微通道网络，通过液滴之间距离的有规律变化，实施了信号的编码与解码过程。

5.4 本章小结

与连续流体系相比，基于微通道液滴的微流控芯片显示出众多优良特性和巨大应用潜力。在物理、化学、生物等领域科研人员的共同努力下，液滴微流控芯片取得了迅速发展，显示出鲜明的多学科交叉特点。在流体力学方面，虽然对微通道内液滴的产生机理、稳定性、传输、混合和分离等方面做了较系统的研究，但有限空间内的液滴运动仍存在有待解决的问题，如微通道壁面作用、多维效应、高通量的单个液滴操作、液滴内部及界面附近的流动细节等，这些问题需采用多种研究手段开展系统深入研究，为基于液滴的微流控芯片的设计与优化奠定理论基础，并通过多学科综合交叉，实现微流控芯片液滴技术的广泛应用。

参考文献

[1] Zeng B, Roach L S, Ismagilov R F. Screening of protein crystallization conditions on a microfluidic chip using nanoliter-size droplets. Journal of the American Chemical Society, 2003, 125:11170～11171.

[2] Song H, Ismagilov R F. Millisecond kinetics on a microfluidic chip using nanoliters of reagents. Journal of the American Chemical Society, 2003, 125:14613～14619.

[3] Shestopalov I, Tice J D, Ismagilov R F. Multi-step synthesis of nanoparticles performed on millisecond time scale in a microfluidic droplet-based system. Lab on a Chip, 2004, 4:316～321.

[4] Günther A, Jensen K F. Multiphase microfluidics: From flow characteristics to chemical and materials synthesis. Lab on a Chip, 2006, 6:1487～1503.

[5] Bretherton F P. The motion of long bubbles in tubes. Journal of Fluid Mechanics, 1961, 10:166～188.

[6] Wong H, Rake C J, Morris S. The motion of long bubbles in polygonal capillaries. Part 2. Drag, fluid pressure and fluid flow. Journal of Fluid Mechanics, 1995, 292:95～110.

[7] Thorsen T, Roberts R W, Arnold F H, et al. Dynamic pattern formation in a vesicle-generating microfluidic device. Physical Review Letters, 2001, 86:4163～4166.

[8] Garstecki P, Fuerstman M J, Stone H A, et al. Formation of droplets and bubbles in a microfluidic T-junction-scaling and mechanism of break-up. Lab on a Chip, 2006, 6:437～446.

[9] Anna S L, Bontoux N, Stone H A. Formation of dispersions using “flow focusing” in microchannels. Applied Physical Letters, 2003, 82:364～366.

[10] Dreyfus R, Tabeling P, Willaime H. Ordered and disordered patterns in two phase flows in microchannels. Physical Review Letters, 2003, 90:144505.

[11] Schwartz L W, Princen H M, Kiss A D. On the motion of bubbles in capillary tubes. Journal of Fluid

Mechanics，1986，172:259～275.

[12] Reinelt D A，Saffman P G. The penetration of a finger into a viscous fluid in a channel and tube. SIAM Journal on Scientific and Statistical Computing，1985，6：542～561.

[13] Hazel A L，Hei M. The steady propagation of a semi-infinite bubble into a tube of elliptical or rectangular cross-section. Journal of Fluid Mechanics，2002，470:91～114.

[14] Ahn K，Kerbage C，Westervelt R M，et al. Dielectrophoretic manipulation of drops for high-speed microfluidic sorint devices. Applied Physics Letters，2006，88:024104.

[15] Abate A R，Romanowsky M B，Agresti J J，et al. Microfluidic sorting with high-speed single-layer membrane valves. Applied Physics Letters，2010，96:203509.

[16] Franke T，Abate A R，Weitz D A，et al. Surface acoustic wave (SAW) directed droplet flow in microfluidics for PDMS devices. Lab on a Chip，2009，9:2625～2627.

[17] Baroud C N，Delville J P，Gallaire F，et al. Thermocapillary valve for droplet production and sorting. Physical Review E，2007，75:046302.

[18] Shi W，Qin J，Ye N，et al. Droplet-based microfluidic system for individual Caenorhabditis elegans assay. Lab on a Chip，2008，8:1432～1435.

[19] Huebner A，Bratton D，Whyte G，et al. Static microdroplet arrays: A microfluidic device for droplet trapping incubation and release for enzymatic and cell-based assays. Lab on a Chip，2009，9:692～698.

[20] Shi W，Wen H，Lu Y，et al. Droplet microfluidics for characterizing the neurotoxin-induced responses in individual Caenorhabditis elegans. Lab on a Chip，2010，10:2855～2863.

[21] Bremond N，Thiam A R，Bibette J. Decompressing emulsion droplets favors coalescence. Physical Review Letters，2008，100:024501.

[22] Niu X，Gulati S，Edel J B，et al. Pillar-induced droplet merging in microfluidic circuits. Lab on a Chip，2008，8:1837～1841.

[23] Link D R，Mongrain E G，Duri A，et al. Electric control of droplets in microfluidic devices. Angewandte Chemie-International Edition，2006，45：2556～2560.

[24] Ahn K，Agresti J，Chong H，et al. Electrocoalescence of drops synchronized by size-dependent flow in microfluidic channels. Applied Physics Letters，2006，88:264105.

[25] Baroud C N，de Saint Vincent M R，Delville J P. An optical toolbox for total control of droplet microfluidics. Lab on a Chip，2007，7:1029～1033.

[26] Song H，Bringer M R，Tice J D，et al. Experimental test of scaling of mixing by chaotic advection in droplets moving through microfluidic channels. Applied Physics Letters，2003，83：4664～4666.

[27] Prakash M，Gershenfeld N. Microfluidic bubble logic. Science，2007，315：832～835.

[28] Fuerstman M J，Garstecki P，Whitesides G M. Coding/decoding and reversibility of droplet trains in microfluidic networks. Science，2007，315:828～832.

第 6 章　表面润湿现象

一道残阳铺水中，半江瑟瑟半江红。
可怜九月初三夜，露似真珠月似弓。

——白居易(772～846 年)《暮江吟》

微纳米制造技术的发展导致系统表面/体积比大幅度增加,使得利用表面力对流体运动进行控制或驱动成为一种行之有效的办法。例如,Chaudhury 等[1]通过化学反应使固体表面形成润湿性梯度,利用马兰戈尼效应驱动液滴爬上山坡。目前通过制作表面化学的或拓扑的结构可以改变固体表面的润湿性,对表面液滴进行有效、精细的控制。而电润湿技术(electrowetting)在响应速度、长时间可靠性、对不同环境相容性等方面更具有优势,为实现表面液滴的动态、主动控制提供了可能[2,3]。

数字微流控(digital microfluidics,DMF)是近年发展起来的微流控技术。它利用电润湿技术,通过在电极组成的阵列上操控一系列皮升到微升量级的液滴运动,并可以对带有样品或试剂的单个液滴实施移动、合并或分裂。与微通道中液滴的操控相比,数字微流控的主要特点有[4]:①管道中液滴通常是串行的,而 DMF 可以单个地处理液滴;②DMF 中每个液滴就像单独的器皿,药剂可以在其中发生化学反应,而不会与其他试剂发生混合,较少地受到流体动力学和毛细效应的干扰;③基于阵列的 DMF 技术可以很好地匹配基于阵列的生物化学方面的应用;④液滴在通用的电极阵列平台上被操控,因此 DMF 技术比较容易实现通用化。在此背景下,本章首先介绍表面浸润、毛细力等基本概念,然后重点讨论电润湿技术中流动的基本理论问题。

6.1 基本概念

6.1.1 润湿性

1. 接触角与表面亲/疏水性

将少量液体放置在固体表面时,液体的状态取决于气、液、固三相之间的表面张力,即固体表面的润湿特性,这一特性可以用接触角进行定量的描述。若气/固、液/固和气/液三相之间的表面张力分别是 γ_{gs}、γ_{sl} 和 γ_{gl},当系统处于平衡态时,考虑三相表面张力在水平方向合力为零(如图 6.1 所示),则得到杨氏方程:

$$\cos\theta_Y = \frac{\gamma_{gs} - \gamma_{ls}}{\gamma_{gl}} \tag{6-1}$$

根据接触角的不同,人们有时把接触角 $\theta_Y \leqslant 90°$的液体称为基本润湿(mostly wetting),$\theta_Y > 90°$则称为基本不润湿(mostly non-wetting)。若考虑的液体是水,则前者通常称为亲水(如图 6.2(a)所示),后者则称为疏水(如图 6.2(b)所示)。

2. 表面黏附功与液体铺展

考虑液体放置在固体表面之前,存在表面张力分别为 γ_{gl} 和 γ_{gs} 的气/液和气/

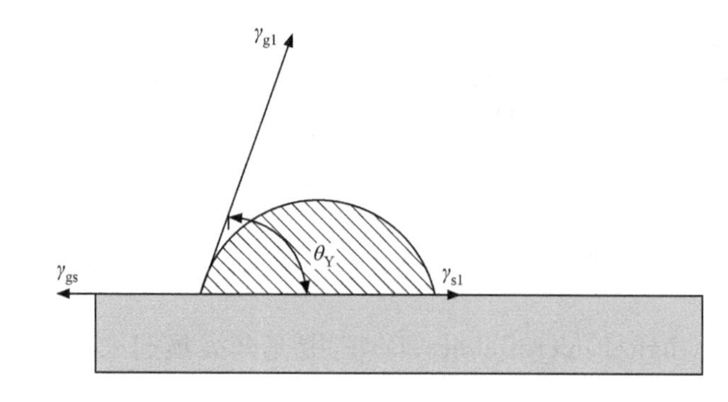

图 6.1　液滴接触线附近受力示意图

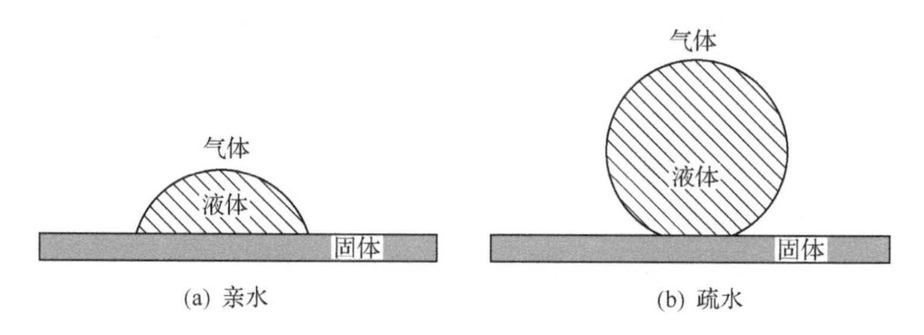

(a) 亲水　　(b) 疏水

图 6.2　液滴在水平表面的亲/疏水性

固两个界面；液体接触固体后，则这两个界面变成了一个表面张力为 γ_{sl} 的液/固界面(如图 6.3 所示)，此时单位面积下系统对外做功为

$$W_a = \gamma_{sl} - \gamma_{gl} - \gamma_{gs} \tag{6-2}$$

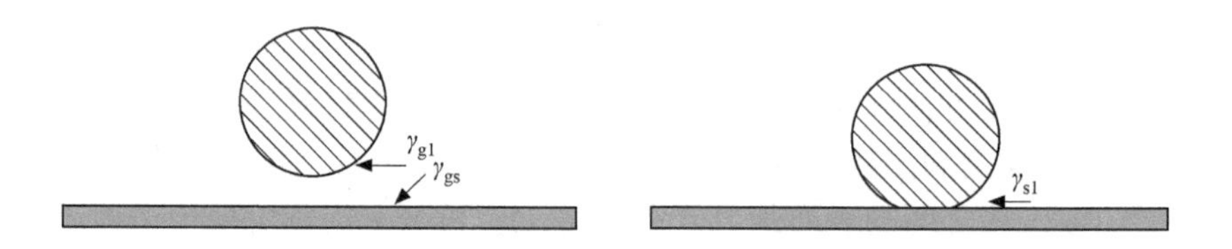

图 6.3　液体放置在固体上系统界面的变化

当 $W_a > 0$ 时，体系由于自由能降低，对外做功。这种原来与气体接触的固体变成与液体接触的情况通常被称为黏附，W_a 则称为黏附功。利用 Young 方程，黏附功也可以表示为

$$W_a = \gamma_{gl}(1 + \cos\theta_Y) \tag{6-3}$$

当 $\theta_Y = 0°$时，黏附功最大，液体完全覆盖在固体表面，形成一层均匀的薄膜，如图 6.4 所示。此时若将液滴放置在固体表面上，它会逐渐铺展开来。在这个过程中，液/固界面取代了原来的气/固界面，且气/液界面的面积同等地增大，如

图 6.4所示。当液滴铺展单位面积时，体系对外做功 S 为

$$S = \gamma_{gs} - (\gamma_{sl} + \gamma_{gl}) \tag{6-4}$$

式中，S 是铺展系数。$S \geqslant 0$ 时，液滴可以自动在固体表面上铺展。将 Young 方程代入，则有

$$S = \gamma_{gl}(\cos\theta_Y - 1) \tag{6-5}$$

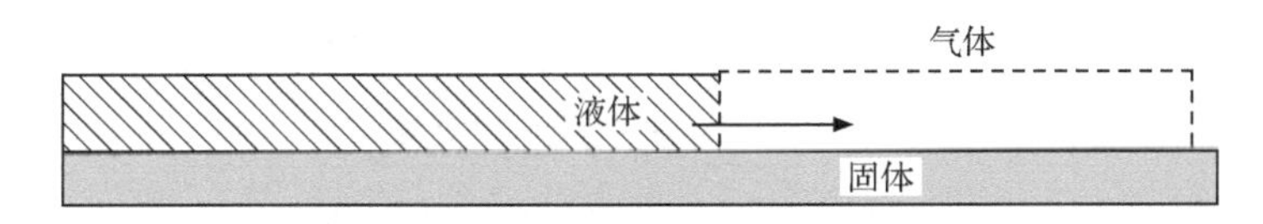

图 6.4　液体薄膜在固体表面的铺展

显然，当接触角 $\theta_Y = 0°$，$S = 0$，满足铺展的条件。另一个极端情况是接触角 $\theta_Y = 180°$，即不润湿的情况。此时液滴好像“站立”在固体表面，仅有一点和固体壁面接触，$W_a = 0$，S 亦为极小值。

> 注意：关于杨氏方程还有几点需要补充说明。尽管该方程很直观地给出了接触角的定义，但由于目前固体的表面张力 γ_{gs} 和 γ_{sl} 难以测量，这个定义尚无法用实验来检验。另外一个问题是，气/液表面张力在垂直方向的分量是否会引起固体表面的变形？实验给出的答案是肯定的。实际上，若液滴放置在柔性表面上，如新涂抹的油漆，液滴挥发后在表面可以观察到圆形的印迹，就是这个原因造成的[5]。对于非常容易弯曲的材料，表面张力在垂直方向的分量甚至可能引起固体表面发生大变形，乃至包裹住液滴[6]。

液体的润湿和铺展是表面物理化学的重要内容，作者这里仅就一些基础的内容进行了简单的介绍，详细的内容可以参考有关的专著[7~9]。

6.1.2　真实表面

尽管关于接触角的理论非常简洁，但由于真实的固体表面总是有几何、物理或者化学上的缺陷，因此实际过程中存在着许多非常复杂的情况。对于接触线的黏弹运动(pinning)、线张力等一些问题，人们至今还没有完全理解。

1. 粗糙表面上的接触角

液滴在粗糙表面的润湿特性和表面粗糙度、拓扑结构、化学成分，以及液滴的形成过程等许多因素有关，这使得在实际过程中，即使是相同的粗糙表面也可能存在多种平衡状态。目前人们了解比较多的是分别用 Wenzel 方程和 Cassie-Baxter

方程描述的两种典型状态(如图 6.5 所示)。

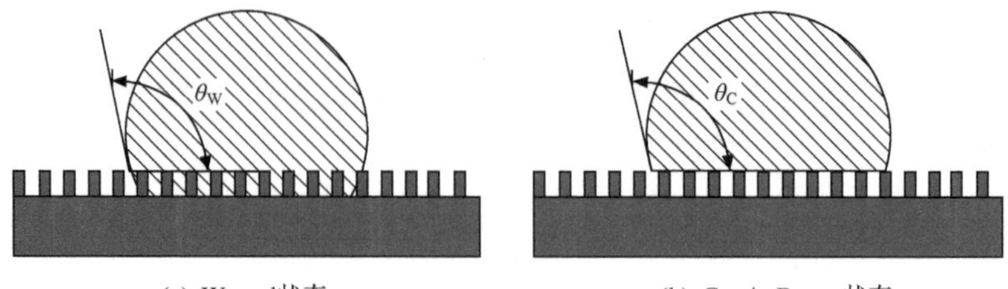

图 6.5　粗糙表面上液滴的接触角

Wenzel 假定粗糙尺寸远小于液滴的直径,若三相接触线在水平方向移动 $\mathrm{d}x$,表面粗糙度为 ι,则接触线实际移动距离为 $\iota\mathrm{d}x$,此时系统能量的改变为

$$\mathrm{d}E = \iota(\gamma_{sl} - \gamma_{gs})\mathrm{d}x + \gamma_{gl}\cos\theta_W \mathrm{d}x \tag{6-6}$$

由于液滴平衡时能量 E 为最小值,则有

$$\cos\theta_W = \iota\cos\theta_Y \tag{6-7}$$

式(6-7)说明,若光滑表面的接触角 $\theta_Y < 90°$,θ_W 将随表面粗糙度的增加而降低,即亲水表面在粗糙化后更加亲水;若 $\theta_Y > 90°$,则 θ_W 将随表面粗糙度的增加而增大,疏水性表面在粗糙化后更加疏水。实际上,Wenzel 方程的推导隐含了一个重要的假定,即接触线必须细致地跟踪固体表面的每一个大小起伏。但是,人们发现对于某些材料,若接触角较大,且表面足够粗糙,则液体可能并不会浸入表面上的一些低凹处,而是在两个"小山"间架起一座液桥,中间形成一个空气的"陷阱"。

Cassie 和 Baxter 考虑由两种介质构成的复合表面,它们的表面积分数分别是 f_1 和 $f_2(f_1 + f_2 = 1)$。若三相接触线移动 $\mathrm{d}x$,则系统的能量变化为

$$\mathrm{d}E = f_1(\gamma_{sl1} - \gamma_{gs1})\mathrm{d}x + f_2(\gamma_{sl2} - \gamma_{gs2})\mathrm{d}x + \gamma_{gl}\cos\theta_C \mathrm{d}x \tag{6-8}$$

式中,下标 1 和 2 分别代表两种不同的物质;θ_C 为接触角。利用能量极小化原理,并代入 Young 方程,则有

$$\cos\theta_C = f_1\cos\theta_1 + f_2\cos\theta_2 \tag{6-9}$$

式(6-9)被称为 Cassie-Baxter 方程。若考虑复合表面的其中一种物质是陷阱中的空气,固体表面积分数为 f_s,则 $\theta_1 = \theta_Y, \gamma_{gs2} = 0, \gamma_{sl2} = \gamma_{gl}, f_2 = 1 - f_s$,有

$$\cos\theta_C = f_s\cos\theta_Y - 1 + f_s = f_s(\cos\theta_Y + 1) - 1 \tag{6-10}$$

显然,当接触角很小时,液体将浸入表面的凹陷处,空气陷阱无法形成,此时Cassie-Baxter 方程并不适用。观察式(6-10)发现,由于 $0 < f_s < 1, \cos\theta_Y - \cos\theta_C =$

$(\cos\theta_Y + 1)(1 - f_s) > 0$，即 $\theta_Y < \theta_C$。这说明表面粗糙结构使得壁面更加疏水，且较小的固体表面分数，液滴的接触角较大，更容易达到疏水状态。

> 注意：如上所述，固体表面的液滴处于 Wenzel 状态还是 Cassie-Baxter 状态取决于是否形成空气陷阱，疏水性材料比较容易达到这个目的。人们发现在自然界中很多疏水性材料都遵循 Cassie-Baxter 公式，实验也表明，诸如荷叶、水蝇腿等表面都具有微纳多尺度结构，可以实现超疏水性和自洁等功能。实际上，相对于液体完全进入壁面微结构的 Wenzel 状态和完全不进入微结构的 Cassie-Baxter状态两种极限情况，许多实验中观察到的可能是两者之间的某种过渡状态。针对 Wenzel 方程和 Cassie-Baxter 方程适用范围的质疑一直是学术界争论的焦点[10, 11]，从理论或实验出发提出修正的模型也是该领域关注的一个目标[12, 13]。

2. 接触角滞后

对于非理想的表面，实验观察发现接触角不是唯一的，这可以通过一个简单的实验加以说明[1]。假设一个液滴静置在固体表面，若在液滴顶部注入少量液体，并不能观察到接触线的运动，为了保持平衡接触角稍许增大。继续注入液体，当接触角增大到某个阈值 θ_a 时，接触线才发生移动，这时我们称 θ_a 为前进接触角。同理，持续地稍许抽出液体，接触线也将保持静止，直到接触角减小到某个极限值 θ_r，即所谓后退接触角。这种前进接触角和后退接触角之间的差值 $\Delta\theta = \theta_a - \theta_r$ 被定义为滞后角。对于一个动态的系统，液滴铺展的前缘也形成一个较大的接触角 θ_a，而从已润湿的表面后退时将有个较小的接触角 θ_r。

引起接触角滞后现象的原因以及它对于液滴运动带来的影响很复杂，还有许多机理和现象尚在探索中。通常的固体表面滞后角较小，表面污染、粗糙度或各向异性等表面缺陷都可能造成这种现象。但对于某些大分子构成的材料表面，前进角和后退角的差值可以高达 60°，表面缺陷似乎不足造成如此大的滞后角。一般认为，这与大分子的表面移动性有关[7]。

另一个有趣的现象是，在研究液滴的动态运动时，人们观察到接触线的移动并不是稳定、连续的过程，而是跳跃式的，即液体的前缘在一定时段内保持不动，在积蓄了一定的能量后，突然快速移动到下一个位置，即所谓“黏弹运动”。目前人们认识到对该现象与固体表面的粗糙、不均匀等性质有关，但对它的产生还不能做清楚的理论解释。

3. 线张力

微小液滴的接触线在受到外力作用时，会像弹性弦一样发生变形，吉布斯

(Gibbs)提出这种特性可以用张力 T_l 来描述。若将液滴置于平板上,如图 6.6 所示,球冠形液滴的体积 V、液滴与气体接触的面积 A 及液滴与固体接触的半径 r 分别为

$$V = \frac{1}{3}\pi R^3 (1+\cos\theta)^2 (2-\cos\theta) \tag{6-11}$$

$$A = 2\pi R^2 (1+\cos\theta) \tag{6-12}$$

$$r = R\sin\theta \tag{6-13}$$

考虑三相接触线的线张力后,自由能可以表示为

$$E = (\gamma_{sl} - \gamma_{gs})\pi r^2 + \gamma_{gl} A + 2\pi T_l r \tag{6-14}$$

若给定液滴的体积,平衡态时系统满足自由能最小,即 $\partial E/\partial\theta = 0$,则

$$(\gamma_{sl} - \gamma_{gs}) - \gamma_{gl}\cos\theta + T_l/r = 0 \tag{6-15}$$

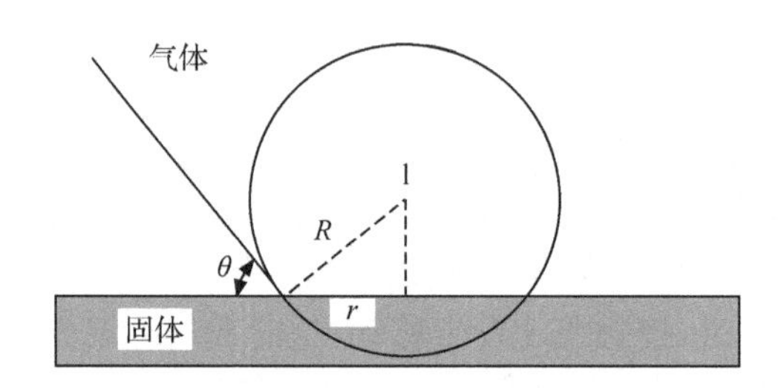

图 6.6 引入线张力后的平衡态液滴

我们发现引入线张力后,杨氏方程需要做如下修正:

$$\cos\theta = \cos\theta_Y - \frac{T_l}{\gamma_{gl}}\kappa \tag{6-16}$$

式中,$\kappa = 1/r$,是接触线的曲率。

注意:目前人们对线张力的大小还没有达成共识,理论预测和实验测量认为其可正可负,量级大致介于 $10^{-12} \sim 10^{-5}$ N 之间。由于线张力通常非常小,长度尺度 T_l/γ_{gl} 可能只有分子量级,一些学者曾认为它对液滴的润湿、黏附等特性的意义值得探讨。随着近年来微纳米制造技术的迅猛发展,线张力的重要性逐渐为人们所接受。Amirfazli 等在其综述中谈到了线张力在微流体系统、泡沫和乳化液、微生物和细胞在生物膜上黏附等方面的重要性,以及实验和理论方面的进展[14]。

*6.1.3　分离压力

1. 基本概念

把液体置于固体平板上，当铺展系数 $S \geqslant 0$ 时，液体会自动在固体表面铺展，直至形成一层水平的液膜，它包含的单位面积表面能由固/液表面能 γ_{sl} 和气/液表面能 γ_{gl} 两部分组成。若考虑铺展过程持续进行，液膜厚度 $h \to 0$，则表面能将“跳跃”地变为气/固表面张力 γ_{gs}，这种间断在物理上显然是不合理的。实际上，当两个表面之间的距离很小时会存在分子间相互作用，这使得随着 h 的下降，能量依然保持连续变化。因此，定义薄膜的表面能为

$$E = A[\gamma_{sl} + \gamma_{gl} + P(h)] \tag{6-17}$$

式中，$P(\infty) = 0, P(0) = \gamma_{gs} - \gamma_{sl} - \gamma_{gl}$；$A$ 是薄膜面积。对其进行全微分，并定义 $\Pi(h) = -\dfrac{dP(h)}{dh}$ 为分离压力(disjoinging pressure)*，单位面积薄膜的能量是

$$\gamma_f = \frac{dE}{dA} = \gamma_{sl} + \gamma_{gl} + P(h) + h\Pi(h) \tag{6-18}$$

式(6-18)的推导利用了薄膜的体积守恒关系 $d(Ah) = 0$。

分离压力是一个笼统的概念，它可能是负值，也可能是正值，包括多种物理机制不同的相互作用力，如范德瓦耳斯吸引力、波恩(Born)排斥力、带电表面的静电作用等。Israelachvili 的专著对这些内容作了详细的介绍[15]。对于两个距离为 h 的平面，通过对平板上所有粒子之间的长程范德瓦耳斯力求和，可以求出分离压力表达式为

$$\Pi(h) = A_H / 6\pi h^3 \tag{6-19}$$

式中，A_H 是 Hamaker 常数，与两个表面上分子的数密度、范德瓦耳斯力大小等参数有关，在真空中其数量级大约是 $10^{-20} \sim 10^{-19}$ J。

2. 分离压力对平衡厚度的影响

若固体表面是完全润湿的，即铺展系数 $S \geqslant 0$，随着固体衬底上液膜的不断铺展，液膜厚度也逐渐下降。一般认为，当薄膜厚度下降到大约 100nm 时，需要考虑范德瓦耳斯力，即分离压力的影响，此时液膜的能量用式(6-17)描述。分离压力有助于阻止铺展过程的进行，使得液膜达到一个平衡厚度 h_0。由于单位面积不润湿

---

* disjoining pressure 目前国内还没有统一的翻译，在现有文献和专著中有拆分压力、脱离压力、过剩压力、膨胀压力等多种译法。

固体表面的能量是 $E=\gamma_{gs}A$，将之与式(6-17)相减，得到系统由润湿变为不润湿状态所做的功：

$$\Delta E=A[\gamma_{sl}+\gamma_{gl}-\gamma_{gs}+P(h)] \tag{6-20}$$

对其求极小值，$\mathrm{d}\Delta E/\mathrm{d}A=0$，并考虑液膜的体积守恒关系，可以得到 $S=P(h)+h\Pi(h)$。考虑 $P(h)=A_H/12\pi h^2$，平衡时液膜的厚度为

$$h_0=\sqrt{A_H/4\pi S} \tag{6-21}$$

对于一般的流体，这个平衡厚度大约为几十至几百纳米左右。若纳米尺度薄膜在初始时刻小于这个厚度，将发生所谓“调幅去润湿”(spinodal dewetting)现象，即在分离压力的作用下，液体薄膜发生不稳定现象，某些区域的薄膜厚度下降为零，固体表面由润湿变为不润湿，形成干的孔洞；在另一些区域中，由于接触线向内收缩，且液膜厚度增加，将形成液滴，直至达到平衡状态。

3. 分离压力对接触线的影响

部分润湿时，在紧邻三相接触线附近的区域，由于长程分子间力的作用，将引起接触线的变形。若接触线剖面可以用函数 $z(x)$ 来描述，如图 6.7 所示，由表面张力和分离压力的平衡关系有(为简便起见，以后叙述中省略气液表面张力 γ 的下标)

$$\gamma\frac{\mathrm{d}^2z}{\mathrm{d}x^2}+\Pi(z)=0 \tag{6-22}$$

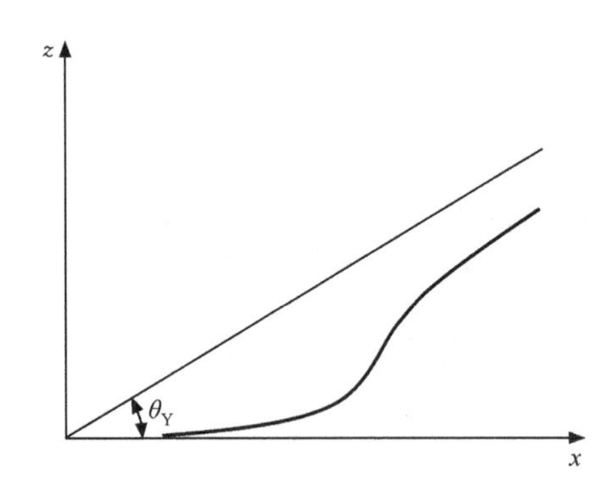

图 6.7　分离压力对接触线附近液滴形状的影响

假设接触角 θ_Y 很小，且由于我们仅考虑在接触线的邻域，可以认为 $z\to\infty$ 时，$\mathrm{d}z/\mathrm{d}x\to\theta_Y$，利用 $P(\infty)=0$，对式(6-22)进行积分，得到

$$\frac{\gamma}{2}\left(\frac{\mathrm{d}z}{\mathrm{d}x}\right)^2-P(z)=\frac{\gamma}{2}\theta_Y^2 \tag{6-23}$$

将式 $P(h)=A_{\mathrm{H}}/12\pi h^2$ 代入,再次积分,有

$$z^2=\theta_{\mathrm{Y}}^2x^2-\frac{A_{\mathrm{H}}}{6\pi\gamma\theta_{\mathrm{Y}}^2} \tag{6-24}$$

由式(6-24)可以看出,由于分离压力的作用,液滴形状在接触线附近变成抛物线形。另外,正如我们上面指出的,由于式 $P(h)=A_{\mathrm{H}}/12\pi h^2$ 中 $P(0)\to\infty$,式(6-24)在 $z\to 0$ 时并不准确。若修正 $P(h)$,使之满足 $P(0)=S=-\gamma\theta_{\mathrm{Y}}^2/2$,则在接触线上 $(z=0)$ 有 $\mathrm{d}z/\mathrm{d}x=0$。

6.2 毛细效应

流体静力学研究流体在平衡状态(包括相对平衡和绝对平衡)时的特性。对于润湿问题,静止的液面通常受到表面张力和重力的作用,这时可以定义毛细长度

$$\lambda_{\mathrm{c}}=\sqrt{\frac{\gamma}{\rho g}} \tag{6-25}$$

来衡量这两者的影响。对于一般的液体,这个长度通常是几毫米的量级。若液体的特征尺度远小于毛细长度,则认为是表面张力占优,重力可以忽略不计。下面我们通过两个简单的实例,来分析表面张力对液面的影响[1]。一些更复杂的情况,诸如拓扑结构表面或各向异性表面上的液滴形态,可以参阅相关文献[16]。

6.2.1 液滴的形状

若一个静置在固体表面的液滴半径远小于毛细长度,根据拉普拉斯定理,平衡态液滴的曲率是恒定的,其头部形状保持球形;反之,则重力的效应必须考虑,随着半径的增大,液滴上部倾向于扁平,如图6.8所示。

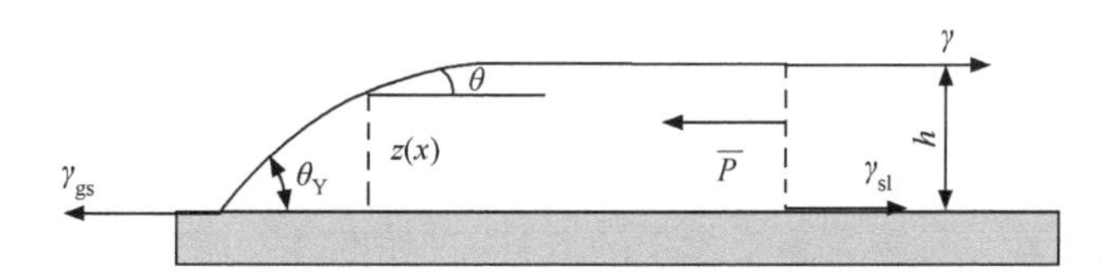

图6.8　重力作用下液滴的形状

取如图6.8所示的控制体,考虑水平方向受力包含两部分,其一是液滴受到的表面力为 $\gamma_{\mathrm{gs}}-(\gamma_{\mathrm{sl}}+\gamma)$,其二是由重力引起的静压力 $\overline{P}$,对厚度为 h 的整个液体层进行积分,则有

$$\overline{P}=\int_0^h\rho g(d-\bar{z})\mathrm{d}\bar{z}=\frac{1}{2}\rho gh^2 \tag{6-26}$$

由力的平衡得到方程

$$\frac{1}{2}\rho g h^2 + \gamma_{gs} - (\gamma_{sl} + \gamma) = 0 \tag{6-27}$$

引入 Young 方程，有

$$\frac{1}{2}\rho g h^2 = \gamma(1 - \cos\theta_Y) \tag{6-28}$$

由此可以将液滴的厚度表示为

$$h = 2\lambda_c \sin\left(\frac{\theta_Y}{2}\right) \tag{6-29}$$

可以看到，$\theta_Y = 60°$时，液滴的厚度正好和毛细长度相等。如果需要计算液滴的剖面形状，可以在高度为 z 的液体薄片处考虑受力情况（如图 6.8 所示），有

$$\bar{P} + \gamma_{gs} - (\gamma_{sl} + \gamma\cos\theta) = 0 \tag{6-30}$$

式中，$\bar{P} = \int_0^z \rho g(h - \bar{z})\mathrm{d}\bar{z} = \rho g\left(hz - \frac{z^2}{2}\right)$，是流体静压力，且 $z' = \frac{\mathrm{d}z}{\mathrm{d}x} = \tan\theta$，即 $\cos\theta = 1/\sqrt{1 + (z')^2}$。对式(6-30)进行积分可以得到液滴剖面的形状。

6.2.2 弯月面

放置在静止容器里的液体表面在重力作用下基本上保持水平，但在容器边缘由于表面张力的影响，液面出现弯曲，即为通常所说的弯月面(menisci)。对于亲水壁面，弯月面将高于水平液面；而对于疏水情况，则正好相反。弯月面的形状是由表面张力和重力相互作用形成的，拉普拉斯压力和液体静压力之间的平衡为

$$P_0 + \gamma\kappa(z) = P_0 - \rho g z \tag{6-31}$$

式中，P_0 是大气压；z 是弯月面高于水平液面的高度；$\kappa(z) = \frac{1}{R(z)} + \frac{1}{R'(z)}$，是该点的平均曲面曲率，$R(z)$ 和 $R'(z)$ 是曲率半径。

考虑液体水在二维垂直板上产生的弯月面（如图 6.9 所示），在曲线坐标系下液面曲率可表示为

$$\kappa(z) = \frac{1}{R} = \frac{\mathrm{d}\theta}{\mathrm{d}s} \tag{6-32}$$

式中，s 是曲线的弧长；θ 是该点处曲线切线和垂直方向的夹角。将式(6-32)代入式(6-31)，且弧长 $\mathrm{d}s = -\mathrm{d}z/\cos\theta$，得到

$$-\gamma\cos\theta\mathrm{d}\theta = \rho g z\mathrm{d}z \tag{6-33}$$

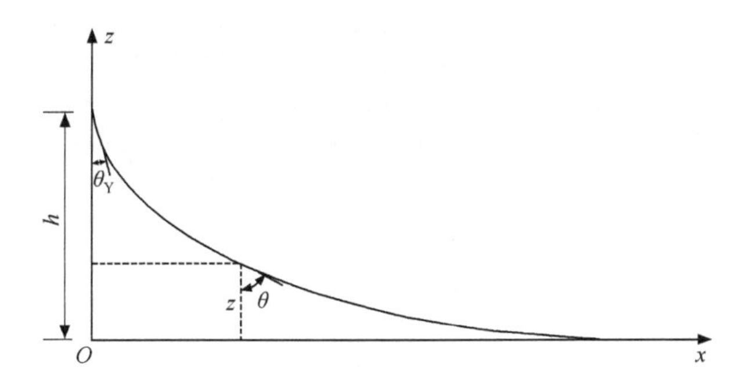

图 6.9　亲水情况下附着在二维平板上弯月面的形状

由于 $z=0$ 时，$\theta=\pi/2$，积分式(6-33)，有

$$\gamma(1-\sin\theta)=\frac{1}{2}\rho g z^2 \tag{6-34}$$

在液面和固体板接触处，$\theta=\theta_Y$，因此弯月面的高度 $h=\lambda_c\sqrt{2(1-\sin\theta_Y)}$，与毛细长度的量级相当。

6.2.3　毛细提升简介

1. 提升高度

将一根细管向下插入液体中，若气/固表面能 γ_{sg} 大于固/液表面能 γ_{sl}，即接触角 $\theta_Y<90°$，液体将克服重力，向上浸入吸管，如图 6.10 所示。设半径为 R 的毛细管内液柱高为 h，其能量为表面能和重力势能之和，即

$$E=-2\pi RhI+\frac{1}{2}\pi R^2h^2\rho g \tag{6-35}$$

其中浸吸参数(imbibition parameter)定义为 $I=\gamma_{sg}-\gamma_{sl}=\gamma\cos\theta_Y$。显然，液体欲湿润毛细管壁，即 $h>0$，浸吸参数 I 必须大于零。此时求自由能最小值，$\mathrm{d}E/\mathrm{d}h=0$，可以得到毛细提升的高度为

$$h_\infty=\frac{2\gamma\cos\theta_Y}{\rho gR} \tag{6-36}$$

式(6-36)通常被称为“Jurin 高度”。从式(6-36)中看到，对于给定的流体，毛细管半径越小，则提升的高度越大。若考虑的液体介质为水，半径 R 是微米量级，Jurin 高度可以达到数米的量级。

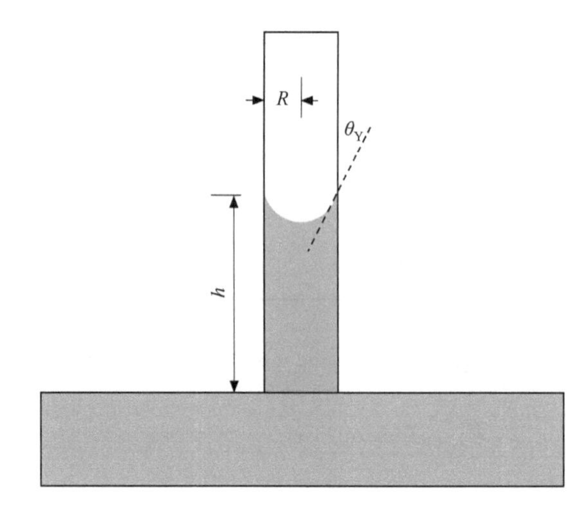

图 6.10　毛细提升示意图

2. 提升的动态过程

Lucas 和 Washburn 最早研究了毛细提升的动态过程，他们在忽略流体惯性的前提下，各自独立地推导出了准静态情况下的动力学方程[17]。此后许多学者对 Lucas-Washburn 方程进行了研究，并推广到考虑惯性和多孔介质管壁的情况。Zhmud 等回顾和分析了这些理论结果之间的内在联系[18]。

半径为 R 的无限长毛细管内流体在表面张力驱动下，克服重力和黏性力，液柱高度随时间演化的方程可以表示为

$$\rho[hh''+(h')^2]=\frac{2\gamma\cos\theta}{R}-\frac{8\mu hh'}{R^2}-\rho gh \tag{6-37}$$

显然，当时间 $t\to\infty$ 时，由 $h'=0$，很容易得到平衡状态的液面 Jurin 高度 h_∞。

若忽略式(6-37)左端的惯性项，方程变为

$$\frac{2\gamma\cos\theta}{R}-\frac{8\mu hh'}{R^2}-\rho gh=0 \tag{6-38}$$

式(6-38)表示毛细力、黏性和重力之间的准静态平衡，被称为 Lucas-Washburn 方程。若考虑在 $t\to 0$ 时式(6-38)的渐进行为，可以得到

$$h(t)=\sqrt{\frac{R\gamma\cos\theta}{2\mu}t} \tag{6-39}$$

即液柱的高度与时间的平方根成正比。由于该结果在 $t\to 0$ 时，液柱的速度为无穷大，与实际情况不符合，Zhmud 等[18]认为，某些情况下 Lucas-Washburn 方程在液

体进入毛细管的初期是不适用的。

当 $t\rightarrow\infty$ 时，假设液柱高度逐渐趋近于平衡高度，$h(t)=h_\infty-\varepsilon(t)$，其中 $\varepsilon(t)$ 是高阶小量。考虑 $hh'\cong-h_\infty\varepsilon'$，可以求解出方程(6-38)：

$$h(t)=h_\infty[1-\exp(-t/\tau_c)] \tag{6-40}$$

式中，$\tau_c=\dfrac{8\mu h_\infty}{\rho g R^2}$，是毛细提升过程的特征时间。

6.3　液滴在固体表面的运动

6.3.1　液滴移动的速度

放置在不均匀固体表面的液滴，由于润湿性梯度的存在，需要向亲水端运动，以达到平衡状态。为了简化问题，Raphaël[19] 基于 de Gennes 等[20] 的工作，在理论模型中假定液滴移动的时候没有形变，接触线附近的表面张力梯度非常小，从而得到了关于液滴动态接触角以及移动速度的预测公式。

若液滴的动态接触角为 $\theta(\theta>\theta_Y)$，则它将在表面张力梯度的驱动下运动，如图 6.11 所示。当接触线移动距离为 dx 时，气/固界面的面积减小 dx，液/固界面增加 dx，气/液界面增加 $dx\cdot\cos\theta$，则系统能量的改变为

$$\Delta E=-dx\cdot\gamma_{sg}+dx\cdot\gamma_{sl}+dx\cdot\cos\theta\cdot\gamma=\gamma(\cos\theta-\cos\theta_Y)dx \tag{6-41}$$

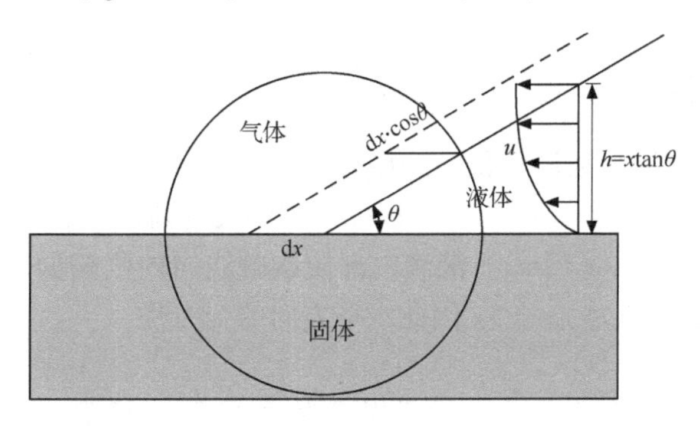

图 6.11　润湿性梯度驱动液滴运动的示意图

若接触线的运动速度为 V，单位时间内用于驱动液滴运动的杨氏力做功为 $\gamma(\cos\theta_Y-\cos\theta)V$。假设在临近接触线的楔形区域里流体速度剖面是泊肃叶分布，接触线的运动速度 V 为该剖面的平均速度，即

$$V=h^{-1}\int_0^h u(z)dz \tag{6-42}$$

则可以得到流场速度为 $u(z)=\frac{3V}{2h^2}(-z^2+2hz)$。由于单位面积和时间内流体的耗散是 $\mu\frac{\mathrm{d}u}{\mathrm{d}z}\mathrm{d}u$，那么在整个控制体内耗散是

$$\int_{x_{\min}}^{x_{\max}}\int_0^h \mathrm{d}z\mathrm{d}x\,\mu\left(\frac{\mathrm{d}u}{\mathrm{d}z}\right)^2=\frac{3\mu V^2}{\tan\theta}\ln\left|\frac{x_{\max}}{x_{\min}}\right| \tag{6-43}$$

设 $l=\ln\left|\frac{x_{\max}}{x_{\min}}\right|$，是无量纲的常数，利用系统中驱动力和黏性力的平衡，可以得到

$$\gamma(\cos\theta-\cos\theta_e)V=3\mu l\,\frac{V^2}{\tan\theta} \tag{6-44}$$

因此，接触线的速度 $V=V^*\tan\theta(\cos\theta_Y-\cos\theta)$，其中特征速度 $V^*=\gamma/(3\mu l)$。若将液滴放置在润湿性不同的固体表面，θ_{1Y} 和 θ_{2Y} 分别为液滴两侧的接触角（$\theta_{1Y}<\theta<\theta_{2Y}$），那么液滴的运动速度为两侧的接触线速度的平均值，即

$$\tilde{V}=\frac{1}{2}(V_1+V_2)=\frac{\gamma}{6\mu l}\tan\theta(\cos\theta_{1Y}-\cos\theta_{2Y}) \tag{6-45}$$

基于格子-玻尔兹曼方法的数值模拟[21]表明，当表面张力梯度较小时，式(6-45)较好地预测了液滴运动的速度；而当梯度较大时，诸如液滴不变形、准平衡态等理论公式建立的假设不成立，需要消耗一定的能量，得到的液滴运动速度低于理论预测。

6.3.2 液滴的铺展

半径为 R 的球冠形液滴以很小的接触角 $\theta_D(t)$（设 $\theta_D(t)\ll 1$）在完全润湿的固体壁面上的铺展，如图 6.12 所示。以往的实验观察到在接触线前方是只有几纳米厚的前驱膜(precursor film)。液滴内部使接触线向内收缩的作用力是 $-\gamma_{sl}-\gamma\cos\theta_D$，外部作用力则为 $\gamma_{sl}+\gamma$，因此水平方向的合力是

$$F_s=\gamma-\gamma\cos\theta_D\cong\gamma\frac{\theta_D^2}{2} \tag{6-46}$$

该驱动力单位时间内做功应与黏性阻力互相抵消，利用式(6-43)，有

$$F_sV=3\mu l\,\frac{V^2}{\tan\theta_D} \tag{6-47}$$

因此

$$V\equiv\frac{\mathrm{d}R}{\mathrm{d}t}=\frac{\theta_D}{3\mu l}F=\frac{V^*}{2}\theta_D^3 \tag{6-48}$$

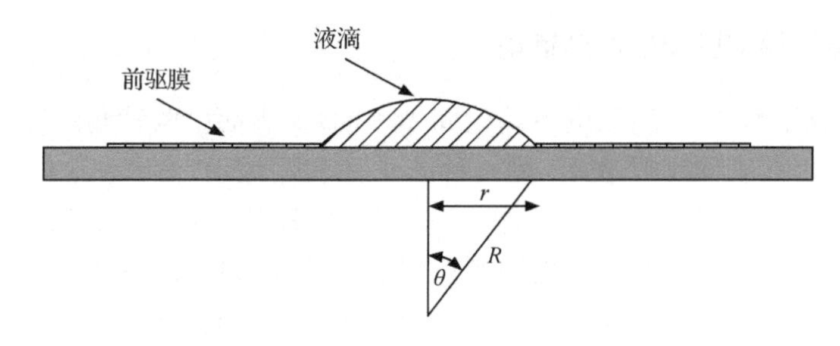

图 6.12　液滴在固体壁面上铺展

对于宏观尺度下的液滴，前驱膜的体积可以忽略，考虑液滴在运动过程中体积 Ω 保持不变，即

$$\Omega = \frac{\pi}{4} R^3 \theta_{\mathrm{D}} \tag{6-49}$$

将式(6-49)微分，得到

$$\frac{3}{R}\frac{\mathrm{d}R}{\mathrm{d}t} = -\frac{1}{\theta_{\mathrm{D}}}\frac{\mathrm{d}\theta_{\mathrm{D}}}{\mathrm{d}t} \tag{6-50}$$

即

$$\frac{\mathrm{d}\theta_{\mathrm{D}}}{\mathrm{d}t} = -\frac{3V^*}{2R}\theta_{\mathrm{D}}^4 \tag{6-51}$$

设特征长度 $L \sim \Omega^{1/3}$，$R = L\theta_{\mathrm{D}}^{-1/3}$，可以得到动态接触角随时间的变化关系

$$\theta_{\mathrm{D}} \sim \left(\frac{L}{V^* t}\right)^{3/10} \tag{6-52}$$

这个理论预测和 Tanner 公式[22]是一致的。由式(6-50)，可以得到铺展半径随时间的变化规律为

$$R \sim L\left(\frac{V^* t}{L}\right)^{1/10} \tag{6-53}$$

注意：上述理论模型是建立在表面张力和黏性力的平衡基础上的，当铺展半径大于毛细长度时，需要考虑重力的影响，对该公式进行修正。Tanner 公式虽然很简单，但基于分子动力学模拟的分析发现，即使在原子尺度，若前驱膜只有几个原子的厚度，该公式依然和计算结果是符合的[23]。

6.3.3 润湿性梯度驱动的液滴运动

我们构造如图 6.13 所示的不均匀固体表面，该表面由两种润湿性不同的材料组成，一种亲水性表面用 P 表示，另一种疏水性表面用 A 表示。这样的表面存在表面张力梯度，为了尽量减小表面能，液滴将自发地从表面 A 向表面 P 移动。为了保持液滴的持续运动，我们通过不断追踪液滴移动，将液滴左侧的固体表面始终设定为疏水表面，右侧的固体表面设定为亲水表面，从而将计算结果和有关实验以及理论预测[19]相比较。

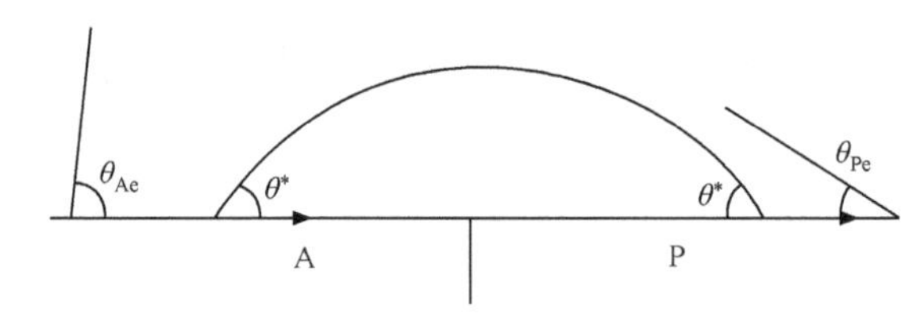

图 6.13 液滴被置于润湿性不同的两部分 A 和 P 组成的混合表面上

θ_{Ae}、θ_{Pe} 分别表示液滴在表面 A 和表面 P 上的平衡接触角，θ^* 是动态接触角

我们采用 Zhang 等[24]提出的基于平均场理论的格子-玻尔兹曼方法，对润湿性梯度驱动液滴的动力学过程和液滴内部流场进行研究[21]。设 K_w 是描述固体表面粒子和液体粒子之间的相互吸引力的参数，控制液滴平衡态接触角的变化[25]。Zhang 等[24]的计算表明，接触角随 K_w 的增加(即固体和液体吸引力增强)而线性减小。

若取 P 表面固体与液体吸引力 $K_{wP}=0.165$，此时对应平衡态接触角为 75.4°。通过改变 A 表面的 K_{wA} 而改变对应的静态接触角 θ_{Ae}，并得到不同的动态接触角 θ^* 值。由图 6.14 可以看到，动态接触角基本上呈线性变化，当表面张力梯度较小时，数值结果与理论公式(6-45)吻合得较好，这表明液滴在这种不均匀表面的运动是一个连续地不断失去平衡的过程。液滴运动的驱动力为表面张力梯度产生的马兰戈尼效应，阻力是黏性力。计算发现液滴基本上保持匀速运动，这表明驱动力和黏性阻力是大致相等的。图 6.15 是液滴移动速度 V 随亲疏水表面控制参数 K_w 的比值的变化关系，本书以液滴最前端的运动速度来表示该速度。与图 6.14类似，当该比值较小的时候，即表面张力梯度更大时，数值结果与理论公式预测的结果不太吻合，这是由于此时理论公式的液滴不变形和准静态等假设不能满足的缘故。液滴的变形需要消耗一定的能量，因此液滴的运动速度低于理论的预测值。

液滴在运动过程中，有较大的形变，液滴从 A 表面一直向 P 表面运动，直到液滴铺展在固体表面的最左角到达 A 表面和 P 表面相交的点时，液滴后缘停止向前

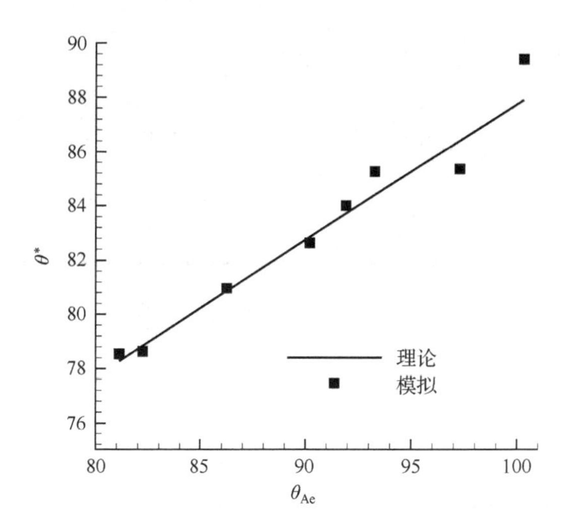

图 6.14　P 表面接触角 θ_{Pe} 固定为 75.4°时，动态接触角随 A 表面接触角变化的关系[21]

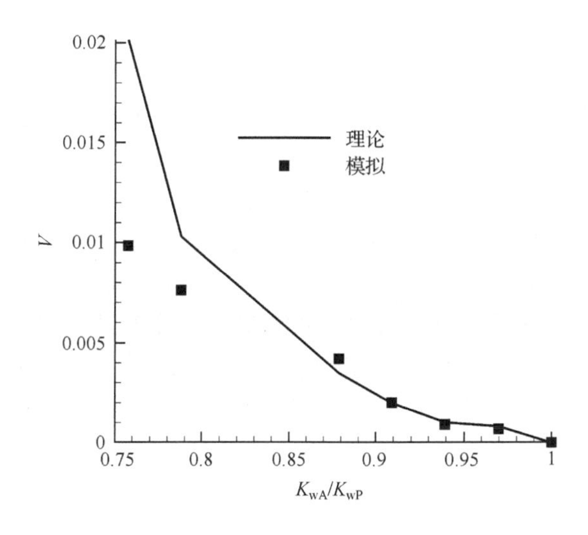

图 6.15　表面固体与液体吸引力为 K_{wP} =0.165 时，液滴的移动速度随 K_{wA}/K_{wP} 的值变化的关系[21]

运动，最终在亲水表面 P 达到平衡态。为了分析液滴运动的详细过程，我们选取特定的时刻，分析了液滴内部的速度矢量，如图 6.16 所示。有趣的是，我们发现液滴运动不是平动，而是滚动着往前运动，在液滴内部有一个旋涡。绕涡心的周向速度随着半径增大，形成与固体涡核类似的结构，这将导致在流体界面处存在较大的剪切应力。Das 等数值模拟了液滴在润湿性梯度驱动下爬坡的过程，也得到了类似的结论[26]。

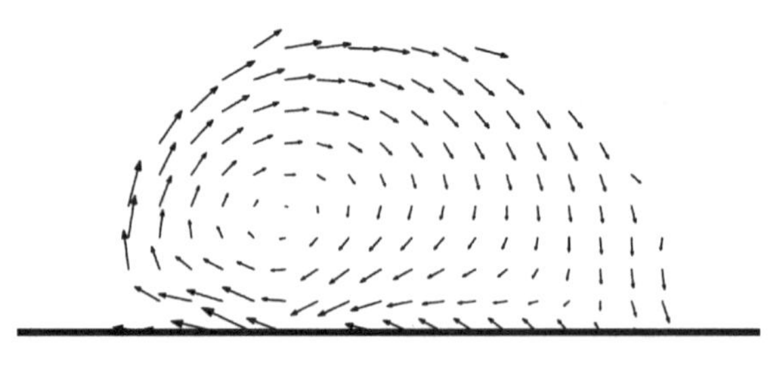

图 6.16 液滴内部的速度矢量图[21]

6.4 数字微流控

6.4.1 电润湿的基本概念

电润湿技术通过施加电场，调节固、液之间的表面张力等宏观的性质，是进行固体表面上液滴操纵或液滴手术(即驱动少量液体产生、运动、分裂、合并等)的重要手段。该技术早期发展的主要困难在于超过几百毫伏的电压就将引起水的电解。20 世纪 90 年代初，为了消除电解问题，Berge 提出在导电液体和金属电极之间引入很薄的绝缘层[27]。该设想后来被称为“介质上的电润湿”(electrowetting on dielectric, EWOD)，或“绝缘涂层电极上的电润湿”(electrowetting on insulator coated electrodes, EICE)，为电润湿技术在电子纸、光学透镜、微泵、光纤设备、生物等众多领域得到广泛运用奠定了基础[4, 5, 28]。例如，利用电润湿技术研制的电子纸(electronic paper)开关响应时间达到 12ms，可以满足动态影像回放的要求[29]。Feng 等则在荷叶表面用电场实现了液滴的驱动[30]。本节重点讨论电润湿技术中流动的基本理论问题，对于电润湿技术更全面的论述可以参考 Mugele 等的综述文章[5]。

1. Young-Lippmann 方程

关于电润湿的理论研究始于 1908 年诺贝尔奖金获得者 Gabriel Lippmann 关于电毛细(electrocapillarity)现象的研究。施加电场 dV 后(如图 6.17 所示)，由于固体表面存在电荷，引起了液体中反离子的聚集，在固/液界面将形成双电层，导致有效固/液表面张力 $\mathrm{d}\sigma_{\mathrm{sl}}^{\mathrm{eff}}$ 的下降

$$\mathrm{d}\sigma_{\mathrm{sl}}^{\mathrm{eff}} = -\rho_{\mathrm{sl}}\mathrm{d}V \tag{6-54}$$

式中，$\rho_{\mathrm{sl}}=\rho_{\mathrm{sl}}(V)$，是反离子的表面电荷密度。若假设反离子都处于距离固体表面 d_{H}(约为几纳米)以内，则单位面积的双电层电容为 $c_{\mathrm{H}}=\varepsilon_0\varepsilon_1/d_{\mathrm{H}}$，其中 ε_0、ε_1 分别为真空和液体的介电常数。通过积分可以得到有效表面张力：

$$\sigma_{\mathrm{sl}}^{\mathrm{eff}} = \sigma_{\mathrm{sl}} - \int_{V_{\mathrm{pzc}}}^{V} \rho_{\mathrm{sl}} \mathrm{d}\widetilde{V} \tag{6-55}$$

式中，V_{pzc}是零电荷电位(potential of zero charge)。在平板电容器上，$\rho_{\mathrm{sl}} = c_{\mathrm{H}} V$，则有

$$\sigma_{\mathrm{sl}}^{\mathrm{eff}} = \sigma_{\mathrm{sl}} - \frac{\varepsilon_0 \varepsilon_l}{2 d_{\mathrm{H}}} (V - V_{\mathrm{pzc}})^2 \tag{6-56}$$

将式(6-56)代入 Young 方程，则电场作用下处于平衡态的液滴接触角 θ 满足 Young-Lippmann 方程(简称 Y-L 方程)：

$$\cos\theta_{\mathrm{ew}} = \cos\theta_{\mathrm{Y}} + \frac{c_{\mathrm{H}} (V - V_{\mathrm{pzc}})^2}{2\gamma_{\mathrm{lg}}} \tag{6-57}$$

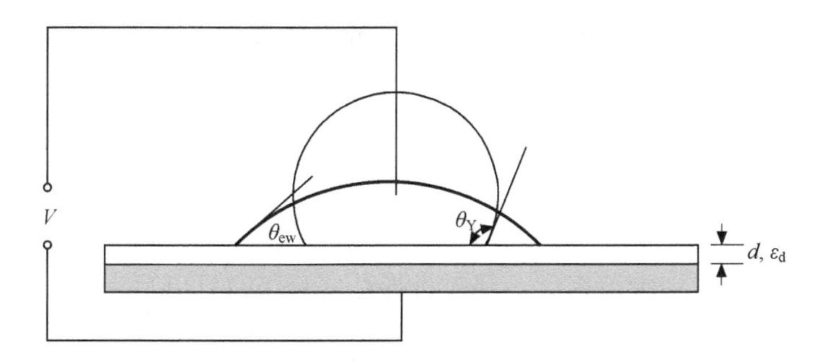

图 6.17　电润湿过程示意图，施加外电场后接触角减小
细实线和粗实线分别表示加电场前后的液滴形状

目前的电润湿技术为了消除溶液电解的影响，通常在液滴和电极之间引入绝缘层[27]。由于绝缘层的厚度 d 远远大于双电层厚度 d_{H}，系统可以用两个串联的电容器来描述，总电容大大地下降。此时介电常数为 ε_{d} 的绝缘层电容为 $c_{\mathrm{d}} = \varepsilon_0 \varepsilon_{\mathrm{d}} / d$，由于 c_{d} 远小于 c_{H}，单位面积总电容约等于 c_{d}。电润湿方程此时变为

$$\cos\theta_{\mathrm{ew}} = \cos\theta_{\mathrm{Y}} + \frac{c_{\mathrm{d}} V^2}{2\gamma_{\mathrm{lg}}} \tag{6-58}$$

式(6-58)中无量纲数 $\frac{c_{\mathrm{d}} V^2}{2\gamma_{\mathrm{lg}}} = \vartheta$，称为电润湿数。Y-L 方程表明，接触角随着电场强度的增加而持续减小，在一定的参数范围内与实验符合得很好。这种描述电润湿过程的方式通常称为“电化学模型”。

但在实际过程中，人们发现 Y-L 方程对一些实验中的现象无法解释。例如，它无法预测所谓“接触角饱和”(contact angle saturation)现象，即当外加电势达到一定值时，接触角不再变化。对于这个目前 EWOD 研究的理论难题，尽管人们已经提出很多理论解释，但学术界迄今对此还未达成共识。另外，对于介电液体和低

表面张力液体形成的液滴，如何进行理论解释也存在一定的分歧[6]。

2. 电力学模型

由于电化学模型出发点是系统的宏观性质，在分析三相接触线附近的局部特性时具有一定的局限性。基于接触线附近的受力情况，Jones 等[31]提出了更细致的电力学模型。介电常数为 ε 的流体在电场 $\boldsymbol{E}$ 作用下所受到的力为

$$\boldsymbol{f}_{\mathrm{E}} = \nabla \cdot \boldsymbol{\sigma}_{\mathrm{M}} \tag{6-59}$$

式中，麦克斯韦(Maxwell)应力张量[32]为

$$\boldsymbol{\sigma}_{\mathrm{M}} = \varepsilon_0 \varepsilon \boldsymbol{E}\boldsymbol{E} - \frac{1}{2}\varepsilon_0 \varepsilon \left[1 - \frac{\rho}{\varepsilon}\left(\frac{\partial \varepsilon}{\partial \rho}\right)_T\right]\boldsymbol{E}\boldsymbol{E}\delta \tag{6-60}$$

式中，δ 是克罗内克(Kronecker)函数。在准静电学假设下。电场强度可以用方程

$$\nabla \cdot \varepsilon_0 \varepsilon \boldsymbol{E} = \rho_{\mathrm{e}} \tag{6-61}$$

和

$$\nabla \cdot \boldsymbol{E} = \mathbf{0} \tag{6-62}$$

来描述，式中 ρ_{e} 是自由电荷密度。经过推导公式(6-59)可以写为

$$\boldsymbol{f}_{\mathrm{E}} = \rho_{\mathrm{e}} \boldsymbol{E} - \frac{\varepsilon_0}{2} E^2\, \nabla \cdot \varepsilon + \nabla \cdot \left(\frac{\varepsilon_0}{2} E^2\, \frac{\partial \varepsilon}{\partial \rho} \rho\right) \tag{6-63}$$

式中，第一项是电荷密度为 ρ_{e} 的流体受到的库仑力，若考虑电润湿中流体介质电松弛时间较小，液滴内部的电荷 $\rho_{\mathrm{e}} = 0$，只在流体界面上有电荷分布，该项可以忽略；第二项是由于体系内介电常数不均匀引起的，在液滴内部等于零，只作用在流体界面上；第三项电致伸缩项(electrostriction)，在本书中忽略不计。因此，我们可以认为麦克斯韦应力只作用在流体界面上，这对简化问题有很大的帮助。

Kang[33]考虑将液滴置于绝缘层上，外加电场是 V，且设液滴内电荷为零，并为不可溶、完全绝缘的流体所包围。他通过求解流体界面上的电荷分布，得到麦克斯韦应力，进一步求出电场力水平分量和垂直分量分别是

$$F_{\mathrm{ex}} = \frac{\varepsilon V^2}{2d^2}, \qquad F_{\mathrm{ey}} = \frac{\varepsilon V^2}{2d^2}\cot\theta \tag{6-64}$$

将水平分量考虑在 Young 方程里，可以得到 Y-L 方程。这表明电力学模型在一定简化条件下，与电化学模型的结果是相符的。

注意：这些研究结果揭示了电润湿过程中电场并不影响接触线附近的局部 Young 接触角，而 Y-L 方程预测是只是在远离接触线一段距离测量的所谓“表观接触角”(apparent contact angle)[34]，这是对电化学模型中电场改变固/液表面张力的观点的一种修正。与电化学模型相比，电力学模型更为精细地反映了接触线附近的电场信息。但由于该模型需要求解电场分布，仅对一些简单的情况可以得到解析解。

另一条研究电润湿问题的思路是能量最小方法，即通过用变分原理将表面能与电场能之和最小化，也可以回复到 Y-L 方程[5]。Fontelos 和 Kindelan[35, 36]用这种方法求解了液滴的形状，研究了接触角饱和问题，并讨论了在一定参数条件下可能出现的不稳定情况。

6.4.2　Taylor-Melcher 漏电介质模型

许多微(纳)尺度的流动问题，从实验室芯片到纳米射流设备、电雾化、LISA (lithography-induced self-assembly)工艺，再到细胞膜的离子通道(ion channel)等，都会遇到流体界面受电场影响的问题。电流体力学方程包含了惯性、黏性、电场力、流体界面的复杂相互作用，是描述这些实际问题的强大理论工具。

早期研究介电流体的数学模型是所谓的“完全介电”(perfect dielectric)模型，即认为介质中不存在自由电荷，电场是由束缚电荷的极化所引起的，因此电导率 σ 为零。用该模型研究电场作用下液滴的变形时，发现电场引起的正压力将与表面张力和界面曲率的乘积平衡，液滴呈现出被拉长(prolate)的形态，而实验中确实观察到扁状(oblate)的液滴[37]。为了解释这个现象，Taylor 提出了漏电介质(leaky dielectric)模型，假设液体的电导率是非零的常数，允许介质携带自由电荷，其在电场作用下在界面上形成诱导的电荷层。Melcher 和 Taylor 在综述文章中建立了该模型的理论基础[38]，Saville 总结了该模型的近年来的发展和应用[32]。

1. 电学方程

电磁学理论的基本方程是麦克斯韦方程组，在静态条件下电场和磁场可以是互相独立的。在麦克斯韦方程中，电现象的特征(松弛)时间是电容率和电导率之比，$\tau_e = \varepsilon\varepsilon_0/\sigma$。由于通常情况下电荷松弛时间远远大于磁现象的特征时间 τ_m，即在准静电学假设下，电场强度 $\boldsymbol{E}$ 是无旋场，即存在电势 φ，满足

$$\boldsymbol{E} = -\nabla\varphi \tag{6-65}$$

若导电流体的电松弛时间足够小，体电荷很快地被松弛到流体界面上，在流体内部不存在电荷，即式(6-61)中 $\rho_e = 0$。深入对电荷的输运过程进行量级分析，可

以发现至少在毫米尺度，流体内部为电中性的假设是合理的[32]。因此，式(6-61)可以写成

$$\nabla \cdot \varepsilon\varepsilon_0 \boldsymbol{E} = 0 \tag{6-66}$$

对于德拜尺度的自由电荷(如双电层)，如何在漏电介质模型中考虑双电层引起的动电效应，是学术界尚在探讨的问题。借助流体界面上的高斯定理，从式(6-65)和式(6-66)中可以推导出电场强度 $\boldsymbol{E}$ 在流体界面的边界条件：

$$\boldsymbol{n} \cdot \|\varepsilon\varepsilon_0 \boldsymbol{E}\| = q_s, \qquad \boldsymbol{t}_i \cdot \|\boldsymbol{E}\| = 0 \tag{6-67}$$

式中，$\boldsymbol{n}$ 和 $\boldsymbol{t}_i$ 分别是界面的外法线和切线方向的单位矢量；q_s 是流体界面的电荷密度；符号 $\|\cdot\|$ 表示界面内外物理量的差值。式(6-67)意味着电场强度在切线方向是连续的，而在法线方向的间断值和界面上的电荷密度成正比。

电荷在流体界面的输运过程非常复杂，它包含了对流、界面变形、表面传导和体积传导等诸多因素的影响。李芳详细地叙述了电荷守恒方程的推导过程，并阐述了在不同条件下方程的简化形式[39]。在漏电介质模型中，广泛运用的电荷输运方程是

$$\frac{\partial q_s}{\partial t} + \boldsymbol{u}_s \cdot \nabla_s q_s - q_s \boldsymbol{n} \cdot (\boldsymbol{n} \cdot \nabla_s)\boldsymbol{u}_s + \|\sigma \boldsymbol{E}\| \cdot \boldsymbol{n} = 0 \tag{6-68}$$

式中，$\boldsymbol{u}_s = (\boldsymbol{I} - \boldsymbol{nn}) \cdot \boldsymbol{u}$ 和 σ 分别是界面上流体的速度和电导率；$\nabla_s = (\boldsymbol{I} - \boldsymbol{nn}) \cdot \nabla$ 是表面梯度算子。方程中第一项表示电荷密度随时间的变化，第二项是对流项，第三项是界面变形的影响，第四项是体积传导的影响。需要指出的是，方程中已经假设了介质是欧姆(Ohm)型的。Melcher 和 Taylor 认为，尽管理论上欧姆定律并不能很好地描述流体中的电传导，但研究表明，这个简单的传导定理可以在非常广泛的范围内用于分析电流体力学现象[38]。

2. 流体力学方程

考虑麦克斯韦应力后，不可压黏性牛顿流体的控制方程是

$$\nabla \cdot \boldsymbol{u} = 0 \tag{6-69}$$

$$\rho \frac{\mathrm{d}\boldsymbol{u}}{\mathrm{d}t} = -\nabla p + \nabla \cdot \boldsymbol{\sigma}_\mathrm{M} + \mu \nabla^2 \boldsymbol{u} \tag{6-70}$$

将麦克斯韦应力表达式(6-63)代入方程(6-70)，得到

$$\rho \frac{\mathrm{d}\boldsymbol{u}}{\mathrm{d}t} = -\nabla \left(p - \frac{\varepsilon_0}{2}\rho E^2 \frac{\partial \varepsilon}{\partial \rho}\right) + \rho_e \boldsymbol{E} - \frac{\varepsilon_0}{2} E^2 \nabla \varepsilon + \mu \nabla^2 \boldsymbol{u} \tag{6-71}$$

由于流体中体电荷为零，电致伸缩效应已被忽略，且在介质中电容率为常数，

式(6-71)中麦克斯韦应力等于零,方程回到不考虑电场效应的流体的表达形式。因此,在流体控制方程中流场和电场是解耦的,极大地简化了问题的求解。

流体在界面上仍然满足运动学边界条件和动力学边界条件(参见第 8 章相关部分),不过式中的应力张力 **T** 应是黏性应力张力和麦克斯韦应力张量之和。在界面上麦克斯韦应力张量的法向和切线分量分别是

$$[\boldsymbol{\sigma}_{\mathrm{M}} \cdot \boldsymbol{n}] \cdot \boldsymbol{n} = \frac{1}{2} \| \varepsilon\varepsilon_0 (\boldsymbol{E} \cdot \boldsymbol{n})^2 - \varepsilon\varepsilon_0 (\boldsymbol{E} \cdot \boldsymbol{t}_1)^2 - \varepsilon\varepsilon_0 (\boldsymbol{E} \cdot \boldsymbol{t}_2)^2 \| \tag{6-72}$$

$$[\boldsymbol{\sigma}_{\mathrm{M}} \cdot \boldsymbol{n}] \cdot \boldsymbol{t}_i = q_{\mathrm{s}} \boldsymbol{E} \cdot \boldsymbol{t}_i \tag{6-73}$$

式(6-65)～(6-73),加上流体在界面上的应力平衡条件,构成了漏电流体介质输运的数学模型。

6.4.3　电润湿下的液滴运动

现有的基于 EWOD 技术的微系统大致可以分为两类:第一类是开放系统(open system),即液滴自由地放置在固体平板上;第二类是受限系统(confined system),即液滴被限制在两层平板中。两类系统各有自己的特点和优势:前者更易于实现混合,流动阻力较小,且较易在非平面基底上实现[40],但液滴的蒸发较难控制;后者较容易进行驱动、分离等操作,且因不容易被污染而更适合进行药物的配送[41]。这两类系统的流体动力学特性有一定的区别。

1. *液滴的速度*

电润湿驱动液滴时,液滴运动的速度取决于电毛细驱动力和流体黏性阻力的平衡,Berthier 介绍了一个简单的模型,对液滴运动速度进行分析[41]。对于如图 6.18(a)所示的受限系统,若液滴为柱状,其半径为 r,两块平板的间距是 h,若液滴的平均运动速度是 $\bar{V}_{\mathrm{c}}$,参照 6.3.1 节,假设其速度分布是泊肃叶型的,则壁面

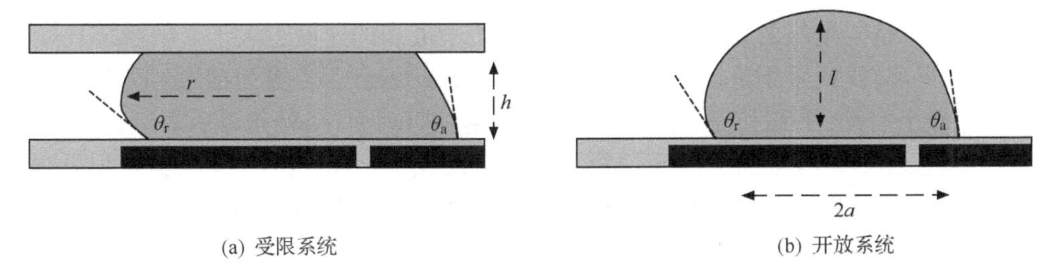

(a) 受限系统　　(b) 开放系统

图 6.18　介质上的电润湿示意图[41]

上单位面积的黏性应力是

$$\tau_{\mathrm{w}} \approx \frac{6\mu \bar{V}_{\mathrm{c}}}{h} \tag{6-74}$$

整个液滴在两个平板上黏性力是

$$F_{\mathrm{v}} \approx 2\pi r^2 \tau_{\mathrm{w}} = \frac{12\mu\pi r^2}{h}\bar{V}_{\mathrm{c}} \tag{6-75}$$

若给定电场 V 下,液滴的前进角是 θ_{a},后退角是 θ_{r},电润湿力为

$$F_{\mathrm{e}} \approx 2r\gamma(\cos\theta_{\mathrm{a}} - \cos\theta_{\mathrm{r}}) \tag{6-76}$$

则液滴的速度由 $F_{\mathrm{e}} = F_{\mathrm{v}}$ 给出

$$\bar{V}_{\mathrm{c}} \approx \frac{h\gamma}{6\mu\pi r}(\cos\theta_{\mathrm{a}} - \cos\theta_{\mathrm{r}}) \tag{6-77}$$

利用 Y-L 方程,可以将式(6-77)改写成

$$\bar{V}_{\mathrm{c}} \approx \frac{h}{12\mu\pi r} C V^2 \tag{6-78}$$

式(6-78)表明,液滴的运动速度和外加电场 V 的平方成正比,与黏性系数成反比,这和实验测量的结果吻合得很好。Berthier[41] 还给出了如图 6.23(b)中开放系统中液滴的运动速度是

$$\bar{V}_{\mathrm{o}} \approx \frac{2l}{5\mu\pi a} C V^2 \tag{6-79}$$

两类系统中液滴速度之比是

$$\frac{\bar{V}_{\mathrm{c}}}{\bar{V}_{\mathrm{o}}} = \frac{5}{24}\,\frac{h}{r}\,\frac{a}{l} \tag{6-80}$$

由于 a 和 l 是同量级的,且 $h \ll r$,在开放系统中液滴的速度远大于受限系统。

式(6-78)仅适用于液滴匀速运动的情况,Schertzer 等[42] 更为细致地分析了液滴在电极上启动、平移和停止过程中,受到的毛细驱动力、接触角滞后效应、黏性阻力和接触线阻力等,得到了液滴位置 x 和速度 u 随时间的变化,且和实验结果吻合很好。由于该表达式较为复杂,此处不便赘述,有兴趣请参阅该文献。

2. 液滴操控的模拟

尽管上述的理论分析有助于我们理解液滴运动的基本过程,对液滴实施精确的控制需要了解液滴在电场作用下的动力学详细过程,此时对电润湿过程进行数值模拟成为一种强有力的手段。由于该问题涉及流场和电场的耦合、流体界面的

非线性变形和接触线的运动等复杂情况,非常具有挑战性。

现有的各种计算模型大都能定性地模拟液滴平移、分裂、合并等结果,定量结果的准确性则很大程度上依赖于构建接触线动力学模型时可调参数的设定。这些计算模型大致有几类,其一是基于传统的有限元或有限差分等计算流体力学技术,运用 VOF、level set 等方法进行流体界面追踪,对电流体力学方程进行求解。一些学者利用诸如 Flow3D、COMSOL 等已有的商业软件,成功地对电润湿过程进行了数值模拟[43~45]。尽管商业软件极大地降低了实施数值研究的难度,但它的缺陷除了计算量较大外,还在于现有的软件一般难以精细地模拟接触线的运动,使得计算结果和实际情况有一定的误差。其二,格子 玻尔兹曼因其概念简单,易于编程和并行,且适合模拟流体界面问题,近年来被大量运用于研究电润湿问题[46~48]。但目前该方法还在发展过程中,在电场的耦合计算、接触线模型等一些方面还有不少有待改进或值得商榷之处。其三,为了克服传统的计算流体力学计算量较大的问题,根据电润湿过程的特点对问题进行一定程度的简化,可以有效地减小计算时间。一条思路是基于漏电介质模型,利用长波近似对方程进行简化,使得问题易于求解[49,50]。

另外,Walker 等针对受限系统中的电润湿,提出基于 Hele-Shaw 流的简化数值方法,并构建了考虑接触角饱和、滞后、黏弹运动等复杂情况的计算模型,得到了和实验符合较好的计算结果,实现了对液滴的反馈控制[51~53]。他们数值研究了液滴的移动、分裂和合并等各种情况,得到了实验符合较好的结果。图 6.19 是电润湿分裂水滴的模拟结果,电极上所加的电压从左往右分别是 25V、0V 和 25V。初始时刻液滴几乎是圆形的,电场开始作用后,外加电场的区域为低压区,未加电压区域为高压区,液滴因此在水平方向被拉长、变扁,最终导致在左右两个电极区域形成两个子液滴。

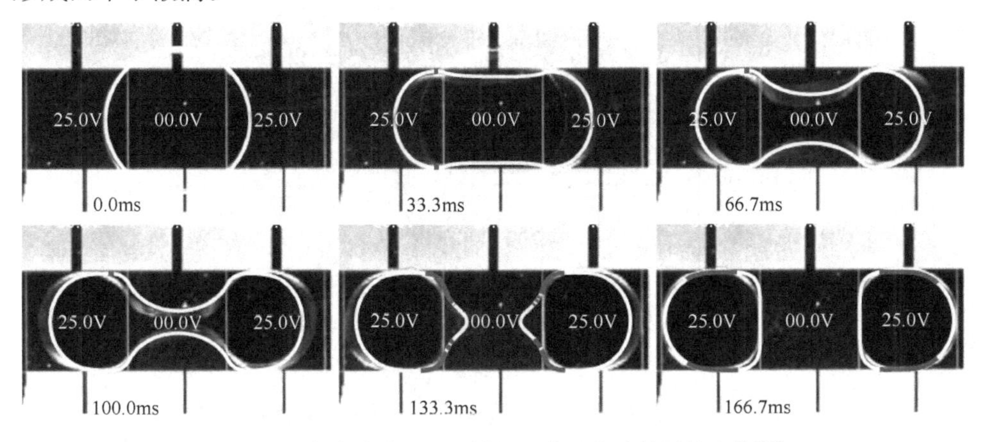

图 6.19 水滴分裂过程的模拟及其和实验结果的比较[53]

Hele-Shaw 模型的优势在于它能运用半经验的办法处理接触线运动和接触角饱和等实际情况，且计算量较小，一般借助 Matlab 软件既可完成。该方法通过忽略了垂直方向的流体运动，使问题得到了简化，但这也限制它仅能应用于受限系统的电润湿过程，且无法用于研究流体掺混等涉及内部流动的问题。另外，它仅通过接触角的改变考虑电场的影响，相当于采用了电化学模型，这是否会带来的一定的误差值得进一步的探究。

3. 流体混合

在生物芯片中，实现液滴内部物质的有效混合是至关重要的。在雷诺数较低的层流流动，若已知速度场矢量为 $\boldsymbol{U}(\boldsymbol{x},t)$，$t_0$ 时刻位于 $\boldsymbol{x}_0$ 处的流体质点的运动遵循

$$\frac{\mathrm{d}\boldsymbol{x}}{\mathrm{d}t}=\boldsymbol{U}(\boldsymbol{x},t) \tag{6-81}$$

增强混合的一条途径是通过生成某种形式的流场 $\boldsymbol{U}(\boldsymbol{x},t)$，使得流体微团产生拉伸、扭曲、旋转或折叠，引起流体质点的“混沌对流”(chaotic advection)[54]。在 6.3.3 节中，我们已经分析了开放系统中由润湿性梯度驱动液滴的内部速度场，发现它是平移和旋转两种运动形式的叠加，且靠近气/液界面处流体速度更快，内部流体好像被包裹在薄膜里，即所谓“皮肤效应”(skin effect)[41]。对于受限系统，Lu 等[55]用 PIV 技术测量了 EWOD 驱动液滴运动过程中的二维速度分布。选择跟随液滴运动的坐标系，管道中水平面上的流线和速度矢量图如图 6.20 所示，其中 x 方向为液滴运动方向。该图显示与液滴的流动方向对称，出现了两个内部环流。他们进一步通过连续性方程，重构并分析了液滴中的三维速度场。

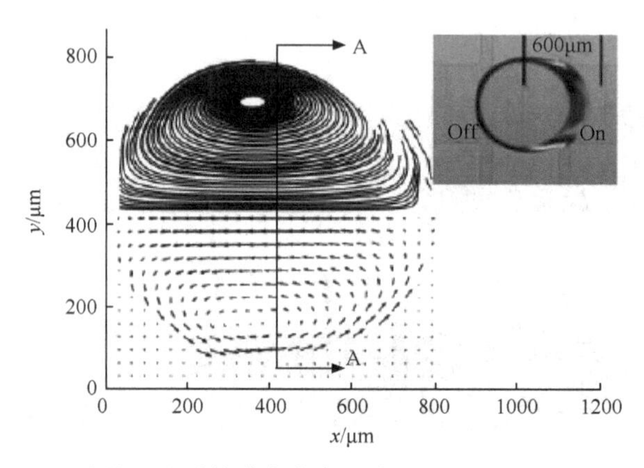

图 6.20 电润湿驱动管道中液滴运动的二维速度矢量和流线[55]

运用电润湿技术将两个液滴合并是很简单的操作，但将液滴中流体进行快速

的掺混却存在困难。实验结果显示[56]，尽管液滴合并后处于同一个电极上，但其中一个液滴只是“钻进”了另一个液滴的下方，两者在垂直方向仍然是分离的。因此这种被动混合(passive mixing)只能依靠分子扩散完成，需要较长的时间。

在电极上对液滴进行主动控制是实现高效混合的重要手段。目前的主要方法有三种，如图 6.21 所示[41]。

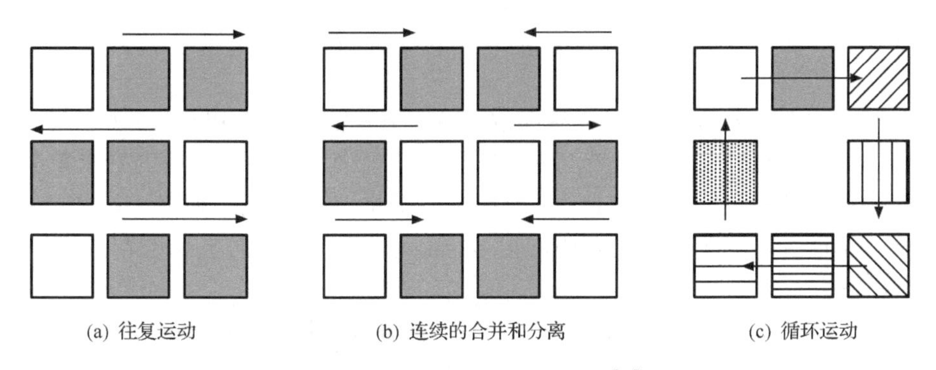

图 6.21　液滴混合的几种方式[41]

(1) 往复运动：将合并后的液滴在线性排列的电极上进行来回的运动。Paik 等[56, 57]发现皮肤效应不利于混合的进行，通过分析驱动电压、往复频率和管道尺度比等因素对混合效率的影响，得到了一组有利于混合的优化参数。

(2) 连续的合并和分离：相对于方法(1)，本方法的混合效率更高，但皮肤效应依然存在，两个液滴在运动过程中互相交换它们的液体“皮肤”。

(3) 循环运动：前两种方法的一个缺陷是不能引起流体微团的拉伸和折叠，引起混沌对流。而且，对于小雷诺数的斯托克斯流动，周期往复驱动时可逆效应也是需要消除的因素。相比较而言，虽然在循环运动中依然可以观察到液滴的皮肤效应，但剪切速度场形成的拉伸和折叠使得混合效率较高。

6.4.4　交流电润湿

在交流电场作用下，液滴显示出和直流电润湿许多不同的动力学特性，这主要体现在以下几个方面。首先，接触角饱和是该领域一个悬而未决的问题，这不仅是由于这个现象尚无公认的理论解释，而且还限制了液滴接触角改变的范围。现有的研究表明，交流电润湿有助于延缓接触角饱和的发生[4, 58]。其次，交流电作用下，液滴内部产生各种形态的流动结构，这有利于增强流体的混合。再次，交流电将减缓接触角滞后现象[59]。

1. 特征频率和共振

交流电润湿中，外加电场的频率和流体的响应时间之比是关键参数。对于半

径为 R、密度为 ρ 的液滴，若气液表面张力是 γ，其特征时间为

$$t_{\mathrm{d}} = \sqrt{\rho R^3/\gamma} \tag{6-82}$$

Oh 等[60]基于电场力、表面张力和接触线阻力的平衡关系，提出液滴的共振频率 ω_n 可以近似地用

$$\omega_n^2 = n(n-1)(n+2)\frac{\gamma}{\rho R^3} \tag{6-83}$$

表示，其中 n 是模态的阶数，且仅有偶数阶模态被激发，$n=2$ 和 $n=4$ 表示第一阶和第二阶共振模态，它们决定液滴的形态。对于电润湿实验中常用的毫米量级的液滴，由此得到的特征频率一般是几十赫兹。因此，当交流电的频率达到数千赫兹时，液滴不能及时地响应如此高频的信号，而只能感应到瞬时电压的均方根 V_{RMS} 的作用[61]。

当外加频率与液滴的特征频率相当时，液滴的形状随时间不断变化。在 Oh 等[60]的实验中，当 $f=33\mathrm{Hz}$ 时，液滴在扁形的半球和长形的半球之间振荡；而 $f=100\mathrm{Hz}$ 时，液滴在两片叶瓣和三片叶瓣的形状之间振荡。若将液滴在不同时刻的外形叠加在一起，如图 6.22 所示，我们发现不同频率时液滴的形状是与共振模态的阶数 n 相关的。对于某些特定的频率，液滴的振幅达到极大值，此时意味着发生了共振。

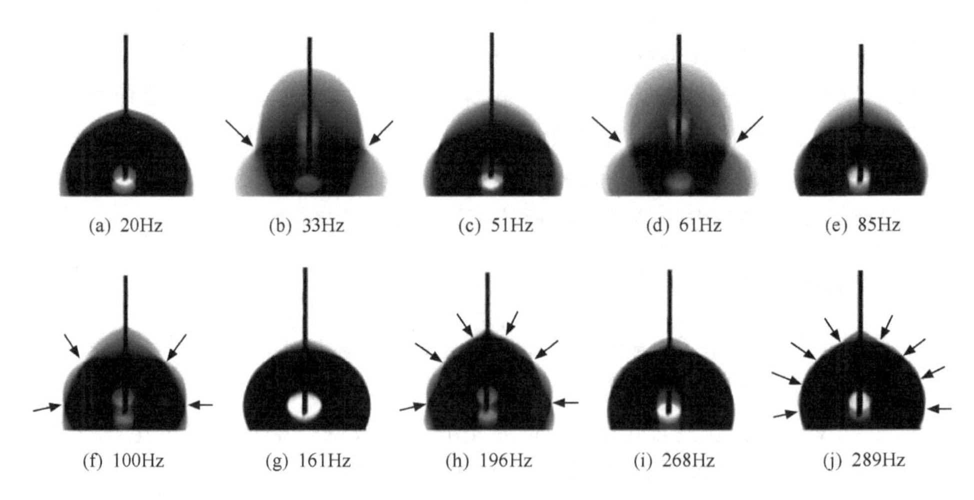

图 6.22 不同频率时液滴振荡的瞬时形状的叠加[60]

2. 交流电润湿下的接触角

液滴的电导率是影响交流电润湿的一个重要因素。Kumar 等[62]的研究表明，

对于电导率很高的流体，电松弛时间很短，液滴呈现出完全导体的特征，接触角随电场强度的改变几乎和外加频率无关；电导率较低时，高频电压作用下接触角的减小变缓(即接触角随着频率的升高而增加)。他们认为对于频率为 ω 的交流电场，电润湿方程可以改写成

$$\cos\theta_{ew} = \cos\theta_Y + f(\omega)\vartheta \tag{6-84}$$

式中，电润湿数 $\vartheta = \dfrac{c_d V_{RMS}^2}{2\gamma}$ (参见 6.4.1)；$f(\omega) = \dfrac{1}{1+(\omega R_1 c_d)^2}$，$R_1$ 是液滴的欧姆电阻。

Li 和 Mugele 的实验发现[59]，随着电压的增加，直流电润湿时液滴的滞后角 $\Delta\theta = \theta_a - \theta_r$，几乎保持不变，而交流电润湿有利于消除接触角滞后现象，即在直流电作用下，前进角和后退角都有所下降，但两者之差几乎没有变化；而在交流电作用下，随着电压的升高，滞后角趋向于零。为了理解这个现象，利用 Young 方程，将水平方向合力用气/液表面张力 γ 无量纲化后表达成

$$F = \frac{1}{\gamma}(\gamma_{sg} - \gamma_{sl} - \gamma\cos\theta) + F_{el} = \cos\theta_Y - \cos\theta + F_{el} \tag{6-85}$$

对于直流电情况，$F_{el} = \vartheta$，合力为零，方程回到 Y-L 方程。在真实表面上，由于粗糙度和化学不均匀性的影响，表面存在一些能量势垒，导致了前进角和后退角的差异。假设克服这些势垒需要的力是 F_p，其最大值和最小值分别是 $\cos\theta_a^0 - \cos\theta_Y$ 和 $\cos\theta_r^0 - \cos\theta_Y$。若外加电场是周期变化的，即 $V(t) = V_0\sin\omega t = \sqrt{2}V_{RMS}\sin\omega t$，电场力是

$$F_{el} = \vartheta(\sin\omega t)^2 = \vartheta(1 - \cos2\omega t) \tag{6-86}$$

表达式中的直流部分等于电润湿数。当外加频率为数千赫兹，远大于液滴的特征频率时，尽管流体不能及时地响应电场的变化，但由于黏弹运动发生在非常小的尺度，根据式 $t_d = \sqrt{\rho R^3/\gamma}$，接触线附近的流体响应时间很短。因此，电场力的振荡有助于流体克服黏弹力的阻碍。由于电场力在 0 和 2ϑ 之间变化，参见公式(6-85)，发现滞后角与外加电场无关，$\cos\theta_r(V) = \cos\theta_r^0$；而前进角随着电压升高而减小，$\cos\theta_a(V) = \cos\theta_a^0 + 2\vartheta$。这表明电场力帮助接触线前进，却不影响其后退。若电润湿数大于临界值，$\vartheta > \Delta\cos\theta^0/2$，滞后现象将完全消失。

3. 内部流动

为了研究交流电场作用下流动情况，Ko 等[63]用流动显示技术，得到了开放系统中不同频率时液滴内部的二维流动图像，如图 6.23 所示，其中液滴顶端为电极插入的位置。他们发现，当外加电场的频率和液滴的特征频率在一个数量级时，液

滴的接触线以较大的振幅连续地振荡。随着频率的升高,振幅逐渐减小。当频率达到 $f=1\mathrm{kHz}$ 时,出现了如图 6.23(a)所示的内部流动,这种流动形态维持到大约 $f=15\mathrm{kHz}$。此后液滴中的流动几乎可以忽略(如图 6.23(b)所示)。但当频率继续升高,如图 6.23(c)所示,$f=128\mathrm{kHz}$ 时,液滴中又出现了一种截然不同的流动图像,且该流动和电极的位置密切相关。他们将前者称为“低频流”,后者称为“高频流”。

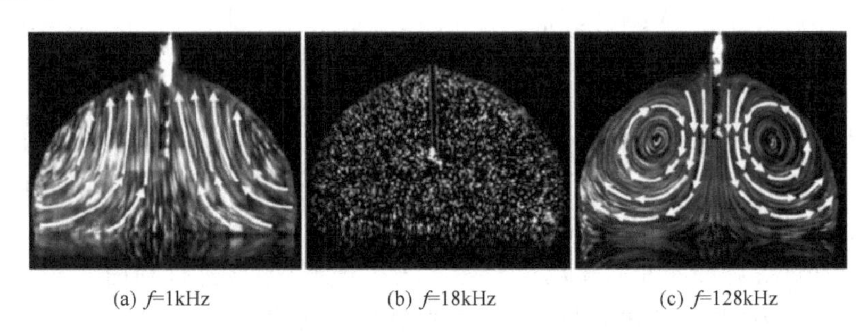

(a) f=1kHz (b) f=18kHz (c) f=128kHz

图 6.23 交流电润湿中不同频率电压下液滴内部流动[63]

为了探讨这种现象的成因,Lee 等[64]和 García-Sánchez 等[65]分别用基于漏电介质模型,用 COMSOL 软件对交流电润湿过程进行了数值模拟。他们认为不同流动图像形成的原因是由于其产生的机理完全不同。低频流是由于流体动力学效应产生的,因此当外加频率升高,流体响应时间远大于电场的变化,就观察不到这种流动了。高频流的产生机理则更为复杂。高频电压在液滴中产生焦耳热,引起液滴中温度升高,且在电极插入的位置焦耳热较为集中。一方面,温度的升高导致表面张力的变化,造成热毛细流动,但 García-Sánchez 等认为,热毛细对流尚不足以产生图 6.24(c)中的高频流。另一方面,温度的升高也导致液体中电导率和电容率的改变,电性质的不均匀性也将在液滴内部引起了流动,即“电热诱导对流”(electrothermally induced convection),这才是高频流产生的物理机理。

*6.4.5 纳尺度电润湿

纳米尺度液滴在电场的作用下,具有很多与宏观液滴不同的性质。从流体力学的角度分析产生这些差异的原因,除了对连续介质假设的适用性问题学术界一直存在争议外,主要体现在以下这些方面:

(1) 在固/液界面,双电层的厚度一般在几纳米至几百纳米之间。对于宏观尺度的介质上的电润湿,正如我们在前面讨论的,双电层现象是可以忽略的。但对于纳米尺度的电润湿,液滴半径小于德拜长度,因此必须考虑它带来的影响。除此以外,液体分子的极性、固/液界面的氢键等许多物理化学性质都对电润湿产生作用。

(2) 流体的特征时间是和液滴的半径 R 的 3/2 次方成正比(式(6-82)),随着液滴半径的下降,流体的响应时间和电荷的松弛时间区域接近,我们在6.4.2节中的电流体力学模型的假设不再成立,如何对模型进行简化需要重新考虑。

(3) 在宏观流体力学现象中,固/液和气/液等相界面通常被认为是没有厚度的"锋利"物理界面,仅在计算模拟时,为了数值上的便利有时将其处理成有厚度的。与之相对比,在纳米尺度上,流体的密度、输运性质等物理量在界面附近的变化是非常典型的现象。实际上,在固/液界面附近,密度泛函理论(density functional theory)和分子动力学模拟的结果都显示,由于分子间吸引力和排斥力的相互作用,流体的密度呈振荡的形态。

(4) 分子的热涨落在纳米流体界面现象中起着关键的作用。借助耗散-涨落定理,在流体力学方程中引入热涨落项,可以从理论上分析分子热运动在流体动力学中的作用。现有的研究显示,热涨落有助于液滴在固体表面的铺展和润湿性梯度驱动的平移运动[66,67]。

与传统的流体力学技术相比,分子动力学模拟是描述微观动力学现象的强有力工具,虽然由于计算量的限制,目前它能模拟的分子总数和计算时间都有很大的限制,但由于其具有较准确刻画颗粒(原子、分子或离子等)之间相互作用的能力,在纳米尺度流体的研究中发挥着重要的作用。下面我们简单介绍用分子动力学模拟方法研究纳米尺度电润湿现象的一些研究内容。

1. 液滴和接触角

根据Young-Lippmann方程,施加电场后,接触角的改变依赖于电压的平方,而与电场的方向是无关的。Daub等[68]用分子动力学模拟研究了石墨板上水滴形状和平衡态接触角在电场作用下的变化,发现纳米尺度下情况发生了很大的变化。为了分析电场作用方向的影响,他们对液滴施加平行和垂直于平板的电场,并测量了计算得到的静态接触角。结果表明,未施加电场时,接触角是96.3°±1.8°,符合前人的研究结果;当施加垂直电场时,正、负电压都能导致接触角的减小,其中正电场时为84.2°±3.9°,负电场时为89.9°±1.5°,显然正电压的效果更加明显;当施加平行电场时,液滴的头部接触角最小,大约是76.3°±4.5°,中部的接触角大小和静态接触角相当,是93.6°±1.5°,液滴尾部接触角增加至107.6°±5.5°。通过深入分析,他们认为出现该现象的原因是水分子的极性。不同方向电场作用使得水分子的偶极方向发生了变化,进而影响了固体表面的氢键分布,并进一步导致了界面张力的变化。

2. 电弹性毛细现象

移动接触线问题是动态电润湿研究中的重要和挑战性的问题。在物理上,它涉及从宏观到分子等多个长度尺度的运动规律;在数学上,它包含了方程奇异性等困难问题需要处理。更进一步地，人们对纳米尺度下移动接触线的动力学特征还不十分清楚。液滴铺展时名义接触线的前端在膨胀压力的作用下，有一层1～2个分子层厚度的前驱膜。在润湿过程中，首先是前驱膜铺展，然后液滴在前驱膜上铺展。施加电场后，前驱膜内电场能的大小已经和热能大小相当，使得前驱膜体现出特殊的性质。然而，人们对于动态电润湿中前驱膜的认识还十分匮乏。

Yuan 和 Zhao[69]通过分子动力学模拟和分子动理论(molecular kinetic theory, MKT)相结合的方法，研究了液滴润湿、电润湿和电弹性毛细现象中的前驱膜的作用，分析了在动态润湿和动态电润湿过程中前驱膜的行为方面，发现前驱膜的铺展半径 R 和铺展时间 t 呈幂函数关系 $R \sim t^{n(E)}$，其中指数 $n(E)$ 是电场强度 E 的函数。通过分析液滴不同区域的粒子运动，发现前驱膜的铺展速度很快，是液滴表面原子扩散到前驱膜前端的结果，且前驱膜内有特殊的二维氢键网络。由于基底的限制作用，前驱膜是类固体(solid-like)性质，其自扩散系数比体相水(bulk water)要小很多。

Yuan 和 Zhao 的研究还发现，当液滴的尺寸超过"弹性毛细长度"，石墨弹性软膜会自发地包裹液滴。当系统中引入外电场，就会发生"电弹性毛细"(electro-elasto-capillarity, EEC)现象，即通过电场力作用使得前驱膜将弹性软膜撑开。如图6.24所示，若石墨膜的弯曲刚度为 B，弹性毛细长度为

$$L_{EC} = (B/\gamma)^{1/2} \tag{6-87}$$

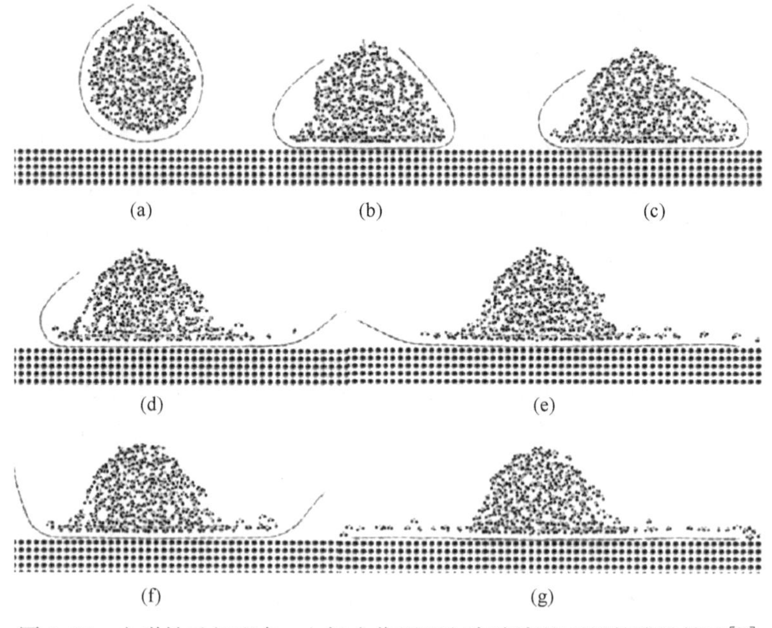

图6.24 电弹性毛细现象：电场力作用下包裹液滴的石墨软膜被撑开[69]

当液滴的半径大于 L_{EC} 时，石墨膜将包裹住液滴。施加电场后，石墨膜变得更加亲水，前驱膜得以在软膜上铺展，这导致了包裹它的石墨膜被打开。这些发现显示了前驱膜在电润湿过程中的重要作用，也展示了前驱膜在微纳尺度药物输运方面潜在的应用前景。

3. 薄膜去润湿

探讨纳米尺度超薄膜失稳、破裂直至在固体表面形成一定形态的孔洞的物理机制，是微纳米研究的热点问题之一。近年来，人们发现在物理模型中同时考虑包含分子间吸引力和排斥力的膨胀压力，可以得到和实验对比非常类似的流动图像。但由于研究中使用了长波近似和无滑移边界条件，无法准确地预测在薄膜破裂点附近的流动状况。

为了克服这个困难，Hu 等[70]运用分子动力学模拟研究了电场作用下固体表面超薄水膜的失稳和破裂过程，发现接触线边缘附近流体分子垂直向上运动，并有类似“旋涡”结构出现。计算结果表明，薄膜中小扰动将失稳，并在初始阶段线性增长，固体和液体的相互作用对扰动的初期增长影响较小。最小厚度的下降导致薄膜发生破裂，此后破裂边缘以一定的动态接触角后退。与宏观理论预测一致，边缘半径随时间的变化与时间的平方根成正比。

由于分子间吸引力和排斥力的相互作用，固体表面附近密度分布呈现出振荡的形态。由于电场有利于增加固体表面的亲水性，这相当于增强固液相互作用，因而无论是在固/液界面还是液体/真空界面，施加电场后液体的密度均有所升高。与此同时，电场也将引起破裂时间延迟，动态接触角减小。

6.5 应用实例

数字微流控技术基于电润湿的基本原理对液滴进行各种方式的操控，并构建电极阵列以实现复杂的生物、化学分析，是目前生物微芯片研究中一个极具应用前景的新领域[6, 41, 71~73]。现有的研究表明，电润湿技术适用于范围非常广泛的流体介质，从离子流体(ionic liquid)和有机溶剂，到生理液体(血液、汗液、牛奶等)、含蛋白质和细胞等。Abdelgawad 等发展的全地形液滴驱动(all-terrain droplet actuation，ATDA)[40]技术，在各种形状，甚至是柔性的固体表面上实现了 DNA 的处理和提纯，这些结果大大扩充了数字微流控技术的应用范围。由于该领域涉及面很广，且发展极快，我们仅试举几个 DMF 的应用实例，希望达到窥一斑而知全貌的目的。

6.5.1 蛋白质组学

蛋白质组学旨在对蛋白质的结构和功能进行大规模的研究。通常在利用质谱仪或者其他仪器对蛋白质进行分析之前，需要经过多步的化学样品处理。Luk 和 Wheeler 认为[74]，由于现有的样品操作和工序没有形成标准，给蛋白质组学分析的发展带来了很大的限制。有时即使是同样的样品，由于处理方法的不同，不同的实验室得到的结果可能相差很大。小型化和集成化的微流体系统可能为解决这个问题提供帮助，且数字微流控因其具有精确、独立地控制液滴的能力，相比于基于管道的微流体系统更适合于实现这些复杂的工艺过程。

Jebrail 和 Wheeler[75] 应用数字微流控技术把不同成分的混合物，通过沉淀、漂清和再溶解等过程，进行了蛋白质的提取和净化。该装置由双十字的结构组成(如图 6.25 所示)，包括不同大小的液池和驱动电极。在实验中，包含样品的液滴(包含蛋白质、混合物、细胞溶解产物等)和沉淀剂从各自的液池中释放出来，并在提取电极(extraction electrode)上合并。合并后的液滴在经过一段时间的培养后(室温下大约 5min)，可以观察到蛋白质从溶液中沉淀出来。接着，单个液滴从漂清液池中依次被释放出来，并驱动至提取电极上，将反应残留的沉淀剂洗净后，进入废弃液池。为了确保没有溶剂残留，沉淀物在 95℃下被干燥 5min。然后，从再溶解液池中释放一个液滴，把它驱动至提取电极，将蛋白质再度溶解。他们用电喷雾电离质谱仪(electrospray ionization mass spectrometry，ESI-MS)和荧光分析等方法定量地评估了蛋白质提取的效率，得到和常规提取技术相当或更好的结果。

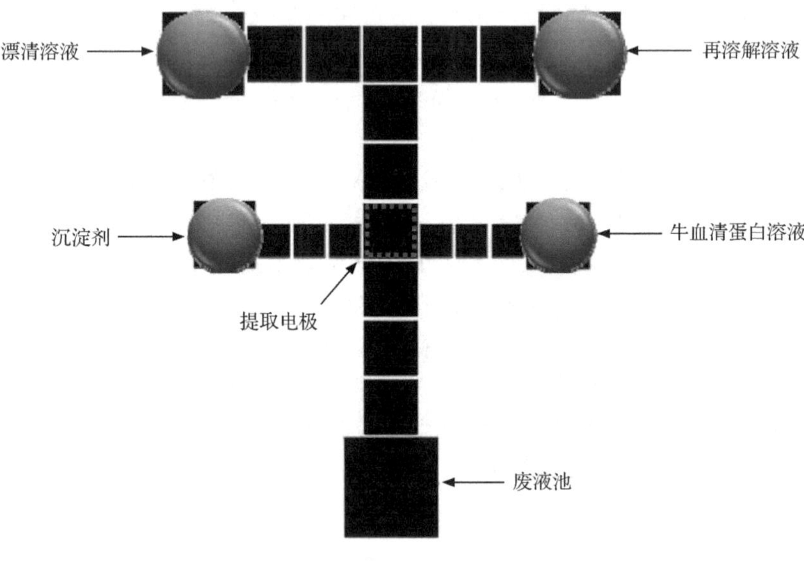

(a) 装置的示意图

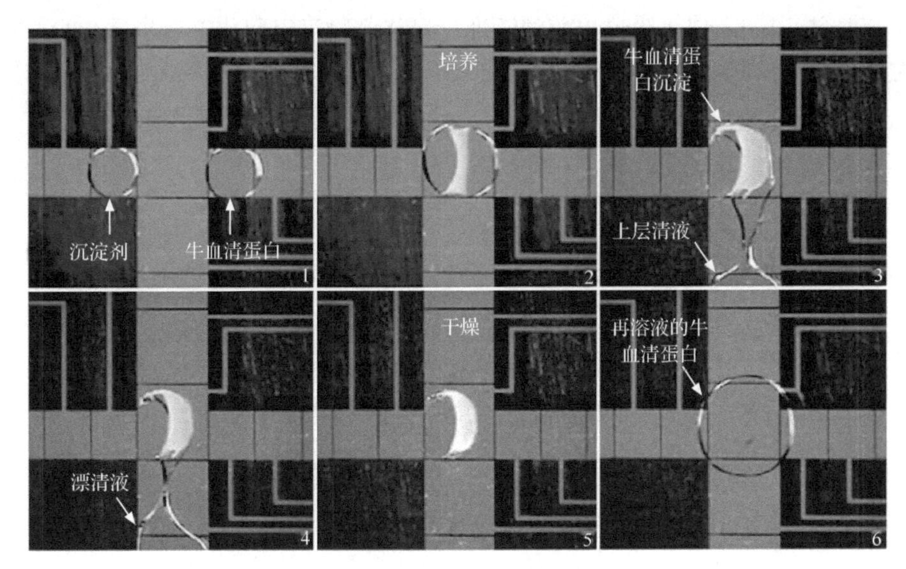

(b) 蛋白质提取的实验过程

图 6.25　数字微流控蛋白质提取装置

在此后的研究中，Wheeler 课题组进一步发展了包括沉淀、漂清、再溶解、还原、烷基取代、消解反应（digestion reaction）等常用蛋白质处理过程的微芯片[72]。通过将微管道和 DMF 连接在一起，他们还构建混合微流体平台，并利用微管道对蛋白质处理后的产物进行了电泳分离[76]。

6.5.2　DNA 处理

对 DNA 样品进行处理、提取、检测、修补是生命科学中的关键步骤，数字微流控在这个领域也进行了大量成功的尝试[72]。这里我们重点介绍 Liu 等利用 DMF 技术，通过液滴的合并实现 DNA 拼接的工作[77]。

DNA 克隆技术利用连接酶的催化作用，将各种来源的遗传物质和载体 DNA 通过共价键拼接成具有自我复制功能的 DNA 分子，继而转化或转染宿主细胞（如大肠杆菌）。当宿主细胞分裂时，载体也大量地复制自身及其所携带的基因。通过筛选出产物中的目标 DNA 序列，再进行扩增、提取，可以获得大量同一 DNA 分子。

Liu 等设计的 DNA 拼接芯片示意图和实验过程如图 6.26 所示。实验中交流电润湿的电压 $V_{RMS}=57V$，频率是 1kHz。芯片中包含嵌入 DNA、载体 DNA 和连接酶三个液池。首先，含有嵌入 DNA 和载体 DNA 的液滴从各自的液池中产生，由电极驱动合并成 DNA 混合物。然后，合并后的液滴被运送到连接酶的液池。在室温下，经过 5min 的培养之后，整个混合物被收集到干净的微管中，在

65℃下加热 10min,以去除连接酶的活性。最终产物可以留待下一步进行 DNA 转化之用。图 6.26(b)中,图①～④是嵌入 DNA 液滴和载体 DNA 液滴的生成过

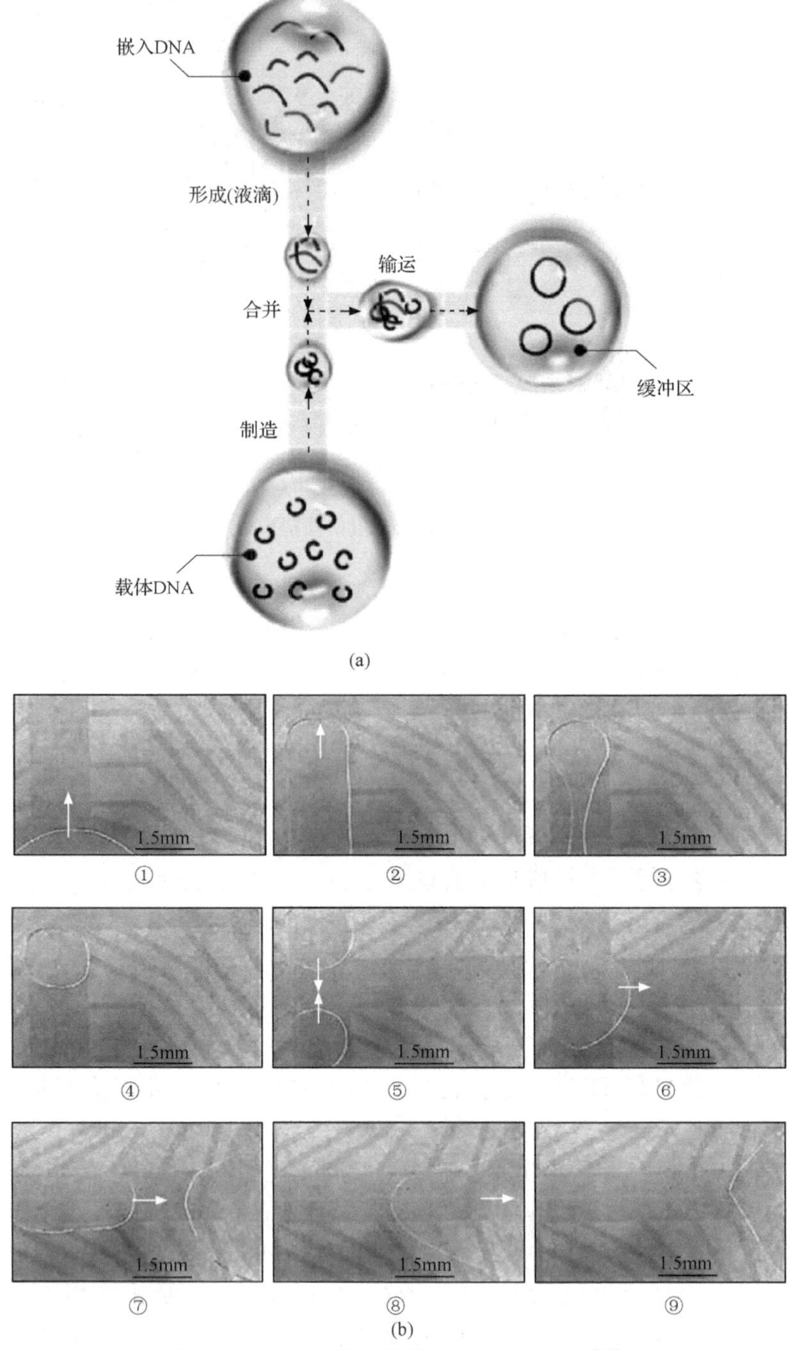

图 6.26 DNA 拼接的示意图和实验过程[77]

程，⑤、⑥显示了嵌入DNA液滴和载体DNA液滴的合并，⑦～⑨描述了混合DNA液滴被运送到连接酶液池进行拼接反应。与传统的DNA拼接方法相比，Liu等[77]的工作表明，基于DMF的装置大大减小了药剂的用量，有利于进行商业化。

6.5.3 基于电润湿技术的聚合酶链式反应

聚合酶链式反应(polymerase chain reaction，PCR)是目前广泛采用的利用聚合酶进行DNA序列扩增的生物技术。现有的PCR-EWOD微芯片大致有两种构架[41]：一种是通过加热和冷却控制含PCR混合物的液滴所处位置的温度，来实现PCR反应，其中温度大致在65～94℃变化；另一种是驱动液滴在温度恒定的低温区(约64℃)和高温区(约95℃)之间运动。Chang等利用数字微流控技术，率先在一块微芯片上实现了登革热Ⅱ型病毒的聚合酶链式反应[78]。如图6.27所示，他们设计的PCR-EWOD微芯片分为三个区域，即引物和目标DNA的液池区、混合区、PCR反应器，芯片尺寸是6.5cm×4.5cm。液滴的运动依靠电压为12V_{RMS}、频率为3kHz的交流电润湿来控制。为了产生进行PCR反应必需的精确温度场，实验中采用了温度传感器进行实时的温度监控，并基于神经网络的预测控制方案设计了温度控制系统。温度传感器和加热器的电流分别是4mA和240mA。实验中，EWOD技术用于产生和运送包含生物样品的液滴，DNA样品的混合和放大也在同一块芯片上进行。首先，含有引物和DNA样品的液滴从各自的液池中生成，

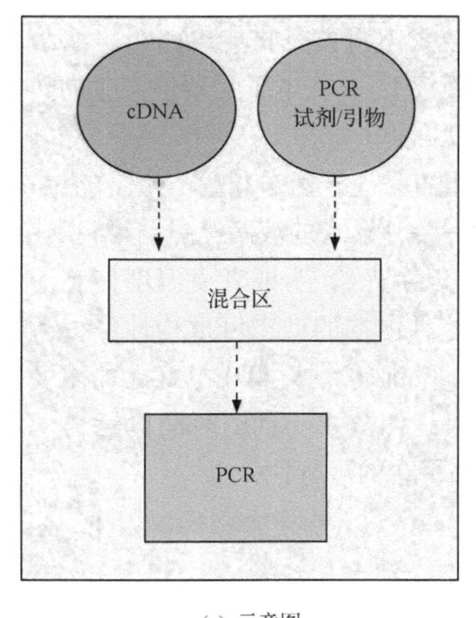

(a) 示意图

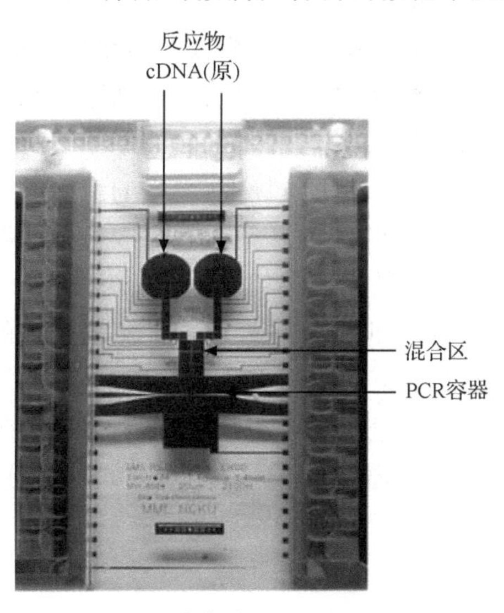

(b) 实物图

图6.27　PCR-EWOD微芯片[78]

其体积大约为 730nL。两个液滴被运送到数字控制的 2×2 的混合电极阵列上合并,并通过开关电极使之充分混合,然后移动到 PCR 反应器。在经过 25 个变形、退火和延伸循环后,完成了 PCR 扩增。整个 PCR 反应过程耗时 55min,总共消耗样品 15μL,与常规的 PCR 技术相比,分别下降了 50%和 70%。

Sista 等进一步发展了 PCR-EWOD 技术,通过将液滴两个不同温度区域输运,在 12min 内完成了 40 个 PCR 循环[79]。最近,Hua 等构建了多路实时 PCR 平台,可以同时进行不同样品、多重目标的 PCR 扩增,且放大效率高达 94.7%[80]。这些研究工作显示了数字微流控非常广阔的应用前景。

6.5.4 集成电路的冷却

散热是大规模集成电路设计的关键问题。随着集成化程度的日益提高,系统中温度的非均匀分布将引起电子元件的应力变化,进而对电路的可靠性和性能有着重要的影响。尽管基于微管道的技术已经应用于电子元器件的冷却,且其冷却速率可以得到 $100W/cm^2$,但目前由于温度非均匀性产生的局部热斑(hot spot)的功率密度却高达 $300W/cm^2$。Paik 等基于数字微流控技术,建立了一种完全可重构的(reconfigurable)、自适应的冷却平台[81]。

尽管数字微流控装置通常用于生物和化学芯片实验室,Paik 等认为同样的构架和基于液滴的操作可以灵活地用于集成电路的冷却。一种简单的方法是将液体置于两层平板之间,其中一层是布满点击阵列的微流体芯片,并和冷却液池相连;另一层是紧贴在集成电路板上的导热材料,或者本身就是集成电路板。液滴从液池中形成后,运用电润湿技术将其输运到电路板上,并将电子元器件产生的热量带走。图 6.28 是这种冷却平台的侧视图和俯视图。

由于在二维的电极上,大量的液滴可以很容易地被运送到用户指定的位置,根据集成电路的温度分布,人们可以自由地设计各种形式的液滴优化路径,以达到提高冷却效率的目的。集成电路的温度分布可以事先给定,或者由温度传感器及时测量,进行实时的反馈控制。数字微流控的这种内在的动态可重构性使得人们可以建立自适应的冷却平台。基于上述的思路,Paik 等[81]对集成电路上的温度高达 70℃的热斑进行了冷却,以 32Hz 的频率在大约四分之一秒的时间内运送八个液滴通过热斑,使其温度下降了 23℃,证实了该平台的可行性。

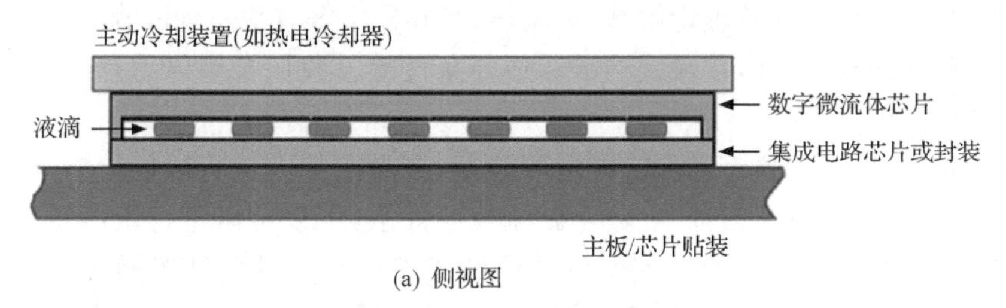

(a) 侧视图

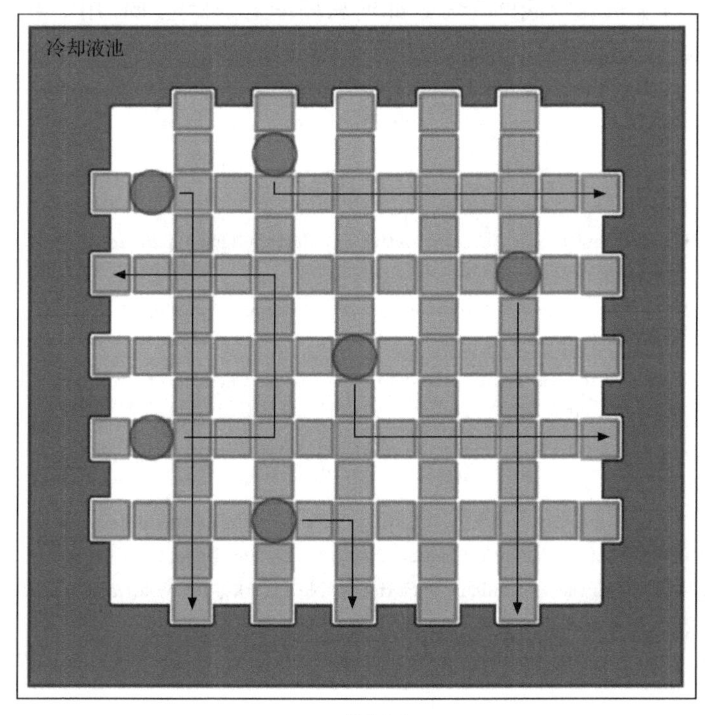

(b) 俯视图

图6.28 基于数字微流控的集成电路冷却平台[81]

6.6 本章小结

电润湿技术的飞速发展使得液滴在固体表面的运动这个学术界的经典难题引起了人们广泛的研究兴趣。本章从平衡态热力学、流体静力学和动力学等角度,论述了这个问题的基本概念和理论、研究方法和进展,以及电润湿技术的流体力学原理和应用等内容。另外,介绍了近年来关于纳米尺度电润湿的一些研究成果。需要指出的是,由于该领域的前沿性,许多研究工作是具有探索和尝试性的。

本章内容涉及的研究领域非常广,由于篇幅所限,作者忽略了许多重要的内容。例如，接触角饱和的理论解释，运用热、光和化学等方法实现液滴的控制，含纳米颗粒液滴的润湿特性，接触线的滑移边界条件等。我们希望以后有机会对这些方面的内容进行补充。

利用电润湿操控含有药粉或样本的液滴，在微芯片上进行生物化学分析是该技术的重要应用领域。目前，在数字微流控芯片上，不仅可以进行蛋白质、葡萄糖及生物细胞的分析、聚合酶链式反应（PCR）、实施 DNA 的修复等操作，并能在柔性非平坦基底或荷叶上进行液滴的控制。如何从理论上分析电场作用下液滴在这些复杂环境下的运动规律，是电润湿理论研究面临的新挑战。

参考文献

[1] Chaudhury M K, Whitesides G M. How to make water run uphill. Science, 1992, 256(5063): 1539～1541.

[2] Quilliet C, Berge B. Electrowetting: A recent outbreak. Current Opinion in Colloid and Interface Science, 2001,6(1): 34～39.

[3] Mugele F, Baret J C. Electrowetting: From basics to applications. Journal of Physics-Condensed Matter, 2005, 17(28): R705～R774.

[4] Abdelgawad M, Wheeler A R. The digital revolution: A new paradigm for microfluidics. Advanced Materials, 2009. 21(8):920～925.

[5] de Gennes P G, Brochard-Wyart F B, Quere D. Capillarity and Wetting Phenomena. New York: Springer-Verlag Inc,2004.

[6] Wang Z Q, Zhao Y P, Huang Z P. The effects of surface tension on the elastic properties of nano structures. International Journal of Engineering Science, 2010,48(2):140～150.

[7] Adamson A W, Gast A P. Physical Chemistry of Surfaces. New York:John Wiley and Sons,1997.

[8] 沈钟，赵振国，王国庭. 胶体与表面化学. 第三版. 北京：化学工业出版社，2003.

[9] Myers D. Surfaces, Interface, and Colloids: Principles and Applications. New York: John Wiley and Sons,1999.

[10] McHale G. Cassie and Wenzel: Were they really so wrong?. Langmuir, 2007, 23(15): 8200～8205.

[11] Gao L C, McCarthy T J. How Wenzel and Cassie were wrong. Langmuir, 2007,23(7): 3762～3765.

[12] 柯清平，李广录，郝天歌，等. 超疏水模型及其机理. 化学进展，2010,(Z1): 284～290.

[13] Choi W, Tuteja A, Mabry J M, et al. A modified Cassie-Baxter relationship to explain contact angle hysteresis and anisotropy on non-wetting textured surfaces. Journal of Colloid and Interface Science, 2009,339(1):208～216.

[14] Amirfazli A. Status of the three-phase line tension: A review. Advances in Colloid and Interface Science, 2004,110(3):121～141.

[15] Israelachvili J N. Intermolecular and Surface Forces. London: Academic Press,1998.

[16] Darhuber A A, Troian S M. Principles of microfluidic actuation by modulation of surface stresses. Annual Review of Fluid Mechanics, 2005,37: 425～455.

[17] Washburn E W. The dynamics of capillary flow. Physical Review E, 1921,17: 273.

[18] Zhmud B. Dynamics of capillary rise. Journal of Colloid and Interface Science, 2000,228(2): 263-269.

[19] Raphaël E. Spreading of droplets on patchy surface. Comptes Rendus de l'Academie des Sciences, 1988,

306：751.

[20] de Gennes P G. Wetting：Statics and dynamics. Reviews of Modern Physics，1985，59：827～863.

[21] 石自媛，胡国辉，周哲玮. 润湿性梯度驱动液滴运动的格子 Boltzmann 模拟. 物理学报，2010，59(04)：2595～2600.

[22] Tanner L H. The spreading of silicone oil drops on horizontal surfaces. Journal of Physics D-Applied Physics，1979，12：1473～1484.

[23] He G，Hadjiconstantinou N G. A molecular view of Tanner's law：Molecular dynamics simulations of droplet spreading. Journal of Fluid Mechanics，2003，497：123～132.

[24] Zhang J F，Li B M，Kwok D Y. Mean-field free-energy approach to the lattice Boltzmann method for liquid-vapor and solid-fluid interfaces. Physical Review E，2004，69(3)：1～3.

[25] 石自媛. 润湿性对液体表面动力学影响的 Lattice Boltzmann 模拟[学位论文]. 上海：上海大学，2008.

[26] Das A K，Das P K. Multimode dynamics of a liquid drop over an inclined surface with a wettability gradient. Langmuir，2010，26(12)：9547～9555.

[27] Berge B. Electrocapillarite et mouillage de films isolants parl'eau. Comptes Rendus de l'Academie des Sciences II，1993，317：157.

[28] Squires T M，Quake S R. Microfluidics：Fluid physics at the nanoliter scale. Reviews of Modern Physics，2005，77(3)：977～1026.

[29] Hayes R A，Feenstra B J. Video-speed electronic paper based on electrowetting. Nature，2003，425：383.

[30] Feng J T，Wang F C，Zhao Y P. Electrowetting on a lotus leaf. Biomicrofluidics，2009，3(2)：022406.

[31] Jones T B，Fowler J D，Chang Y S，et al. Frequency-based relationship of electrowetting and dielectrophoretic liquid microactuation. Langmuir，2003，19(18)：7646～7651.

[32] Saville D A. Electrohydrodynamics：The Taylor-Melcher leaky dielectric model. Annual Review of Fluid Mechanics，1997，29：27～64.

[33] Kang K H. How electrostatic fields change contact angle in electrowetting. Langmuir，2002，18(26)：10318～10322.

[34] Mugele F. Fundamental challenges in electrowetting：From equilibrium shapes to contact angle saturation and drop dynamics. Soft Matter，2009，5(18)：3377.

[35] Fontelos M A，Kindelan U. The shape of charged drops over a solid surface and symmetry-breaking instabilities. Siam Journal on Applied Mathematics，2008，69(1)：126～148.

[36] Fontelos M A，Kindelan U. A variational approach to contact angle saturation and contact line instability in static electrowetting. Quarterly Journal of Mechanics and Applied Mathematics，2009，62(4)：465～479.

[37] Thaokar R M，Kumaran V. Electrohydrodynamic instability of the interface between two fluids confined in a channel. Physics of Fluids，2005，17(8)：084104.

[38] Melcher J R，Taylor G I. Electrohydrodynamics：A review of the role of interfacial shear stresses. Annual Review of Fluid Mechanics，1969，1(1)：111～146.

[39] 李芳. 同轴带电射流的稳定性研究[学位论文]. 合肥：中国科学技术大学，2007.

[40] Abdelgawad M，Freire S L S，Yang H，et al. All-terrain droplet actuation. Lab on a Chip，2008，8(5)：672～677.

[41] Berthier J. Microdrops and Digital Microfluidics. Norwich：William Andrew，2008.

[42] Schertzer M J, Gubarenko S I, Ben-Mrad R, et al. An empirically validated analytical model of droplet dynamics in electrowetting on dielectric devices. Langmuir, 2010, 26(24): 19230~19238.

[43] Zeng J, Korsmeyer T. Principles of droplet electrohydrodynamics for lab-on-a-chip. Lab on a Chip, 2004, 4(4): 265~277.

[44] Oh J, Hart R, Capurro J, et al. Comprehensive analysis of particle motion under non-uniform AC electric fields in a microchannel. Lab on a Chip, 2009, 9(1): 62~78.

[45] 曾雪锋. 基于介质上电润湿的液滴操作与模拟[学位论文]. 北京:清华大学, 2005.

[46] Aminfar H, Mohammadpourfard M. Lattice Boltzmann method for electrowetting modeling and simulation. Computer Methods in Applied Mechanics and Engineering, 2009, 198(47-48): 3852~3868.

[47] Clime L, Brassard D T. Veres, numerical modeling of electrowetting transport processes for digital microfluidics. Microfluidics and Nanofluidics, 2010, 8(5): 599~608.

[48] Clime L, Brassard D T. Veres, numerical modeling of electrowetting processes in digital microfluidic devices. Computers and Fluids, 2010, 39(9): 1510~1515.

[49] Craster R V, Matar O K. Electrically induced pattern formation in thin leaky dielectric films. Physics of Fluids, 2005. 17(3): 032104.

[50] Yeo L Y, Craster R V, Matar O K. Drop manipulation and surgery using electric fields. Journal of Colloid and Interface Science, 2007, 306(2): 368~378.

[51] Walker S, Shapiro B. A control method for steering individual particles inside liquid droplets actuated by electrowetting. Lab on a Chip, 2005, 5(12): 1404~1407.

[52] Walker S W, Shapiro B. Modeling the fluid dynamics of electrowetting on dielectric (EWOD). Journal of Microelectromechanical Systems, 2006, 15(4): 986~1000.

[53] Walker S W, Shapiro B, Nochetto R H. Electrowetting with contact line pinning: Computational modeling and comparisons with experiments. Physics of Fluids, 2009, 21(10): 102103.

[54] Ottino J M. The Kinematics of Mixing: Stretching, Chaos, and Transport. Cambridge: Cambridge University Press, 1989.

[55] Lu H W, Bottausci F, Fowler J D, et al. A study of EWOD-driven droplets by PIV investigation. Lab on a Chip, 2008, 8(3): 456~461.

[56] Paik P, Pamula V K, Pollack M G, et al. Electrowetting-based droplet mixers for microfluidic systems. Lab on a Chip, 2003, 3(1): 28.

[57] Paik P, Pamula V K, Fair R B. Rapid droplet mixers for digital microfluidic systems. Lab on a Chip, 2003, 3(4): 253.

[58] Quinn A, Sedev R, Ralston J. Contact angle saturation in electrowetting. Journal of Physical Chemistry B, 2005, 109(13): 6268~6275.

[59] Li F, Mugele F. How to make sticky surfaces slippery: Contact angle hysteresis in electrowetting with alternating voltage. Applied Physics Letters, 2008, 92(24): 244108.

[60] Oh J M, Ko S H, Kang K H. Shape oscillation of a drop in ac electrowetting. Langmuir, 2008, 24(15): 8379~8386.

[61] Mugele F, Duits M, van den Ende D. Electrowetting: A versatile tool for drop manipulation, generation, and characterization. Advances in Colloid and Interface Science, 2010, 161(1-2): 115~123.

[62] Kumar A, Pluntke M, Cross B J F, et al. Charged droplet generation and finite conductivity effects in AC electrowetting//Proceedings of the Materials Research Society Fall Meeting. Materials Research

Society, 2005.
[63] Ko S H, Lee H, Kang K H. Hydrodynamic flows in electrowetting. Langmuir, 2008, 24(3): 1094~1101.
[64] Lee H, Yun S C, Ko S H, et al. An electrohydrodynamic flow in ac electrowetting. Biomicrofluidics, 2009, 3(4): 044113.
[65] García-Sánchez P, Ramos A, Mugele F. Electrothermally driven flows in ac electrowetting. Physical Review E, 2010, 81(1): 015303.
[66] Davidovitch B, Moro E, Stone H A. Spreading of viscous fluid drops on a solid substrate assisted by thermal fluctuations. Physical Review Letters, 2005, 95(24): 244505.
[67] Li Z, Hu G H, Zhou Z W. Three dimensional structures of droplet movement and influences of thermal fluctuation. to be submitted, 2011.
[68] Daub C D, Bratko D, Leung K, et al. Electrowetting at the nanoscale. Journal of Physical Chemistry C, 2007, 111(2): 505~509.
[69] Yuan Q, Zhao Y P. Precursor film in dynamic wetting, electrowetting, and electro-elasto-capillarity. Physical Review Letters, 2010, 104(24): 246101.
[70] Hu G H, Xu A J, Xu Z, et al. Dewetting of nanometer thin films under an electric field. Physics of Fluids, 2008, 20(10): 102101.
[71] Wheeler A R. Chemistry-putting electrowetting to work. Science, 2008, 322(5901): 539~540.
[72] Jebrail M J, Wheeler A R. Let's get digital: Digitizing chemical biology with microfluidics. Current Opinion in Chemical Biology, 2010, 14(5): 574~581.
[73] Fair R B, Khlystov A, Tailor T D, et al. Chemical and biological applications of digital- microfluidic devices. IEEE Design and Test of Computers, 2007, 24(1): 10~24.
[74] Luk V N, Wheeler A R. A digital microfluidic approach to proteomic sample processing. Analytical Chemistry, 2009, 81(11): 4524~4530.
[75] Jebrail M J, Wheeler A R. Digital microfluidic method for protein extraction by precipitation. Analytical Chemistry, 2009, 81(1): 330~335.
[76] Abdelgawad M, Watson M W L, Wheeler A R. Hybrid microfluidics: A digital-to-channel interface for in-line sample processing and chemical separations. Lab on a Chip, 2009, 9(8): 1046~1051.
[77] Liu Y J, Yao D J, Lin H C, et al. DNA ligation of ultramicro volume using an EWOD microfluidic system with coplanar electrodes. Journal of Micromechanics and Microengineering, 2008, 18(4): 045017.
[78] Chang Y H, Lee G B, Huang F C, et al. Integrated polymerase chain reaction chips utilizing digital microfluidics. Biomedicalical Microdevices, 2006, 8(3): 215~225.
[79] Sista R, Hua Z, Thwar P, et al. Development of a digital microfluidic platform for point of care testing. Lab on a Chip, 2008, 8(12): 2091~2104.
[80] Hua Z S, Rouse J L, Eckhardt A E, et al. Multiplexed real-time polymerase chain reaction on a digital microfluidic platform. Analytical Chemistry, 2010, 82(6): 2310~2316.
[81] Paik P Y, Pamula V K, Chakrabarty K. Adaptive cooling of integrated circuits using digital microfluidics. IEEE Transactions on VLSI Systems, 2008, 6: 432~443.

第7章　微流控芯片的粒子受力和运动

麦克斯韦小精灵(Maxwell's demon)是物理学中的魔术师，它守在一个被隔板分成两半的容器中，让速度快的分子从左向右通过隔板上的小孔，而让速度慢的分子从右向左运动。现在请小精灵来帮忙安排纳米粒子吧！

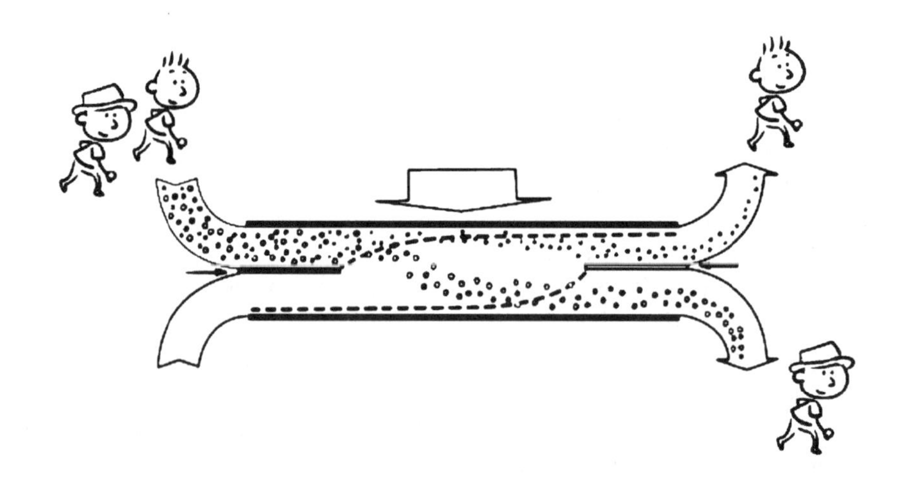

本书第2～4章已经对微流控芯片中简单流体的运动规律进行了描述，然而实际溶液中会含有其他介质。如果这些介质为单个电子、原子、分子、离子，它们的大小量级为埃(10^{-10}m)，在流场中可以被看成是分布的质点且与流体的运动一致，这时的流动依然可以按照简单流体的控制方程进行描述。

而生物大分子包含大量原子和小分子，如DNA螺旋体、球蛋白、细胞、细菌、病毒、高分子聚合物粒子(胶体粒子)等。它们的尺度在几个纳米到微米量级，如DNA螺旋体直径2nm、细胞膜厚度10nm、病毒约100nm、大肠杆菌为2μm、人体细胞10～100μm，一般统称为粒子(或生物粒子)。这些粒子在电场中可以被极化，形成电偶极矩。当这些粒子浸泡在电解质溶液(如缓冲液)中时，它们的表面可以形成双电层，影响局部电场和溶液性质，同时粒子的这些表面性质也会影响自身运动。电解质溶液(如缓冲液)中粒子的定位、分类等操控技术是以粒子运动规律为基础，因此本章首先描述稀释的生物粒子(粒子体积浓度很低)的受力和运动，以及在细胞定位和分离技术中的应用，而粒子之间的相互作用以及粒子对缓冲液流体运动的影响不考虑。虽然粒子操控方式大部分可用于细胞操控，但细胞的活性、柔性使得操控方法有所不同，因此本章对细胞操控技术也作综合介绍。文献[1]～[3]对微流控系统的生物粒子受力、运动和操控技术作了全面综述。

7.1 粒子表面特性与运动的描述

微尺度流动中粒子具有的一个重要特点是比表面积增大，因此粒子表面性质对其运动有重要的影响。本节先介绍粒子表面特性，然后阐述悬浮粒子运动中受到的流体作用力。考虑到微通道中粒子往往处于受限状态，最后介绍受限条件下粒子的受力与运动。

7.1.1 溶液中粒子的表面特性

1. 表面双电层

与固体表面的双电层一样，粒子表面也可以带有电荷，从而在溶液中形成双电层结构。粒子表面的双电层将粒子包裹在中间，因此也称为离子氛(如图7.1(a)所示)。双电层的尺度由德拜长度k^{-1}来表征：

$$k^{-1}=\lambda_D=\sqrt{\frac{\varepsilon k_B T}{\sum e^2 z_i^2 n_{io}}} \tag{7-1}$$

式中，ε为溶液介电常数；k_B为玻尔兹曼常量；T为热力学温度；e为基本电荷量；N_A为阿伏伽德罗常量；z_i为第i类离子的化合价；n_{io}为第i类离子的数密度(单位体积含有离子的个数)。由式(7-1)可知,当溶液中离子浓度变化时,双电层厚度发生变化。当溶液中离子浓度大于 0.1M 时,双电层的厚度尺度仅为 1nm 。溶液中带电粒子的表面电势ζ_p与粒子的带电量 q 有关

$$\zeta_p \approx \psi_s = \int_a^{\infty} E_e(r)\,dr = \frac{q}{4\pi\varepsilon a} \tag{7-2}$$

式中,a 是粒了半径。

2. Hair Layer

对常见的胶体颗粒(如聚苯乙烯粒子),由于两性分子的空间稳定效应(steric effect)或静电作用(electrosteric),其表面通常吸附聚合物长链或两性分子[6,7]。两性聚合物链一端与表面紧密结合,另一端与溶液亲和,从而在粒子表面形成一个伸展的聚合物层,称为 Hair Layer(见图 7.1(b))[5]。悬浮液中,这种表面的 Hair Layer 对粒子运动也会有一定影响。

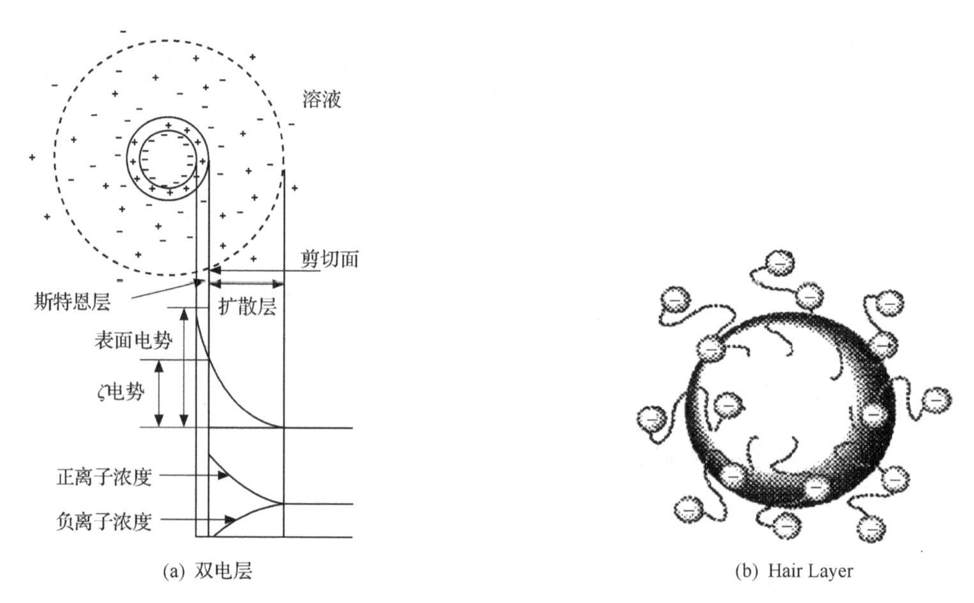

图 7.1 电解质中粒子表面的双电层[4]和 Hair Layer 示意图[5]

7.1.2 溶液中粒子运动的一般描述

1. 悬浮粒子的受力

一般情况下,微流控系统中粒子体积浓度较低,粒子直径与粒子间距和系统的特征尺度相比很小,因此粒子之间的相互作用及粒子运动对流场的反馈影响可以

忽略。本节考虑悬浮状态下单个粒子的受力和运动。粒子受力通常包括流体对粒子的作用力和外加势场对粒子的作用两部分。这里只介绍流体对粒子的作用力，后续 7.2、7.3 节将介绍外加势场对粒子的作用。

1）斯托克斯阻力

由 2.2.3 节可知，球形粒子在静止的无界黏性流体中缓慢运动时，所受到流体对它的阻力被称为斯托克斯阻力，表达式为

$$F_{\mathrm{D}} = 6\pi\mu a V_{\mathrm{p}} \tag{7-3}$$

式中，μ 为液体黏性系数；a 为粒子半径；V_{p} 为粒子运动速度。式(7-3)给出了球形粒子在稀溶液中受到的流体力学阻力。斯托克斯阻力公式的优点是，它对粒子的形状不敏感。对于不同形状的粒子，斯托克斯公式都具有一样的形式[8]，但在体积相同的情况下，球体的流体力学阻力最小。其他形状的粒子在估算其阻力时，需要以同体积球体为参照乘以动力形状因子[9]。对常见的立方形、纤维状和盘状粒子，动力形状因子分别为 1.07、1.31 和 1.5。式(7-3)仅适合于粒子运动雷诺数很小的情况下，即 $Re = \dfrac{V_{\mathrm{p}} d}{v} \ll 1$。当粒子运动雷诺数不是很小的情况，可采用公式 $F_{\mathrm{D}} = \dfrac{c_{\mathrm{d}}}{2}\pi d^2 \rho_{\mathrm{f}} V_{\mathrm{p}} \left| V_{\mathrm{p}} \right|$，进行修正，其中阻力系数 c_{d} 与雷诺数有关[10]。对球形液滴在不相溶溶液中运动所受流动阻力的计算，可参考 2.2.3 节。

当流体具有流动速度时，式(7.3)中的速度需用粒子相对运动的速度 $\Delta \boldsymbol{V} = \boldsymbol{V} - \boldsymbol{V}_{\mathrm{p}}$ 代替。需要注意流体速度与粒子速度是矢量差，粒子阻力 $\boldsymbol{F}_{\mathrm{D}}$ 方向与速度矢量差方向相同（如图 7.2 所示）。

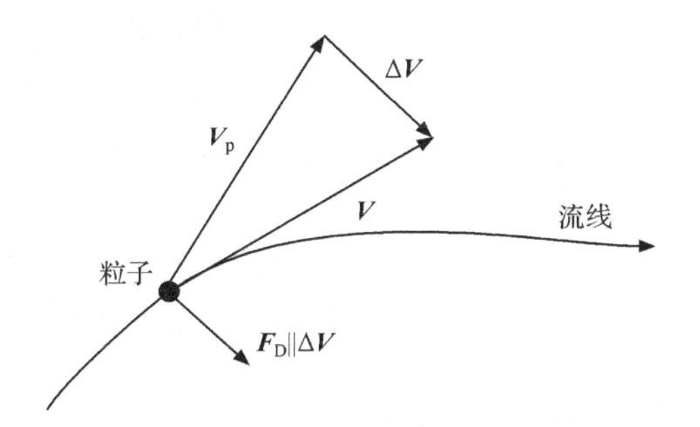

图 7.2　粒子受到的流体阻力与其相对运动速度关系的示意图

2）附加质量力

粒子以相对加速度在流体中做加速运动时，带动其周围部分流体加速，这种效应等价于粒子具有附加质量，所产生的附加质量力 $\boldsymbol{F}_{\mathrm{i}}$ 表达式为[10]

$$\boldsymbol{F}_{\mathrm{i}} = \frac{1}{12} d_{\mathrm{p}}^3 \rho_{\mathrm{f}} \frac{\mathrm{d}}{\mathrm{d}t}(\boldsymbol{V} - \boldsymbol{V}_{\mathrm{p}}) \tag{7-4}$$

式中，ρ_f 为流体的密度；$\boldsymbol{V}$、$\boldsymbol{V}_p$ 分别是流体和粒子速度矢量。

3）巴塞特力

巴塞特(Basset)力 $\boldsymbol{F}_B$ 是粒子在流体中变速运动过程，受到流体作用的时间积累力，表达式为

$$\boldsymbol{F}_B = \frac{3}{2}\rho_f d_p^2 \sqrt{\pi\nu}\int_{t_0}^{t} \frac{\frac{d}{d\tau}(\boldsymbol{V}-\boldsymbol{V}_p)}{\sqrt{t-\tau}} d\tau \tag{7-5}$$

式中，$\boldsymbol{V}_p$ 是粒子速度；d_p 是粒子直径；ν 是流体运动黏性系数。粒子加速运动时，流体对粒子的作用力不仅依赖当时粒子的相对速度(阻力部分)、当时的相对加速度(附加阻力)，还依赖于加速过程，t_0 是启动时间[10]。

4）马格努斯力

马格努斯(Magnus)力 $\boldsymbol{F}_M$ 是由于粒子自转且旋转轴与粒子的相对速度垂直，则粒子不仅受到沿运动方向的阻力而且受到一个垂直于运动方向的升力，表达式为[10]

$$\boldsymbol{F}_M = \frac{1}{8}\pi d_p^3 \rho_f \omega(\boldsymbol{V}-\boldsymbol{V}_p) \tag{7-6}$$

式中，ω 是粒子旋转角速度。

5）萨夫曼力

微纳尺度流场的一个特征是流体剪切率很大，特别是在近壁区。因流体剪切引起的粒子升力被称为萨夫曼(Saffman)力[11]

$$\boldsymbol{F}_{saff} = K\mu(V-\boldsymbol{V}_p)a^2(\gamma/\nu)^{1/2} \tag{7-7}$$

式中，$K=81.2$；a 是粒子半径；μ 为动力黏度；ν 为运动黏度；γ 为当地流体速度梯度剪切率。对泊肃叶流场，根据 Goldman 公式[12]，Zheng 等[13]给出高度为 h 的方管中，距离壁面位置 z 处的萨夫曼力的表达式

$$F_{saff} = 12.7\frac{\rho_f^{1/2}a^4}{\mu}\left(-\frac{dp}{dx}\right)^{3/2}\frac{2h-z}{z^2}\sqrt{h-z} \tag{7-8}$$

式中，$\frac{dp}{dx}$ 是管道出入口之间的压力梯度。

6）浮力

粒子与溶液密度不同时，粒子所受浮力 F_g 的表达式为[14]

$$F_g = \frac{4}{3}\pi a^3 g\Delta\rho \tag{7-9}$$

式中，a 为粒子半径；$\Delta\rho$ 为粒子与溶剂的密度差。重力是造成粒子沉降的主要原

因，粒子沉降速度表示为 $u_{\mathrm{sed}}=\frac{2}{9}\left(\frac{\Delta\rho g a^2}{\rho_{\mathrm{f}}\nu}\right)=\frac{2\Delta\rho g a^2}{9\mu}$。粒子沉降与粒子热运动的关系用无量纲 Peclet 数表示：

$$Pe=\frac{au_{\mathrm{sed}}}{D}\propto a^3 \tag{7-10}$$

式中，u_{sed} 为沉降速度；D 为粒子扩散系数。可以看出，Pe 与粒径的 3 次方成正比，所以粒径越小重力沉降的影响越小。当粒径小于 1μm 时，扩散一般占优；而当粒径大于 10μm 时，扩散的影响一般可以忽略不计[8]。

> 注意：分析生物粒子运动时，并非所有上述的力都要考虑，合理的简化在实际应用中是必要的。视具体问题，分清主次，保留主要受力，忽略次要力。但在粒子所受的流体力中，流体阻力在任何情况下都必须考虑，它是修正粒子偏离流线运动的力，使粒子最大可能随流运动。除了以上流体对粒子的作用力之外，粒子还受外加势场力的作用，将在 7.2、7.3 节介绍。

2. 悬浮粒子的运动分析

生物粒子在各种力的作用下运动，其聚集、分离等特性在生物化学分析及粒子操控技术中有重要的应用，也是当前微流控领域最受关注的研究热点之一，而粒子的运动分析是粒子操控的理论基础。

微流控系统中，生物粒子分散悬浮在缓冲液流体中，缓冲液是生物粒子的载体，也称为携带流体(carrier fluids)，它提供生物粒子生存和正常工作的必要条件，如血液由血浆和血细胞组成，血浆就是缓冲液。缓冲液流体在各种力的作用下流动，如压差流动、电渗流等，可用 N-S 方程求解。但实际粒子物理化学性质，如质量密度、电荷密度、介电常数、电导率、热传导率等与缓冲液流体不同，因此实际粒子的运动采用拉格朗日方法描述更方便。单个粒子运动方程表示如下：

$$m_{\mathrm{p}}\frac{\mathrm{d}^2\boldsymbol{r}_{\mathrm{p}}}{\mathrm{d}t^2}=\boldsymbol{F}_{\mathrm{f}}+\boldsymbol{F}_{\mathrm{o}} \tag{7-11}$$

式中，$\boldsymbol{r}_{\mathrm{p}}$ 是粒子运动位置矢量；m_{p} 是粒子质量。方程右侧第一项 $\boldsymbol{F}_{\mathrm{f}}$ 是流体对粒子的作用力，根据上述分析 $\boldsymbol{F}_{\mathrm{f}}=\boldsymbol{F}_{\mathrm{D}}+\boldsymbol{F}_{\mathrm{i}}+\boldsymbol{F}_{\mathrm{B}}+\boldsymbol{F}_{\mathrm{M}}+\boldsymbol{F}_{\mathrm{saff}}+\boldsymbol{F}_{\mathrm{g}}$；方程右侧第二项 $\boldsymbol{F}_{\mathrm{o}}$ 是外加势场对粒子的作用力，$\boldsymbol{F}_{\mathrm{o}}=\boldsymbol{F}_{\mathrm{e}}+\boldsymbol{F}_{\mathrm{dep}}+\boldsymbol{F}_{\mathrm{mag}}+\cdots$。其中，$\boldsymbol{F}_{\mathrm{e}}$ 是粒子与流体电荷密度差引起的电泳力(见 7.2.1 节)，$\boldsymbol{F}_{\mathrm{dep}}$ 是粒子与流体(介电常数和电导率)之差，在非均匀电场作用下的介电力(见 7.2.2 节)，$\boldsymbol{F}_{\mathrm{mag}}$ 是粒子与流体磁化率之差引起的粒子磁场力(见 7.3.1 节)。除了上述几种力以外，还有其他力，如声驻波力(见 7.3.2 节)、光辐射力、热泳力(见 7.3.3 节)等。只要准确描述粒子受力情况，

通过求解粒子运动方程(7-11)就可以跟踪粒子运动。

3. 粒子分离装置的实例

2010年,Lenshof 和 Laurell[2]提出了一种概念性的利用分裂流动分离粒子的装置,如图7.3所示。装置由两层微流体通道组成,上层微通道让混合粒子的样品溶液通过,下层微通道让携带流体通过。在微通道进出口附近用隔板把两层微通道分隔。在微通道中段开放隔板,两层相通。在微通道中段上方施加适当的外部作用力,使得混合样品中部分粒子受到外力作用进入下层微通道,随携带流体从分离出口2排出。上层其余粒子受外力作用甚微,继续流动,从分离出口1排出,从而实现粒子分离。据粒子和缓冲液的物理化学特性,装置中段上方可以施加电场、磁场、机械、热、光等作用力。

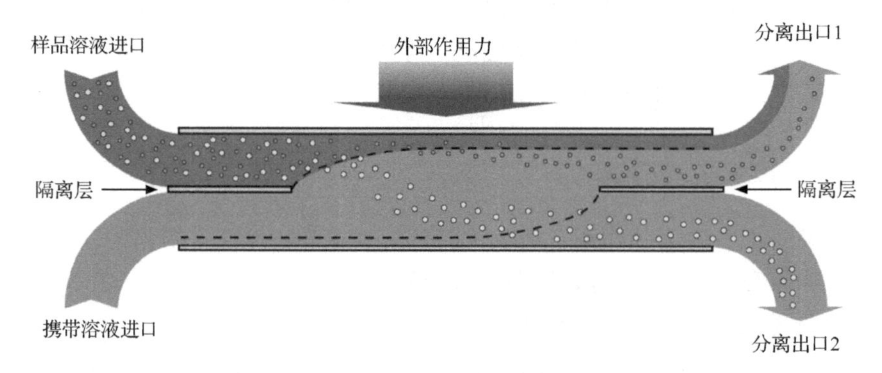

图7.3 利用分裂流动分离粒子的装置示意图[2]

7.1.3 受限粒子的运动

微尺度流场空间内,粒子在运动中很容易接触固体壁面。当粒子运动到固壁面附近时,由于固体表面的存在,粒子的受力会发生变化,这种运动称为粒子的受限运动。粒子做受限运动时,主要受到来自壁面的作用力有范德瓦耳斯力、静电作用力和修正的流体阻力。

1. 范德瓦耳斯力

当粒子与壁面接近,且 $h_m \ll a$ 时,根据 Hamaker 理论,球和平板之间的范德瓦耳斯力势为

$$\varphi_{vdW} \approx -\frac{A}{6}\frac{a}{h_m} \tag{7-12}$$

式中,A 为 Hamaker 常数,$A \approx 10^{-20}$J,表示单位粒径 F 下粒子受到的壁面引力;a

为小球半径；h_{m} 为球表面到壁面的最短距离。根据力势 φ 与力 $\boldsymbol{F}$ 的关系，$\boldsymbol{F}=\nabla\varphi$，由式(7-12)可计算范德瓦耳斯力。表面粗糙度对范德瓦耳斯力有很大的影响，如果两物体表面的粗糙层厚度分别为 b_1 和 b_2，则粗糙物体间的范德瓦耳斯力势为

$$\varphi_{\mathrm{rough}}=\varphi_{\mathrm{smooth}}\left[\frac{\delta_{\mathrm{m}}}{\delta_{\mathrm{m}}+(b_1+b_2)/2}\right]^{1.5} \tag{7-13}$$

式中，$\varphi_{\mathrm{smooth}}$ 为光滑表面物体间的范德瓦耳斯力势；δ_{m} 为两物体表面间的最小距离。

2. 静电力

当考虑球形粒子和壁面带有表面电荷时，球形粒子和壁面之间的静电作用势为

$$\varphi(h)=64\pi\varepsilon a\left(\frac{k_{\mathrm{B}}T}{e}\right)^2\tanh\left(\frac{e\psi_1}{4k_{\mathrm{B}}T}\right)\tanh\left(\frac{e\psi_2}{4k_{\mathrm{B}}T}\right)e^{-kh} \tag{7-14}$$

式中，k^{-1} 德拜长度，表达式见式(7-1)；h 为球心到壁面的距离；ψ_1 和 ψ_2 分别为壁面和粒子表面电势。表达式(7-14)适用于 $kh>1$ 的情况，当 $kh\ll1$ 时，球和壁面的静电作用势由非线性(恒定表面电势)模型给出，即

$$\varphi(h)=-4\pi\varepsilon a\frac{k_{\mathrm{B}}T}{e}\frac{\psi_1-\psi_2}{kh} \tag{7-15}$$

3. 流体阻力修正

7.1.2 节给出的公式(7-3)为无界流场中球体的斯托克斯阻力，但当球形粒子在壁面附近运动时，斯托克斯阻力会增加，阻力修正公式为 $F_{\mathrm{D}}=6\pi\mu a\lambda U$，$\lambda$ 为修正系数。显然，$\lambda=1$ 时没有修正。Goldman 曾给出了粒子平行壁面运动时的斯托克斯阻力修正系数 $\lambda_{/\!/}$ 为[12]

$$\lambda_{/\!/}=\left(1-\frac{9}{16}\gamma+\frac{1}{8}\gamma^3-\frac{45}{256}\gamma^4-\frac{1}{16}\gamma^5\right)^{-1} \tag{7-16}$$

式中，$\gamma=a/(a+h_{\mathrm{m}})$。Brenner 研究小组[14]给出了粒子垂直于壁面方向运动时的斯托克斯阻力修正系数 $\lambda_{\perp}$ 为

$$\begin{aligned}\lambda_{\perp}=&\frac{4}{3}\sinh\alpha\sum_{n}^{\infty}\frac{n(n+1)}{(2n-1)(2n+3)}\\&\times\left\{\frac{2\sinh[(2n+1)\alpha]+(2n+1)\sinh(2\alpha)}{4\sinh^2\left[\left(n+\frac{1}{2}\right)\alpha\right]-(2n+1)^2\sinh^2\alpha}-1\right\}\end{aligned} \tag{7-17}$$

式中，$\alpha=\cosh^{-1}(2h_m/a+1)$，$h_m$ 为粒子表面到壁面的最短距离，a 为粒子半径。当 $h_m \ll a$ 时，对式(7-16)，(7-17)做如下近似：

$$\lambda_{/\!/}=\frac{\left[\ln\left(\frac{h_m}{a}\right)\right]^2-4.325\ln\left(\frac{h_m}{a}\right)+1.591}{2\left[\ln\left(\frac{h_m}{a}\right)-0.9543\right]} \tag{7-18}$$

和

$$\lambda_{\perp}=\frac{6h_m^2+9ah_m+2a^2}{6h_m^2+2ah_m}\approx 1+\frac{9}{8}\frac{a}{h_m} \tag{7-19}$$

图 7.4 给出了粒子在固体壁面附近各种运动状态下阻力修正系数与 h_m 的关系。显然，近壁粒子无论平行壁面运动或垂直运动，甚至是三维运动，需要做流体阻力修正的尺度基本都在 0～1μm 之间。当 $h_m>1\mu m$ 时，不必考虑流体阻力修正。

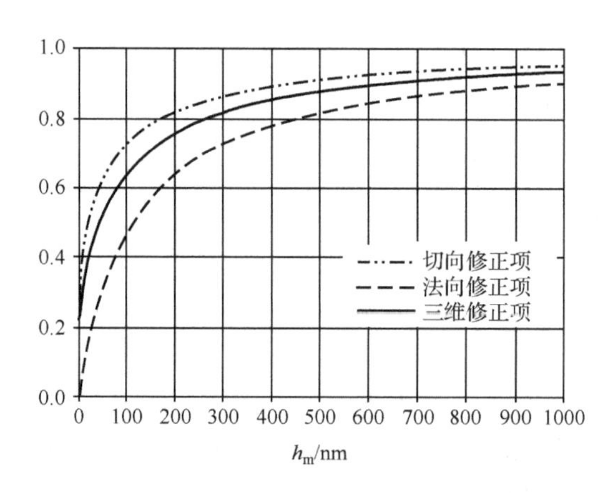

图 7.4　粒子近壁面运动时的斯托克斯阻力修正[14]

注意：综述粒子受限运动受到的上述三种力的作用范围，根据实验测量结果[15～17]，可以估算范德瓦耳斯力的作用距离小于 10nm，而静电力的作用范围在 100nm 量级；需要考虑流体阻力修正的范围通常为 1μm 左右。

7.2　粒子电泳与介电电泳

7.2.1　粒子电泳

1. 粒子电泳速度

在电场力作用下，带电粒子相对于静止液体的定向运动称为粒子电泳。电解质溶液中的带电粒子表面会感应双电层。对于“大粒子”，它的曲率半径比双电层厚度大很多，$ka \gg 1$，a 为粒子半径。局部看，相当于“平面”双电层。粒子电荷 q 与双电层的总电荷量$(-q)$相等，但异号。双电层电荷在电场力 $(-q\boldsymbol{E})$ 作用下运动。电荷运动带动粒子周围的液体一起运动。作用于粒子的电场力为 $q\boldsymbol{E}$。粒子运动速度与液体运动速度反向，两者之间有相对运动，如图 7.5 所示[18]。

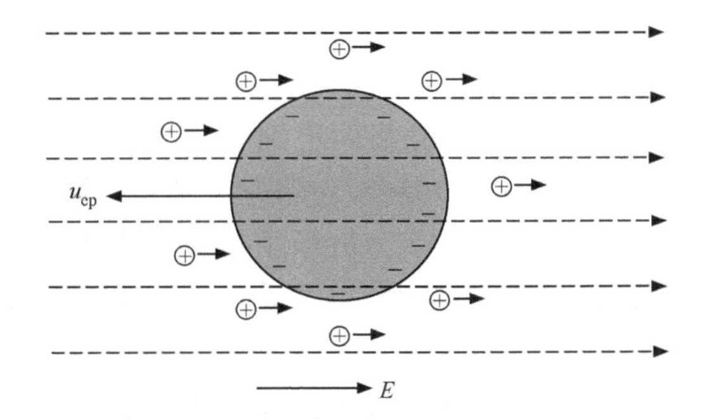

图 7.5　在电场中带电粒子与周围溶液相对运动示意图[18]

设想有一个带电平板悬浮在电解质溶液中静止不动[19]，在电场作用下，可以看到平板周围液体在流动，这就是电渗流。电渗流速度为 $u_{eo}=-\varepsilon_m\zeta_w E/\mu$，其中，$\zeta_w$ 是平板的 Zeta 电位。在无限大液体区域，液体是不流动的，如果这个平板很小，等价于 $ka \gg 1$ 的带电粒子，相对于液体而言，粒子做反向运动，速度为

$$u_{ep}=\frac{\varepsilon_m\zeta_p E}{\mu} \tag{7-20}$$

这就是在无界静止液体中粒子电泳速度。式中，ε_m、μ 分别是溶液的介电常数和动力黏性系数；E 是局部电场强度；ζ_p 是粒子表面双电层 Zeta 电位，它与粒子带电量(或表面电荷密度)和溶液的 pH 有关。这样分析的条件是：粒子的半径 a 比双电层厚度 λ_D 大很多，即 $a/\lambda_D=ka\gg 1$，平面双电层分析结果适用于大粒子表面双电层。可以看出，粒子的电泳速度与粒子带电量、局部电场及溶液的性质相关。对于“小粒子”，它的半径小于双电层厚度，$ka\ll 1$，平面双电层分析不适用。小粒子带电 q，受的电场力为 $q\boldsymbol{E}$，它与小球斯托克斯流动的黏性阻力平衡 $f_D=6\pi\mu a u$。

小球粒子的电泳速度为 $u_{ep} = q\boldsymbol{E}/(6\pi\mu a)$。小球外的静电场强度为 $E_e(r) = q/(4\pi\varepsilon r^2)$，粒子表面电位为 $\zeta_p \approx \psi_s = \int_a^\infty E_e(r)\mathrm{d}r = q/(4\pi\varepsilon a)$，于是粒子电泳速度为

$$u_{ep} = \frac{2}{3}\frac{\varepsilon_m \zeta_p E}{\mu} \tag{7-21}$$

由式(7-21)可见，粒子电泳速度与尺度大小有关。式(7-21)适用于 $ka \ll 1$ 的情况，更一般的粒子半径对电泳速度的影响函数可表示为[19]

$$u_{ep} = f(ka)\frac{\varepsilon_m \zeta_p E}{\mu} \tag{7-22}$$

$$f(ka) = \frac{2}{3}\left[1 + \frac{1}{2(1 + 2.5/ka)^3}\right] \tag{7-23}$$

2. 电渗流中的粒子电泳速度

粒子电泳现象广泛应用于化学分析的毛细管电泳分离技术。分析样品溶液时，样品必须与缓冲液流体(buffer)混合，一起进入分离微通道。缓冲液的作用是为样品粒子提供液态载体，让粒子均匀分散悬浮在缓冲液中，这样可以有效防止样品粒子直接与通道壁面接触摩擦，影响分离。缓冲液与微通道壁面接触，形成双电层。在电场作用下，缓冲液电渗流动速度为 $u_{eo} = -\varepsilon_m \zeta_w E/\mu$，电渗流动速度是柱塞状的均匀分布，产生最小的样品组分带宽扩散，保证分离精度。缓冲液可以根据需要预先制备，使得缓冲液在微通道中有最合适的电渗速度和化学特性(如 pH 等)。第 i 种组分的粒子在微通道的电泳速度为

$$u_{pi} = u_{eo} + u_{epi} = -\frac{\varepsilon_m E[\zeta_w - f(ka_i)\zeta_{pi}]}{\mu} \tag{7-24}$$

式中，u_{eo} 是缓冲液电渗流速度；u_{epi} 是第 i 种组分的粒子相对于缓冲液的电泳速度。化学混合物溶液中的不同组分粒子具有不同的表面电位(ζ_{pi})和大小尺度(ka_i)，它们的电泳速度不同，有快有慢。混合溶液不同组分粒子同时进入毛细管，在电场作用下，以不同速度运动，逐渐拉开距离。在经历一段路程后，先后有序地出现在毛细管的下游端口，那里的光学检测仪就可以得到分析结果，毛细管电泳分离原理表示在图 7.6 中。

7.2.2 粒子介电电泳

粒子介电电泳是非均匀电场与粒子极化量之间相互作用产生的运动，与粒子是否带电无关。粒子在电场作用下被极化，形成电偶极矩，即粒子中的正负电荷会

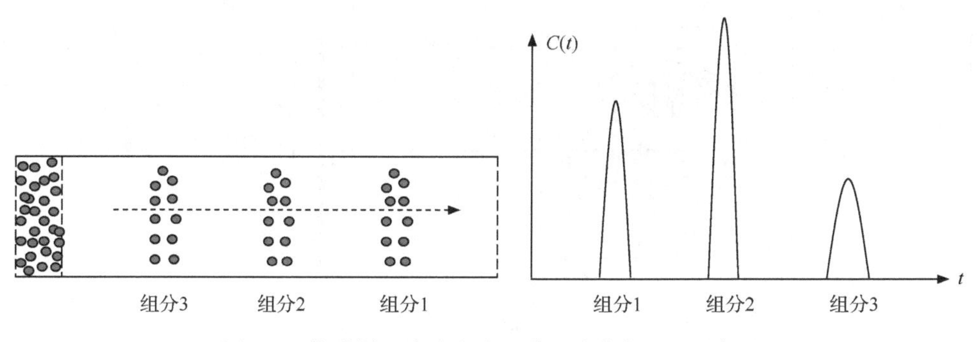

图 7.6　化学样品溶液在微通道电泳分离原理示意图

被拉开一个小距离，集中到粒子表面，如图 7.7 和图 7.8 所示。溶液中异性离子在电场作用下靠近粒子表面。如果粒子极化量大于周围溶液的极化量，则粒子表面电荷吸引较少的异性电荷，粒子右边带正电荷，左边带负电荷，如图 7.7 所示。两边正负电荷大小相等，$q^{-}=-q^{+}$，形成电偶极矩(粒子和溶液的极化量必须有差异)。粒子两边受电场拉力，方向相反。在均匀电场中，$E_{\mathrm{l}}=E_{\mathrm{r}}$，两边拉力相等，粒子不运动。在非均匀电场中(如 $E_{\mathrm{r}}>E_{\mathrm{l}}$)，粒子承受一个向右的合力，向高电场强度的方向运动，称为正介电电泳，即粒子运动方向与电场强度梯度相同。如果粒子极化量小于周围溶液的极化量，则粒子表面会聚集较多的异性电荷，如图 7.8 所示，粒子两边受压力。在同样的非均匀电场中(如 $E_{\mathrm{r}}>E_{\mathrm{l}}$)却承受到一个向左的合力，向低电场强度的方向运动，称为负介电电泳，即粒子运动方向与电场强度梯度相反。以上是稳态电场(DC 电场)的粒子介电电泳。

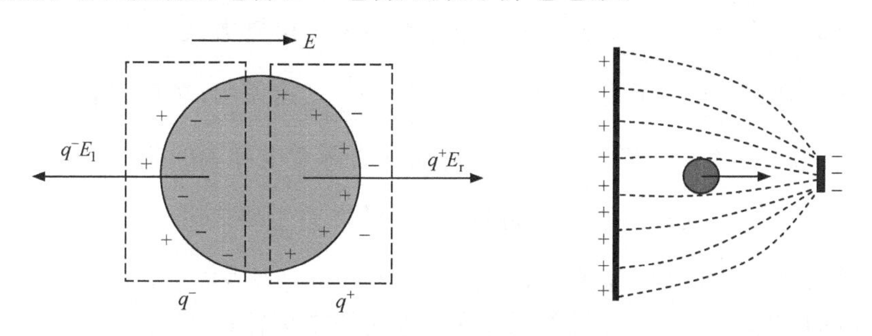

图 7.7　正介电电泳粒子受力和运动分析

作用于电解质溶液中的粒子的电场力为[20]

$$\boldsymbol{F}=q\boldsymbol{E}+(\boldsymbol{P}\cdot\nabla)\boldsymbol{E} \tag{7-25}$$

式中，$\boldsymbol{E}$ 是局部电场；$\boldsymbol{P}$ 是粒子极化产生的偶极矩。式(7-25)第一项是静电力，第二项是介电力。外加电场也可以是交变电场(AC 电场)。交变电场中，静电库仑力的周期平均值为零，对粒子定向运动没有贡献。介电力是粒子运动主要驱动力，

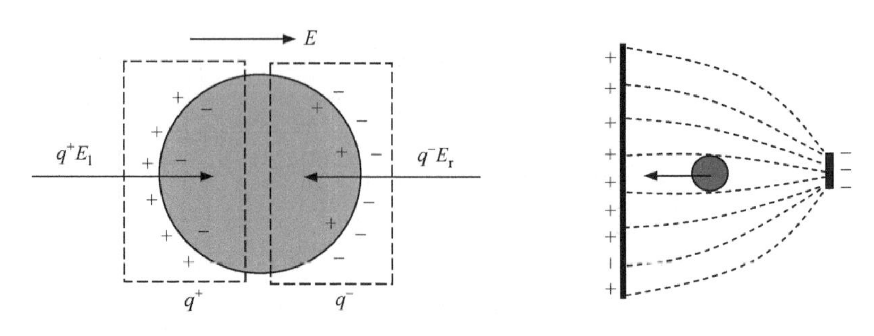

图 7.8 负介电泳粒子受力和运动分析

表示为

$$\boldsymbol{F}_{\text{dep}} = (\boldsymbol{P} \cdot \nabla)\boldsymbol{E} \tag{7-26}$$

可以证明,粒子介电力为[18]

$$\boldsymbol{F}_{\text{dep}} = 2\pi\varepsilon_{\text{m}}a^3\text{Re}[K(\omega)]\nabla(|\boldsymbol{E}|^2) \tag{7-27}$$

式中,E 局部电场;a 是粒子半径;ε_{m} 是介质溶液介电常数;$K(\omega)$ 是克劳西斯-摩梭提(Clausius-Mossotti)因子,也叫频率因子,它表示交变电场频率对粒子介电力的影响,定义如下:

$$K(\omega) = \frac{\tilde{\varepsilon}_{\text{p}} - \tilde{\varepsilon}_{\text{m}}}{\tilde{\varepsilon}_{\text{p}} + 2\tilde{\varepsilon}_{\text{m}}};\quad \tilde{\varepsilon}_{\text{p}} = \varepsilon_{\text{p}} - \text{j}\frac{\sigma_{\text{p}}}{\omega};\quad \tilde{\varepsilon}_{\text{m}} = \varepsilon_{\text{m}} - \text{j}\frac{\sigma_{\text{m}}}{\omega} \tag{7-28}$$

式中,$\text{j} = \sqrt{-1}$;$\tilde{\varepsilon}_{\text{p}}$、$\tilde{\varepsilon}_{\text{m}}$ 分别表示粒子和溶液的复介电常数;σ、ω 分别为电导率和电场频率。对于稳态直流电场,$K(\omega) = \dfrac{\sigma_{\text{p}} - \sigma_{\text{m}}}{\sigma_{\text{p}} + 2\sigma_{\text{m}}}$。这说明,在直流电场或低频交变电场时,粒子和溶液的极化量之差主要表现为两者电导率的差。在高频交变电场时,$K(\omega) = \dfrac{\varepsilon_{\text{p}} - \varepsilon_{\text{m}}}{\varepsilon_{\text{p}} + 2\varepsilon_{\text{m}}}$,粒子和溶液的极化量之差主要表现为两者介电常数的差。粒子介电力是电场对粒子偶极矩的作用力。当电场方向变化时,粒子极化的偶极矩方向也随之变化。粒子会跟随电场方向的变化转动,所受力矩称为介电力矩,表示如下[18]:

$$M_{\text{dep}} = -4\pi\varepsilon_{\text{m}}a^3\text{Im}[K(\omega)]|E|^2 \tag{7-29}$$

交变电场时间平均的粒子介电力为

$$\langle\boldsymbol{F}_{\text{dep}}\rangle = \pi\varepsilon_{\text{m}}a^3\text{Re}[K(\omega)]\nabla(|E_0|^2) \tag{7-30}$$

式中,E_0 是交变电场的幅值。粒子介电电泳速度表示为

$$u_{\text{dep}} = \frac{F_{\text{dep}}}{6\pi\mu a} = \frac{1}{3\mu}\varepsilon_{\text{m}} a^2 \text{Re}[K(\omega)] \nabla (|E|^2) \tag{7-31}$$

不考虑粒子运动惯性力影响，粒子受力平衡

$$\boldsymbol{F}_{\text{D}} + \boldsymbol{F}_{\text{ep}} + \boldsymbol{F}_{\text{dep}} = 0 \tag{7-32}$$

式中，$\boldsymbol{F}_{\text{D}}$、$\boldsymbol{F}_{\text{ep}}$、$\boldsymbol{F}_{\text{dep}}$ 分别为粒子流体阻力、电泳力和介电电泳力。小球粒子的斯托克斯流体阻力和电泳力分别为

$$\boldsymbol{F}_{\text{D}} = 6\pi\mu a(\boldsymbol{u}_{\text{eo}} - \boldsymbol{u}_{\text{p}}) \tag{7-33}$$

$$\boldsymbol{F}_{\text{ep}} = q\boldsymbol{E} \tag{7-34}$$

式中，q 是粒子带电量。综合粒子电泳和介电电泳，相对于静止流场，粒子运动速度为

$$\boldsymbol{u}_{\text{p}} = -\frac{\varepsilon_{\text{m}}[\zeta_{\text{w}} - f(ka)\zeta_{\text{p}}]\boldsymbol{E}}{\mu} + \frac{1}{3\mu}\varepsilon_{\text{m}} a^2 \text{Re}[K(\omega)] \nabla (|\boldsymbol{E}|^2) \tag{7-35}$$

在交变电场中。电泳(第一项)的时间平均速度为零。时间平均的粒子运动速度为

$$\langle \boldsymbol{u}_{\text{p}} \rangle = \frac{1}{6\mu}\varepsilon_{\text{m}} a^2 \text{Re}[K(\omega)] \nabla (|\boldsymbol{E}_0|^2) \tag{7-36}$$

这表示电场频率也会改变粒子的介电泳特性。这就给人们提供更加灵活的操控粒子电泳的方法。当粒子和流体的物理化学性质不变时，调控电场频率也可以使得频率因子的实部 $\text{Re}[K(\omega)]$ 增加、减少、或正、或负，以改变粒子运动方向和速度大小。不同粒子通常具有不同的介电常数和电导率，加上可调控的电场频率，使得粒子介电力和运动速度大小方向不同。不同类的粒子走不同路径，聚集到不同位置，实现粒子分离。通过对电极配置的优化设计和频率控制，制造各种非均匀电场

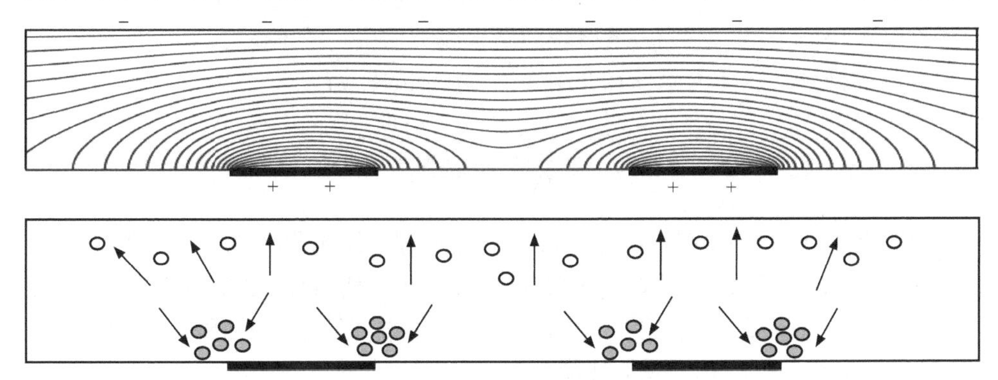

图 7.9　微通道离散电极电场等势线和粒子介电电泳[20]

控制粒子运动。介电电泳可应用于生物溶液的细胞分选。图 7.9 是微通道粒子介电电泳的例子。正介电电泳的粒子被吸引到电极边缘尖端处,那里电场最强。负介电电泳粒子远离电极,流向低电场区域。图 7.10 是四电极介电电泳粒子分选通道[20]。两个正电极的中央是低电场区,负介电泳粒子聚集那里,而正负电极相邻的四条出口通道是高电场区,较少的负介电泳粒子向那里运动。

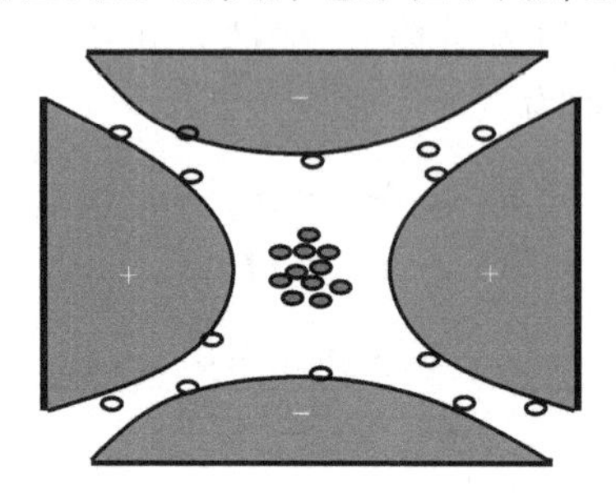

图 7.10　四电极对负介电电泳粒子分选通道[20]

7.3　粒子的其他作用力

7.3.1　磁场力和磁泳

根据物质的磁化率(χ)的不同,物质可以被分为反磁性、顺磁性和铁磁性三类。大部分物质都是弱反磁性($\chi < 0$)。顺磁性($\chi > 0$)的物质在磁场中会受到较小的磁场力而被吸引。铁磁性材料($\chi \gg 0$)的物质在磁场中受到强烈的吸引力。另外,顺磁性物质有一类特殊情况,称为超顺磁性。超顺磁性粒子具有聚合物的外壳和氧化铁的内核,这类粒子在磁场中被磁化,而当外磁场撤出时,粒子本身的磁性又很快消失,没有磁滞,微磁珠即属于该类物质。纳米微磁珠可以应用来实现对细胞的操纵。悬浮的磁珠在非均匀磁场受到的磁场力[21~23]为

$$\boldsymbol{F}_{\mathrm{mag}} = \frac{\Delta\chi V_{\mathrm{p}}}{\mu_0} \mid B \mid \boldsymbol{\nabla} \mid B \mid \tag{7-37}$$

式中,V_{p} 为粒子体积;μ_0 真空磁导率;$\Delta\chi$ 粒子与流体磁化率之差;B 磁场强度。混合物中不同粒子磁化率不同,它的磁场力也不同。利用粒子的这个特性,施加非均匀磁场也可分离粒子。如果不考虑粒子的惯性力和其他力,则磁场力和阻力平衡,即 $\boldsymbol{F}_{\mathrm{mag}} + \boldsymbol{F}_{\mathrm{D}} = 0$,粒子磁泳速度为

$$u_{\mathrm{mag}} = \left| \frac{F_{\mathrm{mag}}}{F_{\mathrm{D}}} \right| = \frac{2a^2 \Delta\chi B \boldsymbol{\nabla} B}{9\eta\mu_0} \tag{7-38}$$

这里，η为流体动力黏度。粒子磁泳速度与粒子磁化量，以及大小尺度有关。在微通道横向施加一个非均匀磁场，不同大小和磁化量的粒子承受不同的横向磁场力，导致粒子在微通道上下分离，随缓冲液一起出流，实现粒子分离，如图 7.11 所示[24]。

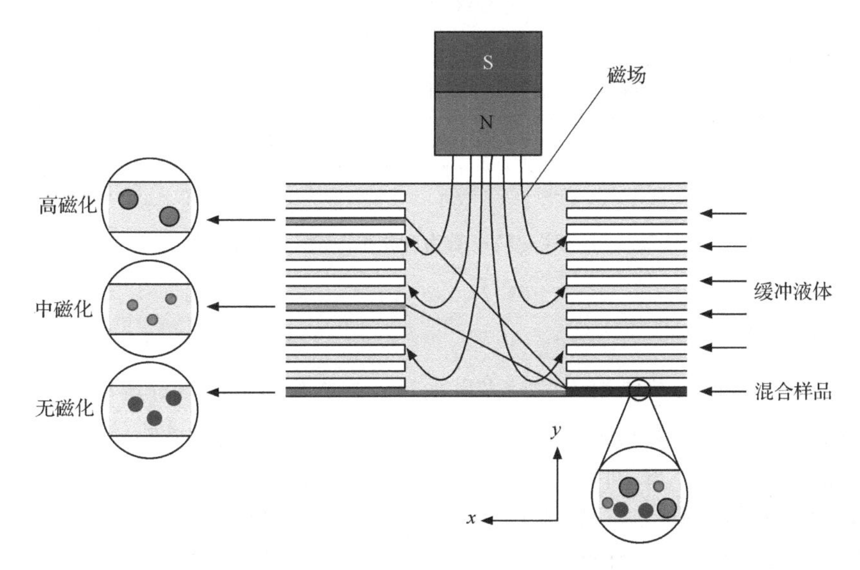

图 7.11 微通道磁泳分离示意图[24]

7.3.2 声驻波力

声波在弹性介质中传播形成声场(声压和振速等参数)。根据非线性声学理论，当流体中存在声场时，颗粒所受流体压强的时均值不再为零，粒子不仅在平衡位置附近来回运动，而且会向某个特定方向运动，这种力定义为粒子声辐射力，是由于颗粒的密度和可压缩率与周围流体介质的差异造成的。如果在流体中存在声驻波，则刚性粒子会受到声驻波力[25~27]为

$$F_s = -\varphi\left(\frac{\pi p_0^2 V_p \beta_f}{2\lambda}\right)\sin(2kx), \quad \varphi = \frac{5\rho_p - 2\rho_f}{2\rho_p + \rho_f} - \frac{\beta_p}{\beta_f} \tag{7-39}$$

式中，p_0是声波压强的振幅；V_p是粒子体积；λ是声波波长；k是波数；ρ、β分别是介质密度和可压缩系数；下标 f、p 分别表示流体和粒子；φ是对比因子，表示粒子与流体的物理性质之差对粒子受力的定量影响程度(包括密度和可压缩率)。负的对比因子使粒子向压强节点积聚，正的对比因子使粒子向压强反节点积聚。于是不同粒子被引导到不同聚集点，实现粒子分离，如图 7.12 所示。

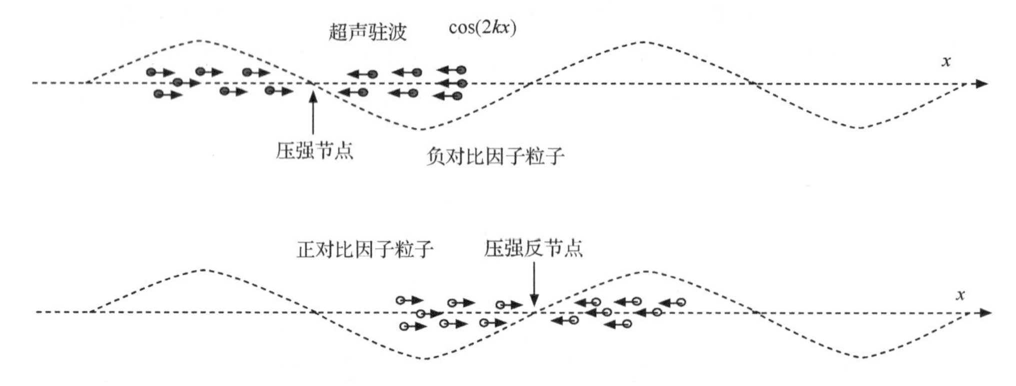

图 7.12　声驻波粒子受力和定向聚集运动示意图

7.3.3　光辐射力

光镊技术是通过严格聚焦的激光束来对细胞或颗粒进行高分辨率的捕获与移动的方法。当光线照射到物体时，会将其所携带的动量传递给该物体，由于激光光束的能量呈现高斯分布的特点，细胞将被定位到光束的中心。

利用聚焦光束操控粒子技术在生物细胞分析中有重要应用。从光束外围向中心，聚焦光束有很高的光强梯度，如激光束的横截面光强为高斯分布。光强梯度对介电粒子的吸聚力可达到皮牛顿的量级，非常适合于操控亚微米粒子(如细胞、细菌和病毒)[28~31]。通过控制聚焦光束移动，可以精确镊取单细胞粒子，称之为“光镊子”(optical tweezer)[28]，光捕捉(光阱，optical trapping)[29]。光对粒子的作用力也可以用于研究胶体聚合物粒子的化学性质。介电粒子的光作用力是目前很受关注的研究课题。

在粒子尺度比光波波长小很多的情况($a\ll\lambda$)，粒子可以看成是被电场极化为电偶极子。强梯度的光束感应非均匀梯度电场，偶极子受的电场力类似于前面所讲的粒子介电力$(\boldsymbol{P}\cdot\nabla)\boldsymbol{E}$。$\boldsymbol{P}$是极化粒子的偶极矩，$\boldsymbol{E}$是当地电场强度。介电粒子在聚焦光束中受力分为散射力和梯度力[28]。散射力可以理解为入射光在粒子表面透射和反射时，对粒子的作用力，沿入射光的传播方向。时间平均的散射力[29]为

$$F_{\text{scatt}}=\frac{I_0\sigma n_{\text{m}}}{c},\ \sigma=\frac{128\pi^5a^6}{3\lambda^4}\left(\frac{m^2-1}{m^2+2}\right)^2 \tag{7-40}$$

式中，I_0是当地发光强度；n_{m}是介质液体折射率；c是真空光速；$m=n_{\text{p}}/n_{\text{m}}$(粒子与介质折射率比值)；$a$是粒子半径；$\lambda$光波长。梯度力来源于光强梯度，时间平均的梯度力[30]为

$$F_{\text{grad}} = \frac{2\pi n_{\text{m}} a^3}{c}\left(\frac{m^2-1}{m^2+2}\right)\nabla I_0 \tag{7-41}$$

梯度力与光强梯度方向相同，光强沿横截面径向梯度要比光束轴向梯度大很多。聚焦激光横截面光强变化为高斯分布，所以粒子梯度力基本上指向光束中心，如图 7.13 所示。聚焦光束对粒子的总合力为 $\boldsymbol{F}_{\text{trap}} = \boldsymbol{F}_{\text{grad}} + \boldsymbol{F}_{\text{scatt}}$。

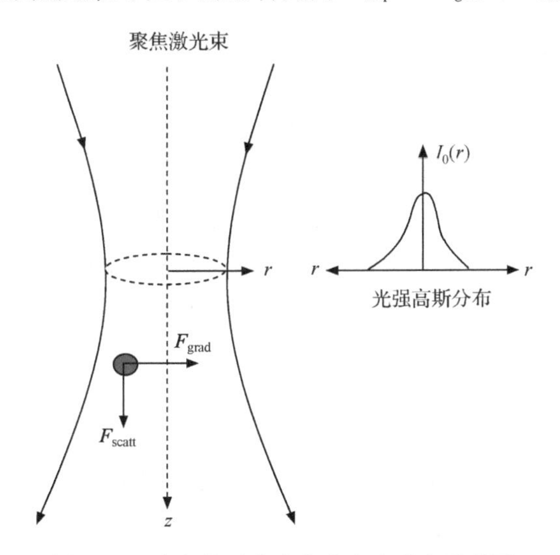

图 7.13　介电粒子在聚焦光束中受力示意图

热泳力是流体温度梯度对粒子的作用力，$\boldsymbol{F}_{\text{h}} = D_{\text{T}}\dfrac{\nabla T}{m_{\text{p}}T}$，其中，$D_{\text{T}}$ 为粒子热泳系数。关于热泳力的详细分析请参考第 4 章。

7.4　纳米粒子的布朗运动

1827 年，植物学家布朗在显微镜下观测到悬浮在水中的花粉和其他微小粒子在不停地进行着无规则运动，这种运动被后人称为粒子的布朗运动。现在人们知道，当液体或气体中存在着悬浮微粒时，微粒会不断地受到周围做热运动的流体分子的碰撞。如果粒子较大(直径大于 5μm)时，粒子瞬间所受到的来自各个方向的撞击几乎可以相互抵消，布朗运动基本消失。但如果粒子很小，任一瞬间的碰撞不可能是完全平衡的，从而引起粒子的无规则运动。

考虑一个布朗粒子在由相对小的分子(或原子)组成的溶液中运动，粒子半径为 $10^{-9}\sim5\times10^{-7}$m。由于流体分子的随机碰撞，布朗粒子运动的大小和方向都在剧烈改变，但要远小于分子运动，因此存在三个不同的时间尺度：溶液分子的弛豫时间，如水分子为 $\tau_{\text{s}}\sim10^{-12}$s；布朗粒子运动的弛豫时间 $\tau_{\text{b}}\sim m/\beta\sim10^{-8}$s；布朗粒

子扩散的特征时间 τ_r，即粒子扩散自身半径需要的时间 $\tau_r \sim a^2/D \sim 10^{-3}\text{s}$。通常 $\tau_s \ll \tau_b \ll \tau_r$。由于热脉动引起的微粒以每秒千万次的频率改变方向，从微观上进行观测很难。1905 年，爱因斯坦发表论文，阐述布朗运动具有统计可测量的属性，并被佩兰(Perrin)在 1908 年的实验证实。爱因斯坦认为，显微镜观测到的布朗运动是粒子实际的平均运动，布朗粒子的位移不过是一种剩余的涨落而已。

7.4.1 朗之万方程

1. 朗之万方程[32]

前边 7.1.2 节式(7-11)给出了悬浮粒子运动方程，考虑了粒子在流体及外加势场作用下的运动，流体力及外场作用力都是确定性的力，而悬浮液中流体分子的无规则热运动引起粒子的布朗运动，这一作用力以很短的时间尺度脉动，称为随机力 $\boldsymbol{R}(t)$。1908 年朗之万(Langevin)将随机力引入牛顿方程，建立了单个粒子在无界流场中的运动方程

$$m\frac{\mathrm{d}^2x}{\mathrm{d}t^2}=-\beta\frac{\mathrm{d}x}{\mathrm{d}t}+\boldsymbol{R}(t) \tag{7-42}$$

式中，m 为粒子质量；$\boldsymbol{R}(t)$ 代表涨落不定的快速变化的力，其平均值为零，即 $\langle \boldsymbol{R}(t)\rangle=0$。右侧第一项为粒子受到流体分子的黏滞阻力见式(7-3)，即斯托克斯阻力，简写为 $F=\beta v$，β 为阻力系数。将式(7-42)两端取系综平均，令 $v=\mathrm{d}x/\mathrm{d}t$，则

$$\frac{\mathrm{d}\langle v\rangle}{\mathrm{d}t}=-\frac{\beta}{m}\langle v\rangle \quad \langle v(t)\rangle=v(0)\mathrm{e}^{-\frac{t}{\tau}} \tag{7-43}$$

式中，$v(0)$是积分常数；$v(t)$又称为微粒的平均漂移速度，它随时间作指数衰减。特征时间为

$$\tau=m/\beta \tag{7-44}$$

τ 代表粒子平均速度随时间衰减快慢的程度，称为布朗运动的弛豫时间(或称为黏性松弛时间[8])。式(7-43)两端乘以 x，然后取系综平均

$$\frac{\mathrm{d}^2\langle x^2\rangle}{\mathrm{d}t^2}+\frac{1}{\tau}\frac{\langle \mathrm{d}x^2\rangle}{\mathrm{d}t}=2\langle v^2\rangle+\frac{2}{m}\langle x\cdot R\rangle=\frac{6k_{\mathrm{B}}T}{m} \tag{7-45}$$

应用能量均分原理 $m\langle v^2\rangle=3k_{\mathrm{B}}T/2$ 及 $\langle x\cdot R\rangle=0$，并利用初始条件 $\langle x^2\rangle|_{t=0}=0$，$[\mathrm{d}\langle x^2\rangle/\mathrm{d}t]|_{t=0}=0$，即得微粒的均方位移表达式，即式(7-45)的解

$$\langle x^2\rangle=\frac{6k_{\mathrm{B}}T}{m}\tau^2\left[\frac{t}{\tau}-(1-\mathrm{e}^{-\frac{t}{\tau}})\right] \tag{7-46}$$

当 $t\gg\tau$ 时，则有

$$\langle x^2 \rangle \approx \frac{6k_B T}{m}\tau t = \frac{6k_B T}{\beta}t \tag{7-47}$$

与爱因斯坦给出的一维布朗运动的均方位移公式 $\langle x^2 \rangle = 2Dt$ 比较，即得斯托克斯-爱因斯坦公式

$$D = \frac{k_B T}{\beta} = \frac{k_B T}{6\pi\mu a} \tag{7-48}$$

式中，D 为扩散系数。由式(7-47)看出，短时间内粒子杂乱无章地随机移动，一定时间后粒子具有可见位移。无序热运动可以出现有序过程，而这个过程可以用扩散系数 D 描述。公式(7-48)给出了粒子扩散过程与黏性耗散的联系，是涨落耗散定理的雏形。

7.4.2　粒子扩散与热力学力

1. 菲克定律

根据分子扩散理论，当流场平均速度 $\boldsymbol{V}_f=0$ 时，无界悬浮液中的粒子扩散通量(单位时间内粒子通过单位面积的物质的量(mol/(cm^2 · s)))为

$$\boldsymbol{J} = -D\nabla C \tag{7-49}$$

式中，负号表示粒子向浓度梯度∇C 相反的方向运动。

2. 热力学力

在非均匀浓度场中，粒子由浓度高的地方向浓度低的地方扩散，宏观上粒子形成定向运动。如果定义一个粒子迁移速度 $\boldsymbol{V}$，则扩散通量 $\boldsymbol{J}$ 也可写成 $\boldsymbol{J}=C\boldsymbol{V}$。当粒子扩散达到平衡时，即 $\boldsymbol{J}=0$，则有

$$-C\boldsymbol{V} - D\nabla C = 0 \tag{7-50}$$

式(7-50)表示宏观粒子输运的通量与扩散引起的粒子通量相等。将式(7-48)代入式(7-50)得到

$$-6\pi\mu a\boldsymbol{V} + \left(-\frac{k_B T}{C}\nabla C\right) = 0 \tag{7-51}$$

此时，式(7-51)左侧第一项为流体阻力，第二项也是量纲为力的项，Bachelor 将该项定义为热力学力

$$F_B = -\frac{k_B T}{C}\nabla C \tag{7-52}$$

式(7-52)表示在较长时间尺度上，布朗扩散产生的粒子流与对每个粒子施加热力学力进行统计的效果一样。

3. 扩散系数

当流场速度 $\boldsymbol{V}_f$ 不等于 0 时，粒子扩散通量为

$$\boldsymbol{J}_c = -c\boldsymbol{V}_0 - \boldsymbol{D}_c\nabla C \tag{7-53}$$

式(7-53)右侧第一项为外流对粒子的对流输运，第二项则是粒子扩散的贡献。但此时的 D_c是一个二阶张量，与当地浓度有关[8]。

7.4.3 纳米粒子布朗运动的应用

1905 年爱因斯坦提出利用粒子的布朗运动可以验证分子运动论，粒子的布朗运动成为揭示微观分子不可见运动的手段之一。之后佩兰利用爱因斯坦关系准确测量了阿伏伽德罗常量，证明了这一理论的正确性，同时也指出了利用布朗粒子作为探针测量介观和微观尺度物理化学性质的可能性。人们利用布朗运动测量了玻尔兹曼常数、溶液环境的局部温度、非牛顿流体流变性质。最近特别是在细胞生物学领域，布朗运动的受限特征得到了广泛而深入的关注，被用来表征细胞质膜的结构和表面形貌变化，如图 7.14 所示。

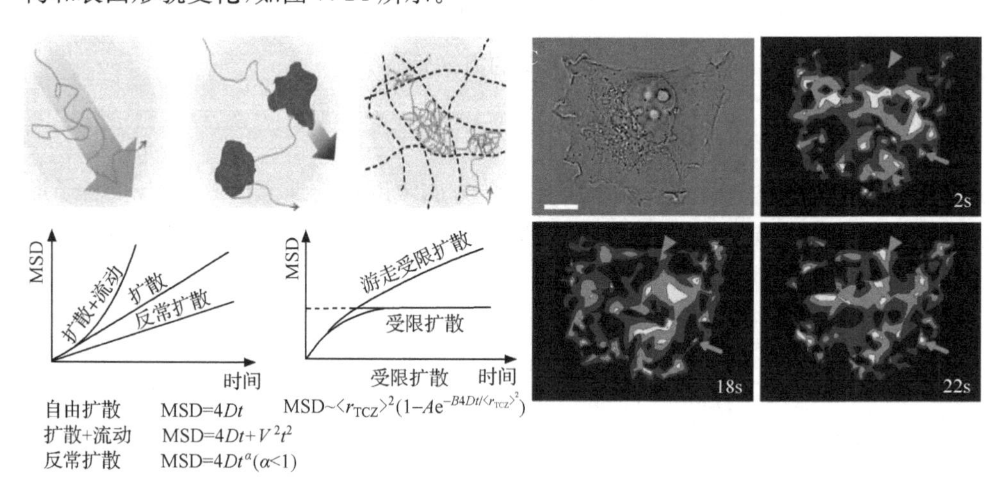

图 7.14 粒子布朗运动在细胞生物学中的应用[33,34]

1. 细胞表面测量、细胞膜畴区结构

质膜的结构和形貌变化是细胞生物学中的一个基本问题，同时也对理解离子通道的形成、细胞间功能、配体与受体的结合、细胞的黏附与融合等过程有重要的

实际意义。然而通用的办法，如 AFM 对质膜结构的测量中，都会引入探针的影响而难于分析其真正的状态。我们知道，细胞不是一个均匀的球体，细胞膜由具有不同结构的畴区组成，而细胞内部也是结构随细胞运动而变化的细胞骨架。Dylan 小组[33]通过对脂双层中自身磷脂分子的运动轨迹进行单分子追踪，测量不同磷脂分子的扩散系数，发现了脂双层中不同的组织结构的畴区：有的区域粒子布朗运动很大程度上受限；另外一些区域内布朗粒子表现为自由扩散，表明膜的流动性较好；还有部分区域内，布朗粒子表现出定向运动。此外，根据式(7-48)、式(7-17)、式(7-16)，当粒子靠近细胞表面时，其布朗运动迅速减小，而远离表面时，布朗粒子的扩散系数又增大。因此测量粒子扩散系数随时间的变化代表了细胞表面的起伏。Serge 等将荧光粒子置于细胞膜附近，测量固定焦平面内粒子的扩散系数的变化可以反演出细胞表面形貌的起伏变化[34]。这一测量在空间上具有单分子分辨率，在时间上的分辨率依赖于 CCD 的传帧率，通常为毫秒至秒量级。

2. 测量物理参数

粒子布朗运动可以通过式(7-47)进行准确测量，通过式(7-48)可以对玻尔兹曼常数(或阿伏伽德罗常量)、温度、溶液黏度或粒子水力学直径进行测量。1908 年，佩兰利用此方法准确地测量了阿伏伽德罗常量。2005 年 Park 等[35]利用粒子布朗运动测量流场温度，如图 7.15 所示。通过二维布朗运动测量的温度值与理论值的偏差小于 5％。

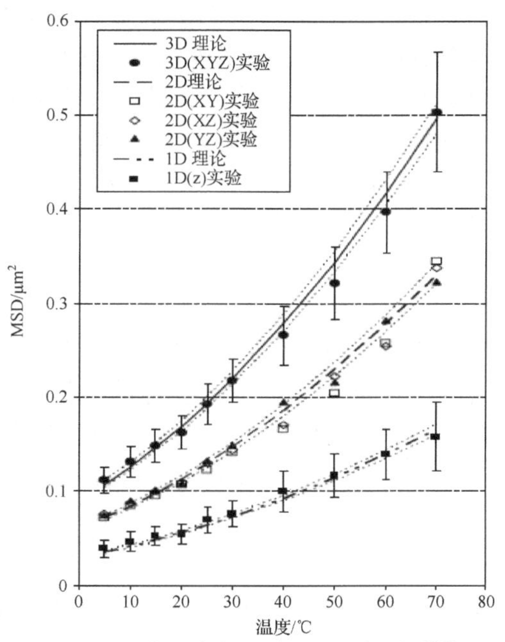

图 7.15　粒子布朗运动用于温度测量[35]

7.5 细胞的操控

基于微流控芯片的细胞实验是新一代细胞研究的主流技术，而细胞的培养与操控是细胞研究的基础。本节将首先简要介绍细胞的分类，然后介绍细胞操控的方法，分别阐述微流控芯片中利用流动和外加力场进行细胞分离、定位、捕捉与融合的操控技术。

7.5.1 细胞及细胞操控的特点

1. 细胞类型

除病毒外所有的生物均由细胞构成，而病毒也需要在细胞环境中才能生存，因此细胞是生物体形态结构和生命活动的基本单位。细胞结构与功能、生长与发育、代谢与繁殖、运动与联络、衰老与死亡及遗传与进化的研究在生物学中具有极其重要的作用。

地球上总共有 10^7～10^8 种不同生物，生物通过细胞分裂与繁殖将基本的遗传信息传递给后代，并根据遗传信息复制其基本特征。除低等生物有丝分裂的繁殖方式外，其余生物可根据繁殖方式的不同分为原核生物与真核生物两种类型，构成生物体的细胞相应地称为真核细胞与原核细胞。

原核细胞没有细胞核，遗传物质包含在细胞膜内。大部分细菌都属于原核生物的范畴，细菌具有简单的内部结构，因此是进行单细胞研究的理想对象。真核细胞的遗传物质存在于细胞核内部，细胞核是细胞最大的细胞器，通过核膜与外部的细胞质隔开。真核细胞在尺度上比原核细胞大 10 倍左右，体积大约 1000 倍，同时具有更为复杂的结构和力学性能，可以保持一定的形状。由于结构的复杂性，在外加电磁场的作用下，其响应比细菌更为复杂。

2. 细胞操控的特点

微尺度下细胞的操控不同于一般颗粒物的操控。首先，细胞本身具有活性，并且需要在一定的培养介质中保持其活性，而跨膜电势、焦耳热和剪切力等因素会对细胞活性产生影响；其次，细胞在物理、化学和力学性质上与普通粒子有很大区别，如细胞最外层为细胞膜，内部为细胞质与细胞核，这种多层式的结构会对介电常数、压缩性、折射率等参数产生显著的影响。由于结构上的差异，不同类型的细胞对外加电磁场的响应存在着差异，影响了它们在微流控芯片上的力学行为和对它们的操控方式。下面就以基于 DEP(dielectrophoresis)的操控技术为例，阐述细胞的多层结构对介电响应的影响。

多层式结构直接影响到CM因子(频率因子)的计算,进而影响到DEP力的性质与强度。对于典型的真核细胞,CM因子的计算是一个递推的过程,需要将细胞内每一层先看做一个悬浮在液体介质里的均质颗粒,该层介质又被更外一层介质所包围,不同介质之间由隔膜隔开,以此往复,将所有层的介电特性结合起来就可以获得多层式结构细胞的整体介电特性。在一个具有N层结构的球体中,其核心半径为r_1,各层的半径为r_i,每一层都具有特定的复介电常数,可以表示为

$$\varepsilon_i^* = \varepsilon_i - \mathrm{j}\,\frac{\sigma_i}{\omega} \tag{7-54}$$

式中,i取值从1到$N+1$,$N+1$表示该多层结构所悬浮的最外围介质。首先用一个均质颗粒替代核心及包围它的第二层介质,新颗粒的半径为r_2,等效介电常数可表示为

$$\varepsilon_{1\mathrm{eff}}^* = \varepsilon_2^* \frac{\left(\dfrac{r_2}{r_1}\right)^3 + 2\dfrac{\varepsilon_1^* - \varepsilon_2^*}{\varepsilon_1^* + 2\varepsilon_2^*}}{\left(\dfrac{r_2}{r_1}\right)^3 - \dfrac{\varepsilon_1^* - \varepsilon_2^*}{\varepsilon_1^* + 2\varepsilon_2^*}} \tag{7-55}$$

将得到的等效颗粒与第三层结合起来,重复上述计算过程可得到

$$\varepsilon_{2\mathrm{eff}}^* = \varepsilon_3^* \frac{\left(\dfrac{r_3}{r_2}\right)^3 + 2\dfrac{\varepsilon_{1\mathrm{eff}}^* - \varepsilon_3^*}{\varepsilon_{1\mathrm{eff}}^* + 2\varepsilon_3^*}}{\left(\dfrac{r_3}{r_2}\right)^3 - \dfrac{\varepsilon_{1\mathrm{eff}}^* - \varepsilon_3^*}{\varepsilon_{1\mathrm{eff}}^* + 2\varepsilon_3^*}} \tag{7-56}$$

重复上述过程,最终多层球壳颗粒可被介电常数为$\varepsilon_{\mathrm{peff}}^*$的等效均质颗粒所代替。等效的$\varepsilon_{\mathrm{peff}}^*$的表达式为[36]

$$\varepsilon_{\mathrm{peff}}^* = \varepsilon_{N+1}^* \frac{\left(\dfrac{r_{N+1}}{r_N}\right)^3 + 2\dfrac{\varepsilon_{N-1\mathrm{eff}}^* - \varepsilon_{N+1}^*}{\varepsilon_{N-1\mathrm{eff}}^* + 2\varepsilon_{N+1}^*}}{\left(\dfrac{r_{N+1}}{r_N}\right)^3 - \dfrac{\varepsilon_{N-1\mathrm{eff}}^* - \varepsilon_{N+1}^*}{\varepsilon_{N-1\mathrm{eff}}^* + 2\varepsilon_{N+1}^*}} \tag{7-57}$$

式(7-57)即为给定角频率ω下具有N层结构细胞的等效介电常数的表达式,是目前确定多层球壳等效介电常数的常用方法。

图7.16(a)给出了典型的细胞外加电场频率与CM因子之间的关系,可以看出,随着频率的增加,细胞将依次经历负介电电泳、正介电电泳和负介电电泳三个阶段,且DEP类型与外部介质的电导率密切相关。而对于典型的均质聚苯乙烯微球,其CM因子随着频率的增加单调下降,仅具有两个区间(图7.16(b))。因此,细胞在外加交变电场作用下响应更加丰富。

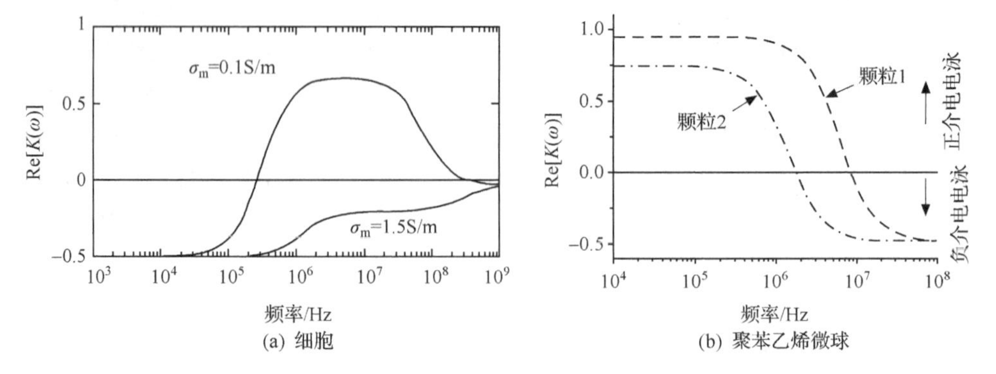

图 7.16 细胞对外加交流电场的响应与聚苯乙烯微球相比细胞响应更加丰富[36]

7.5.2 细胞操控的一般方法

1. 细胞操控的类型、意义与分类

细胞操控主要包括细胞的定位与捕捉、细胞的分离及细胞的融合等。

在细胞研究领域，以细胞定位与捕捉为基础，可以研究细胞的生命周期、细胞的繁殖、细胞间的影响、细胞间的融合，也可与外围电路结合制成高灵敏度的生物传感器，或以单细胞阵列为基础进行高通量的药物筛选、研究不同微环境对干细胞生长影响等。而细胞捕捉或定位，尤其是单细胞的捕捉技术，是生物学、医学和分析化学等领域里具有挑战性的问题之一。

细胞的分离不但可以提供高纯度的最终产品，同时也是进行高灵敏度检测的前提和保证。例如，在疾病诊断领域，分离并检测血液中的稀有细胞(如癌细胞、疟疾感染的细胞等)有助于在早期阶段及时发现疾病。与其他分离问题类似(如图 7.3与图 7.6 所示)，细胞的分离可分为时域分离和空间分离两种类型。时域上的分离是指样品通过缓冲液被引入，不同细胞由于速度差异沿流动方向逐渐分开，依次先后通过下游放置的检测器，场流动分离(field-flow fractionation，FFF)方法是典型的时域分离方法；空间上的分离是指样品在连续进样的情况下被引入，不同的细胞在分离后呈现出在与主流垂直的横向位置上的分布，可以在预先设置的不同出口被收集，横向分离(lateral separation)一般属于空间分离。

宏观上，细胞捕捉通常使用机械夹持的方法，利用机械夹持机构(如与负压相连的微吸液管等)，并与灵活的显微控制系统相结合对微小细胞进行捕捉、定位、剥离和切割等。而针对分离问题，则建立了借助于离心力、重力等力场进行分离的方法，有高速离心机等成熟设备。微尺度下，由于运动部件很少被使用，决定了上述方法不能简单地被移植，因而需要发展新的行之有效的办法。

根据 7.1 节介绍，溶液中的粒子会受到流体作用力及外加力场的作用，在细胞的操控中同样需要综合考虑这些作用力，它们各自的特点可参见表 7.1。在细胞的操控过程中，由于细胞悬浮在流体介质中，流体作用力的出现不可避免，可单独使用实现一定的功能；而利用其余外加力场在进行细胞操纵时也必须考虑流体作用力，因为即使在静止流场中，由于所操纵细胞的相对运动也将产生流体作用力。据此，我们对细胞的操控进行简单分类，分为细胞操控的一般方法及多力场联用方法。在一般方法中，操控过程中只出现流体作用力(被动式操控)，或通过流体作用力与另一外力结合(主动式操控)；对于多力场联用的方法，则包含至少三种及以上的力场。

表 7.1　微流控细胞操纵的主要力场[37]

	参数	缓冲液	复杂性	分辨率	强度/pN
流体作用力	D	—	低	低(～10μm)	—
光镊力	D、n	透明	中、高	高(～50nm)	100～2000
介电电泳力	D、ε、σ	pH、离子浓度	中	中(～1μm)	200～400
磁场力	D、χ	—	高	中(～1μm)	2～1000
声场力	D、ρ、β	—	低	低(～100μm)	100～400

注：D 表示直径，ρ 表示密度，β 表示可压缩性，ε 表示介电常数，σ 表示电导率，χ 表示磁导率，n 表示折射率。

2. 细胞的被动操控

下面介绍的细胞操控方式中仅利用了流体作用力，操控过程中没有出现其他力场。

1) 细胞定位

在微尺度下，细胞定位最直接的方法是利用微井阵列技术(如图 7.17(a)所示)，该类器件的关键是通过微加工技术得到阵列式分布的凹坑。在操作过程中，首先将细胞引入并尽量使其均匀分布，由于细胞与所悬浮介质之间存在密度差，经过一段时间后会沉积在微井内。所设计凹坑的体积仅能与单个细胞的体积相匹配，因此只能容纳一个细胞。随后，通过引入外加流场并控制其流速，选择性地冲走多余的细胞，微井内的细胞由于结构的保护不足以被冲走，被最终保留下来。另外，还可利用微坝结构对细胞进行拦截(如图 7.17(b)所示)，由于左、右分支管路驱动压力的不同，除沿主流方向的流动外，还存在从左至右的附加流动，悬浮在溶液中的细胞会在附加流动的作用下沿中线附近的微坝一侧排列。利用该结构可以研究在主流流动方向存在浓度梯度的情况下细胞的活性问题。

2) 单细胞捕捉

迄今，已发展了多种基于不同原理的进行单细胞捕捉的方法，其中最基本的方

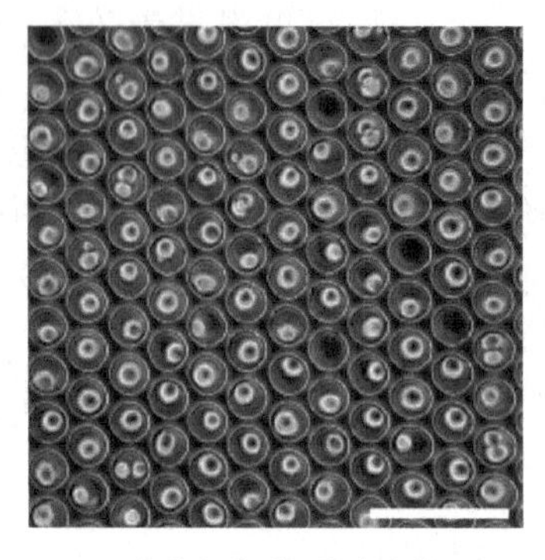

(a) 细胞与介质间的密度差

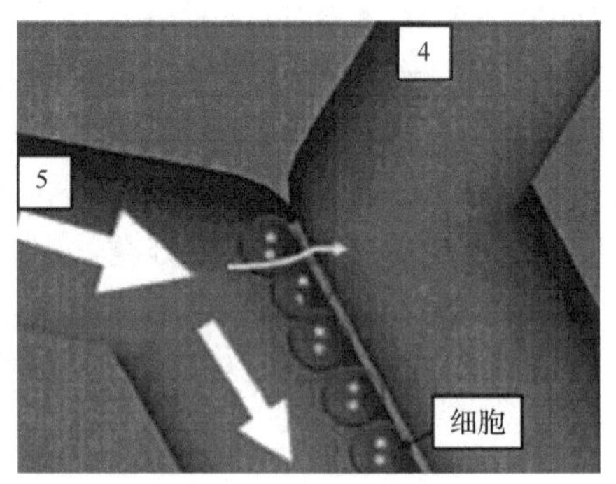

(b) 微水坝结构左右的压力差

图 7.17　细胞定位：依靠细胞与介质间的密度差及微水坝结构左右的压力差实现对细胞的定位[38,39]

法是利用与所捕捉颗粒几何形状相匹配的微结构进行被动式的捕捉(如图 7.18 所示)。该方法的关键在于所加工的悬垂式微结构,该结构的高度需严格控制,其高度与流道高度相比略小,这样可以保证必然有流线从微结构的下部穿过。由于细胞在微管道内一般跟随流线移动,有流线穿过就意味着细胞会有机会进入微结构内。而细胞一旦进入则该位点后,悬垂结构会被堵塞,不再会有流线穿过,所以后续细胞将难以进入。利用该装置可以有效地捕获单细胞。

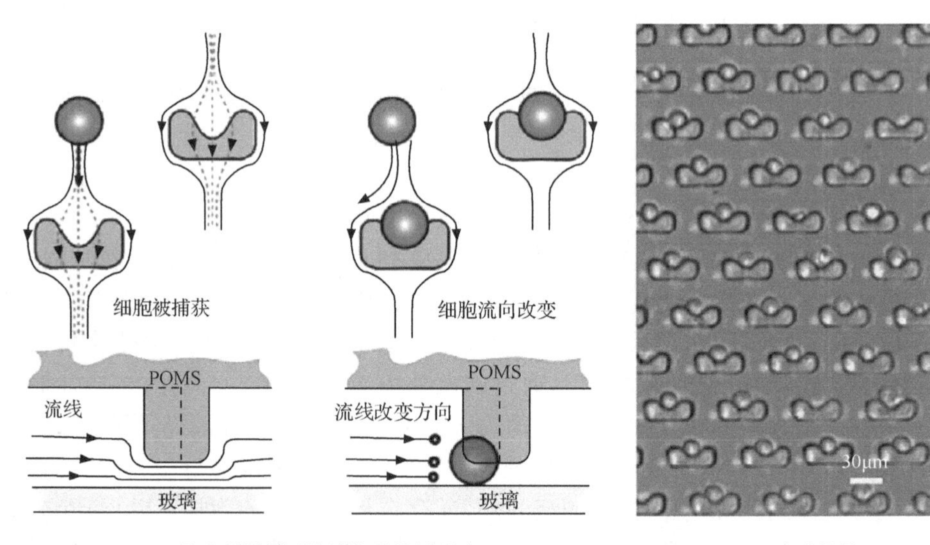

(a) 悬垂式微结构捕捉单细胞的原理图　　(b) 实验结果

图 7.18　单细胞被动捕捉[40]

3）细胞分离

含有不同大小细胞的悬浮液由 Y 型通道下侧流道引入，缓冲液由上侧流道进入。Y 型通道交叉处下游有一段颈缩通道，通过上部缓冲液的作用迫使细胞“排队”，然后在下游突然扩张段因细胞尺度不同而所处流线扩张的位置不同，可以产生基于尺度的分离（如图 7.19 所示）[41]。另外，在微通道内还可以利用嵌入的非对称分布的微柱阵列进行分离，当不同尺寸细胞绕流微柱阵列时，由于不同细胞展向位移的不同并逐渐累积，也可以产生较好的分离效果，这一过程也不需要引入其他外部的力场（如图 7.20 所示）[42]。

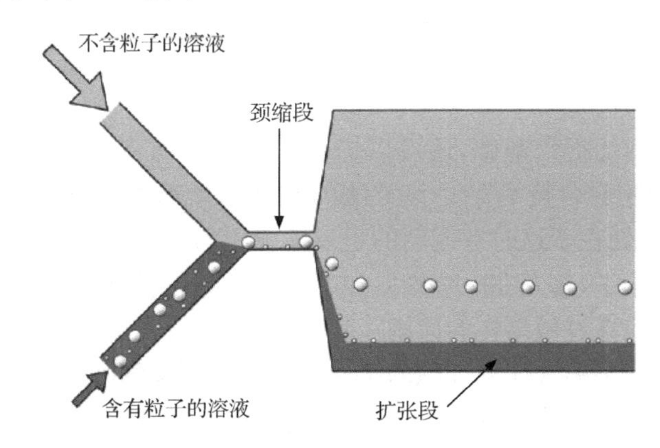

图 7.19　细胞被动分离：利用箍缩流进行细胞分离的示意图[41]

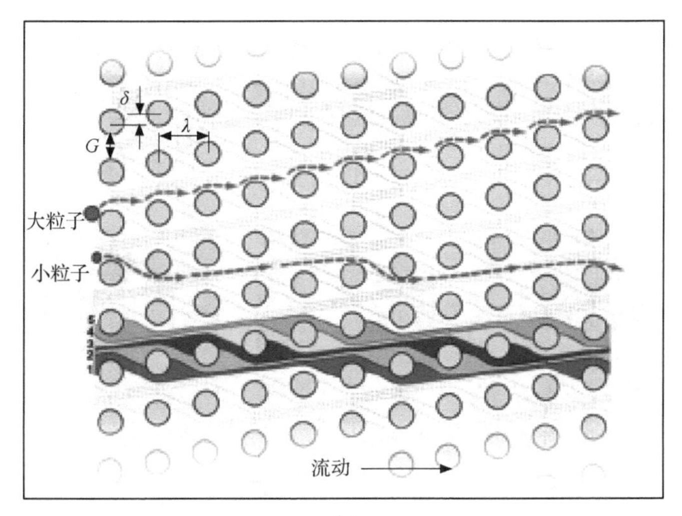

(a)

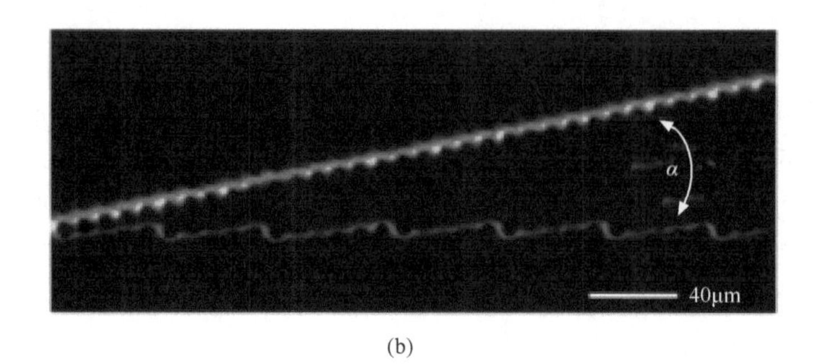

(b)

图 7.20　细胞被动分离：利用微柱阵列进行细胞分离的示意图[42]

4）细胞融合

以单细胞阵列捕捉为基础，还可以进一步发展针对多个细胞的操纵技术，如图 7.21所示的细胞融合技术[43]。该方法的基础是悬垂式微结构被动捕捉单细胞的技术，但不同之处在于这时在流动的正反方向上分别设计了不同曲率半径的微结构。在操作过程中，首先在一个方向加载第一种细胞（浅色），其工作原理与前面提到过的保证流线穿过微结构的原则一致，这样可以获得该细胞的单细胞阵列；随后，改变流动方向，用不含任何细胞的缓冲液将捕获的单细胞冲入对面狭长结构的底部；再随后，继续保持流动方向，在溶液中加载第二种细胞（深色），基于同样的原则，第二种细胞将进入狭长结构的上部，由于狭长结构几何尺寸仅能容纳两个细胞，后续细胞不能进入，最终实现了两个不同种类细胞的配对，为细胞融合提供了条件。

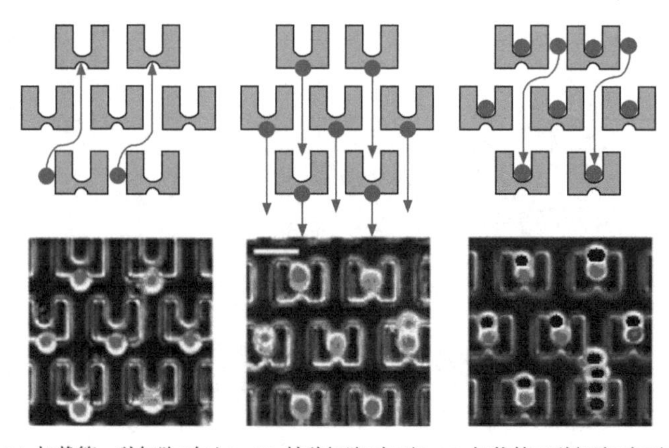

(a) 加载第一种细胞"向上" (b) 转移细胞"向下" (c) 加载第二种细胞"向下"

图 7.21　细胞融合：微结构阵列实现两个细胞配对与融合的实验装置[43]

3. 细胞的主动操控

1）细胞捕捉

除被动方式之外，还可以在大规模阵列上进行单细胞的主动捕捉，可以根据操作方式的不同将它们分为以下两类：第一，使用点作用形式的外力场捕捉单细胞。外力的强度分布随着离开细胞的距离增加而快速衰减，大部分力有效地聚焦在单个细胞上，而忽略其他细胞，实现对单细胞的捕捉，典型代表为光镊技术；第二，在捕捉区域捕捉到两个以上的细胞，然后通过外加的流场作用力带走多余的细胞。该技术的难点在于需要考虑细胞间的作用力，避免所有的细胞都被水流带走，因此消除细胞间相互作用力非常关键。

介电电泳中的 ring-dot 型电极属于第一种类型（如图 7.22 所示）[44]，此时圆心中的点电极的特征尺度远小于细胞尺度，且场强很大、电场能量集中，细胞在正介电电泳力的作用下被吸引至点电极处，通过控制流体速度，其余的细胞会被冲走，从而实现了单个细胞的捕捉；基于脉冲型介电电泳的单颗粒捕捉系统则属于第二种类型（如图 7.23 所示）[45]，捕捉区域处于一个微圆柱下游的滞止点附近，捕捉区域的面积由 DEP 力与流体黏性力之间的相对强度确定，相应地决定了所捕捉细胞的数量，是一种可调的细胞捕捉方法。通过引入脉冲型 DEP，在“关”周期内短暂地关闭外加电场，消除了两个细胞间的电相互作用力，同时由于两个细胞在高度非均匀流场中所处位置不同，随流场运动的速度存在巨大差异，这样可以选择性的剔除其中之一而获得单个细胞，极大提高了单个细胞捕捉的可靠性。在验证性的大规模阵列捕捉实验中，在约 75%的位点上获得了单个 5μm 聚苯乙烯微球。

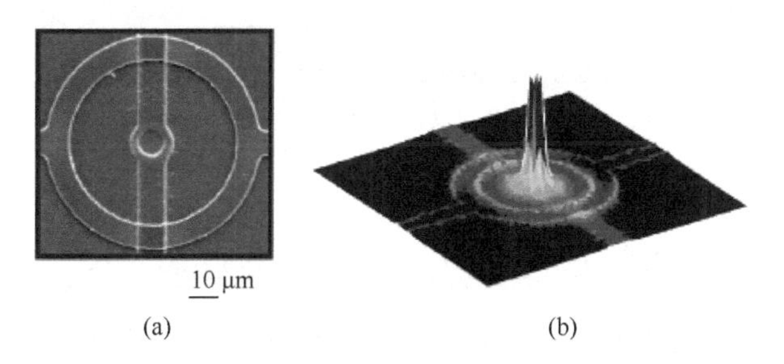

图 7.22　利用 ring-dot 型电极进行单细胞捕捉的示意图[44]

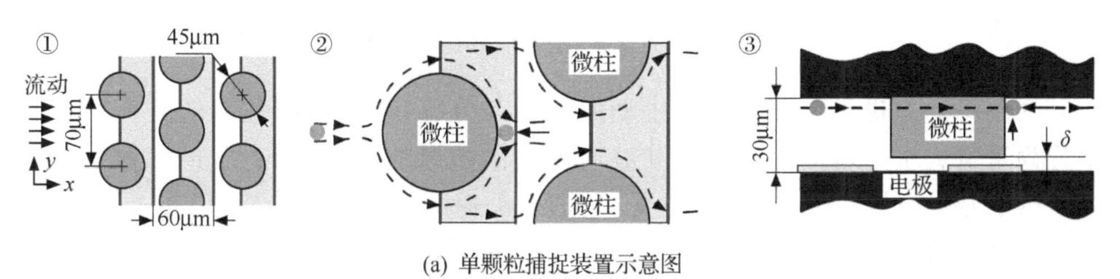

(a) 单颗粒捕捉装置示意图

(b) 聚苯乙烯微球实验结果

图 7.23 单细胞主动捕捉：利用脉冲型负介电电泳在微圆柱阵列下游滞止点进行单颗粒捕捉的装置示意图及聚苯乙烯微球的实验结果[45]

2）细胞分离

横向 DEP 是典型的主动分离方法(如图 7.24 所示)[46]。这里，所有细胞在上游已被聚焦到微管道的一侧，从同一位置流入分离区。在分离区域微管道的侧壁上安放了电极，可引入与流动方向垂直的 DEP 力，由于不同细胞承受不同的 DEP 力，它们的运动能力存在差异，一段时间后将处于不同的展向位置，这样就可以进行分离，并在不同的出口进行收集。

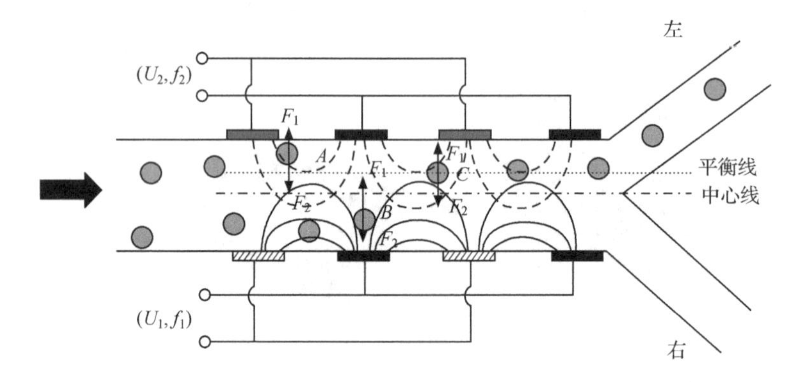

图 7.24 横向 DEP 的主动分离方法：在横向 DEP 力的作用下颗粒具有不同的位置，在不同的出口被收集[46]

利用声场力也可对细胞进行主动的富集与分离，根据超声驻波的方向可进一步分为垂直或水平分离。当超声驻波产生在微流道的垂直方向上，声辐射力与重力平衡后，颗粒的平衡位置存在差异，造成运动速度不同产生分离，可在上、下游不同出口进行收集。当超声驻波产生在水平方向上，不同颗粒在声场的作用下可以被富集在流道的中部或流道的侧壁(节点或反节点)处,然后在下游设置分支管路进行收集。通常情况下,超声驻波方法很少针对三种以上类型的颗粒同时进行分离。若仅有一种颗粒,上述问题即转变为颗粒在超声驻波作用下的富集问题。图 7.25说明了如何使用超声驻波方法分离红细胞与白细胞和脂肪颗粒,其中红细胞处于压力节点处,而白细胞和脂肪颗粒处于反压力节点,在下游布置不同位置的出口,可以分别进行收集。

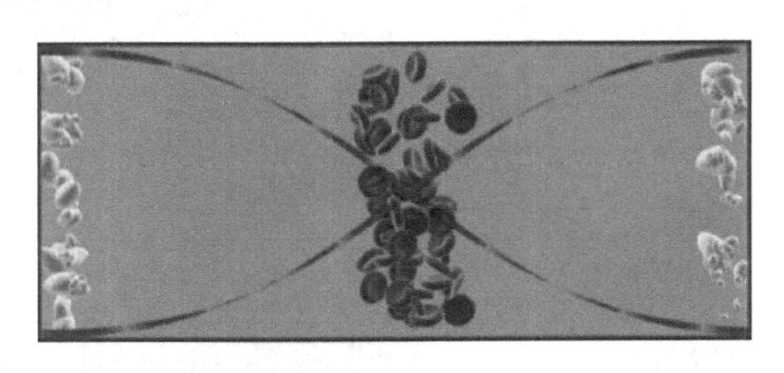

图 7.25　超声驻波的主动分离方法:不同类型的细胞分别位于压力节点与反节点处的示意图[46]

7.5.3　细胞的特殊操控方法

通过力场的比较可以看出(见表 7.1),不同的力场的使用具有一定的范围,当面临复杂问题时依靠单一的力场往往很难满足要求,这时需要通过不同力场的联合来解决问题。下面分别介绍光诱导下的介电电泳、超声与介电电泳联用以及时变力场技术。

1. 光诱导介电电泳技术

该技术以解决微尺度细胞操纵所面临的高分辨率与高通量的矛盾为出发点。一般认为,传统的光镊技术操纵灵活且分辨率高,但系统复杂;介电电泳方法系统简单、分辨率适中,但灵活性不足。为了综合两种方法的优点,发展了基于图像的光诱导 DEP 技术(如图 7.26 所示)[47]。该技术的利用与静电复印机类似的原理,利用预先给定的图案来控制光强的分布,当光照射在光敏半导体层上时,光照部分电荷聚集形成电场,从而产生 DEP 力实现对颗粒的操纵。该方法可进一步通过数字微镜技术灵活地改变控制图案,与传统的光镊技术相比,大幅降低了光的强度,同时又具有 DEP 固定电极所不具备的高度灵活性。

2. 超声与介电电泳联用技术

该技术的主要出发点是基于在微流控系统中一方面需要对大量溶液样品中的痕量细胞进行富集,同时又要对所富集的细胞进行针对性的分离,为了调和处理样

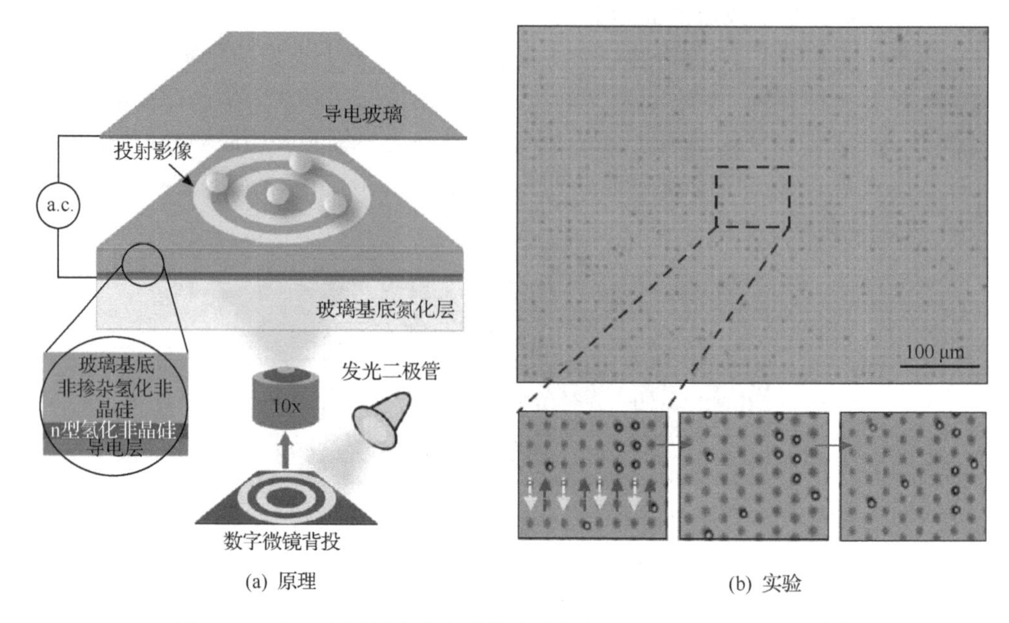

(a) 原理　　(b) 实验

图 7.26　基于光诱导介电电泳技术进行细胞操纵的原理与实验[47]

品的量与分辨率之间的矛盾，发展了超声驻波与介电电泳联用的技术。这一技术的原则是将短程的 DEP 力场（～1μm）与长程的超声驻波力场（～100μm）相结合，在微芯片中同时实现高通量和高精度的生物颗粒操纵（如图 7.27 所示）[48]。在微管道外部利用压电陶瓷系统产生高频振动，频率范围约 20kHz，属于超声波的范围，对应的半波长约为数百微米，尽管该尺度属于微流控系统的范围，但与 DEP 技术所需的特征尺度相比仍大很多，为与 DEP 之间的互补提供了基本保证。而调整超声驻波的频率还可以调节压力节点的数量和位置，进而可以实现对颗粒的富集与展向位置的控制。随后，预富集的颗粒可通过 DEP 技术进行高分辨率的分离。

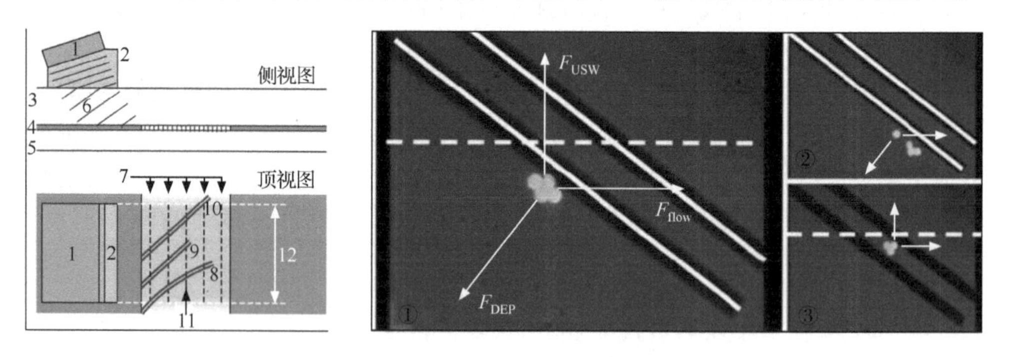

图 7.27　利用声场驻波与介电电泳联用的方法实现对痕量细胞的富集与分离[48]

3. 时变力场

在目前绝大部分应用中，所使用的力仅在空间上发生变化，而不随时间的变化而改变，是一种时间上连续的力场。除了连续力场之外，时变力场也可以对颗粒进行控制。例如，热/布朗运动棘轮(thermal/Brownian ratchet)方法(如图7.28所示)[49]，在无外加流场情况下，通过反复“开”、“关”一组非对称微电极，可以产生间断的正介电电泳力场，通过粒子热运动可以实现对纳米颗粒的移动。然而对于微米或稍大的细胞，由于分子热运动不很显著，热/布朗运动棘轮方法将不再适用。另外，在宏观系统中，巴西果效应(Brazil nut effect, BNE)或振动流化床是应用时变力场进行颗粒分离与富集的典型方法，是软物质和工程领域的研究热点之一。通过调节振动外力的相对强度及频率，可以实现不同尺寸颗粒混合物在容器内的分层富集，形成普通的BNE效应(大粒子居于最上层)、Reversed BNE效应(大粒子居于最下层)及介于两者之间的Sandwich结构(大粒子居于中间位置)。从上述两个例子可以看出，时变力场的应用会带来一些意想不到的效果，将它引入微尺度颗粒的控制中，会有助于发展更为灵活的控制方式。

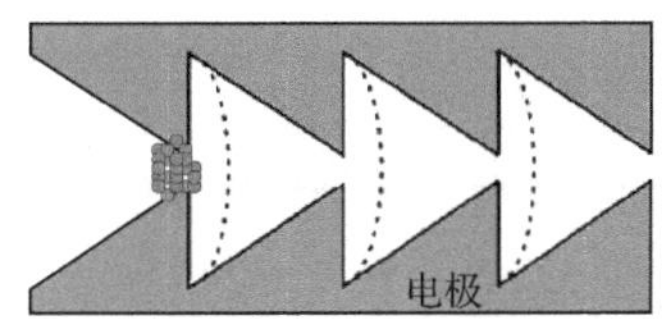

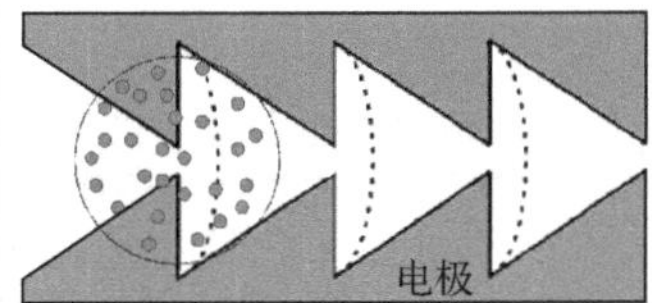

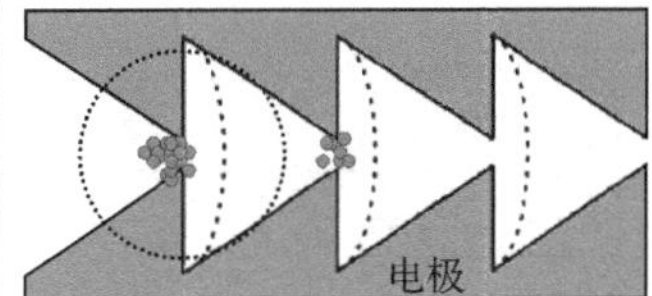

图7.28 利用布朗棘轮方法实现对纳米粒子的操纵[49]

在细胞操纵方面，时变力场思想主要应用在介电电泳领域。在由微通道和位于流道底部垂直于主流的条带型电极构成的微流控芯片上，利用流道顶部呈周期性分布的负介电电泳力场和抛物线的流体速度剖面，并以较低的频率(<10Hz)“开”、“关”DEP力场实现了类似于BNE效应的功能(如图7.29所示)[50]。在验证实验中，已实现了在单步内对3μm、5μm和10μm聚苯乙烯微球中的任意一种进行提取。通过已建立的简化模型，可以初步认识到该方法是由基于强度的分离模式

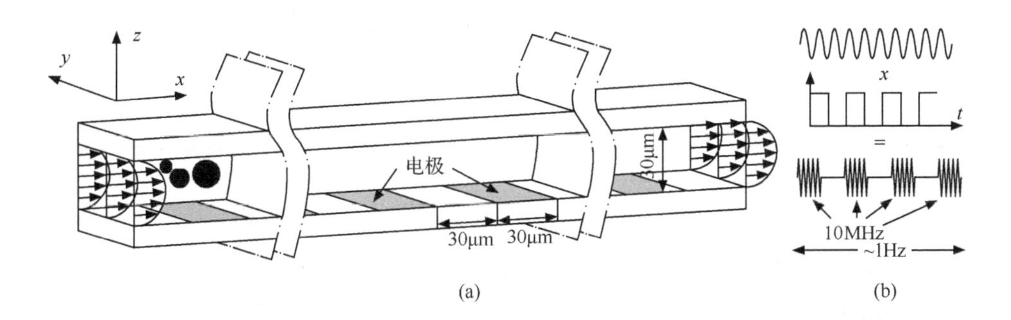

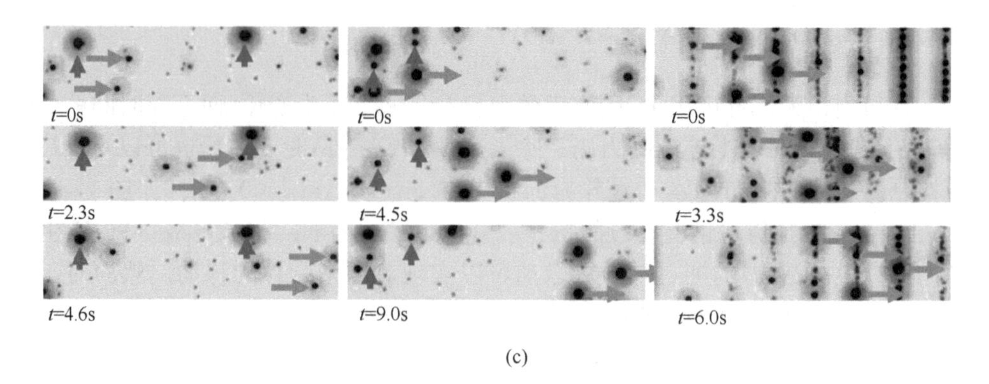

(c)

图 7.29　脉冲型 DEP 方法：利用方波调制正弦 DEP 电信号，使颗粒交替地承受单纯的流体作用或 DEP 与流体的共同作用，通过调节频率可实现对不同颗粒的特异性提取[50]

（“开”周期内）和基于速度的分离模式（“关”周期内）共同作用的结果，通过频率这个额外的参数可以灵活地控制流体和颗粒之间的作用，而颗粒的最终状态则取决于“收”和“放”的程度。由于粒径在其中具有非线性的关系，通过对相关参数的调节就可以达到提取任意一种颗粒的目的。

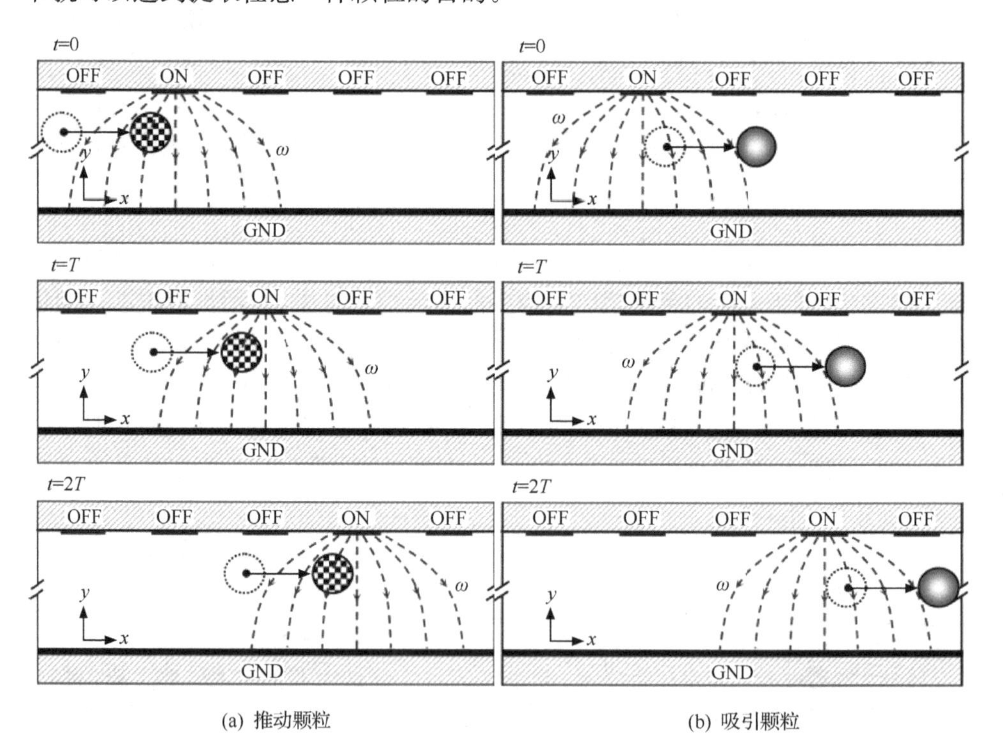

(a) 推动颗粒　　(b) 吸引颗粒

图 7.30　移动 DEP 方法：通过依次对电极加电，产生的不同性质 DEP 力来推动颗粒或吸引颗粒产生连续的运动，利用运动的差异来产生分离[51]

除了上述方法外，移动 DEP(moving dielectrophoresis，mDEP)技术[51]也属于利用时变力场进行颗粒分离的范畴(如图 7.30 所示)。在没有流动的微管道内，以给定的顺序依次给不同的电极施加电压，可以对细胞进行定向输运和分选。控制施加电压的频率，可以产生近似于连续输运的效果，并引导颗粒或细胞向不同的方向运动。研究表明，通过控制电信号的参数，该方法可以有效地分离不同活性的酵母菌。该方法的吸引人之处在于力的产生与正介电电泳或负介电电泳相同，由 CM 因子的实部来决定，但是却可以产生类似于 twDEP 的定向输运能力，而 twDEP 力的强度则取决于 CM 因子的虚部。

7.6　本章小结

微流控芯片传输的样品往往带有粒子、大分子、细胞等介质，其尺度约10nm～100μm，无法作为可溶介质处理，它们的分选、定位等操控依赖于对其运动规律的了解。考虑微纳米粒子比表面积增大，粒子表面特性对其运动有影响，本章首先分析微纳米粒子表面特性，然后分析悬浮粒子受到的流体作用力及外加势场作用力，特别注意到粒子在微纳通道中往往处于受限运动状态，而描述了粒子的受限运动。纳米粒子布朗运动更加明显，7.4 节介绍了粒子布朗运动扩散系数的理论公式及其在一些在物理量和物理参数测量上的应用。细胞是带有活性的粒子，跨膜电势、剪切力等对细胞活性有影响，而且细胞具有柔性和层状结构，这些特点使得细胞操控虽可以借鉴对粒子或液滴的操控，但有不同。本章最后介绍细胞操控一般方法和应用技术。

参考文献

[1] Kang Y J，Li D Q. Electrokinetic motion of particles and cells in microchannels. Microfluid Nanofluid，2009，6：431～460.

[2] Lenshof A，Laurell T. Continuous separation of cells and particles in microfluidic systems. Chemical Society Reviews，2010，39：1203～1217.

[3] Weiss B，Hilber W，Gittler P. Particle separation in alternating-current electro-osmotic micropumps using field-flow fractionation. Microfluid Nanofluid，2009，7：191～203.

[4] http://define.cnki.net.

[5] Ohshima H. Electrophoresis of soft particles. Advances in Colloid and Interface Science，1995，62：189～235.

[6] de Gennes P G. Polymers at an interface：A simplified view. Advances in Colloid and Interface Science，1987，27：189～209.

[7] Zhulina E，Borisov O. Theory of steric stabilization of colloid dispersions by grafted polymers. Journal of Colloid and Interface Science，1990，137：495～511.

[8] 严宗毅. 低雷诺数流动理论. 北京：北京大学出版社，2002.

[9] 蔡小舒，苏明旭，沈建琪，等. 颗粒粒度测量技术及应用. 北京：化学工业出版社，2009.
[10] 刘大有. 二相流体动力学. 北京：高等教育出版社，1993.
[11] Saffman P G. The lift on a small sphere in a slow shear flow. Journal of Fluid Mechanics，1965，22：385～400.
[12] Goldman A J，Cox R G，Brenner H. Slow viscous motion of a sphere parallel to a plane wall—II Couette flow. Chemical Engineering Science，1967，22：653～660.
[13] Zheng X，Silber-Li Z. The influence of Saffman lift force on nanoparticle concentration distribution near a wall. Applied Physics Letters ，2009，95：124105.
[14] Brenner H. The slow motion of a sphere through a viscous fluid towards a plane surface—II Small gap widths，including inertial effect. Chemical Engineering Science，1961，16(3-4)：242～251.
[15] Lumma D，Best A，Gansen A，et al. Flow profile near a wall measured by double-focus fluorescence cross-correlation. Physical Review E，2003，67：056313.
[16] Joseph P，Tabeling P. Direct measurement of the apparent slip length. Physical Review E，2005，71：035303.
[17] Lauga E. Apparent slip due to the motion of suspended particles in flows of electrolyte solutions. Langmuir，2004，20：8924～8930.
[18] Morgan H，Green N G. AC Electrokinetics：Colloids and Nanoparticles. Baldock：Research Studies Press Ltd，2003.
[19] Kirby B J. Micro-and Nanoscale Fluid Mechanics，Transport in Microfluidic Devices. Cambridge：Cambridge University Press，2010.
[20] Huang Y，Pethig R. Electrode design for negative dielectrophoresis. Measurement Science and Technology，1991，2(12)：1142～1146.
[21] Gijs M A M. Magnetic bead handling on-chip：New opportunities for analytical applications (review). Microfluidics and Nanofluidics，2004，1：22～40.
[22] Pankhurst Q A，Connolly J，Jones S K，et al. Applications of magnetic nanoparticles in Biomedicalicine. Journal of Physics D：Applied Physics，2003，36：R167～R181.
[23] Peyman S A，Patel H，Belli N，et al. A microfluidic system for performing fast，sequential biochemical procedures on the surface of mobile magnetic particles in continuous flow. Magnetohydrodynamics，2009，45(3)：361～370.
[24] Pamme N，Manz A. On-chip free-flow magnetophoresis：Continuous-flow separation of magnetic particles and agglomerates. Analytical Chemistry，2004，76：250～7256.
[25] Laurell T，Petersson F，Nilsson A. Chip integrated strategies for acoustic separation and manipulation of cells and particles. Chemical Society Reviews，2007，36：492～506.
[26] Petersson F，Nilsson A，Holm C，et al. Separation of lipids from blood utilizing ultrasonic standing waves in microfluidic channels. Analyst，2004，129：938～943.
[27] Evander M，Lenshof A，Laurell T，et al. Acoustophoresis in wet-etched glass chips. Analytical Chemistry，2008，80：5178～5185.
[28] Molloy J E，Padgett M J. Lights，action：Optical tweezers. Contemporary Physics，2002，43：241～258.
[29] Ashkin A，Dziedzic J M，Bjorkholm J E，et al. Observation of a single-beam gradient force optical trap for dielectric particles. Optics Letters，1986，11：288～290.

[30] Neuman K C, Block S M. Optical trapping. Review of Scientific Instruments, 2004,75(9):2787～2809.
[31] Harada H, Asakura T. Radiation forces on a dielectric sphere in the Rayleigh scattering regime. Optics Communications, 1996,124(5-6):529～541.
[32] Langevin P. On the theory of Brownian motion. Comptes Rendus de l'Academie des Sciences,1908, 146:530～533.
[33] Owen D M, Williamson D, Rentero C, et al. Quantitative microscopy: Protein dynamics and membrane organisation. Traffic,2009, 8(10):962～971.
[34] Serge N, Bertaux N, Rigneault H, et al. Dynamic multiple-target tracing to probe spatiotemporal cartography of cell membranes. Nature Methods, 2008, 5(8): 687～694.
[35] Park J S, Choi C K, Kihm K D, Temperature measurement for a nanoparticle suspension by detecting the Brownian motion using optical serial sectioning microscopy (OSSM). Measurement Science and Technology, 2005,16: 1418～1429.
[36] Jones T B. Electromechanics of Particle. Cambridge: Cambridge University Press, 1995.
[37] Nilsson J, Evander M, Hammarström B, et al. Review of cell and particle trapping in microfluidic systems. Analytica Chimica Acta,2009,649:141～157.
[38] Rettig J R, Folch A. Large-scale single-cell trapping and imaging using microwell arrays. Analytical Chemistry,2005, 77 (17):5628～5634.
[39] Yang M S, Li C W, Yang J. Cell docking and on-chip monitoring of cellular reactions with a controlled concentration gradient on a microfluidic device. Analytical Chemistry, 2002, 74 (16): 3991～4001.
[40] Di Carlo D, Wu L Y , Lee L P. Dynamic single cell culture array. Lab on a Chip,2006,6: 1445～1449.
[41] Maenaka H, Yamada M, Yasuda M, et al. Continuous and size-dependent sorting of emulsion droplets using hydrodynamics in pinched microchannels. Langmuir, 2008,24(8):4405～4410.
[42] Morton K J, Loutherback K, Inglis D W, et al. Hydrodynamic metamaterials: Microfabricated arrays to steer, refract, and focus streams of biomaterials. Proceedings of the National Academy of Sciences, 2008,105: 7434.
[43] Skelley A M, Kirak O, Suh H, et al. Microfluidic control of cell pairing and fusion. Nature Methods, 2009,6: 147～152.
[44] Taff B M, Voldman J. A scalable addressable positive-dielectrophoretic cell-sorting array. Analytical Chemistry,2005,77:7976～7983.
[45] Cui H H, Lim K M. Pillar array microtraps with negative dielectrophoresis. Langmuir, 2009,25 (6): 3336～3339.
[46] Wang L, Flanagan L A, Jeon N L, et al. Dielectrophoresis switching with vertical sidewall electrodes for microfluidic flow cytometry. Lab on a Chip, 2007,7(9):1114～1120.
[47] Chiou P Y, Ohta A T, Wu M C. Massively parallel manipulation of single cells and microparticles using optical images. Nature, 2005,436, 370～372.
[48] Wiklund M, Gunther C, Lemor R, et al. Ultrasonic standing wave manipulation technology integrated into a dielectrophoretic chip. Lab on a Chip, 2006,6(12):1537～1544.
[49] Ajdari A, Prost J. Drift induced by a spatially periodic potential of low symmetry-pulsed dielectrophoresis. Comptes Rendus de l' academie des Sciences Serie II, 1992, 315(13):1635～1639.
[50] Cui H H, Voldman J, He X F, et al. Separation of particles by pulsed dielectrophoresis. Lab on a Chip, 2009, 9(16): 2306～2312.
[51] Kua C H, Lam Y C, Rodriguez I, et al. Dynamic cell fractionation and transportation using moving dielectrophoresis. Analytical Chemistry, 2007,79(18):6975～6987.

第 8 章　微流控芯片流动的数值模拟方法

算盘是一种人人皆知的最早的“计算器”，勾股定理使人们确信数字是理解图形的基础。帕斯卡(1623～1662)意识到可用机械装置做数字运算，且于 1642 年造出一台采用数字轮和棘轮组合的“计算机械”。莱布尼茨(1646～1716)于 1671 年创造了一台可步进的圆柱装置之后，巴贝奇(1791～1871)1822 年终于设计了一台卡控微分引擎。然而直到 20 世纪 40～50 年代，才出现能够解偏微分方程的实用机器。图灵(1912～1954)解决了一些与计算机相关的逻辑问题，而冯 纽曼(1903～1957)首先采用计算机进行数值模拟。虽然计算机模拟只是真实流动的近似，但毕竟带来了真实流动的大量信息。

近十年来微流控系统的基础和应用研究取得很大进展。多物理场耦合流动的控制方程组已经基本成熟，包括电场泊松方程、不可压缩流体的连续方程和 N-S 流动方程、离子输运的 N-P 方程、温度场的能量方程、化学组分输运方程，以及不同介质的物理化学性质系数可变和相互影响等。这些方程是相互耦合的，不能独立求解。对一些简单问题已经有精确解或近似的解析解，如无限长均匀截面微通道中的电渗流研究日趋成熟。微流控系统实际流动往往不那么简单，如非均匀（或间断）固壁面电位、异质材料壁面的电渗流、离散电极调控电渗流、交变电渗流、行波电场电渗流、电渗流热效应、颗粒和液滴运动、气泡演化、弯曲、T 形、交叉、分叉、汇合微通道、三维通道-腔室联合系统的电渗流等，至今没有成熟结果。其中一些未知流动现象和特殊问题还不是十分明白（如壁面的速度滑移等），这些问题都没有解析解。数值解是基础研究和应用研发的强有力手段，它提供人们对微流控系统多物理场耦合流动现象的深入理解，并把它转化为可能的实际应用。数值分析也常常应用于微流控芯片的优化设计。目前国际上绝大多数的微流控系统领域的研究论文和报告，都大量采用数值计算分析法。虽然计算流体动力学（computational fluid dynamics，CFD）在流体力学许多领域有成功的应用，但微流体系统的流动计算分析仍然有一些特殊问题需要认真考虑。

1. 连续性的适用范围

微流控芯片主要应用于生物、化学、医学中溶液分析，绝大多数情况下处理的对象是液体。一般讲，液体分子的间距在几个埃（10^{-10} m）的量级。目前科学界一般认为，100nm 到几百微米之间尺度的流动称为微尺度流，100nm 以下的流动称为纳米尺度流。一般讲，对 10nm 以上尺度的液体流动，连续性是可接受的，传统的流体动力学方程组可以使用。根据实际应用的需求，微流控芯片的最小流动尺度一般都在 10nm 以上。目前绝大多数的微流控系统基础研究和芯片研发还是采用连续性为基础的流体动力学控制方程（包括流场、电场、温度场、离子输运等）。对于一些特殊的基础研究，如固壁面速度滑移、颗粒、液滴和气泡运动，需要涉及固体、气体和液体三相分子之间的相互作用，最好采用非连续模型，如分子动力学（molecular dynamics，MD）模拟[1~5]和介观尺度的格子-玻尔兹曼算法（lattice Boltzmann method，LBM）[6~7]，耗散颗粒动力学算法（dissipative particle dynamics，DPD）[8~10]。

2. 多物理场耦合

微流控系统流动是流体力学与生物、化学、医学、电学、传热、材料、微制造等多学科交叉的特殊流动现象。流场-电场-温度-离子-化学反应耦合是微流控系统区别于其他系统的最鲜明特色之一，也是微流控系统数值分析的困难所在。对复杂的微流控系统流动，自主开发程序难度较大。目前的研究大多使用商业 CFD 软件，如 COMSOL、FLUENT、ACE 等。其中 COMSOL 有电动流计算模块，可以计算微通道电动流、液体混合、两相流、液滴分离、电渗流泵、感应电荷电渗流、离子和组分的对流扩散等。COMSOL-MULTIPHYSICS 可同时求解物理、化学、生物、力学、流体、电子、机械等多物理场耦合问题。使用者可以灵活自定义控制方程的类型，边界条件类型（静止、运动、对称、周期）及各种介质的物理化学性质参数，以及它们之间的相互作用。计算区域可同时包含多种不同介质（如固体、液体和气体）。某一物理场行为对应某一类控制方程，不同物理场之间的耦合变量可以在对应控制方程之间自动传递迭代，无需人工干预。这使得不同物理场可以同时在一个平台上使用相同的网格运行，联合求解，一次性给出多物理场的所有解。这种控制方程之间的直接耦合迭代计算大大提高了计算效率，收敛性也比较容易控制。商业软件在正确使用的前提下，至少可以得到“合理的定性结果”。商业软件也有一些缺点，它基本上是“黑箱作业”，使用者对软件的内部结构不甚了解，只能按照设定菜单操作，对计算过程的控制灵活性有限。COMSOL 是以有限元算法为基础的计算分析软件，对计算机内存使用效率低，一般微型计算机难以运行大数量单元的三维计算。软件 FLUENT 是以有限体积法为基础的 CFD 计算平台，也可以进行多物理场耦合计算，内存控制和计算效率比 COMSOL 好。FLUENT 没有专门的电动流动模块，二次开发的 UDF 程序比 COMSOL 复杂，计算收敛性不如 COMSOL 好。正确合理使用商业分析软件可以大大提高微流控系统的研发效率。

3. *多尺度问题*

一般而言，微流控系统可能包含不同流动尺度的。完整的微流体芯片系统有许多微通道网络和一些腔室连接。腔室大小和微通道长度一般在厘米量级。微通道横截面尺度（深度和宽度）一般在几十微米到几百微米的量级。固壁面双电层厚度一般在几纳米到几百纳米的量级。不同尺度的流动特性是不同的。微流控系统涵盖了连续到不连续区域。尽管分子模拟可以给出较精确的描述，但长时间和大数目的直接分子模拟计算消耗大量资源，计算效率低，目前难以全面推广使用[11]。多尺度模拟采用在连续区域求解 N-S 方程，不连续区域进行分子模拟，取得较合理的结果[12,13]。多尺度模拟的关键技术在于分子模拟区域与连续区域之间的耦合计算。目前主要的耦合方法有直接流量交换及区域重叠法[14]。从多尺度模拟电渗流结果与直接分子模拟结果比较[15]，多尺度模拟方法显示出结果可靠性及高效性。

近来发展的格子-玻尔兹曼法通过求解基于速度概率密度分布函数的玻尔兹曼方程来模拟电渗流[16,17]，该方法与 N-S 方程有相近的效率，可同时反映宏观效应与微观效应。LBM 方法比 N-S 方程有更大的适用范围，如固壁面速度滑移区域，甚至可模拟纳米通道电渗流[18]。而对于连续性假设不成立的区域，如纳米电渗流(10nm以下尺度),分子模拟是通用的方法[18,23]。分子模拟结果显示,基于连续性的P-B方程或者P-N-P方程均低估了微通道中心的电荷密度和不合理的离子浓度分布[20,21],而N-S方程则仍能较好地描述流场[21]。

4. 固壁面附近的高梯度

微流控系统流动的传统体积力(如重力)一般不重要。液/固界面电场力是液体流动的主要驱动力。这些表面力主要集中在壁面附近很薄的双电层里,因此固壁面附近的流场、电场、离子浓度分布梯度极大,这给数值计算增加困难,这就要求在垂直壁面方向有高密度的小网格。在平行壁面方向梯度很小(甚至为零),网格稀疏,所以壁面附近网格的长宽比太大。这样的网格严重损害数值解的收敛性,甚至不收敛。如果平行壁面方向的网格与垂直方向网格一样精细,则流场的网格总数量太大,也会使收敛性更加困难,而且还浪费计算资源。

下面就连续流体动力学模型、格子-玻尔兹曼法、分子动力学模拟和耗散颗粒动力学算法,以及液滴/气泡运动的数值法做介绍。

8.1　基于连续性的微流动数值模型

多物理场流动的控制方程组可以采用有限差分法、有限单元法和有限体积法求解。现有的流体动力学商业软件,如COMSOL、FLUENT和ACE等,都可以应用于微流控系统流动的计算分析。其中,COMSOL软件有专门的电动流动模块,并支持多物理场耦合计算,在微流控系统研究中使用最多。

8.1.1　微尺度电渗流数值模拟

除了前面已经描述的多物理场控制方程外,数值分析的计算区域选取和边界条件设置也是很关键的技术。下面对不同类型控制方程的边界条件做一些简要说明。

一般讲,微流控系统流动计算区域边界分为固壁面和开边界(进口、出口)两大类。由于微通道固壁面带电,溶液离子受壁面电荷的吸引或排斥,改变离子分布,微通道实际进出口处的离子浓度未知,此处不能取为计算区域边界。微通道进出口必须向外延长一段无动电效应的流动区域,如图8.1所示,$abcd$是实际微通道(实线),壁面电荷密度为σ。上下游各有一个向外延伸的水池,水池进出口远离微通道适当距离。这个思想与毛细管电渗流实验的真实模型一致。水池壁面(虚线)不带电,进出口水池表面处流体不受壁面电荷影响,可以给定无动电效应的常规流动条件。因为水池远离实际微通道,水池表面的边界条件允许近似和误差,它对实际微通道的解影响不大。为了简单起见,也可以在微通道两端直接延长一段无动电效应的通道,如图8.2所示,实际效果与水池相同,都是让流动以渐变的方式进入有动电效应的微通道。延长区段的解无关紧要，只要保证计算区域中段(实际微通道)电渗流的数值解足够精确就可以。

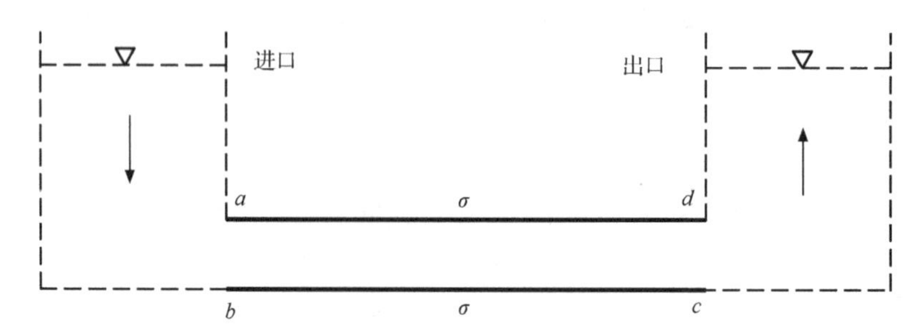

图 8.1 微通道电渗流计算区域和边界示意图

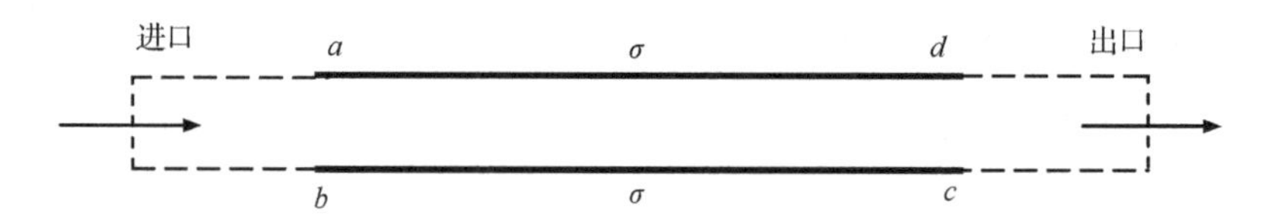

图 8.2 微通道电渗流计算区域和边界示意图

(1) 不可压缩流体流动的 N-S 方程(3-23)

$$\rho\frac{\partial \mathbf{V}}{\partial t}+\rho(V\cdot\mathbf{\nabla})\mathbf{V}=-\mathbf{\nabla}p+\mu\mathbf{\nabla}^{2}\mathbf{V}+F_{\mathrm{e}}$$

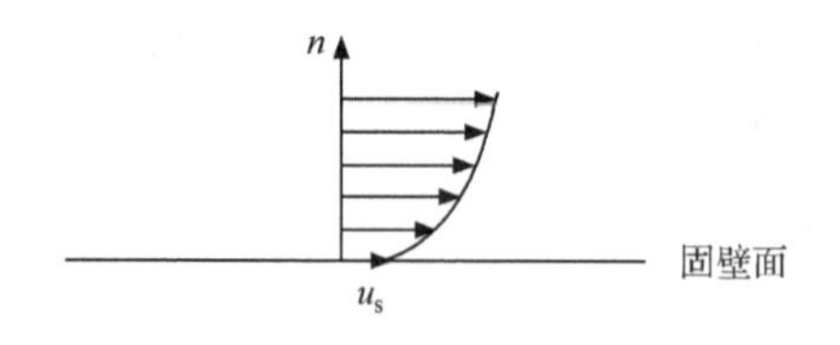

图 8.3 固壁面滑移速度示意图

固壁面：不可滑移速度为零，也可给出速度滑移条件 $u_{\mathrm{s}}=b\frac{\partial u}{\partial n}$，这里，$b$ 是速度滑移长度，与固壁面和溶液的物理化学性质等因素相关；$\frac{\partial u}{\partial n}$ 是流体切向速度的法向导数，n 是指向流体的法线方向，如图 8.3 所示。无滑移壁面条件：$\beta=0$。

进出口条件有两种选择：①给定进出口的压强差 Δp；② 给定进口流量(或平均速度)，出口法向速度梯度$\frac{\partial u}{\partial n}=0$，出口截面一般选取在流动已经达到均匀出流状态

(2) 双电层电场泊松方程 (3-31)

$$\mathbf{\nabla}^{2}\psi=-\frac{\rho_{\mathrm{e}}}{\varepsilon_{r}\varepsilon_{0}}$$

固壁面条件有两种选择：①在带电壁面(ad、bc)，给定电位 $\psi=\zeta$(双电层 Zeta 电位)，其余不带电壁面，$\frac{\partial\psi}{\partial n}=0$；② 在带电壁面($ad$、$bc$)，外法向梯度$\frac{\partial\psi}{\partial n}=\frac{\sigma}{\varepsilon}$，$\sigma$、$\varepsilon$

为固壁面电荷密度和溶液介电常数，其余不带电固壁面，$\psi=0$。

进口和出口截面：外法向梯度 $\dfrac{\partial\psi}{\partial n}=0$。在电场调控双电层计算中，电极与溶液之间有介电薄层。固体介电层和流体区域联合求解双电层电位。在液/固界面：电位和它的法向导数的连续条件为 $\psi_{\mathrm{f}}=\psi_{\mathrm{s}}$；$\varepsilon_{\mathrm{f}}\dfrac{\partial\psi_{\mathrm{f}}}{\partial n}=\varepsilon_{\mathrm{s}}\dfrac{\partial\psi_{\mathrm{s}}}{\partial n}$，其中，$\varepsilon_{\mathrm{f}}$、$\varepsilon_{\mathrm{s}}$ 分别为流体和固体层的介电常数，如图 8.4 所示。如果采用商业软件计算，则电场连续条件自动满足。

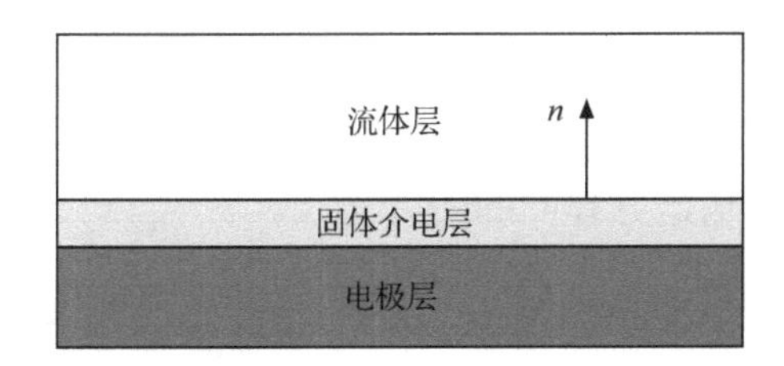

图 8.4　电场调控双电层多介质耦合区域示意图

(3) 外电场拉普拉斯方程 (3-32)

$$\nabla\cdot(\lambda\nabla\varphi)=0$$

所有固壁面：电绝缘 $\dfrac{\partial\varphi}{\partial n}=0$；进口和出口截面：给定电压差 $\Delta\varphi$。

(4) 溶液离子输运的 N-P 方程 (3-26)和方程 (3-28)

$$\frac{\partial n_{\pm}}{\partial t}+\nabla(\boldsymbol{J}_{\pm})=0,\quad \boldsymbol{J}_{\pm}=\boldsymbol{V}n_{\pm}-D_{\pm}\nabla n_{\pm}-e\mu_{\pm}z_{\pm}n_{\pm}\nabla(\varphi+\psi)$$

所有固壁面：离子不穿透(离子通量为零) $(J_{\pm})_n=0$，即 $\dfrac{\partial n_{\pm}}{\partial n}-\dfrac{ez_{\pm}}{k_{\mathrm{B}}T}n_{\pm}\dfrac{\partial\psi_{\mathrm{w}}}{\partial n}=0$。这是第二类自然边界条件，在有限元算法里，通常采用弱伽辽金(Galerkin)法近似处理，它的精度对固壁面附近的网格要求很高，不容易严格满足。积分这个条件，得到 $n_{\pm}=n_0\exp\left(-\dfrac{z_{\pm}e}{k_{\mathrm{B}}T}\psi_{\mathrm{w}}\right)$，局部玻尔兹曼分布条件。这是第一类本质边界条件，计算稳定性好，容易实现，结果也是可以接受。理论上它不如 $(J_{\pm})_n=0$ 的条件精确。

在进口截面(无动电效应)：$n_{\pm}=n_0$；出口截面：边界 $n_{\pm}=n_0$，也可以是 $\dfrac{\partial n_{\pm}}{\partial n}=0$。

(5) 热输运方程(3-34)和方程(3-35)

$$\rho_{\mathrm{f}}c_{\mathrm{pf}}\left[\frac{\partial T}{\partial t}+(\boldsymbol{V}\cdot\nabla)T\right]=\nabla\cdot(k_{\mathrm{f}}\nabla T)+S_{\mathrm{f}}\quad 流体区域$$

$$\rho_s c_{ps}\frac{\partial T}{\partial t}=\nabla\cdot(k_s\nabla T)+S_s \qquad \text{固体区域}$$

固壁面：温度条件要么①给定温度值 $T=T_w$，要么②给定热通量 $\frac{\partial T}{\partial n}=H$。

进口截面：温度给定 $T=T_{in}$；出口截面：要么①给定温度值 $T=T_{out}$，要么②给定 $\frac{\partial T}{\partial n}=0$，出口处选定为热均匀的状态位置。热输运过程在流体和固体层中同时发生。需要在液-固联合区域求解温度场，一般情况下，液/固界面连续条件为 $T_f=T_s$ 和 $k_f\left(\frac{\partial T}{\partial n}\right)_f=k_s\left(\frac{\partial T}{\partial n}\right)_s$。这里，$k_f$、$k_s$ 分别是液体和固体的热传导系数。如果采用商业软件计算温度场，连续条件会自动满足，无需人工干预。

(6) 溶液组分浓度输运方程(3-36)

$$\frac{\partial C_i}{\partial t}+(V\cdot\nabla)C_i=\nabla\cdot(D_i\nabla C)+S_i$$

固壁面的化学组分浓度条件 $\frac{\partial C}{\partial n}=0$(不能穿越固壁面)；进口截面组分浓度 $C=C_{in}$，出口截面 $\frac{\partial C}{\partial n}=0$，一般认为，出口处流动已经达到均匀出流状态。

微流控系统区别于其他系统的一个重要特征是，固壁面附近法线方向的流场、电场、离子浓度分布梯度极大，在切线方向的梯度很小。这给数值分析增加了很大困难。固壁面附近网格在法向需要充分加密，而切向稀疏，网格的长宽比很大。这样网格导致计算的收敛性和稳定性难以控制，计算结果存在不确定性，还浪费计算资源。Zhang 等[22]提出一种坐标变换放大双电层，同时保持计算区域不变，如图 8.5 所示。坐标变换可以减少双电层梯度，缓解网格难度，有效改善微通道的复杂电渗流计算。采用坐标变换后，简单的稀疏网格也能得到与复杂网格的原始坐标系几乎相同的数值解。

取通道的下半部分为计算区域，如图 8.6 所示。

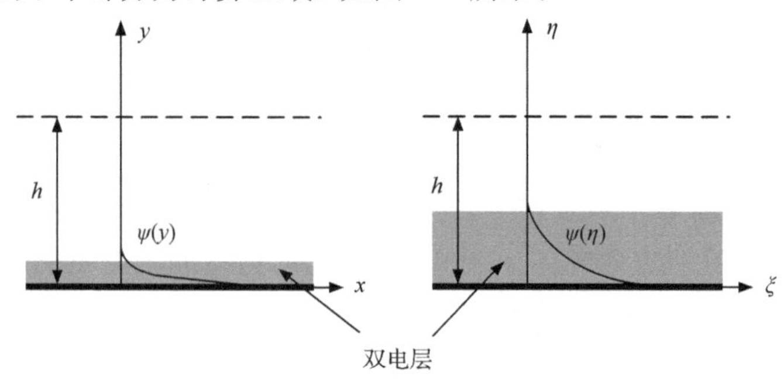

图 8.5 微通道双电层和电渗流计算坐标变换示意图

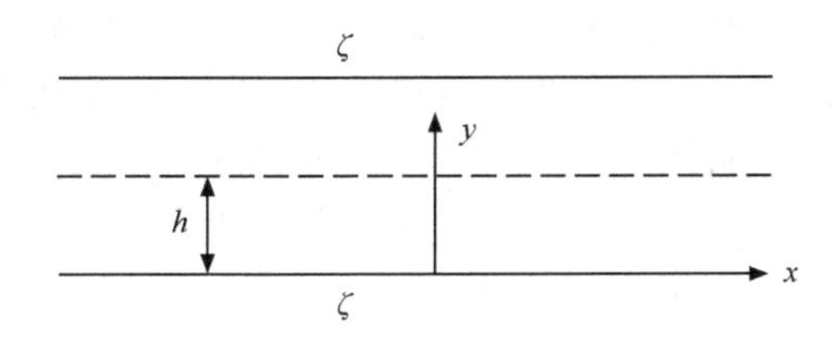

图 8.6　二维对称微通道示意图

采用无量纲化：

$$\bar{x}=\frac{x}{h},\quad \bar{y}=\frac{y}{h},\quad \bar{\psi}-\frac{\psi}{\zeta_0},\quad \zeta_0=\frac{k_B T}{ze}=25\mathrm{mV},\quad \bar{n}_{\perp}=\frac{n_{\pm}}{n_0} \tag{8-1}$$

$$V=\frac{V}{U_0},\quad U_0=\frac{\varepsilon_r\varepsilon_0\zeta_0 E_0}{\mu},\quad \bar{E}=\frac{Eh}{\zeta_0},\quad \bar{p}=\frac{p}{p_0},\quad p_0=\frac{\mu U_0}{h} \tag{8-2}$$

式中，下标带“0”的变量为流动特征变量。引入坐标变换：$\xi=\bar{x},\eta=f(\bar{y})$，变换的双电层泊松方程为

$$\tilde{\nabla}\left[\frac{\partial\bar{\psi}}{\partial\xi}\frac{1}{f_1(\eta)}\mathrm{i}+f_1(\eta)\frac{\partial\bar{\psi}}{\partial\eta}\mathrm{j}\right]=-\frac{G(\bar{n}_+-\bar{n}_-)}{f_1(\eta)} \tag{8-3}$$

式中，$G=\frac{n_0 h^2 z^2 e^2}{\varepsilon_r\varepsilon_0 k_B T}$；$\tilde{\nabla}=\frac{\partial}{\partial\xi}\mathrm{i}+\frac{\partial}{\partial\eta}\mathrm{j}$；$f_1(\eta)=\frac{\partial\eta}{\partial y}$。 (8-4)

变换的连续方程和 N-S 方程为

$$\frac{\partial\bar{u}}{\partial\xi}+f_1(\eta)\frac{\partial\bar{v}}{\partial\eta}=0 \tag{8-5}$$

$$Re\left[\bar{u}\frac{\partial\bar{u}}{\partial\xi}+\bar{v}f_1(\eta)\frac{\partial\bar{u}}{\partial\eta}\right]\frac{1}{f_1(\eta)}=-\frac{\partial\bar{p}}{\partial\xi}\frac{1}{f_1(\eta)}+\tilde{\nabla}\left[\frac{\partial\bar{u}}{\partial\xi}\frac{1}{f_1(\eta)}\mathrm{i}+f_1(\eta)\frac{\partial\bar{u}}{\partial\eta}\mathrm{j}\right]$$
$$-Q_e(\bar{n}_+-\bar{n}_-)\left(-\bar{E}_0+\frac{\partial\bar{\psi}}{\partial\xi}\right)\frac{1}{f_1(\eta)} \tag{8-6}$$

$$Re\left[\bar{u}\frac{\partial\bar{v}}{\partial\xi}+\bar{v}f_1(\eta)\frac{\partial\bar{v}}{\partial\eta}\right]\frac{1}{f_1(\eta)}=-\frac{\partial\bar{p}}{\partial\eta}+\tilde{\nabla}\left[\frac{\partial\bar{v}}{\partial\xi}\frac{1}{f_1(\eta)}\mathrm{i}+f_1(\eta)\frac{\partial\bar{v}}{\partial\eta}\mathrm{j}\right]$$
$$-Q_e(\bar{n}_+-\bar{n}_-)\frac{\partial\bar{\psi}}{\partial\eta} \tag{8-7}$$

这里，$Re=\rho v_0 h/\mu$，$Q_e=\frac{zhn_0 e}{\varepsilon_r\varepsilon_0 E_0}$。变换的 N-P 方程为

$$\tilde{\nabla}\left\{\left[p_e\bar{u}\bar{n}_+-\frac{\partial\bar{n}_+}{\partial\xi}-\bar{n}_+\left(-\bar{E}_0+\frac{\partial\bar{\psi}}{\partial\xi}\right)\right]\frac{1}{f_1(\eta)}\mathrm{i}+\left[p_e\bar{v}\bar{n}_+-f_1(\eta)\frac{\partial\bar{n}_+}{\partial\eta}-\bar{n}_+f_1(\eta)\frac{\partial\bar{\psi}}{\partial\eta}\right]\mathrm{j}\right\}=0 \tag{8-8}$$

$$\tilde{\nabla}\left\{\left[p_e\bar{u}\bar{n}_--\frac{\partial\bar{n}_-}{\partial\xi}+\bar{n}_-\left(-\bar{E}_0+\frac{\partial\bar{\varphi}}{\partial\xi}\right)\right]\frac{1}{f_1(\eta)}\mathrm{i}+\left[p_e\bar{v}\bar{n}_--f_1(\eta)\frac{\partial\bar{n}_-}{\partial\eta}+\bar{n}_-f_1(\eta)\frac{\partial\bar{\psi}}{\partial\eta}\right]\mathrm{j}\right\}=0 \tag{8-9}$$

下面是坐标变换法的典型算例。微通道固壁面有一个微电极，与溶液直接接触，不漏电，如图 8.7 所示。电极施加电位 $\psi = -50\text{mV}$，微通道半宽与双电层厚度之比 $kh = 100$，微通道计算长度 $AD = 20h$，使得进出口流动不受电极电场的影响。电极长度 BC 与微通道半宽 h 相同，电极以外的固壁面为电绝缘材料。溶液原始离子摩尔浓度 $n_0 = 0.1\text{M}$，外加电场强度 $E_0 = 10^5\,\text{V/m}$。坐标变换函数为：$\eta = f(\bar{y}) = \bar{y}^a$，$a = 0.2$，原始坐标系，非结构三角网格，单元数为 $N = 10100$，和变换坐标系的结构网格，单元数为 $N = 1000$。

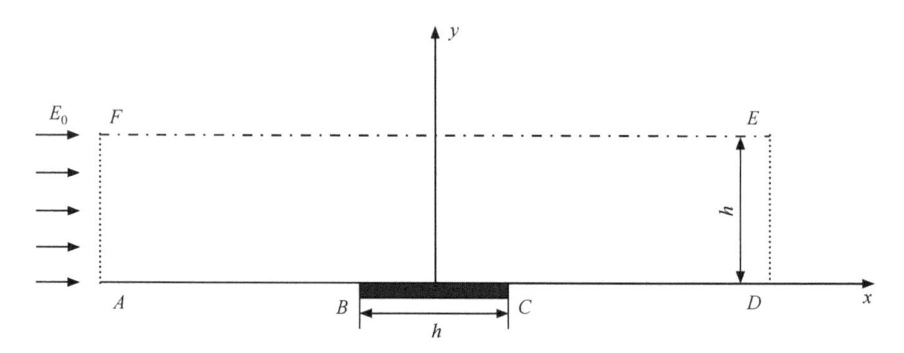

图 8.7　固壁面单电极调控电渗流微通道示意图

采用 COMSOL MULTIPHYSICS 软件计算。数值结果发现在电极附近有一个微涡旋，如图 8.8 和图 8.9 所示。电极附近微通道离子浓度分布有强烈的跳跃，如图 8.10 和图 8.11 所示，两种网格的数值结果完全相同。

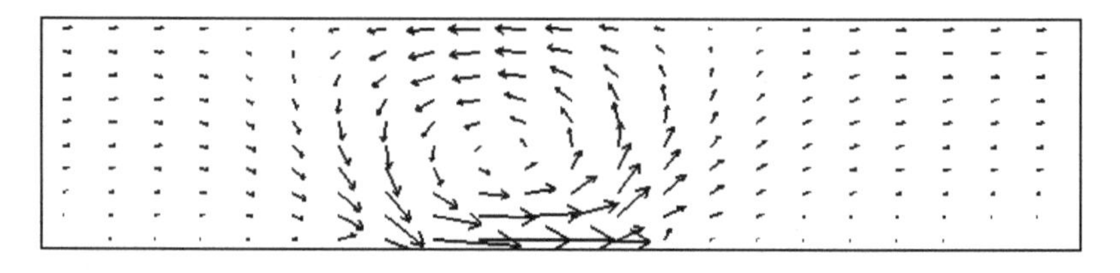

图 8.8　坐标变换的微通道电渗流微涡旋数值解

单元数 $N = 1000$

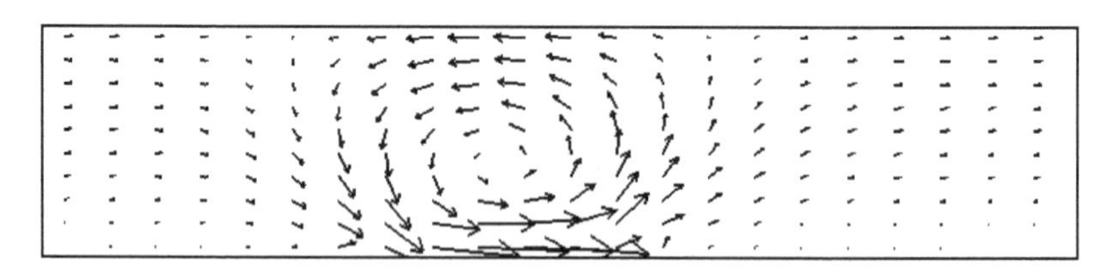

图 8.9　原始坐标的微通道电渗流微涡旋数值解

单元数 $N = 10100$

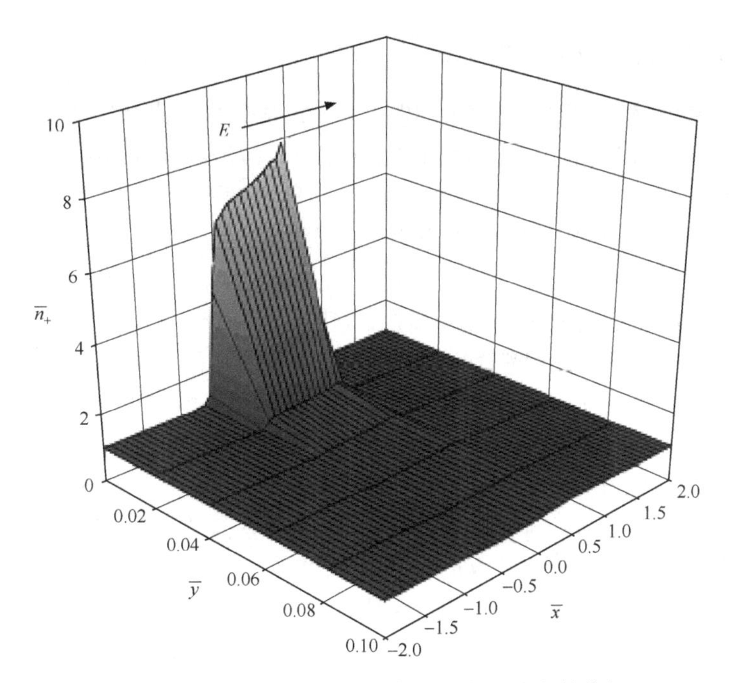

图 8.10　原始坐标系的电极表面阳离子浓度数值解
单元数 $N = 10100$

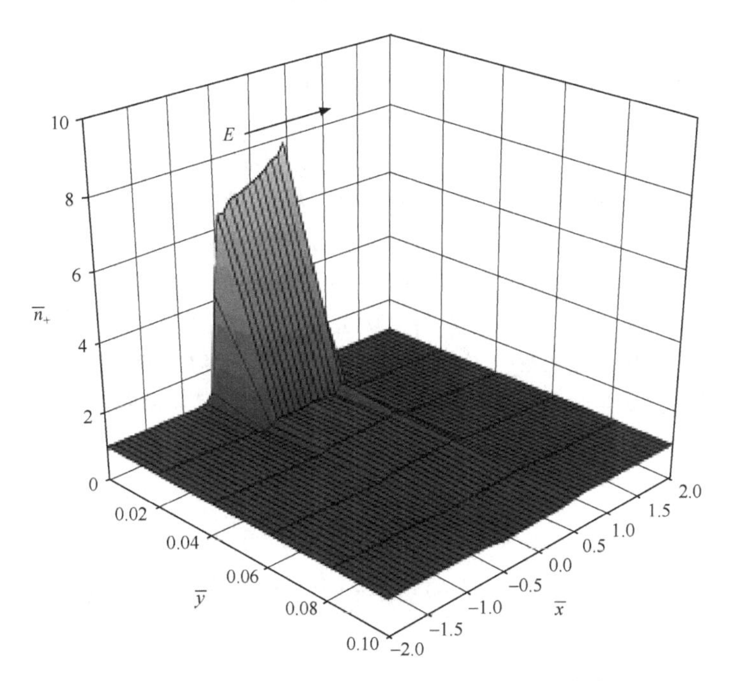

图 8.11　变换坐标后的电极表面阳离子浓度数值解
单元数 $N = 1000$

8.1.2 液滴/气泡的数值模拟方法

液滴微流控、微纳颗粒合成的关键技术可归结为多相流动体系中液滴的生成、输运、合并及与之相关的传热、传质和反应过程。微流控系统中的液滴/气泡运动属于多相流,它区别于单相流的最根本特点就是流动中同时存在着被相界面明显分开的两种或者多种物质组分。多相流数值模拟涉及流体连续相、分散相及相界面的流体动力学。相界面是两相物质直接的过渡区域,流体物性在该处发生跳跃。相界面的存在使得数值模拟的难度增加。相界面的运动、变形、破碎、融合及界面上的传热传质,以及壁面和壁面的亲/疏水性质等因素使得液滴/气泡流动结构异常复杂。随着计算流体力学的发展,目前已经有多种模拟相界面运动的数值方法,包括浸入边界方法(immersed boundary method)、波前追踪方法(front tracking method)、流体体积方法(volume of fluid, VOF)、水平集方法(level set method)、相场方法(phase field method)、格子-玻尔兹曼方法、离散粒子方法等。这些方法各有优缺点[23],但都能应用于微尺度多相流模拟。特别指出的是,虽然在尺度足够小的情况下连续性假设可能被破坏,但最近的实验[24]及数值研究[25]表明,在几十纳米的尺度上,连续性假设仍然很好地预测了流动及气泡行为。在微通道的液滴数值模拟中,基于连续性理论的 VOF 方法和 level set 方法是广泛采用的模拟方法。这两种方法本质上属于欧拉(Euler)方法,即计算过程中不需要对网格进行重新生成,可以在固定网格下求解主体相运动的同时,对任意拓扑结构界面进行特殊的处理。下面将对此两种方法进行具体介绍。

1. *VOF 方法*

1981 年,Hirt 等首先提出了著名的 VOF 方法[26],也称为流体体积法。对于运动边界追踪问题的数值研究作出了开创性贡献。通过引入一个 VOF 函数的对流方程,结合流体主相的基本控制方程,开拓了自由面计算的新途径,特别是对输运界面的重构方法开创了一个新方向。VOF 方法的基本思想是,计算网格采用固定的欧拉网格,在此网格系统上定义体积分数 f_k。根据每个网格所含第 k 相流体的体积分数来定义 f_k 在此网格上的值,如图 8.12 所示,每一网格中所有各相流体的体积分数之和等于 1,即

$$\sum_{k=1}^{n} f_k = 1 \tag{8-10}$$

为了追踪各相之间的界面,必须求解一个关于体积分数的连续方程。对第 k 相流体有

$$\frac{\partial}{\partial t}(f_k \rho_k) + \nabla \cdot (f_k \rho_k \mathbf{V}) = 0 \tag{8-11}$$

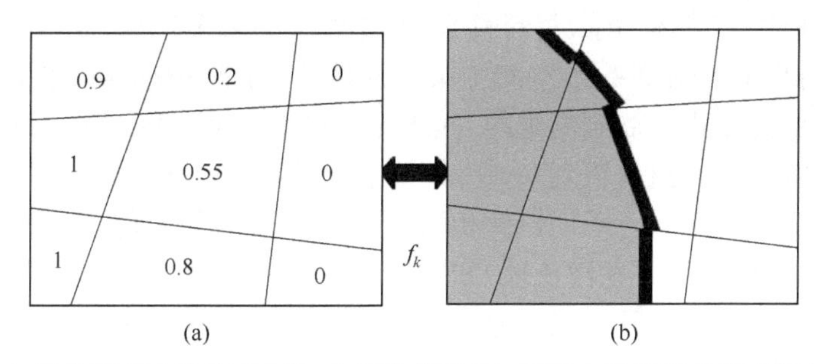

图 8.12　(a) 网格相对应的体积分数 f_k 的数值和(b) 网格中的浅灰色代表第 k 相流体体积

结合 N-S 方程就可以求解流场及相界面运动

$$\frac{\partial}{\partial t}(\rho \mathbf{V}) + \nabla \cdot (\rho \mathbf{V}\mathbf{V}) = -\nabla p + \nabla \cdot [\mu(\nabla \mathbf{V} + \nabla \mathbf{V}^{\mathrm{T}})] + \rho g + \boldsymbol{F} \quad (8\text{-}12)$$

式中，p 为压强；$\boldsymbol{F}$ 为与表面张力相关的动量源相；ρ 和 μ 分别为体积平均的流体密度和动力黏度。以两相流为例，ρ 和 μ 可表达为

$$\rho = \rho_1 + f_2(\rho_2 - \rho_1), \quad \mu = \mu_1 + f_2(\mu_2 - \mu_1) \quad (8\text{-}13)$$

式中，下标 1 和 2 分别代表两相流体，1 为连续相，并且对离散相流体 2 的体积分数进行追踪。以两相流为例，源相 $\boldsymbol{F}$ 可以采用连续表面应力（continuum surface force，CSF）模型[27] 进行求解

$$\boldsymbol{F} = \frac{2\sigma\rho\kappa\nabla f_k}{\rho_1 + \rho_2} \quad (8\text{-}14)$$

式中，σ 为表面张力系数。曲率 κ 定义为界面上单位法向矢量 $\hat{\boldsymbol{n}}$ 的散度 ，即

$$\kappa = \nabla \cdot \hat{\boldsymbol{n}}, \quad \hat{\boldsymbol{n}} = \boldsymbol{n}/|\boldsymbol{n}| \quad (8\text{-}15)$$

VOF 算法已经被广泛应用于微通道中的液滴或者气泡计算[28~30]。对于介质面、自由面、间断面，或者各种内部的运动界面，可以灵活地定义 VOF 函数形式。基本控制方程和 VOF 函数方程可以是耦合形式的，便于更细致地考虑运动界面对流场的影响。VOF 的显著优势是质量守恒性好，但也存在一些问题，如计算界面曲率及与曲率相关的物理量不准确等。目前多种商用 CFD 软件，如 FLUENT、CFD-ACE、CFX、Flow3D 等均包括了 VOF 模块，可以用于微通道中液滴/气泡等的数值模拟，但使用之前必须仔细阅读相关理论，针对通道几何形状合理生成离散网格，正确设置模拟的各种条件。在进行基准算例验证后，才能可靠地使用这些软件。这些软件的具体算例可参考文献 [31]。

2. Level set *方法*

Level set 方法也称为水平集方法，由 Osher 等于 1988 提出[32]，引起了人们的关注，已经应用于流体力学、材料科学、图像处理等诸多领域。Level set 方法的基本思想是将界面看成高一维空间中某一函数 ϕ（称为 level set 函数）的零水平集，且将界面的速度也扩展到高维的 level set 函数上，建立 level set 函数所满足的发展方程。求解发展方程，得到 level set 函数，计算到给定时刻 level set 函数的零水平集，得到界面的形状。下面以两相流问题为例进行具体展开描述。

考虑区域中两种互不相溶流体，如气体-液体或者油-水系统，需要求解的是两种介质的运动界面变化情况，以及介质的速度、温度等物理量随时间的变化规律。构造水平集函数 $\phi(x,y,z,t)$，使得在任意时刻运动界面 $\Gamma(t)$ 恰好为 $\phi(x,y,z,t)$ 的零等值面。$\phi(x,y,z,t)$ 满足如下的控制方程，即

$$\frac{\partial \phi}{\partial t} + \mathbf{V} \cdot \nabla \phi = 0 \tag{8-16}$$

式中，$\mathbf{V}$ 为界面运动的速度场，可用从 VOF 方法的 N-S 方程 (8-12)求解得到。在 level set 方法中，流体密度 ρ 和动力黏度 μ 的表达式与 VOF 方法有所不同，通过赫维赛德（Heaviside）函数 $H(\phi)$ 加权平均给出

$$\rho = \rho_1 H(\phi) + \rho_2 [1 - H(\phi)], \quad \mu = \mu_1 H(\phi) + \mu_2 [1 - H(\phi)] \tag{8-17}$$

为了避免数值不稳定性，$H(\phi)$ 为以多项式形式表达的光滑赫维赛德函数，在 $\phi \leqslant 0$ 时接近 0，在 $\phi > 0$ 时接近 1。与 VOF 方法类似，由表面张力引起的动量源相 $\boldsymbol{F}$ 可写成三个方向的分量

$$F_x = \sigma\kappa\delta(\phi)\hat{n}_x, \quad F_y = \sigma\kappa\delta(\phi)\hat{n}_y, \quad F_z = \sigma\kappa\delta(\phi)\hat{n}_z \tag{8-18}$$

这里所有的定义与 VOF 方法一致，但多了一个光滑 δ 函数。

Level set 方法不需要显式地追踪运动界面。界面的几何参数如方向、曲率等直接隐含在 level set 函数中。界面上的单位法向矢量可从 level set 函数得到

$$\hat{\boldsymbol{n}} = \frac{\nabla \phi}{|\nabla \phi|} \tag{8-19}$$

界面曲率等于单位法向矢量的散度 $\kappa = \nabla \cdot \hat{\boldsymbol{n}}$。

Level set 方法已经被用于微通道中液滴/气泡的模拟[33,34]，但此方法的缺陷是质量守恒难以保证的。虽然改进的 level set 方法采用了重新初始化等方法[35]，但质量守恒性仍然是在数值计算中需要特别注意的问题。目前商业软件，如 FLUENT、CFD-ACE 等均未加入 level set 模块。COMSOL Multiphysics 软件中具有 level set 模型，但由于该软件的内存使用效率远低于 FLUENT 和 CFD-ACE，只能用于二维或者简单的三维计算。值得指出的是，Sussman 等[36]结合 VOF 和 level set 方法的优点，发展了 CLSVOF 方法，特别适合于存在拓扑变换及界面有较大表面张力的情况。

8.2　基于非连续性的微流动计算模拟

8.2.1　分子动力学模拟

一般认为，小于 10nm 尺度的流动，连续性模型开始偏离实际流动现象。对于一些特殊的流动问题，如固壁面速度滑移、颗粒、液滴和气泡运动，需要涉及固体、气体和液体三相分子之间的相互作用，连续性模型难以反映此类问题的真实物理本质。分子动力学模拟(MD)是有效的分析方法之一。分子动力学把流体看成大数量不连续的分子集合，并认为每个分子的运动遵循经典力学的牛顿第二定律。分子受力有分子间相互作用力(随机碰撞)和外部体积力，其中第 i 个分子运动方程表达如下：

$$m\frac{\mathrm{d}^2\boldsymbol{r}_i(t)}{\mathrm{d}t^2}=\boldsymbol{F}_i,\quad \frac{\mathrm{d}\boldsymbol{r}_i(t)}{\mathrm{d}t}=v_i(t) \tag{8-20}$$

式中，m、$\boldsymbol{r}_i$、v_i、$\boldsymbol{F}_i$ 分别是第 i 个分子的质量、空间位置矢量、速度和受的合力。合力为

$$\boldsymbol{F}_i=\sum_{j=1,j\neq i}^{N}f_{ij}+\boldsymbol{G}_i \tag{8-21}$$

式中，$f_{ij}=-\boldsymbol{\nabla}\varphi(r_{ij})$，是第 i，j 两个分子间作用力，$\varphi(r_{ij})$是两个分子间相互作用的势能，r_{ij} 是第 i，j 分子间距；$\boldsymbol{G}_i$ 是作用在第 i 个分子的外力，如重力、电磁力等。最常用的分子间作用势能为伦纳德-琼斯(Lennard-Jones)势能[37]

$$\varphi(r_{ij})=4\varepsilon\left[\left(\frac{\sigma}{r_{ij}}\right)^{12}-\left(\frac{\sigma}{r_{ij}}\right)^{6}\right] \tag{8-22}$$

式中，σ 是分子相互作用范围的特征半径，大于分子半径，在这个半径之外，分子相吸引，分子间距小于这个半径，分子相排斥；ε 表示分子相互作用特征能量数，这里认为分子间相互作用以两体相撞为主，同时多体相撞概率很小，可以忽略。分子间短程作用势如图 8.13 所示。如果微流体系统包含带电粒子和极化分子，则需要考虑库仑静电力，分子间静电力势为[23]

$$\varphi_{\mathrm{c}}(r_{ij})=\frac{1}{2}\sum_{i\neq j}\frac{q_iq_j}{|r_{ij}|} \tag{8-23}$$

式中，q_i、q_j 为两个粒子带电量。

无须对运动参数和热力学行为做先验假设，分子动力学模拟采用数值方法，加上初始和边界条件，求解分子动力学方程(8-20)和(8-21)，计算每一时刻所有分子的位置和速度。常见的算法有蛙跳步算法和预报-修正法。通过平均大量分子运

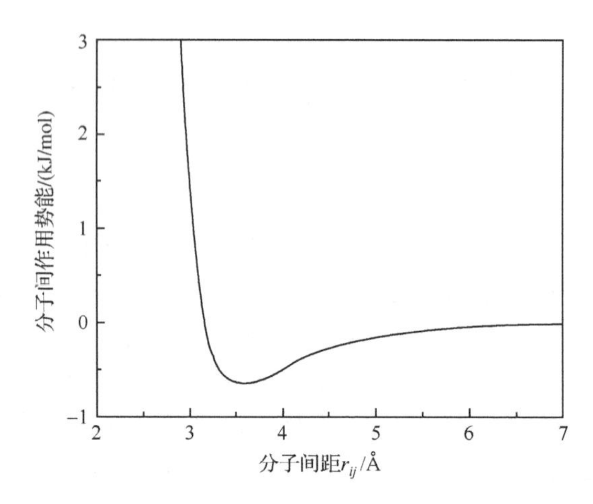

图 8.13　分子间相互作用短程力的伦纳德-琼斯势能

动特征量(位置和速度)可以得到流体运动宏观流动量(如速度、压强、温度、黏性系数、扩散系数和热传导率等)。为了有效模拟一个流体系统的真实流动特性,需要长时间、大数量的分子计算,而且时间步长必须很小。分子动力学模拟虽然有很多优点,但计算效率低,不适合在大规模复杂流体系统中使用。近几年,分子动力学模拟在微流控系统领域也有成功的应用。文献[38]、[39]采用分子动力学模拟研究双电层结构,壁面电荷对离子作用力作为外力考虑。研究发现,距离壁面几个埃的范围里离子浓度分布与传统的玻尔兹曼分布有较大差别。分子动力学模拟显示,壁面处离子浓度为零,异性离子浓度分布呈波浪状衰减,而玻尔兹曼分布为光滑衰减,而且壁面处离子浓度很大。这是因为,玻尔兹曼分布只考虑壁面电荷对离子作用力与离子热扩散的平衡,没有考虑离子之间、离子与固壁面的相互作用,以及离子尺度效应。在离开壁面稍远的区域,分子动力学模拟与玻尔兹曼分布具

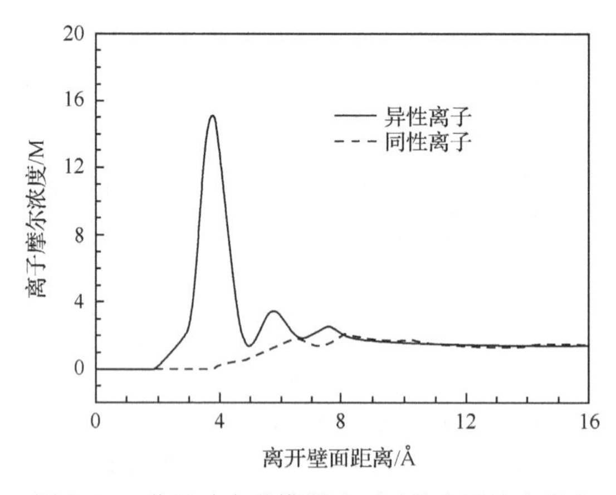

图 8.14　分子动力学模拟壁面近处离子浓度分布

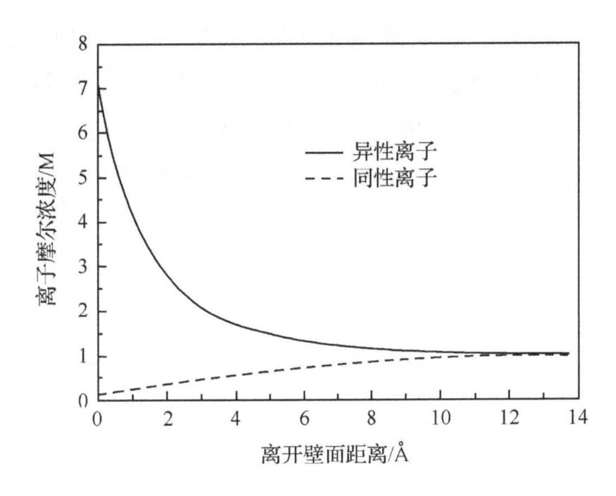

图 8.15　壁面近处离子浓度的玻尔兹曼分布

有相同的结果，如图 8.14、图 8.15、所示[37]。文献[40]采用分子动力学研究粗糙壁面双电层结构。文献[39]、[41]研究纳米通道电渗流，发现壁面近处的流体的有效黏性系数比连续理论的黏性系数高很多。文献[42]、[43]采用分子动力学方法研究生物传感器中的纳米孔隙、纳米通道流动、DNA 和蛋白质分子运动、壁面吸收等现象。

8.2.2　格子-玻尔兹曼算法

虽然分子动力学模拟有很多优点，但计算量大、耗时长、效率低。近年来，介观尺度的格子-玻尔兹曼算法 (LBM)在微流体系统领域有成功的应用[44]。LBM 方法采用格子-玻尔兹曼方程描述分子(或颗粒)速度分布函数 $f(x,t,\xi)$ 的时空变化规律。速度分布函数的含义是指在时空(x,t) 位置的一个单位体积里，以某一速度(ξ) 运动的一组分子总质量$(m\times n)$，即分子量 × 分子数目。与 N-S 方程对应的速度分布函数在时空的输运过程由玻尔兹曼方程描述[45]：

$$\frac{\partial f}{\partial t}+c\boldsymbol{\nabla} f=\Omega+F \tag{8-24}$$

式中，Ω、F 分别为这一组分子的碰撞力和受到的外力，这些力是改变速度分布函数的内因和外因；c 是这一组分子运动速度。一旦速度分布函数得解，就可以得到宏观的流体密度，流动速度和总能量表示如下[45]：

$$\rho=\int f\mathrm{d}\xi,\quad \rho u=\int f\xi\mathrm{d}\zeta,\quad \rho E=\rho e+\frac{1}{2}\rho u^2=\int\frac{\xi^2}{2}f\mathrm{d}\xi \tag{8-25}$$

式中，E、e 是单位质量流体的总能量和内能。流体分子的运动速度是随机分布的。LBM 把分子速度离散为有限个速度分量(沿空间格子方向)。按照速度分类，

LBM 把单位体积的流体分子总数离散化为若干组分子颗粒(包含大量流体分子),每组颗粒以相同的速度沿空间格子朝某一方向运动。LBM 关心的是每组颗粒的运动特征和分子数量变化,不考虑单个分子运动,它的计算效率高。在一个时间步长 Δt 后,颗粒沿网格运动到邻近的结点。同时考虑颗粒碰撞和外力作用下对分子数量的影响。根据 BGK 碰撞模型,速度分布函数 f_i 的时空演化方程表示如下:

$$\frac{\partial f_i}{\partial t}+c_i\nabla f_i=\Omega_i+F_i \tag{8-26}$$

式中,f_i 表示第 i 速度分量的分子总质量(或数量);c_i是第 i 组颗粒速度分量。对方程(8-26) 进行时间离散化,一个时间步长后

$$f_i(x+c_i\Delta t,t+\Delta t)-f_i(x,t)=-\frac{1}{\tau}[f_i(x,t)-f_i^{\mathrm{eq}}(x,t)]+\frac{w_i}{c_s^2}F_ic_i\Delta t \tag{8-27}$$

方程(8-27)右边第一项表示颗粒碰撞效应,第二项是外力作用。τ 为颗粒碰撞平均松懈时间,与流体黏性系数关系如下[37]:

$$\nu=\frac{2\tau-1}{2}c_s^2\Delta t,\quad c_s^2=RT \tag{8-28}$$

式中,R、T 为摩尔气体常量和热力学温度。方程(8-27) 中的 f_i^{eq} 为平衡状态时的麦克斯韦-玻尔兹曼分布函数[23],每一时间步长都需要更新。

$$f_i^{\mathrm{eq}}=w_i\rho\left[1+\frac{uc_i}{c_s^2}+\frac{1}{2}\left(\frac{uc_i}{c_s^2}\right)^2-\frac{u^2}{2c_s^2}\right] \tag{8-29}$$

在微流控系统中必须加入离子和流体单元受的电场力。可以证明[45],格子-玻尔兹曼方程(8-27)对应于宏观黏性不可压缩 N-S 方程。解方程(8-27)得到每一时刻的速度分布函数 f_i,则流体宏观密度和速度可以计算

$$\rho=\sum_i f_i,\quad \rho u=\sum_i c_if_i \tag{8-30}$$

目前最常用的格子方案是二维九点的格子离散结构(D2Q9),如图 8.16 所示。其中,九个速度分量为

$$\begin{Bmatrix}c_{ix}\\c_{iy}\end{Bmatrix}=c\begin{pmatrix}0, & 1, & 0, & -1, & 0, & 1, & -1, & -1, & 1\\0, & 0, & a, & 0, & -a, & a, & a, & -a, & -a,\end{pmatrix} \tag{8-31}$$

式中,$c=\dfrac{\Delta x}{\Delta t}$;$a=\dfrac{\Delta y}{\Delta x}$。$w_i$ 是离散的格子速度分量的加权系数[31]

$$w_i=\begin{cases}4/9, & c_i^2=0,i=0\\1/9, & c_i^2=c^2,i=1,2,3,4\\1/36, & c_i^2=2c^2,i=5,6,7,8\end{cases} \tag{8-32}$$

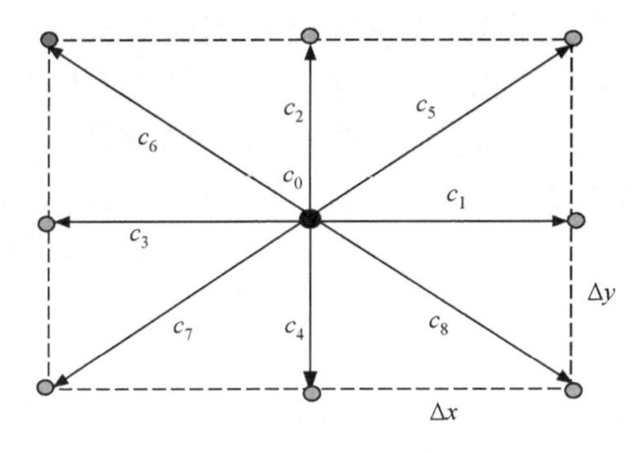

图 8.16　格子-玻尔兹曼算法离散速度 D2Q9 格子结构图

微流体系统流动是多物理场耦合问题。除了流体运动的连续方程和 N-S 方程外，还有电场方程、热传导方程、组分浓度方程及离子输运方程。每一种方程都可以建立对应的格子-玻尔兹曼方程，以及类似的离散求解方法，得到相关宏观物理量，包括电场、电荷密度、离子浓度等。例如，电场的泊松方程 $\nabla\cdot(\varepsilon\nabla\varphi)=-\frac{\rho_e}{\varepsilon_0}$ 对应的 LBM 计算方程为[46]

$$h_i(x+c_i\Delta t,t+\Delta t)-h_i(x,t)=-\frac{1}{\tau_\varphi}[h_i(x,t)-h_i^{eq}(x,t)]+w_i\frac{\rho_e}{\varepsilon_0}\tag{8-33}$$

式中，

$$h_i^{eq}(x,t)=w_i\varphi,\quad \tau_\varphi=3\varepsilon+0.5\tag{8-34}$$

最终电位 $\varphi=\sum_i h_i$。文献 [37]给出 LBM 方法计算的微通道壁面对称和交替间断 Zeta 电位的电渗流。微通道宽 $h=0.4\mu m$，总体离子摩尔浓度 $n_0=10^{-4}M$，压强梯度 $\partial p/\partial x=10^6 Pa/m$，外电场 $E=5\times10^2 V/m$，壁面电位 $\psi_s=\pm50mV$。计算表明，在高电位壁面附近有微涡旋发生，包括对称和反对称微涡旋，如图 8.17 所示[37]。

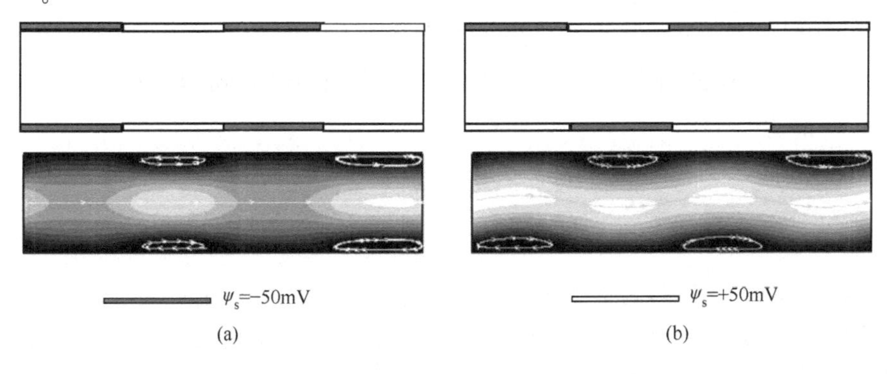

图 8.17　LBM 计算的微通道壁面间断电位电渗流形态图

图 8.17(a)为对称设置的壁面间断电位电渗流，图 8.17(b)为交错设置的壁面间断电位电渗流。文献[47] 采用 LBM 算法研究微通道压差流动的疏水壁面速度滑移问题。结果表明，增加壁面流体压强会压制壁面滑移速度，增加壁面粗糙度会加强壁面滑移速度，两者近似呈线性关系。壁面卷吸气泡可以产生负的速度滑移长度，增加流动阻力。这与宏观流动的壁面气泡效应相反，很值得关注。

8.2.3 耗散颗粒动力学算法

分子动力学需要大数量分子长时间计算，空间尺度在纳米量级，时间尺度在飞秒量级。分子动力学模拟的效率低，难以普遍使用，如果我们只需要分析介于宏观和微观之间介观尺度(一般认为，介观尺度流动通常指的是空间 $10\sim10^3$ nm 和时间 $1\sim10^5$ ns 范围的流动现象)的流体动力学行为，耗散颗粒动力学(DPD)就是一种介观尺度下流体动力学行为的有效算法。与分子动力学模拟相比，它并不完全考虑详细的分子或原子之间的相互作用，而是通过对原子水平的物理过程进行粗粒化(大量分子集合的粗颗粒)，在亚微米尺度保留其必要的物理特征。

假设一个 DPD 颗粒的空间位置为 r_i、速度为 v_i 和颗粒质量为 m_i，将 DPD 颗粒的质量无量纲化，即 $m_i = 1$，颗粒运动满足牛顿运动方程：

$$\frac{\mathrm{d}r_i}{\mathrm{d}t} = \mathbf{V}_i, \quad \frac{\mathrm{d}\mathbf{V}_i}{\mathrm{d}t} = \boldsymbol{F}_i \tag{8-35}$$

式中，$\boldsymbol{F}_i$ 为粒子 i 受到其他颗粒作用的合力。合力 $\boldsymbol{F}_i$ 分解为有势力、耗散力和随机力三种部分[48]，则

$$\boldsymbol{F}_i = \sum_{i\neq j}(\boldsymbol{F}_{ij}^{\mathrm{C}} + {}^{+}\boldsymbol{F}_{ij}^{\mathrm{D}} + {}^{+}\boldsymbol{F}_{ij}^{\mathrm{R}}) + F_i^{\mathrm{ext}} \tag{8-36}$$

式中，$\boldsymbol{F}_i^{\mathrm{ext}}$ 为第 i 个粒子的外力；$\boldsymbol{F}_{ij}^{\mathrm{C}}$ 为粒子相互作用的保守力，来源于第 j 个粒子对粒子 i 的作用势；$\boldsymbol{F}_{ij}^{\mathrm{D}}$ 为耗散力；$\boldsymbol{F}_{ij}^{\mathrm{R}}$ 为随机力。所有的力都成对出现，这样保证了系统的动量守恒，并且在截断半径 r_{c} 之外这些力均为零。选取 r_{c} 的无量纲化长度 $r_{\mathrm{c}} \equiv 1$，DPD 中的模型粒子是一种软粒子，模型颗粒之间的有势力用一种软排斥力[49,50]描述：

$$\boldsymbol{F}_{ij}^{\mathrm{C}} = \begin{cases} a_{ij}(1-\boldsymbol{r}_{ij})\boldsymbol{e}_{ij}, & r_{ij} \leqslant 1 \\ 0, & r_{ij} > 1 \end{cases} \tag{8-37}$$

式中，a_{ij} 为排斥力参数，它等于粒子 i 与粒子 j 之间最大的排斥力；r_{ij} 为粒子 i 与粒子 j 之间的距离；$\boldsymbol{e}_{ij}$ 为 $\boldsymbol{r}_{ij}$ 的单位矢量，即 $\boldsymbol{e}_{ij} = \boldsymbol{r}_{ij}/|\boldsymbol{r}_{ij}|$，$\boldsymbol{r}_{ij} = \boldsymbol{r}_i - \boldsymbol{r}_j$。这种力对应的势能函数为

$$U(r_{ij}) = \begin{cases} \dfrac{a_{ij}}{2}(1-r_{ij})^2, & r_{ij} \leqslant 1 \\ 0, & r_{ij} > 1 \end{cases} \tag{8-38}$$

软粒子和硬粒子的相互作用势能如图 8.18 所示。其中，伦纳德-琼斯势函数以 $r^* = r/\sigma$ 无量纲，DPD 势函数以 $r^* = r/r_c$ 无量纲。可以看出，DPD 中采用的势能函数有较小的斜率，这使得可以采用一个比分子动力学时间尺度大得多的时间步长，并且 DPD 势能函数中的特征长度 r_c 要比伦纳德-琼斯势函数的特征长度 σ 大数个量级，可以是一个亚微米量级的尺度。随机力和耗散力为[49]

$$\boldsymbol{F}_{ij}^{\mathrm{D}} = \begin{cases} -\gamma\omega^{\mathrm{D}}(r_{ij})(\boldsymbol{v}_{ij} \cdot \boldsymbol{e}_{ij})\boldsymbol{e}_{ij}, & r_{ij} \leqslant 1 \\ 0, & r_{ij} > 1 \end{cases} \tag{8-39}$$

$$\boldsymbol{F}_{ij}^{\mathrm{R}} = \begin{cases} \sigma\omega^{\mathrm{R}}(r_{ij})\theta_{ij}\boldsymbol{e}_{ij}, & r_{ij} \leqslant 1 \\ 0, & r_{ij} > 1 \end{cases} \tag{8-40}$$

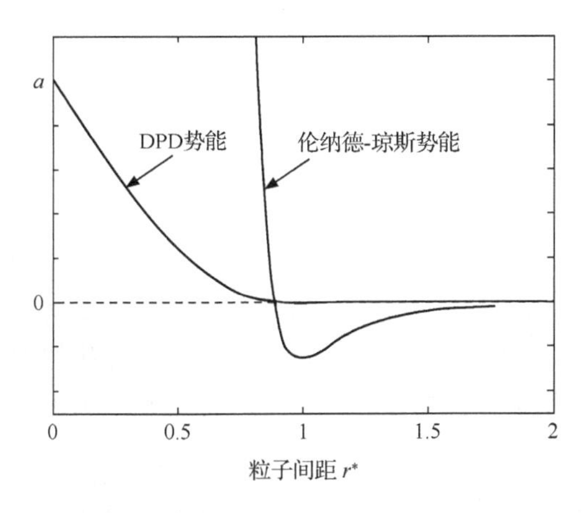

图 8.18　硬粒子的伦纳德-琼斯势函数和软粒子的 DPD 势函数

式中，γ 为耗散幅值；σ 为随机力幅值；ω^{D} 和 ω^{R} 为与相对位置有关的权重函数；θ_{ij} 为高斯白噪声项，满足对称性 $\theta_{ij} = \theta_{ji}$ 和统计学特性：

$$\begin{cases} \langle \theta_{ij}(t) \rangle = 0 \\ \langle \theta_{ij}(t)\theta_{kl}(t') \rangle = (\delta_{ik}\delta_{jl} + \delta_{il}\delta_{jk})\delta(t-t') \end{cases} \tag{8-41}$$

文献[36]提出耗散力和随机力中的权函数满足耗散涨落定理。ω^{D} 和 ω^{R} 必须满足以下关系：

$$\omega^{\mathrm{D}}(r) = [\omega^{\mathrm{R}}(r)]^2 \tag{8-42}$$

DPD 系统的热力学平衡态满足玻尔兹曼分布规律，平衡态的温度由以下公式给定：

$$k_B T = \frac{\sigma^2}{2\gamma} \tag{8-43}$$

一般权重函数选取为与有势力类似的表达式：

$$\omega^D(r) = [\omega^R(r)]^2 = \begin{cases} (1-r)^2, & r \leqslant 1 \\ 0, & r > 1 \end{cases} \tag{8-44}$$

DPD 模拟采用的软粒子排斥势，使其必须采用相对比较高的系统数密度（$\rho \geqslant 3$）才能获得合适的介观结构[49]，这就要求系统有足够多的软粒子。典型系统通常含有几万个软粒子。一种高精度的修正 Velocity-Verlet 格式[35]常用于求解 DPD 颗粒运动方程组：

$$\begin{cases} \boldsymbol{r}_i(t+\Delta t) = \boldsymbol{r}_i(t) + \Delta t \boldsymbol{v}_i(t) + \frac{1}{2}(\Delta t)^2 \boldsymbol{f}_i(t) \\ \tilde{\boldsymbol{v}}_i(t+\Delta t) = \boldsymbol{v}_i(t) + \lambda \Delta t \boldsymbol{f}_i(t) \\ \boldsymbol{f}_i(t+\Delta t) = \boldsymbol{f}_i[\boldsymbol{r}(t+\Delta t), \tilde{\boldsymbol{v}}_i(t+\Delta t)] \\ \boldsymbol{v}_i(t+\Delta t) = \boldsymbol{v}_i(t) + \frac{1}{2}\Delta t[\boldsymbol{f}_i(t) + \boldsymbol{f}_i(t+\Delta t)] \end{cases} \tag{8-45}$$

下面是耗散颗粒动力学的典型应用算例。文献[37]用 DPD 算法模拟了三维双团联式共聚合物(diblock copolymcr)在微尺度下的相分离过程，发现随着聚合物结构变化，聚合物会形成薄层状、带孔层状、六角形柱体、微胞状的形态，如图 8.19所示。DPD 模拟方法可以提供聚合物相分离现象在介观尺度上的动力学过程。

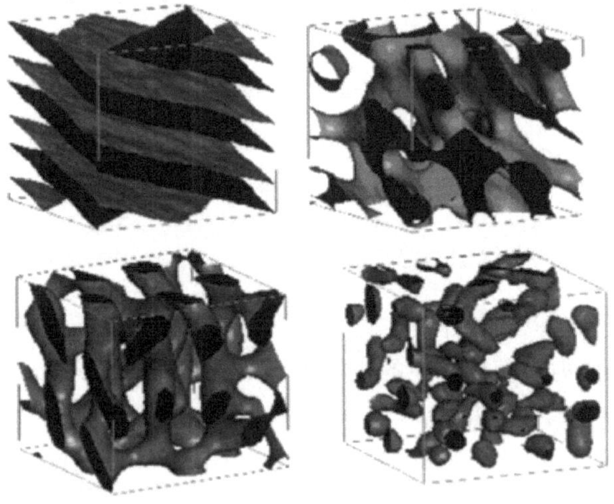

图 8.19 DPD 模拟聚合物的微相分离过程[51]

文献[52]采用 DPD 方法模拟油/水界面上存在单层表面活性剂分子的系统的动力学过程，研究表面活性剂的尺寸和分子分支结构对界面张力的影响，如图 8.20所示。

图 8.20　DPD 模拟油、水、表面活性剂的动力学过程[52]

文献[53]在模型中加入了粒子间的吸引力，用 DPD 模拟气液共存的问题。文献[40]通过修改保守力函数，引入粒子间的吸引力项。基于两相模型，用 DPD 模拟了纳米尺度射流在热扰动促进下破碎的动力学过程，如图 8.21 所示。

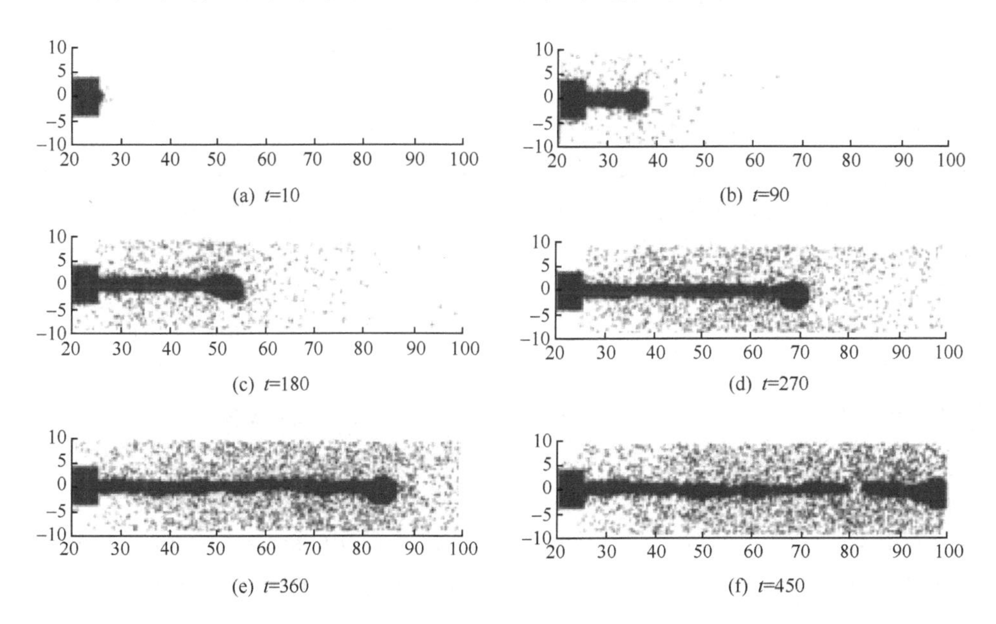

(a) t=10　(b) t=90　(c) t=180　(d) t=270　(e) t=360　(f) t=450

图 8.21　热扰动下纳米尺度射流破碎动力学过程[40]

耗散颗粒动力学模拟是研究介观尺度流体行为的一种重要方法。该方法运用粗粒化的思想，使得模型中的粒子不再对应于单纯的原子或几个原子组成的基团，而是对应于多个分子的集团或者是高分子的数个链段，这样 DPD 方法中的特征长度比 MD 方法中的特征长度大出数个量级。并且粒子之间采用软作用力，这使得在 DPD 方法中可以采用一个比 MD 模拟中大得多的时间步长，大大提高计算效率，实现了对亚微米尺度流体动力学现象的模拟。

8.3 流体力学计算软件和开放源代码介绍

在许多科学研究和工业领域，计算流体力学(CFD)已经有很成功的应用，它在很大程度上替代了传统实验。数值模拟具有成本低、速度快的优势，更重要的是它能够获得很多实验难以直接测量的流动参数，如涡量和各种流动相关量的梯度等。CFD 已经成为科学研究和工业研发最有效的手段之一。

绝大多数微流控器件中的流动本质上属于不可压缩流体。当前学术界一般认为，在流动特征尺度大于 10nm 的系统中，基于连续性假设的 CFD 数值方法和模拟软件均可以用于计算微流控芯片中所涉及的流动、传热及传质等问题。目前，在微流动领域应用最为广泛的商业 CFD 软件包括 COMSOL Multiphysics、FLUENT、CFD-ACE 等。下面针对这三种软件的优缺点做简单评价。

COMSOL Multiphysics 的最大优势是多物理耦合的处理方便快捷，它包括流体力学、传热、传质、AC/DC 电场、电解质溶液离子输运等模块，使用手册说明详细，有很多与微流控单元相关的流动范例便于参考，具有初步 CFD 经验的用户能快速上手。值得一提的是，COMSOL Multiphysics 软件具有针对用户自定义的偏微分方程建模求解的功能，使得用户能较灵活地开展多物理场耦合求解。但是，这款软件的一个缺点是内存使用效率低，缺乏处理大规模复杂三维问题的能力。涉及三维复杂通道的流动问题时，在 32 位 Windows 操作系统下经常出现内存溢无法求解。在 Linux 系统或者 64 位 Windows 操作系统下虽然能更好地利用内存，但仍然无法实现高效并行运算。此外，它对微流控芯片中常见的液滴、颗粒等输运现象的分析模拟尚处于初步发展阶段，能力有限，目前只能处理简单的二维问题。FLUENT 和 CFD-ACE 属于发展历史较长的传统 CFD 商业软件，具有处理大规模流动问题的并行计算能力，对内存的利用效率高。总体来说，二者的功能基本上类似，其中 CFD-ACE 增加了某些多物理场耦合算法，其电场模块可较便捷用于与微流控电动力学相关的数值模拟，同时结合用户子程序(user subroutine)功能，该软件也能较为灵活地处理其他耦合问题。但 CFD-ACE 的用户手册理解较为困难，对相关模块的具体使用不够详细，并且存在不少错误信息，缺乏范例。它要求用户具有较强的 CFD 模拟经验和程序调试能力才能很好地将其用于微流控芯片的分析模拟。FLUENT 的软件应用领域广泛，用户手册规范，各种范例丰富，其用户定义函数(user defined function，UDF)功能强大，允许用户针对某一物理现象，定义对应的微分方程(包括源函数等)、特殊边界条件、介质性质参数变化规律，甚至计算过程的收敛稳定性控制。如果应用得当，它能处理微流控芯片模拟中的各种耦合问题，但要求用户具有较好的流体动力学和 CFD 基础，以及编程能力。FLUENT 和 CFD-ACE 都包括能较好模拟液滴及颗粒运动的模块。总的来说，这些商业模拟软件在不同程度上均可用于微流控系统的数值模拟，需根据具体问题选择适用。COMSOL Multiphysics 是一款用户友好的软件，能快速有效地解决相对简单的微流动问题。正确使用能对数值模拟中的关键问题有直观的认识，而 FLUENT 和 CFD-ACE 的入门相对困难，但能提供更为强大和灵活的模拟能力。

针对介观及分子尺度的模拟，如 LBM、DPD、MD 等方法也存在很多开放源代码，用户可以根据自己的需求进行选择。LBM 的开源代码包括 LIMBES、OpenLB、Palabos、El'Beem 等，DPD 的开源代码包括 DL_MESO，MD 的开源代码包括 AMBER、CHARMM、GROMACS、LAMMPS、NAMD 等。这些开源代码通常具有详细的使用手册和应用例子，用户可根据不同需要，对源程序进行修改和扩展，但要求使用者具有流体动力学和相关算法的基本知识和较高的建模能力，才能准确模拟相关物理现象。

8.4　本 章 小 结

数值分析模拟已经成为微流控系统基础研究和和芯片研发最重要的有效手段之一。本章对微流控系统多物理场耦合流动的数值分析计算方法做了一般性描述。对以连续性为基础的流体动力学模型，以及计算区域选取和边界条件设置一般性原则作了简单叙述。本章给出求解微通道复杂电渗流动的坐标变换法，有效降低网格密度，提高计算效率。本章还对非连续性的分子动力学模拟、格子-玻尔兹曼算法，以及耗散粒子动力学算法作了介绍。微尺度液滴运动数值方法，以及典型的应用算例在本章中也有介绍。本章还对当前三种常用的计算流体动力学商业软件的特点、开放性原代码，以及在它们微流控系统的应用作了讨论和比较分析，为读者提供有益的参考。

参 考 文 献

[1] Qiao R, Aluru N R. Atypical dependence of electroosmotic transport on surface charge in a single-wall carbon nanotube. Nano Letters, 2003, 3 (8): 1013～1017.

[2] Qiao R, Aluru N R. Scaling of electrokinetic transport in nanometer channels. Langmuir, 2005, (21): 8972～8977.

[3] Zhu W, Singer S J. Electro-osmotic flow of a model electrolyte. Physical Review E, 2005, (7): 041501.

[4] Kim D, Darve E. Molecular dynamics simulation of electro-osmotic flows in rough wall nanochannels. Physical Review E, 2006, (73): 051203.

[5] Joseph S, Aluru N R. Hierarchical multiscale simulation of electrokinetic transport in silica nanochannels at the point of zero charge. Langmuir, 2006, (22): 9041～9051.

[6] Capuania F, Pagonabarragab I, Frenkel D. Discrete solution of the electrokinetic equations. Journal of chemical Physics, 2004,121(2): 487～493.

[7] Tanga G H, Li Z, Wang J K. Electroosmotic flow and mixing in microchannels with the lattice Boltzmann method. Journal of Applied Physics, 2006, (100): 094908～094918.

[8] Groot R D, Warren P B. Dissipative particle dynamics: Bridging the gap between atomistic and mesoscopic simulation. Journal of Chemical Physics,1997,107: 4423～4435.

[9] Espanol P, Warren P. Statistical mechanics of dissipative particle dynamics. Europhysics Letters,1995, 30:191～196.

[10] Dzwinel W, Yuen D A. Dissipative particle dynamics of the thin-film evolution in mesoscale. Molecular Simulation, 1999, (22): 369～395.

[11] Hu G Q, Li D. Multiscale phenomena in microfluidics and nanofluidics. Chemical Engineering Science, 2007, (62): 3443～3454.

[12] Liu W K, Karpov E G, Zhang S, et al. An introduction to computational nanomechanics and materials. Computer Methods in Applied Mechanics and Engineering, 2004, (193): 1529～1578.

[13] Delgado-Buscalioni R, Coveney P V. Hybrid molecular-continuum fluid dynamics. Philosophical Transactions of the Royal Society A, 2004, (362): 1639～1654.

[14] Hadjiconstantinou N G. Hybrid atomistic-continuum formulations and the moving contact-line problem. Journal of Computational Physics, 1999, (154): 245～265.

[15] Werder T, Walther J H, Koumoutsakos P. Hybrid atomisti-ccontinuum method for the simulation of dense fluid flows. Journal of Computational Physics, 2005, (205): 373～390.

[16] Zhang J, Kwok D Y. Apparent slip over a solid-liquid interface with a no-slip boundary condition. Physical Review E, 2004,70(5):056701.

[17] Zhang J, Kwok D Y. Pressure boundary condition of the lattice Boltzmann method for fully developed periodic flows. Physical Review E, 2006,73(4):047702.

[18] Melchionna S, Succi S. Electrorheology in nanopores via lattice Boltzmann simulation. Journal of Chemical Physics, 2003, (120): 4492～4497.

[19] Rapaport D C. The Art of Molecular Dynamics Simulation. 2nd end. New York:Cambridge University Press, 2004.

[20] Tian F, Li B, Kwok D Y. Tradeoff between mixing and transport for electroosmotic flow in heterogeneous microchannels with nonuniform surface potentials. Langmuir, 2005, 21(3):1126～1131.

[21] Zhu W, Singer S J. Electro-osmotic flow of a model electrolyte. Physical Review E, 2005, (7): 041501.

[22] Zhang Y, Wu J K, Chen B. A coordinate transformation method for numerical solutions of the electric double layer and electroosmotic flows in a microchannel. International Journal for Numerical Methods in Fluids, 2011.

[23] Ajaev V S, Homsy G M. Modeling shapes and dynamics of confined bubbles. Annual Review of Fluid Mechanics, 2006, 38:277～307.

[24] Megaridis C M. Attoliter fluid experiments in individual closed-end carbon nanotubes: liquid film and fluid interface dynamics. Physics of Fluids, 2002, 14:L5－8.

[25] Freund J B. The atomistic details of an evaporating meniscus. Physics of Fluids, 2005, 17: 022104.

[26] Hirt C W, Nichols B D. Volume of Fluid (VOF) method for the dynamics of free boundary. Journal of Computational Physics, 1981, 38:201～225.

[27] Brackbill J U. A continuum method for modeling surface tension. Journal of Computational Physics, 1992, 100:335～354.

[28] Qian D, Lawal A. Numerical study on gas and liquid slugs for Taylor flow in a T-junction microchannel. Chemical Engineering Science, 2006, 61:7609～7625.

[29] Xiong R. Formation of bubbles in a simple co-flowing micro-channel. Journal of Micromechanics and Microengineering, 2007, 17:1002～1011.

[30] Urbant P, Leshansky A, Halupovich Y, et al. On the forced convective heat transport in a droplet-laden flow in microchannels. Microfluidics and Nanofluidics, 2008, 4:533～542.

[31] Glatzel T. Computational fluid dynamics (CFD) software tools for microfluidic applications-A case study. Computers and Fluids, 2008, 37:218～235.

[32] Osher S, Sethian J A. Fronts propagating with curvature dependent speed: Algorithms based on Hamilton-Jacobi formulations. Journal of Computational Physics, 1988, 79:12～49.

[33] Mukherjee A, Kandlikar S G. Numerical simulation of growth of a vapor-bubble during flow boiling of water in a microchannel. Microfluidics and Nanofluidics,2005, 1:137～145.

[34] Cubaud T, Tatineni M, Zhong X L, et al. Bubble dispenser in microfluidic devices. Physical Review E, 2005, 72:037302.

[35] Sussman M, Fatem E. An efficient, interface preserving level set re-distrancing algorithm and its application to interfacial incompressible fluid flow. Siam Journal of Scientific Computing, 1999, 20: 1165～1191.

[36] Sussman M, Puckett E G. A coupled level set and volume-of-fluid method for computing 3D and axisymmetric incompressible two-phase flows. Journal of Computational Physics, 2000, 162:301～337.

[37] Li D. Encyclopedia of Microfluidics and Nanofluidics. New York: Springer Science+Business Media, LLC,2008.

[38] Qiao R, Aluru N R. Ion concentration and velocity proflles in nanochannel electroosmotic flows. Journal of Chemical Physics, 2003,118:4692～4701.

[39] Freund J B. Electro-Osmosis in a nanometer-scale channel studied by atomistic simulation. Journal of Chemical Physics, 2002, (116):2194～2200.

[40] Kim D, Darve E. Molecular dynamics simulation of electro-osmotic flows in rough wall nanochannels. Physical Review E, 2006, (73): 051203.

[41] Das S K, Puri S, Horbach J, et al. Spinodal decomposition in thin films: Molecular Dynamics simulations of a binary Lennard-Jones fluid mixture. Physical Review E, 2006, 73(031604):1～15.

[42] Ou J, Rothstein J P. Direct velocity measurements of the flow past drag-reducing ultrahydrophobic surfaces. Physics of Fluids,2005, 17:103606～1036.

[43] Fan R, Karnik R, Yue M, et al. DNA translocation in inorganic nanotubes. Nano Letters,2005, 5: 1633～1637.

[44] He X, Chen S Y, Doolen G D. A novel thermal model for the lattice Boltzmann method in compressible limit. Journal of Computational Physics,1998, 42(146): 282～300.

[45] 郭照立,郑楚光. 格子-波尔兹曼方法原理及应用. 北京:科学出版社,2008.

[46] He X, Li N. Lattice Boltzmann simulation of electrochemical systems. Communications in Computa-

tional Physics，2000，129(1-3)：158～166.

[47] Harting J，Kunert C，Hyväluoma J. Lattice Boltzmann simulations in microfluidics：probing the no-slip boundary condition in hydrophobic，rough，and surface nanobubble laden microchannels. Microfluid and Nanofluid，2010，(8)：1～10.

[48] Steiner T，Cupelli C，Zengerler R，et al. Simulation of advanced microfluidic systems with dissipative particle dynamics. Microfluid and Nanofluid，2009，(7)：307～323.

[49] Groot R D，Warren P B. Dissipative particle dynamics：Bridging the gap between atomistic and mesoscopic simulation. Journal of Computational Physics，1997，(107)：4423～4435.

[50] Espanol P，Warren P. Statistical mechanics of dissipative particle dynamics. Europhys Letters，1995，(30)：191～196.

[51] Groot R D，Madden T J. Dynamic simulation of diblock copolymer microphase separation. Journal of Chemical Physics，1998，(108)：8713～8724.

[52] Rekvig L，Kranenburg M，Vreede J，et al. Investigation of surfactant efficiency using dissipative particle dynamics. Langmuir，2003，(19)：8195～8205.

[53] Chen S，Phan T N，Fan X J，et al. Dissipative particle dynamics simulation of polymer drops in a periodic shear flow. Journal of Non-Newtonian Fluid Mechanics，2004，(118)：65～81.

[54] Tiwari A，Abraham J. Dissipative particle dynamics simulations of liquid nanojet breakup. Microfluid and Nanofluid，2008，(4)：227～235.

第 9 章　微尺度流动测量方法

“对于那些想学习科学预言艺术的人们，我建议他们不要把自己禁锢在抽象的推理上，而要努力通过实验事实破解大自然所传递的密语。”

——M. 玻恩（1882～1970），1943，“物理的实验与理论”演讲

流体运动规律的研究有两种重要手段:数值计算和实验测量。第 8 章介绍了数值计算方法,本章将介绍流动测量方法。通常需要测量的流动参数主要有速度、流量、压力、浓度、温度等。在宏观尺度范围内,这些参数的测量已有成熟的技术和方法,读者可以参考实验流体力学手册[1]。而微尺度下的测量近年随着微流动机理研究而发展起来。微纳尺度流动测量的空间尺度范围为 10nm～1mm,测量流量的范围从毫升到微升甚至纳升。这是宏观流动测量未涉及的范围,因此需要引入新的测试技术和方法。本章首先介绍微尺度下速度测量,从 MicroPIV 的流场速度测量到采用内反射技术的近场测速,从二维速度测量到可实现三维速度场测量的共聚焦方法,流量测量讲述了采用传统流量传感器的方法和可实现纳升流量测量的光电流量计。压力测量包括对微管道入口压力的测量及微加工方法制作的可分布于微管道内的阵列式压力传感器。最后介绍液体浓度和温度测量。

9.1 MicroPIV/PTV 速度测量系统

MicroPIV/PTV(micro particle image velocimetry/particle tracking velocimetry)是近十年逐步发展起来的对微尺度流动进行速度测量的实验系统,Meihart 等[2,3]详细阐述了其原理。与 PIV 测量原理相同,MicroPIV 也是通过采集示踪粒子的运动图像,计算流场速度。本节首先回顾 PIV 测量原理,然后介绍MicroPIV/PTV 系统组成与主要技术参数。

9.1.1 粒子图像测速原理

粒子图像测速技术(particle image velocimetry,PIV)是利用粒子图像获得流场速度的方法,基本原理如图 9.1 所示。在流场中撒布示踪粒子,将脉冲激光片光入射到待测流场区域中,利用 CCD(charge-coupled device,电荷耦合元件)记录粒子图像。通过处理所拍图像,获得流场速度分布。

传统 PIV 技术的特点:①非接触式测量。流场速度是通过图像分析,不需要放置探头在流场中,因此对流场干扰小。②示踪粒子。PIV 利用示踪粒子散射光,在液体介质中,采用铝粉、聚苯乙烯小球可以得到很好的光散射效果。当流场特征尺度在厘米量级时,示踪粒子直径一般为微米量级以上。对示踪粒子的密度要求与测量流场介质密度接近,以便获得好的跟随性。③光源采用片光源。为了更精确地反映二维平面内粒子运动,应该用片光显示流场,目前片光源厚度可做到仅为 500μm。

PIV 技术中,粒子图像处理通常采用自相关或互相关法。互相关方法[5]是利用连续拍摄的两帧照片,对相应窗口内粒子位移求相关,获得粒子的最大概率位移,原理如图 9.1 所示。将相机记录下来的两个激光脉冲的图像分成若干小的区

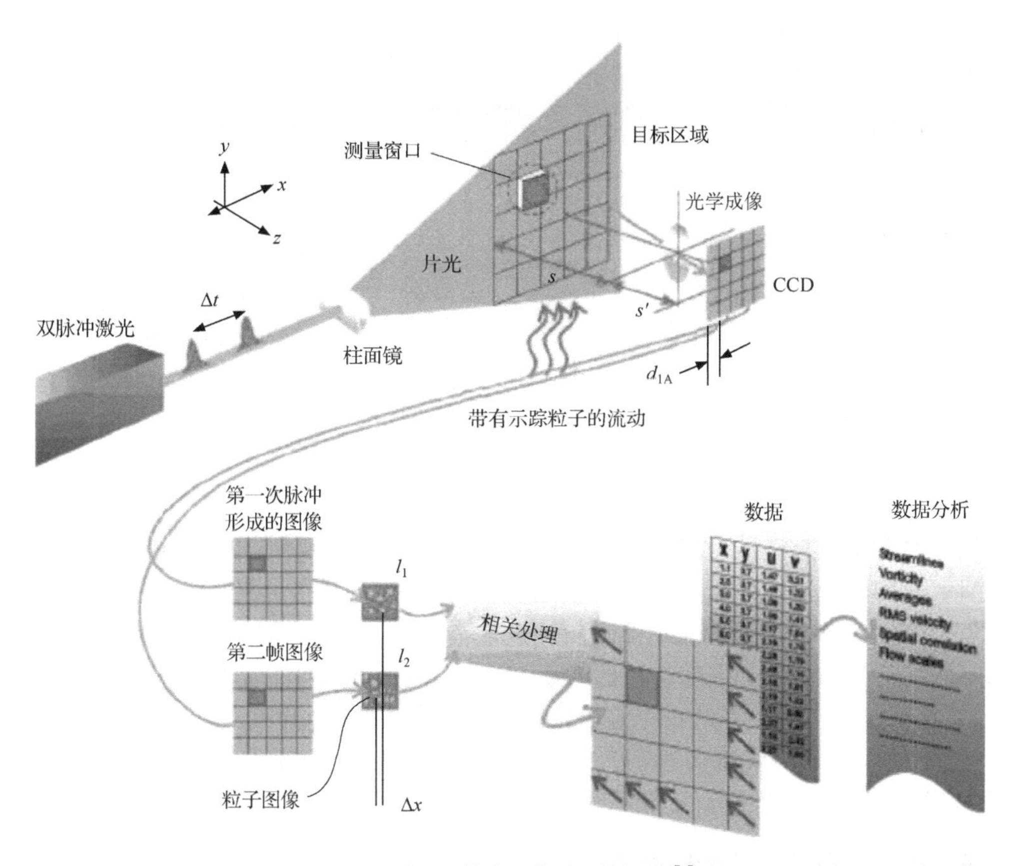

图 9.1　PIV 技术图像处理原理图[4]

域(窗口),对相关的小区域进行粒子位移的相关分析,获得一个位移信号峰值 Δx。根据二次曝光时间间隔 Δt,可计算当地速度 $u=\Delta x/\Delta t$。分别对不同区域进行互相关计算,可以获得整个流场的速度矢量分布图(如图 9.2 所示)。自相关方法[5]是利用同一帧照片在二次曝光时留下的粒子图像分析流动速度,如图 9.2 所示,照片被划分为许多窗口,对每一个窗口内的粒子图像对做自相关,求出最大概率位移 Δx,根据二次曝光时间间隔 Δt,计算当地速度 $u=\Delta x/\Delta t$。

当粒子浓度很稀时,可以采用单个粒子识别和跟踪的方法,根据粒子迹线确定其速度,此方法称为粒子追踪测速技术(particle tracing velocimetry,PTV)。

9.1.2　MicroPIV/PTV 系统组成

宏观 PIV 系统所测量流场的特征尺度大于毫米量级,而微尺度流场的特征尺度为微米量级,因此测量微尺度流动所用的 PIV 系统与测量宏观流动测量系统的不同之处在于:①增加了显微镜观测图像。将微尺度流场放大后进行观测和 CCD

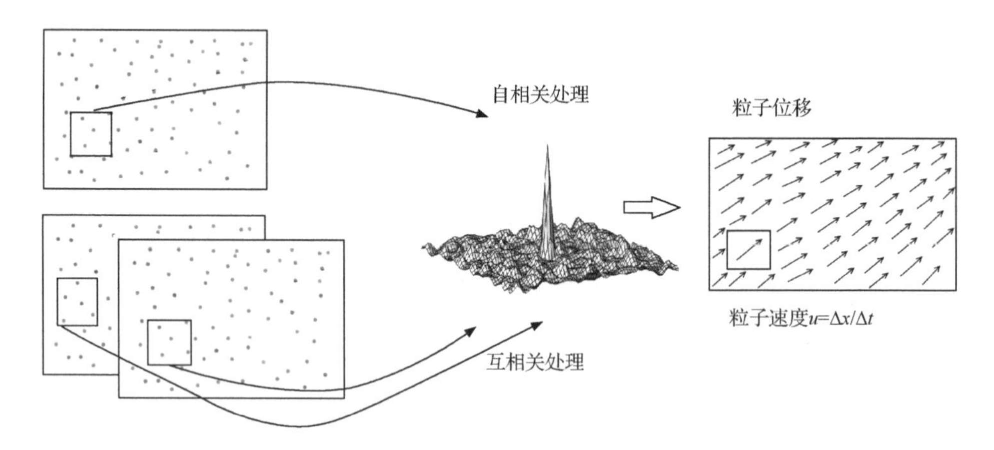

图 9.2　图像处理中 PIV 自相关和互相关方法原理图

拍摄，光源可用显微镜光源或外接激光光源。但无论何种光源，显微镜成像透镜组已固定，因此无法形成片光照明。②示踪粒子改用荧光粒子。因为宏观 PIV 示踪粒子直径大于 1μm，而微流动流场特征尺度为微米量级，示踪粒子直径最好在纳米量级。另外，散射光强随粒径的 6 次方衰减，因此微尺度下必须用荧光示踪粒子。MicroPIV/PTV 系统相应地增加了荧光显微镜和滤色片组。

下面以中国科学院力学研究所 LNM 实验室的实验系统为例，说明 MicroPIV/PTV 主要组成部分(如图 9.3 所示)：

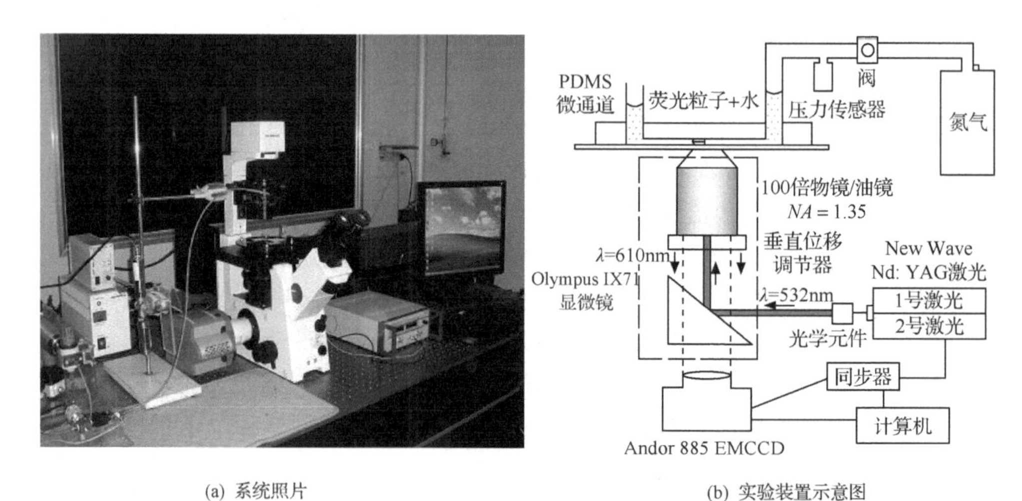

(a) 系统照片　　(b) 实验装置示意图

图 9.3　MicroPIV 速度测量系统照片及实验装置示意图[6]

(1) 荧光显微镜。Olympus IX71 倒置荧光显微镜，配有 100×/NA＝1.35、60

×/NA=0.7、40×/NA=0.6 和 10×/NA=0.3 四种物镜(NA，numerical aperture，数值孔径)。

(2) 照明光源。对 MicroPIV 方法，选用 New Wave 120XT 532nm 双脉冲激光器，配合自相关图像处理；如果采用 PTV 方法，可用显微镜自带 100W 汞灯，其入射光波长由滤光片控制。

(3) 图像采集系统。具有电子增益(electron multiply)功能的 Andor 885 EMCCD。

(4) 垂向位置调节器。用于调节水平面空间位置。

(5) 同步调节器。北京立方天地的 micro710 八通道同步器，时间控制范围 10ns～100ms。

利用上述实验系统拍摄的微流道流场图像及速度矢量图(如图 9.4 所示)[6]，其中微管道宽 54μm，高 19.1μm，长 27.9mm。图 9.4 中的照片是一次曝光时间内拍摄得到的荧光粒子受到双脉冲激光激发的光斑。由于有流动，荧光粒子在受到第一个光脉冲照射后会向下游移动，同一个粒子在两次光脉冲照射下的光斑不重合，而是成对出现。根据 9.1.1 节介绍的自相关方法来处理图像，得到流场和速度矢量分布。

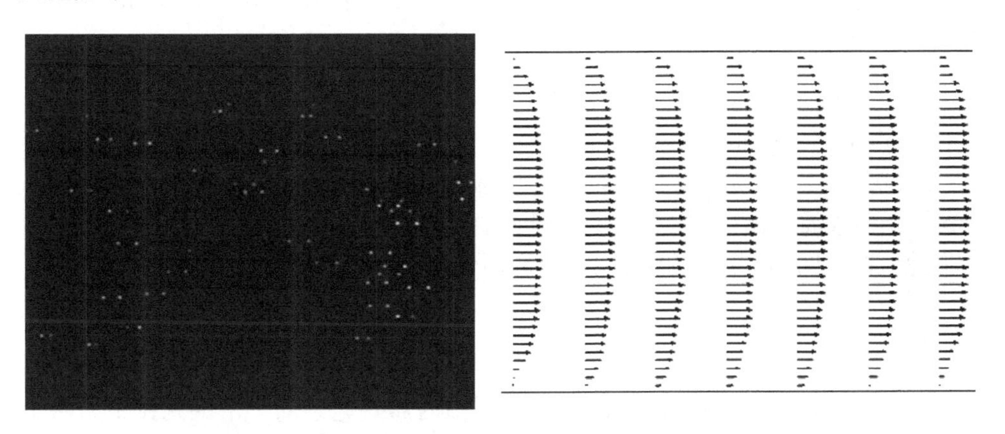

图 9.4　MicroPIV 拍摄的图像及处理得到的速度场[6]

9.1.3　MicroPIV/PTV 系统主要参数及特点

1. 荧光显微镜

荧光显微镜是整个系统实现光学功能的核心，主要参数如下：

(1) 工作距离。物镜前透镜到标本物体的距离，厂家给出的物镜工作距离已经扣除了载玻片厚度(一般为 150～170μm)。使用 100×/1.35 的物镜，工作距离仅为 100μm。这个参数对测量有很大限制，如微流道壁厚必须小于物镜工作距离。

(2) 焦点深度 d_f。显微镜观察时，只有在焦平面上下很小的范围内才能看到清晰的像，这个范围就是焦点深度（或景深，depth of field）。焦点深度可由下式确定[2]：

$$d_f = \frac{n\lambda}{NA^2} + \frac{ne}{NAM} \tag{9-1}$$

式中，e 是 CCD 单像素宽，图 9.3 中的 CCD 的 $e=8\mu m$；n 是介质折射率；M 是显微镜物镜放大倍数。式(9-1)右端第一项表示光学衍射的影响，第二项表示整个系统硬件的影响，因此当使用 100 倍物镜时，由式(9-1)计算出焦点深度为 0.55μm。景深从某种程度上说是显微镜成像的理论值，与粒子大小无关[7,8]，而实际测量中，视野纵深显然与粒子大小有关，因而现在人们更倾向于使用测量深度 d_m(depth of measurement)来描述焦平面厚度的影响[7,9]。测量深度 d_m 的表达式为

$$d_m = \frac{3n\lambda}{NA^2} + \frac{2.16d_p}{\tan\theta} + d_p \tag{9-2}$$

式中，d_p 为示踪粒子的直径；θ 为镜口半角。对于小于 1μm 的粒子，式(9-2)右端第一项为主要项。当使用 200nm 粒子时，$d_m \approx 1.880\mu m$，而当使用 50nm 的粒子时，$d_m \approx 1.610\mu m$。

> 注意：物镜选择高倍数高数值孔径，固然可以提高分辨率，然而会牺牲视场范围、工作距离。例如，40×/0.6 的物镜比 100×/1.35 物镜视场大 2.5 倍，工作距离也会从 100 μm 提高到约 5mm。一般，数值孔径 $NA=0.9\sim1.0$ 对应着观察媒介为水的物镜，$NA>1.0$ 的物镜为油镜。当使用油镜时，物镜垂向调节要非常小心，以免镜头油膜厚度的改变影响焦平面位置的确定。

2. 光源

当采用 MicroPIV 自相关方法，一帧图像内需要记录同一个荧光粒子的两个光斑，必须用双脉冲激光器。双脉冲激光器两路脉冲频率在 1～15Hz 范围可调，脉宽 3～5ns。激光器光束分散性、光强均匀性及两路光强差异均需要仔细校正。另外，使用脉冲激光器时，需要附加同步器进行协调控制。

对 MicroPTV 系统，采集示踪粒子的轨迹可计算速度，不需要脉冲激光器照明，荧光显微镜的汞灯即可。汞灯配合滤光片，即可调出合适波长的激发光。CCD 曝光时间为粒子轨迹持续的时间。

3. 图像采集系统

本系统采用的 EMCCD 又称单光子检测器，可拍摄 1004×1002 像素 14bit 图

像。它具有电子增益功能，在-70℃时工作，其暗电流仅为0.007e/(pix·s)(e为电子电荷，pix为像素)，量子效率高达约70%。EMCCD芯片单个像素尺寸为$8\mu m\times 8\mu m$。在100倍的物镜下拍摄的图像视场范围约$80\mu m\times 80\mu m$，一个像素对应$80nm\times 80nm$，该CCD拍摄速度约35f/s(每秒帧数)。如果采取帧转模式或子区域(subframe)拍摄，可以提高拍摄速度到100f/s以上。这种CCD没有双曝光功能，因此整个实验系统无法在连续激光照射下采集自相关图像。

搭建系统时，CCD的选择要基于示踪粒子的粒径。由瑞利散射公式可知，粒子散射发光强度与粒子直径的6次方成正比，因此当用非常小的荧光粒子时，其亮度将非常暗淡。现在一般无增益功能的CCD，探测100nm以下的荧光粒子有很大困难。EMCCD具有较大的感光芯片单像素尺寸，在提高光灵敏度同时也会导致图片的分辨率降低，影响速度场的分辨率。例如，文献中常用的CCD为1300×1000像素，而我们使用的高光敏性EMCCD仅为1000×1000像素，因此要根据实验目的权衡光灵敏度与空间分辨率的关系。

速度范围的确定与测量时间Δt及视场大小有关。MicroPIV中可测的最慢速度由粒子光斑的最短间距决定。清晰成像时，单个粒子光斑一般为3～5个像素，因而最短间距可以近似按10个像素估计。由于时间间隔往往没有严格限制，所以一般最慢速度不会受系统性能的限制。估计最高速度时，考虑到计算速度矢量时需要划分判读区，那么粒子位移最大可以按视场宽度的1/4来估计，而最短时间间隔需要分别考虑。当使用双脉冲激光器时，两束脉冲间隔由同步器控制，其最短间隔可以认为是100ns；当使用连续光源时，取决于CCD的曝光时间，曝光时间过短会导致图像不清晰，因此这个最短时间间隔可以认为是$100\mu s$～1ms量级，随CCD的型号而改变。

4. 示踪粒子

实验使用的荧光示踪粒子为聚苯乙烯(polystyrene, PS)小球，其内部包裹荧光素，由聚苯乙烯封装，外部用羧基(—COOH)改性，在水溶液中表面带负电[10]。粒子由绿光(约530nm)入射激发出红光(约610nm)。PS粒子的密度为$1.05g/cm^3$，因此整个PS溶液的密度介于$1.0\sim 1.05g/cm^3$之间，仍非常接近水的密度。实验使用的PS小球直径分别为ϕ50nm和ϕ200nm，厂家给出的粒径分散度为5%。动态光散射实验显示粒径分布符合高斯分布，其分布半高宽分别为7nm(ϕ50nm)和15nm(ϕ200nm)。

荧光粒子通过整套光学系统成像，得到的光斑大小并非恰为粒子的真实大小，这是由于光学衍射造成的。其光学原型为对一个圆形孔径的夫琅禾费衍射，衍射光斑强度分布服从[11]

$$\frac{I}{I_0}=\left[\frac{2J_1(\beta z)}{\beta z}\right]^2 \tag{9-3}$$

式中，J_1 为一阶贝塞尔函数；β 为常数；z 为到焦平面的距离。实际使用时，人们尝试用点扩散函数(point spread function, PSF)来近似代替夫琅禾费衍射公式，常用的有洛伦兹分布[12]：

$$\frac{I}{I_0}=\frac{1}{1+\left(\frac{z}{d}\right)^2} \tag{9-4}$$

式中，d 在物理上是指夫琅禾费衍射的半宽高。两者分布的比较如图 9.5 所示，洛伦兹分布很好地描述了真实衍射中部的光强分布。

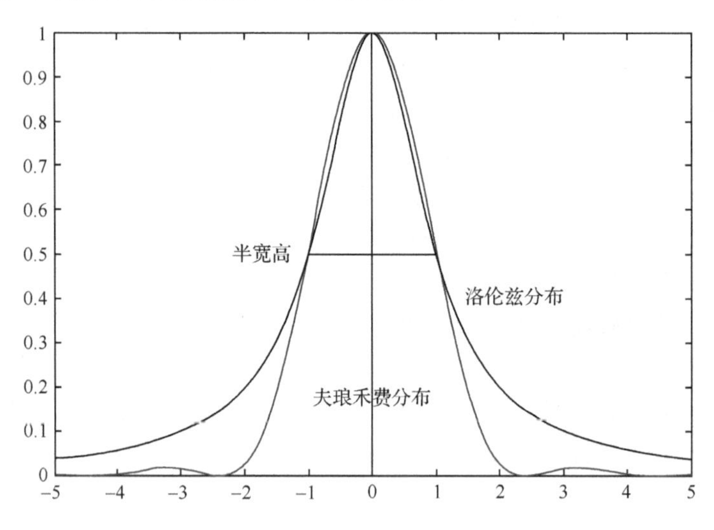

图 9.5　夫琅禾费衍射理论分布和洛伦兹分布对比

因此，图像中粒子光斑的有效直径 d_e 也是通过 PSF 来估计的[2]

$$d_e=\sqrt{M^2 d_p^2+d_s^2} \tag{9-5}$$

式中，d_s 为表征衍射影响的衍射限制直径[2]

$$d_s=2.44M\frac{\lambda}{2NA} \tag{9-6}$$

当系统使用 100×/1.35 的物镜及激发光为 610nm 时，ϕ200nm 的粒子图像有效直径 d_e=58.6μm，图像中实际光斑直径为 58.6μm/100=586nm；ϕ50nm 的粒子 d_e=55.3μm，图像中实际光斑直径为 55.3μm/100=553nm。

示踪粒子的选用首先要考虑观察流场的范围，尺度尽量远小于待测流场的尺度。如果要进行切片速度测量，要考虑粒子粒径对测量深度的影响。较大的粒子便于观察，但是也会导致亮度过大散射过强及测量深度 d_m 过大等问题。在式(9-2)中，物镜选定后，等式右端第一项代表光学系统影响的 $\frac{3n\lambda}{NA^2}$ 为常数，一般也是主要的影响。此时选取粒子粒径尽量保证 $\left(1+\frac{2.16}{\tan\theta}\right)d_p$ 不要比第一项大，否则测量深度 d_m 就会明显随粒径的增大而增加。粒子太小，布朗运动影响也很明显，一般考虑其误差为[2]

$$\varepsilon_B = \frac{1}{u}\sqrt{\frac{2D}{\Delta t}} \tag{9-7}$$

式中，u 为流场特征速度；Δt 为测量时间，当使用 PIV 方法时，Δt 是激光器双脉冲的间隔时间，当用 PTV 方法时，Δt 是 CCD 的曝光时间；D 为粒子扩散系数，由斯托克斯-爱因斯坦公式(7-48)[13]得到

$$D = \frac{k_B T}{3\pi\mu d_p} \tag{9-8}$$

式中，k_B 为玻尔兹曼常数；T 为热力学温度；μ 为流体黏度。如果取 $\varepsilon_B < 2\%$，可选粒径范围为

$$d_p > \frac{530 k_B T}{\mu \Delta t u^2} \tag{9-9}$$

布朗运动带来的误差，也可以通过后续平均化处理来消除。

小结：

MicroPIV/PTV 系统与传统 PIV 基本原理相同，但有以下主要区别：

(1) 使用荧光显微镜。由于测量流场尺寸在微米量级，流场需经显微镜放大后才可观测；传统 PIV 观测粒子的散射光，而 MicroPIV/PTV 需要使用荧光粒子，观测粒子荧光。

(2) 体照明。PIV 的片光厚度一般在毫米量级，而 MicroPIV 只能在体照明条件下工作，使用大倍率数值孔径可以限制测量景深。

(3) 图像处理采用系综平均后相关，而不是直接相关。为了避免粒子浓度太大对流场性质的影响，溶液中示踪粒子浓度很稀。图像分析时，判读区内粒子数很少，需要对图像系综平均后相关，或采用单粒子追踪算法。

9.2 NanoPIV/PTV 速度测试技术

9.2.1 全内反射技术原理

近年来，伴随近壁测量的需求和近壁测量手段的发展，全内反射技术在纳米流场观测中得到了广泛的应用，并发展出 NanoPIV 测量技术，用于对固/液界面现象的研究。

根据折射定律：光从介质 1 进入另一介质 2 时，折射率 n_1 和 n_2 与入射角 θ_1 和折射角 θ_2 的乘积守恒，用数学表示为

$$n_1 \sin\theta_1 = n_2 \sin\theta_2 \tag{9-10}$$

当折射角为 90°时，没有光进入介质 2，称为全反射(如图 9.6 所示)，相应的入射角称为临界角

$$\theta_{cr} = \arcsin\left(\frac{n_2}{n_1}\right) \tag{9-11}$$

水的折射率 $n_2=1.33$，玻璃 $n_1=1.52$，可以得到临界接触角为 61.4°。当入射角大于临界角时，绝大多数光发生全反射，但有一部分光穿透界面，并以平行界面的方向传播，称为隐失波。TIRF 照明厚度内光强(即隐失波强度)沿壁面法线方向(z 方向)衰减(如图 9.6 所示)，其强度分布为 $I(z)$ 为

$$I(z) = I(0)\exp\left(-\frac{z}{d_p}\right) \tag{9-12}$$

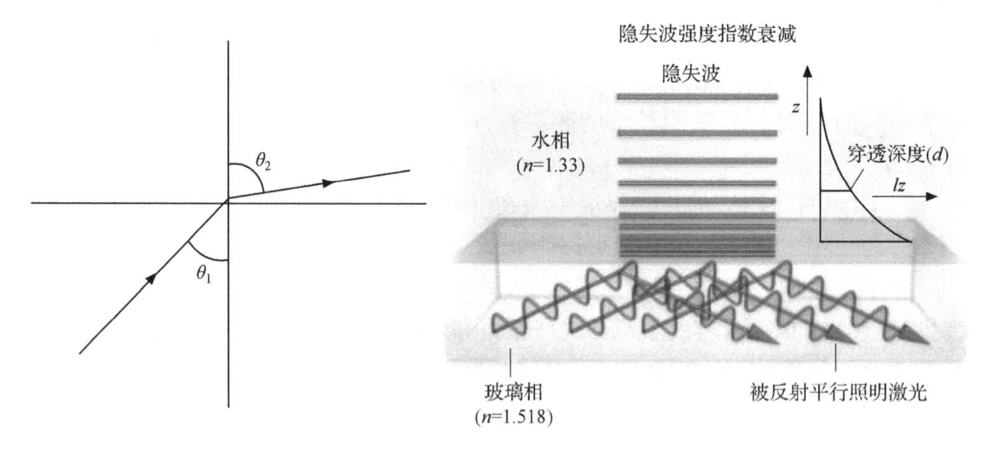

图 9.6 TIRF 基本原理[14]

式中，穿透厚度 d_p 计算公式为

$$d_p = \frac{\lambda}{4\pi\sqrt{n_1^2 \sin^2\theta - n_2^2}} \tag{9-13}$$

式中，λ 为波长。对给定的物镜，最大入射角 θ_{max} 由数值孔径确定

$$\theta_{max} = \arcsin\frac{NA}{n_1} \tag{9-14}$$

对 $100\times/NA=1.45$ 的油镜，最大入射角 $\theta_{max}=72.5°$，所以可以使用的入射角范围为 $\theta_{cr}<\theta<\theta_{max}$ 或 $NA>n_2$，相应的穿透厚度 d_p 范围为 72～340nm。

9.2.2　NanoPIV 系统组成及主要技术参数

1. NanoPIV 系统组成

目前全内反射显微镜成像系统有两种类型：棱镜型和物镜型。

（1）棱镜型系统是让激光通过棱镜产生全内反射的同时在界面处产生隐失波（如图 9.7(a)所示），其特点是结构简单，但放置样品的空间受棱镜的限制。

（2）物镜型是显微镜的物镜既作为接收样品荧光信号的接收器，又作为发生全内反射的光学器件（如图 9.7(b)所示）。要求物镜的数值孔径大于 1.38，目前已用到 $NA=1.65$ 的物镜。其优点是样品放置方便，容易与其他技术结合。

棱镜法比较经济，物镜法的成本较高。

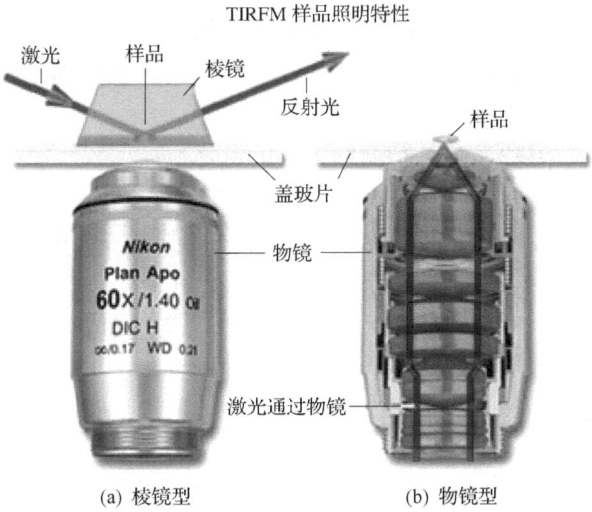

TIRFM 样品照明特性

(a) 棱镜型　　(b) 物镜型

图 9.7　两种类型的全内反射荧光显微镜成像系统[14]

2. 主要技术参数

1）入射角的确定

实际中，入射角的大小是由 TIRF 照明器的调节器控制的。Olympus 公司给出入射角与调节器之间的关系为

$$\sin\theta = \frac{2(a-b)}{n_1 f} \tag{9-15}$$

式中，a 和 b 分别为光束平行于物镜入射和有一定偏斜入射时的调节器刻度；f 为物镜焦距（为 3）。但实际应用中，需要重新标定调节器与入射角的关系。

2）穿透深度与 z 向分辨率

根据公式(9-12)，通过测量粒子光斑的光强 $I(z)$ 可以得到粒子在 z 向的位置，从而实现对粒子的三维追踪。通过误差传递的概念，我们可以估计这种方法进行 z 向定位的误差：

$$\sigma_z^2 = \left(\frac{z}{d_\mathrm{p}}\frac{\lambda}{4\pi}\frac{1}{n_1^2\sin^2\theta - n_2^2}\times n_1^2\sin\theta\right)^2\times\sigma_{\sin\theta}^2 + \left[\frac{d_\mathrm{p}}{I_0}(1-\mathrm{e}^{-\frac{z}{d_\mathrm{p}}})\right]^2\sigma_{I_0}^2 \tag{9-16}$$

式中，$\sigma_{\sin\theta}$ 为入射角误差；σ_{I_0} 为壁面光强误差。如果已知 $\sigma_{\sin\theta}=0.01$，黏附在壁面的粒子光强 $I_0=5000$ 时，$\sigma_{I_0}=400$，由式(9-16)可得入射角 $\theta=62°$ 时，误差 σ_z 约为 31nm。

小结：

与 MicroPIV 相比，NanoPIV 技术具有如下特点：

(1) 信噪比高。由于隐失波穿透厚度小，一般为 500nm 以内，背景光亮度低，使得观测信号的信噪比高。

(2) 垂向定位精度高，统计精度约为 30nm。

(3) 使用 PTV 技术。由于测量深度小，对粒子垂直焦平面方向运动敏感。单粒子追踪具有三维测量的功能，提供了测量更多物理信息的可能。

9.3 激光扫描共聚焦系统

9.3.1 扫描共聚焦显微镜的成像原理

上述分析表明，普通光学显微镜较大的焦平面厚度会对测量结果带来影响。减小焦平面厚度的办法之一可采用共聚焦(confocal)技术[15]，利用共轭聚焦原理滤除焦平面以外的干扰光，以提高图像信噪比（如图 9.8 所示）。

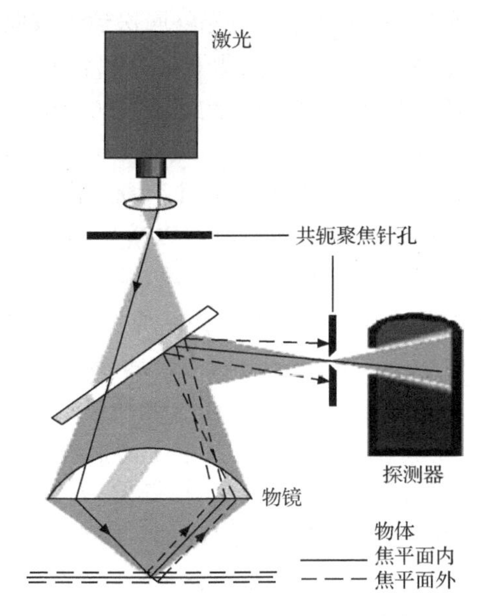

图 9.8　共聚焦原理示意图[16]

如图 9.9 所示，激光共聚焦的工作原理简单表达就是采用激光为光源，在传统荧光显微镜成像的基础上，附加了激光扫描和共轭聚焦装置，通过计算机控制来进行数字化图像采集和处理。采用点光源照射标本，在焦平面上形成一个光点。该

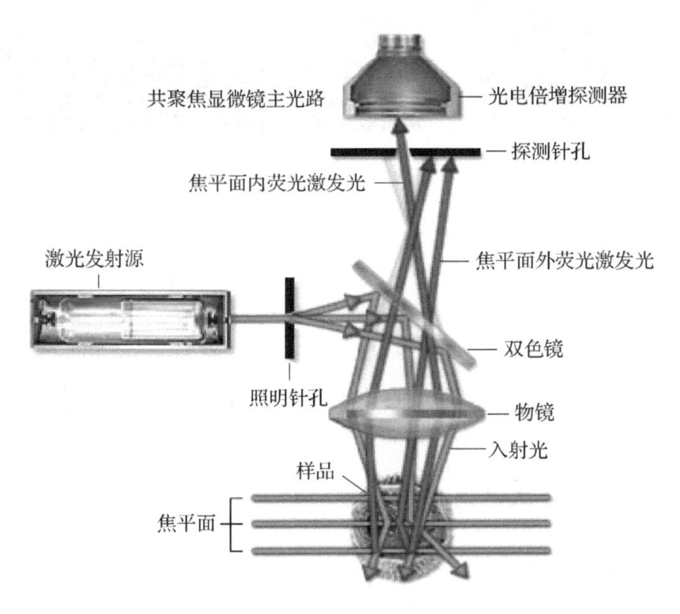

图 9.9　激光共聚焦显微镜的原理图[17]

点被照射后发出的荧光通过物镜，沿原照射光路回送到由双向色镜构成的分光器。分光器将荧光直接送到探测器。光源和探测器前方都各有一个针孔，分别称为照明针孔和探测针孔。两者的几何尺寸一致，约 100～200nm；相对于焦平面上的光点，两者是共轭的，即光点通过一系列的透镜，最终可同时聚焦于照明针孔和探测针孔。这样，来自焦平面的光可以会聚在探测孔范围之内，而来自焦平面上方或下方的散射光都被挡在探测孔之外而不能成像。以激光逐点扫描样品，探测针孔后的光电倍增管也逐点获得对应光点的共聚焦图像，转为数字信号传输至计算机，最终在屏幕上聚合成清晰的整个焦平面的共聚焦图像。

激光扫描共聚焦显微镜(laser scan confocal microscopy, LSCM)的基本工作原理是首先由激光器发射的一定波长的激发光，光线经放大后通过扫描器内的照明针孔光栏形成点光源，由物镜聚焦于样品的焦平面上，样品上相应的被照射点受激发而发射出的荧光，通过检测孔光栏后到达检测器，并成像于计算机监视屏上。这样由焦平面上样品的每一点的荧光图像组成的一幅完整的共焦图像，称为光切片。图 9.10 对共聚焦与非共聚焦拍摄的图像进行了对比，显然共聚焦的成像更为清晰。

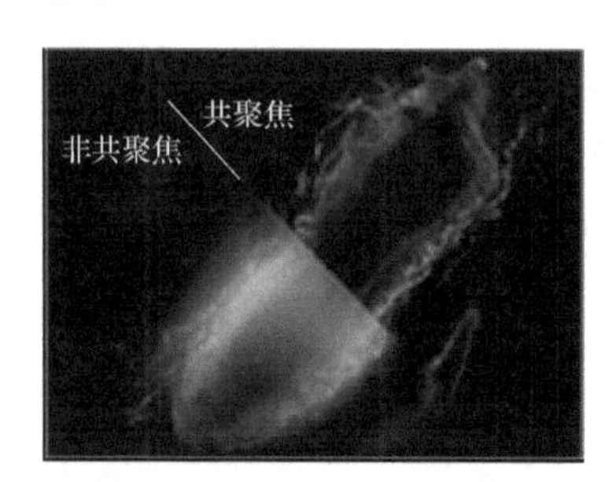

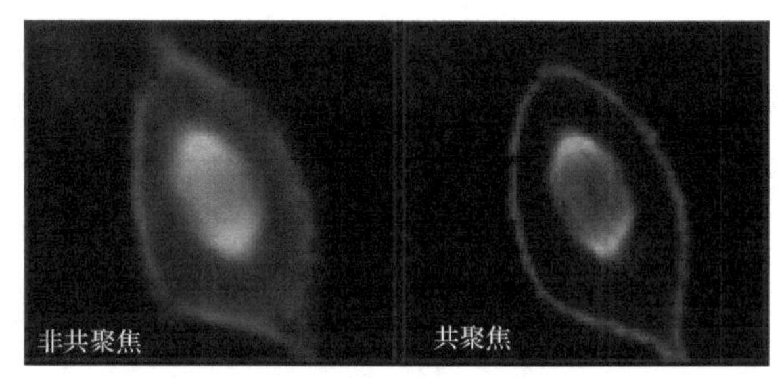

图 9.10　共聚焦与非共聚焦拍摄的图像对比[17]

每一幅焦平面图像实际上是标本的光学横切面，这个光学横切面总是有一定厚度的，又称为光学薄片。由于焦点处的光强远大于非焦点处的光强，而且非焦平面光被针孔滤去，共聚焦系统的景深近似为零，沿 Z 轴方向的扫描可以实现光学断层扫描，形成待观察样品聚焦光斑处二维的光学切片。把 X-Y 平面(焦平面) 扫描与 Z 轴 (光轴)扫描相结合，通过累加连续层次的二维图像，经过专门的计算机软件处理，可以获得样品的三维图像。

9.3.2　激光扫描共聚焦系统组成和主要参数

激光扫描共聚焦显微系统主要包括扫描模块、激光光源、荧光显微镜、数字信号处理器、计算机及图像输出设备等。

1. 扫描模块

扫描模块主要由针孔光栏(控制光学切片的厚度)、分光镜(按波长改变光线传播方向)、发射荧光分色器(选择一定波长范围的光进行检测)、检测器(光电倍增管)组成。荧光样品中的混合荧光进入扫描器,经过检测针孔光栏、分光镜和分色器选择后,被分成各单色荧光,分别在不同的荧光通道进行检测并形成相应的共焦图像,同时在计算机屏幕上可以显示几个并列的单色荧光图像及其合成图像。

2. 荧光显微镜系统

显微镜是 LSCM 的主要组件,它关系到系统的成像质量。物镜应选取大数值孔径平场复消色差物镜,有利于荧光的采集和成像的清晰。物镜组的转换、滤色片组的选取、载物台的移动调节、焦平面的记忆锁定都应由计算机自动控制。

激光扫描共聚焦显微镜所用的荧光显微镜大体与常规荧光显微镜相同,但又有其特点:需与扫描器连接,使激光能进入显微镜物镜照射样品,并使样品发射的荧光到达检测器;需有光路转换装置,即汞灯与激光转换,同时汞灯光线强度可调。

3. 激光光源

激光扫描共聚焦显微镜使用的激光光源有单激光和多激光系统,常用的激光器包括以下三种类型。

(1) 半导体激光器:405nm(近紫外谱线)。

(2) 氩离子激光器:457nm、477nm、488nm、514nm(蓝绿光)。

(3) 氦氖激光器:543nm(绿光-氦氖绿激光器)633nm(红光-氦氖红激光器)。

(4) UV 激光器(紫外激光器):351 nm、364 nm(紫外光)。

4. 切片厚度

共聚焦显微镜深度方向的光学切片厚度可以由下式计算得到:

$$\Delta z=\sqrt{\left(\frac{0.88\lambda_{em}}{n-\sqrt{n^2-NA^2}}\right)^2+\left(\frac{\sqrt{2}nPD}{NA}\right)^2} \tag{9-17}$$

式中,λ_{em}为发射光波长;n 为物镜与管道间的液体的介质折射率;NA 为数值孔径;PD 为针孔直径。由式(9-17)可以看出,针孔直径是一个比较关键的参数,其值越小,z 向厚度越小,加强了过滤偏离焦平面的光线的能力,但是过小的直径也会带来接收的光量太低的问题,这会降低图像的信噪比。

小结:

激光扫描共聚焦荧光显微镜相对普通荧光显微镜的优点:①LSCM 的图像是

以电信号的形式记录下来的，所以可以采用各种模拟的和数字的电子技术进行图像处理；②LSCM 利用共聚焦系统有效地排除了焦点以外的光信号干扰，提高了分辨率，显著改善了视野的广度和深度，使无损伤的光学切片成为可能，达到了三维空间定位；③由于 LSCM 能随时采集和记录检测信号，为生命科学开拓了一条观察活细胞结构及特定分子、离子生物学变化的新途径；④LSCM 除具有成像功能外，还有图像处理功能和细胞生物学功能，前者包括光学切片、三维图像重建、细胞物理和生物学测定、荧光定量、定位分析以及离子的实时定量测定，后者包括黏附细胞的分选、激光细胞显微外科及光陷阱技术、荧光漂白后恢复技术等。

9.4 压力与流量测量

9.4.1 压力测量

微流控芯片中压力测量分为两类：对驱动流动的压力源的测量和微流道沿程压力的测量。下面分别进行介绍。

1. 压力驱动系统

压力驱动下二维圆管流动的压力流量关系由泊肃叶公式给出(参考 2.3.2 节)：

$$Q=\pi d^4\Delta P/128\mu L \tag{9-18}$$

式中，d 为管道直径；p 为压力；μ 为黏性系数；L 为管道长度。当管道直径和实验液体选定后，调节压力差可获得不同的流量[18]。

图 9.11 为微流动实验台上的压力驱动系统，包括减压阀、气体过滤器、压力精调阀及压力传感器。此系统的压力范围为 10～10MPa，调节精度为±0.3%。

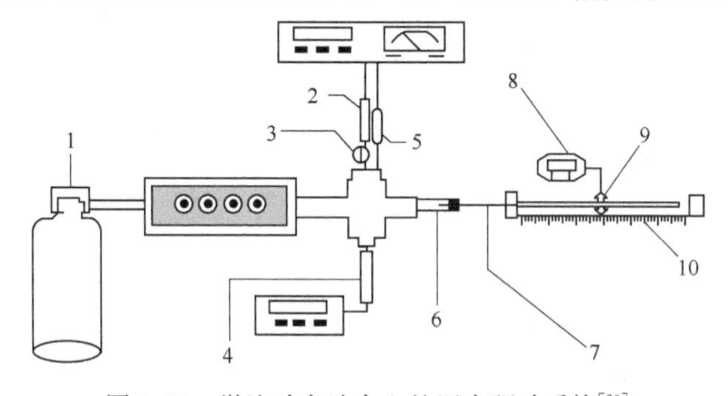

图 9.11 微流动实验台上的压力驱动系统[23]

1. 高压氮气源；2. 压力传感器Ⅱ；3. 压力精调阀；4. 压力传感器Ⅰ；5. 温度传感器；6. 储液管；7. 实验微米管；8. 光电流量计显示器；9. 光电传感器；10. 玻璃毛细管

2. 管道沿程压力测量

MEMS压力传感器[19, 20]分为压电式(如图9.12(a)所示)和电容式(如图9.12(b)所示)两种。压电式压力传感器原理是压电材料感受外力后,发生几何形状或者晶格参数的变化,材料电阻值会发生相应的改变,检测电阻变化值可以得到压力值。电容式压力传感器原理是待测压力使压力探测膜发生形变,造成电容量的变化,检测电容量改变即可得到压力值。MEMS技术加工的分布式传感器(如图9.13所示)可以集成到微系统之中进行压力测量,但局限于加工尺度,目前测量感应元件的最小尺度为几个微米,元件分布测量间距为百微米到毫米。MEMS压力传感器的响应频率可以达到千赫兹量级。

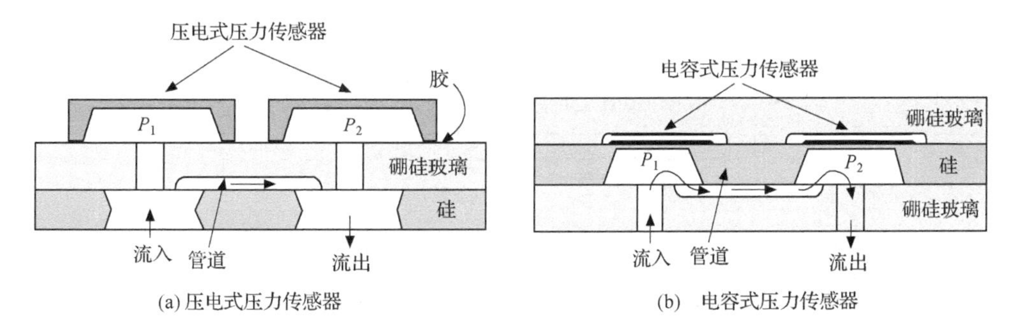

(a) 压电式压力传感器　　(b) 电容式压力传感器

图9.12　压力传感器示意图[21]

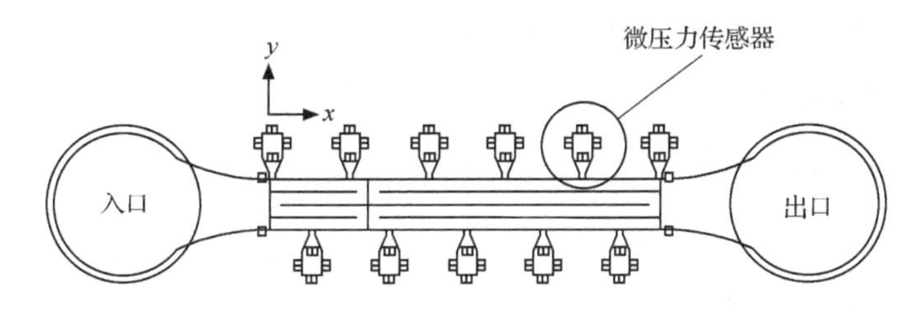

图9.13　集成于微系统中的压力传感器[22]

9.4.2　流量测量

流量通过流体运动速度在管道截面上的积分来计算,可定量反映流动的整体效应。

1) 流量间接测量——速度测量

利用MicroPIV测量流场速度,然后积分求出流量,但此方法较复杂,需要测速装置。下面介绍流量直接测量法。

2）纳升流量测量——光电流量计

上述流量测量的精度在每秒微升量级，而纳升流量测量计尚在研发阶段。李战华课题组[18]研制了位移法测量纳升流量。位移法流量测量是根据液柱端面在毛细管内的移动距离 s 和时间 t，得到实测流量值

$$Q_{\mathrm{exp}} = \pi d^2 s/4t \tag{9-19}$$

式中，d 表示毛细管直径。实际测量中，液柱端面位移采用光电传感器感应信号，时间由数字秒表记录，组成一套光电流量计(图 9.11 中 8 和 9)。为了改进测量精度，Cui[18] 和 Guo[23] 在利用光电感应技术测量流量时，提出测量毛细管中气泡界面移动距离的方法(如图 9.14 所示)，有效排除了自由端毛细力的影响，可以在 3% 精度下测量十几纳升的流量。

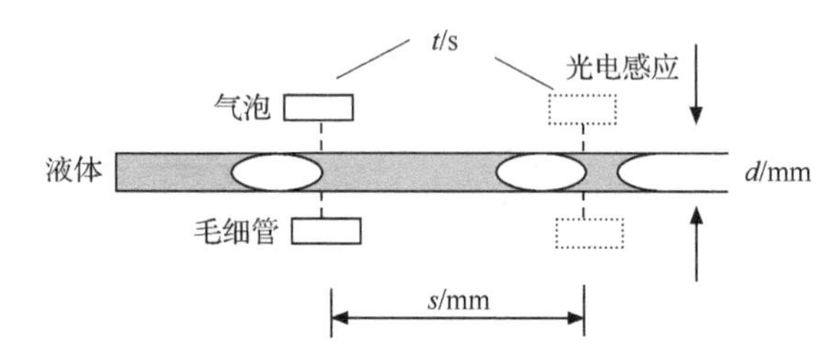

图 9.14　毛细管气泡法流量测量原理图[23]

3）蠕动注射泵

蠕动注射泵是依靠活塞的进给频率来控制流量仪器本身有流量显示和调节功能，使用中应该注意流量测量精度。

9.4.3　流量/压力控制仪

以上讲述的微流控中采用的压力和流量的测量都属于分开测量，没有集成。最近中国科学院力学研究所非线性力学国家重点实验室使用的“微流体驱动控制系统”(microfluidic flow control systens，MFCS)具有同时控制压力和流量功能。此系统主要包括压力控制器和流量测量传感器两部分，如图 9.15 所示，左侧为压力控制器，右侧为流量测量器(flowwell)。压力控制利用气动模拟惠斯登电桥的 FASTAB 技术进行压力的精准控制，在 0～20kPa 范围，测量精度 0.3%。流量测量采用传感器，其原理与热线测速法相似。全套系统由马达气泵驱动，空气通过干燥器和调节阀之后，进入 MFCS 控制器，由控制软件对压力进行调节，对压力调节的响应时间为 0.15s。在精确控制压力的同时，可以由流量测量传感器给出瞬时流量和累计流量，标称流量测量精度为 0.1%。

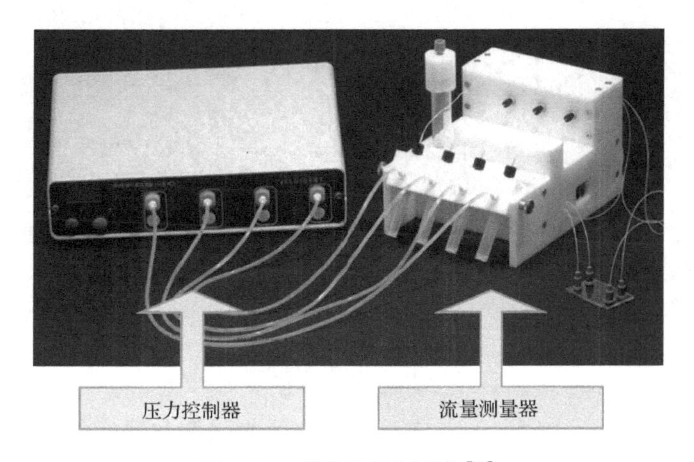

图 9.15　微流体控制系统[24]

与注射泵相比，此系统具有响应迅速、压力脉动小的优点，而且可以选择恒压源或恒流源二种驱动方式。

9.5　温度和浓度测量

目前越来越多的微芯片采用聚合物材料。由于这类材料具有较低的热传导率，使温度对微流动的影响更加明显。微流控芯片传热研究依赖于对温度的测量，因此本节介绍微尺度流场温度测量的方法。最简单的方法有，在电驱动流中可以通过溶液电导率的变化来估计缓冲液的温度，但测量温度的结果是平均值，无法得到温度的空间分布。

9.5.1　温度测量

1. 温度传感器

热偶传感器测量温度的原理基于塞贝克(Seebeck)效应，即两种不同成分的导体两端连接成回路，如两连接端温度不同，则在回路中产生热电流。热偶探针测温是点测量，其最大的缺点就是热偶探针的尺寸($>100\mu m$)较大，造成对温度测量的空间分布分辨率不高。图 9.16 中的热偶探针直径约 $150\mu m$[25]。

2. 显示方法测温度

1) 分子荧光法

此方法利用温度诱导荧光剂发光来检测温度，简称 TFD(temperture-dependent fluorescent dye)。罗丹明 B 是一种对温度较敏感的荧光剂，不同温度下所发

图 9.16　热偶传感器[25]

荧光强度不同(如图 9.17 所示)。实验前标定荧光强度与温度的关系。将荧光剂加入到样品液体里,记录荧光强度的分布即可得到温度分布。测量的空间分辨率达到 1μm,时间分辨率达到几十毫秒,测量精度为 0.03～3.5℃[26]。

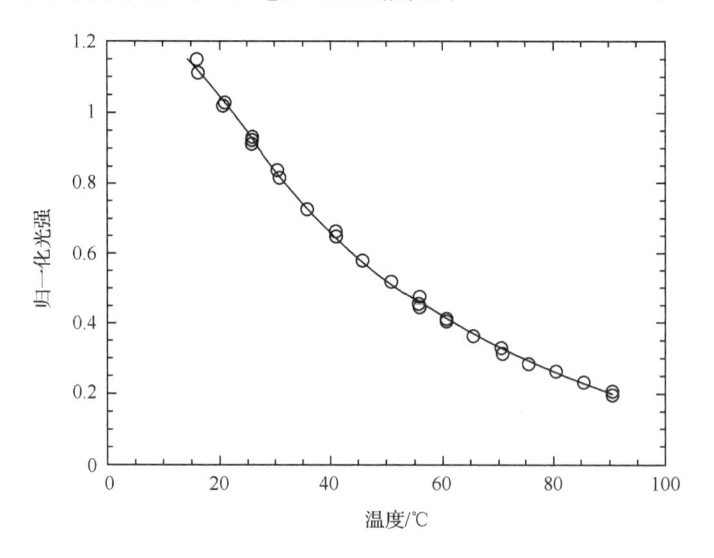

图 9.17　荧光强度与温度关系曲线[26]

在此基础上,可将荧光剂溶解到 PDMS 薄层中,将此薄层作为微芯片的底部封装的一部分来测量温度[27](如图 9.18 所示)。温度的测量原理与荧光液相同。

2) 分子磷光法

利用磷光分子作为流场示踪剂,在激光照射后,分子发出磷光。由于光点亮度和发光寿命与流场温度有关(如图 9.19 所示),分子磷光技术(molecular tagging thermometry,MTT)可以测量流场温度[28]。同时,通过光斑在流场中的位移,又可以测量速度。温度测量精度 0.04～2℃,时间分辨率达到毫秒量级,空间分辨率则与流速和延迟时间有关,一般为几十到百微米量级。

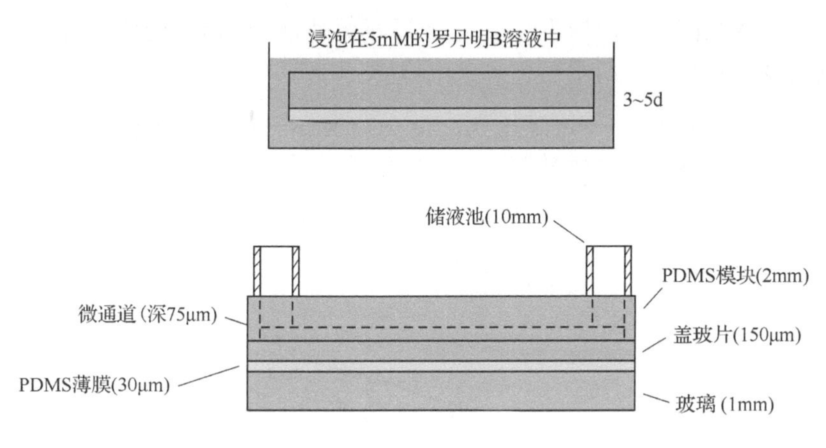

图 9.18　温度测量芯片示意图[27]

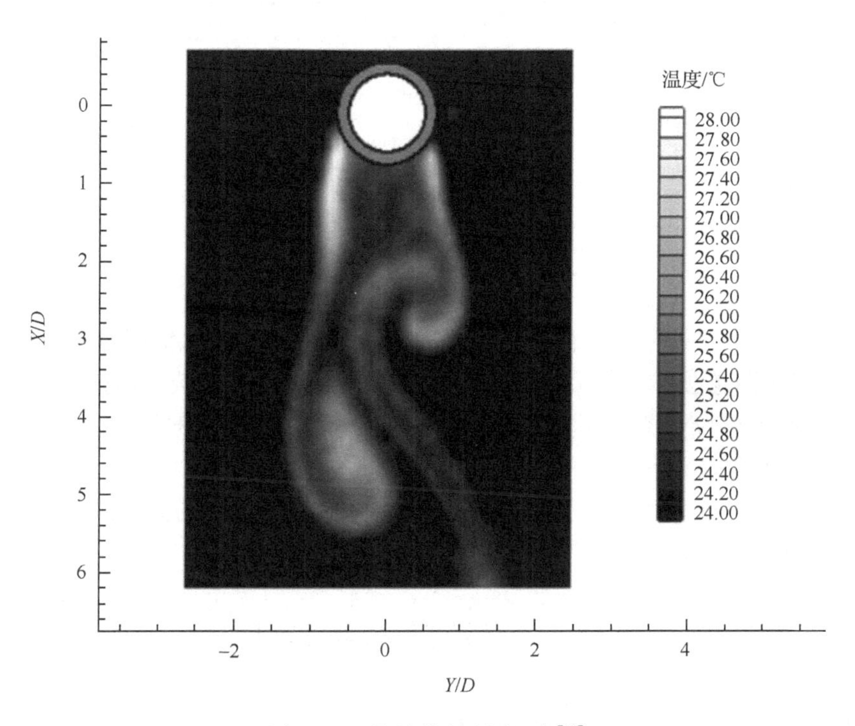

图 9.19　分子磷光法测温度[28]

9.5.2　浓度测量

1. 液体浓度测量

荧光强度与其浓度有关，标定一定浓度下的荧光强度，就可以通过测量液体荧光的强度计算相应荧光的浓度[29]。这样通过给待测样品标记上荧光物质就可以测量其浓度(如图 9.20 所示)。

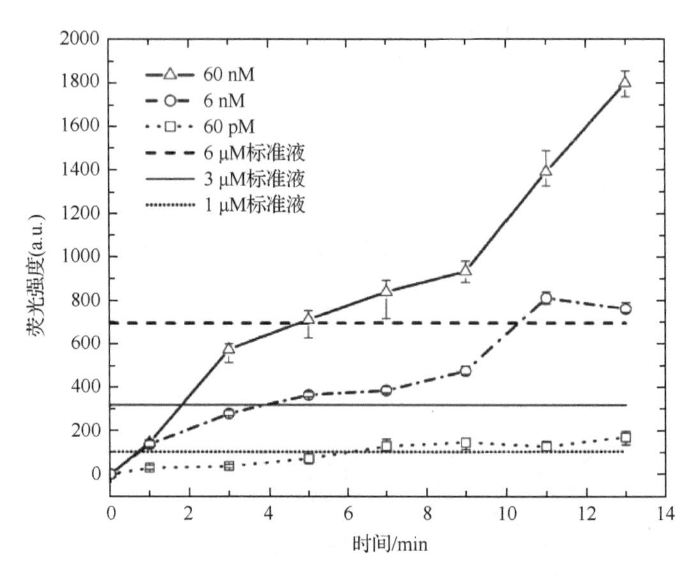

图 9.20　荧光浓度与荧光强度值关系[29]

2. 粒子浓度测量

利用常规的动态光散射仪(DLS)可以测量粒子浓度。如果测量粒子浓度分布,需要采用图像法。对于稀相溶液中的粒子浓度(粒子经过荧光标记),可以通过荧光显微镜拍摄粒子图像,进行图像处理后获得粒子浓度、处理方法为,选取图像中最清晰的粒子记录其灰度值,按照 60%~80%的灰度阈值来滤波,对存在的粒子计数。一定的灰度阈值对应焦平面厚度,乘以面厚度和视场面积结合可以得到视场的体积,由个数和体积计算粒子的浓度。

9.6　微流动测量实例

9.6.1　应用 MicroPIV 技术测量微液滴流场

通过微流控的方法生成液滴是最近的研究热点。为了研究液滴的生成机理,Funfschilling 等[30]利用 MicroPIV 测量液滴生成过程中连续相的速度场,流动雷诺数 Re 约为 5。管道宽 270 μm,深 250 μm,连续相为水,生成油滴。使用粒子直径 0.88μm,频闪照明时间 50μs,两帧之间时间间隔 100μs,所测流场如图 9.21 所示。

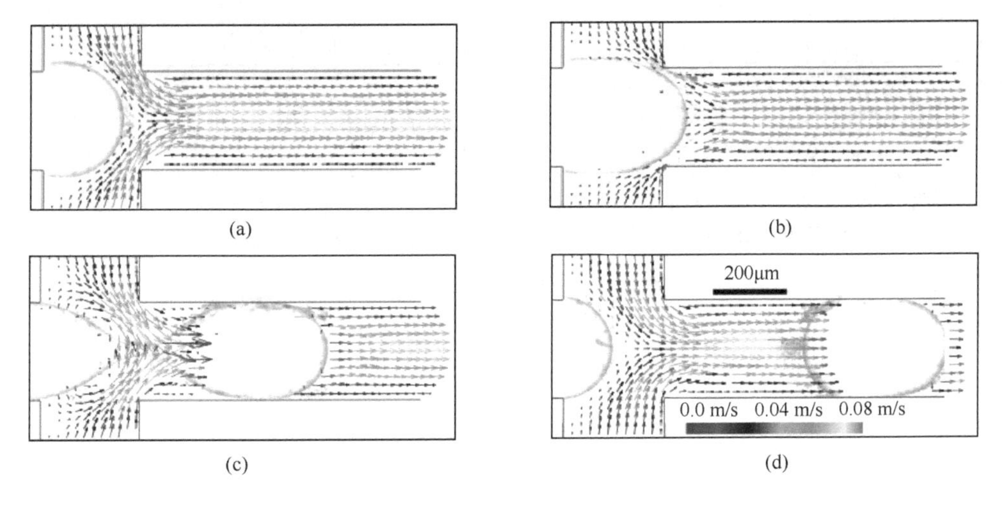

(a)　(b)　(c)　(d)

图9.21　MicroPIV系统获得的微液滴形成过程的流场速度矢量图[30]

实验结果表明，当油相从右侧管（图9.21(a)）流入，然后膨胀，暂时堵塞右侧管入口（图9.21(b)），由此建立起压力差会驱动上下两个侧管的水流挤压油相，从而导致油水界面收缩形成油滴（图9.21(c)）。实验显示出压力差诱导油滴形成（参考5.2.1节）。

9.6.2　应用共聚焦显微镜测量液滴内部流场

Kinoshita等[31]利用共聚焦显微镜系统观测了微通道内移动液滴的内部流场状态。管道宽100μm，深58μm，荧光粒子直径500nm。图9.22中(a)～(d)分别为在高度$z=2\mu$m，12μm，22μm和液滴正中部拍摄的流场图。通过连续性方程分析可以重构三维流场分布。液滴内的流动显示，在定向线性运动液滴的内部存在复杂的回旋流动，这有利于改进液滴内部液体混合。

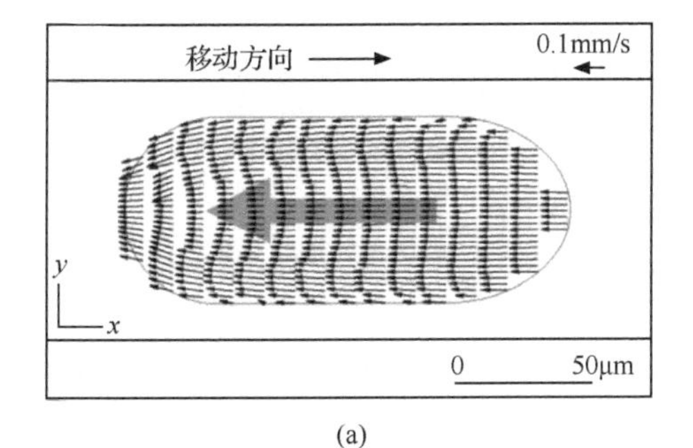

(a)

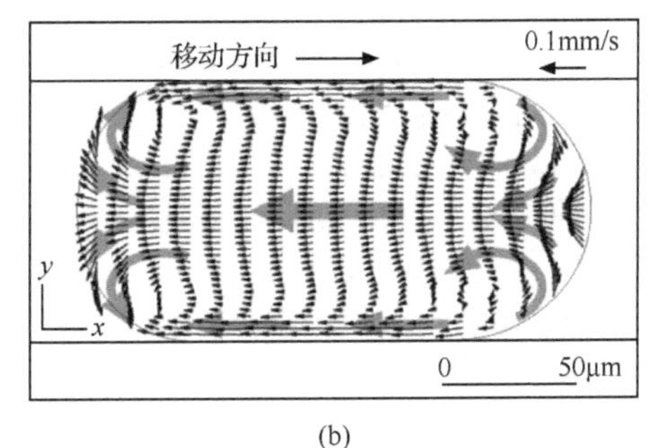

(b)

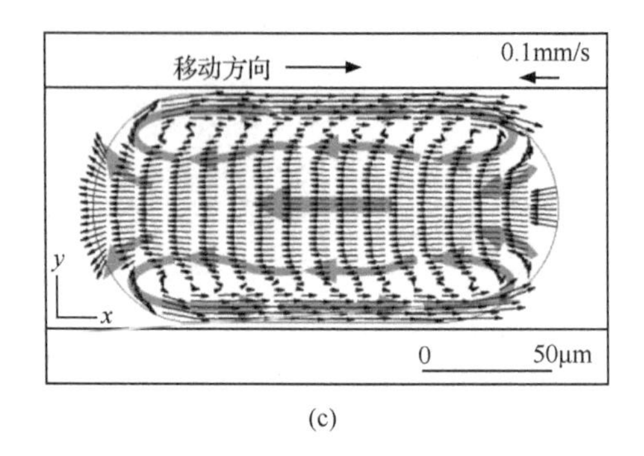

(c)

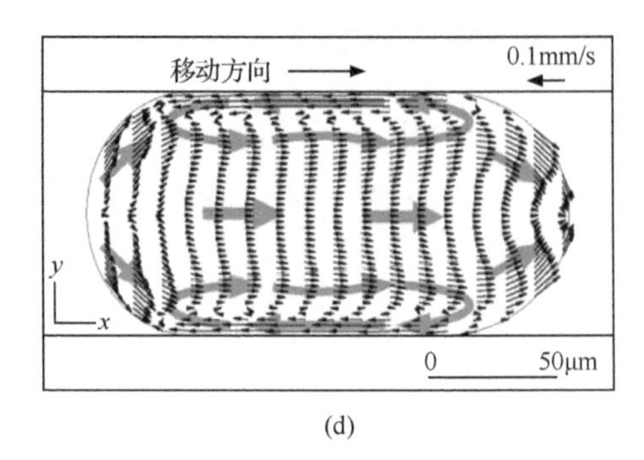

(d)

图 9.22 共聚焦显微镜获得的液滴内部不同层面的流场速度矢量图[31]

9.7 本章小结

微尺度流动研究的发展对实验测量不断提出新的要求，而实验研究手段的改进也在逐步推动微尺度流动研究更加深入。本章主要阐述了微尺度下速度、流量、压力、温度以及浓度的测量技术。首先介绍了 MicroPIV 技术的原理及其在速度测量中的应用，然后讲述了近壁流场测量中采用的全内反射 NanoPIV/PTV 技术的原理及微尺度流动测量中的共轭聚焦技术。本章还介绍了压力测量中采用的 MEMS 传感器阵列及流量测量中采用的纳升光电流量计，最后简要介绍了微尺度下温度和浓度测量的方法。

参考文献

[1] Tropea C，Yarin A L，Foss J F. Springer Handbook of Experimental Fluid Mechanics. New York：Springer Verlag，2007.

[2] Meinhart C D，Wereley S T，Santiago J G. PIV measurements of a microchannel flow. Experiments in Fluids，1999，27：414～419.

[3] Santiago J G，Wereley S T，Meinhart C D，et al. A particle image velocimetry system for microfluidics. Experiments in Fluids，1998，25：316～319.

[4] www.ece.neu.edu/groups/rcl/projects/piv/index.htm.

[5] Raffel M. Particle image velocimetry：A practical guide. New York：Springer Verlag，2007.

[6] Zheng X，Silber-Li Z. Measurement of velocity profiles in a rectangular microchannel with aspect ratio α=0.35. Experiments in Fluids，2008，44：951～959.

[7] Ou J，Rothstein J P. Direct velocity measurements of the flow past drag-reducing ultrahydrophobic surfaces. Physics of Fluids，2005，17：103606.

[8] Inoué S，Spring K R. Video microscopy：The fundamentals. New York：Springer Verlag，1997.

[9] Meinhart C D，Wereley S T，Gray M H B. Volume illumination for two-dimensional particle image velocimetry. Measurement Science and Technology，2000，11：809.

[10] www. duckscientific. com, Duke Scientific, product manual.

[11] Born M, Wolf E, Bhatia A B. Principles of Optics. New York: Pergamon Press, 1975.

[12] Joseph P, Tabeling P. Direct measurement of the apparent slip length. Physical Review E, 2005, 71:035303.

[13] Albert E. On the motion-required by the molecular kinetic theory of heat-of small particles suspended in a stationary liquid. Annalender Physik, 1905, 17(8):549～560.

[14] www. microscopyu. com/articles/fluorescence/tirf/tirfintro. html.

[15] Park J S, Kihm K D. Use of confocal laser scanning microscopy (CLSM) for depthwise resolved microsc ale-particle image velocimetry. Optics and Lasers in Engineering, 2006, 44: 208～223.

[16] www. nhm. ac. uk/research-curation/research/projects/clsm/clsm2. html.

[17] www. microscopyu. com/articles/confocal/confocalintrobasics. html.

[18] Cui H, Silber-Li Z, Zhu S. Flow characteristics of liquids in microtubes driven by a high pressure. Physics of Fluids, 2004, 16:1803.

[19] Gad-el-Hak M. The MEMS Handbook. New York: CRC Press, 2002.

[20] 常莹，马炳和，邓进军，等. 基于微型压力传感器阵列的翼面压力分布直接测量系统. 实验流体力学，2008, 22 (3):89～93.

[21] Oosterbroek R, Lammerink T, Berenschot J, et al. A micromachined pressure/flow-sensor. Sensors and Actuators A: Physical, 1999, 77 (3):167～177.

[22] Ko H, Liu C, Gau C, et al. Flow characteristics in a microchannel system integrated with arrays of micro-pressure sensors using a polymer material. Journal of Micromechanics and Microengineering, 2008, 18:075016.

[23] Guo Q, Cheng R, Silber-Li Z. Influence of capillarity on nano-liter flowrate measurement with displacement method. Journal of Hydrodynamics, Serie B, 2007, 19:594～600.

[24] www. fluigent. com/microfluidics.

[25] Bucko J, Benzinger M, Mayer W, et al. Experimental and CFD results for local temperature measurement in microstructure devices. The second European Conference in Microfluidics, Toulouse, France, Toulouse, France, 2010.

[26] Ross D, Gaitan M, Locascio L E. Temperature measurement in microfluidic systems using a temperature-dependent fluorescent dye. Analytical Chemistry, 2001, 73: 4117～4123.

[27] Samy R, Glawdel T, Ren C L. Method for microfluidic whole-chip temperature measurement using thin-film poly(dimethylsiloxane)/rhodamine B. Analytical Chemistry, 2008, 80:369～375.

[28] Hu H, Koochesfahani M, Lum C. Molecular tagging thermometry with adjustable temperature sensitivity. Experiments in Fluids, 2006, 40:753～763.

[29] Wang Y C, Stevens A L, Han J. Million-fold preconcentration of proteins and peptides by nanofluidic filter. Analytical Chemistry, 2005, 77:4293～4299.

[30] Funfschilling D, Debas H, Li Z H, et al. Flow-field dynamics during droplet formation by dripping in hydrodynamic-focusing microfluidics. Physical Review E, 2009, 80: 2～5.

[31] Kinoshita H, Kaneda S, Fujii T, et al. Three-dimensional measurement and visualization of internal flow of a moving droplet using confocal micro-PIV. Lab on a Chip, 2007, 7:338～346.

结　束　语

“这本书正像是写在沙滩上的字。但海岸是宏伟的，我非常感激能在海岸上漫步。”

——德让纳《软物质与硬科学》，2000

专业词汇索引

（按拼音顺序排列）

E

F

G

X

Y

Z